基本単

長さ	メートル	m	熱力学温度	ケルビン	K
質量	キログラム	kg			
時間	秒	s	物質量	モル	mol
電流	アンペア	A	光度	カンデラ	cd

SI接頭語

10^{24}	ヨタ	Y	10^{3}	キロ	k	10^{-9}	ナノ	n
10^{21}	ゼタ	Z	10^{2}	ヘクト	h	10^{-12}	ピコ	p
10^{18}	エクサ	E	10^{1}	デカ	da	10^{-15}	フェムト	f
10^{15}	ペタ	P	10^{-1}	デシ	d	10^{-18}	アト	a
10^{12}	テラ	T	10^{-2}	センチ	c	10^{-21}	セプト	z
10^{9}	ギガ	G	10^{-3}	ミリ	m	10^{-24}	ヨクト	y
10^{6}	メガ	M	10^{-6}	マイクロ	μ			

〔換算例：1 N＝1/9.806 65 kgf〕

	SI		SI 以外		
量	単位の名称	記号	単位の名称	記号	SI単位からの換算率
エネルギー，熱量，仕事およびエンタルピー	ジュール (ニュートンメートル)	J (N･m)	エルグ カロリ(国際) 重量キログラムメートル キロワット時 仏馬力時 電子ボルト	erg cal_{IT} kgf･m kW･h PS･h eV	10^{7} 1/4.186 8 1/9.806 65 $1/(3.6\times10^{6})$ $\approx3.776\,72\times10^{-7}$ $\approx6.241\,46\times10^{18}$
動力，仕事率，電力および放射束	ワット (ジュール毎秒)	W (J/s)	重量キログラムメートル毎秒 キロカロリ毎時 仏馬力	kgf･m/s kcal/h PS	1/9.806 65 1/1.163 ≈1/735.498 8
粘度，粘性係数	パスカル秒	Pa･s	ポアズ 重量キログラム秒毎平方メートル	P $kgf\cdot s/m^2$	10 1/9.806 65
動粘度，動粘性係数	平方メートル毎秒	m^2/s	ストークス	St	10^{4}
温度，温度差	ケルビン	K	セルシウス度，度	℃	〔注(1)参照〕
電流，起磁力	アンペア	A			
電荷，電気量	クーロン	C	(アンペア秒)	(A･s)	1
電圧，起電力	ボルト	V	(ワット毎アンペア)	(W/A)	1
電界の強さ	ボルト毎メートル	V/m			
静電容量	ファラド	F	(クーロン毎ボルト)	(C/V)	1
磁界の強さ	アンペア毎メートル	A/m	エルステッド	Oe	$4\pi/10^{3}$
磁束密度	テスラ	T	ガウス ガンマ	Gs γ	10^{4} 10^{9}
磁束	ウェーバ	Wb	マクスウェル	Mx	10^{8}
電気抵抗	オーム	Ω	(ボルト毎アンペア)	(V/A)	1
コンダクタンス	ジーメンス	S	(アンペア毎ボルト)	(A/V)	1
インダクタンス	ヘンリー	H	ウェーバ毎アンペア	(Wb/A)	1
光束	ルーメン	lm	(カンデラステラジアン)	(cd･sr)	1
輝度	カンデラ毎平方メートル	cd/m^2	スチルブ	sb	10^{-4}
照度	ルクス	lx	フォト	ph	10^{-4}
放射能	ベクレル	Bq	キュリー	Ci	$1/(3.7\times10^{10})$
照射線量	クーロン毎キログラム	C/kg	レントゲン	R	$1/(2.58\times10^{-4})$
吸収線量	グレイ	Gy	ラド	rd	10^{2}

〔注〕 (1) T Kから θ℃への温度の換算は，$\theta=T-273.15$とするが，温度差の場合には $\Delta T=\Delta\theta$ である．ただし，ΔT および $\Delta\theta$ はそれぞれケルビンおよびセルシウス度で測った温度差を表す．

(2) 丸括弧内に記した単位の名称および記号は，その上あるいは左に記した単位の定義を表す．

JSMEテキストシリーズ

振動学

Mechanical Vibration

日本機械学会

序

「JSME テキストシリーズ」は，大学学部学生のための機械工学への入門から必須科目の修得までに焦点を当て，機械工学の標準的内容をもち，かつ技術者認定制度に対応する教科書の発行を目的に企画されました.

日本機械学会が直接編集する直営出版の形での教科書の発行は，1988 年の出版事業部会の規程改正により出版が可能になってからも，機械工学の各分野を横断した体系的なものとしての出版には至りませんでした．これは多数の類書が存在することや，本会発行のものとしては機械工学便覧，機械実用便覧などが機械系学科において教科書・副読本として代用されていることが原因であったと思われます．しかし，社会のグローバル化にともなう技術者認証システムの重要性が指摘され，そのための国際標準への対応，あるいは大学学部生への専門教育への動機付けの必要性など，学部教育を取り巻く環境の急速な変化に対応して各大学における教育内容の改革が実施され，そのための教科書が求められるようになってきました.

そのような背景の下に，本シリーズは以下の事項を考慮して企画されました.

① 日本機械学会として大学における機械工学教育の標準を示すための教科書とする.

② 機械工学教育のための導入部から機械工学における必須科目まで連続的に学べるように配慮し，大学学部学生の基礎学力の向上に資する.

③ 国際標準の技術者教育認定制度〔日本技術者教育認定機構(JABEE)〕，技術者認証制度〔米国の工学基礎能力検定試験(FE)，技術士一次試験など〕への対応を考慮するとともに，技術英語を各テキストに導入する.

さらに，編集・執筆にあたっては，

① 比較的多くの執筆者の合議制による企画・執筆の採用，

② 各分野の総力を結集した，可能な限り良質で低価格の出版，

③ ページの片側への図・表の配置および 2 色刷りの採用による見やすさの向上，

④ アメリカの FE 試験（工学基礎能力検定試験(Fundamentals of Engineering Examination)）問題集を参考に英語による問題を採用，

⑤ 分野別のテキストとともに内容理解を深めるための演習書の出版，

により，上記事項を実現するようにしました.

本出版分科会として特に注意したことは，編集・校正には万全を尽くし，学会ならではの良質の出版物になるように心がけたことです．具体的には，各分野別出版分科会および執筆者グループを全て集団体制とし，複数人による合議・チェックを実施し，さらにその分野における経験豊富な総合校閲者による最終チェックを行っています.

本シリーズの発行は，関係者一同の献身的な努力によって実現されました． 出版を検討いただいた出版

事業部会・編修理事の方々，出版分科会を構成されました委員の方々，分野別の出版の企画・進行および最終版下作成にあたられた分野別出版分科会委員の方々，とりわけ教科書としての性格上短時間で詳細な形式に合わせた原稿の作成までご協力をお願いいいただきました執筆者の方々に改めて深甚なる謝意を表します．また，熱心に出版業務を担当された本会出版グループの関係者各位にお礼申し上げます．

本シリーズが機械系学生の基礎学力向上に役立ち，また多くの大学での講義に採用され技術者教育に貢献できれば，関係者一同の喜びとするところであります．

2002 年 6 月

日本機械学会

JSME ﾃｷｽﾄｼﾘｰｽﾞ 出版分科会

主 査 宇 高 義 郎

「振動学」刊行に当たって

機械工学を学ぶ上での基礎的な 4 力学といわれる科目のひとつとして機械力学があります．機械力学の分野は範囲が広く，その中で主要な位置を占める振動学を教える大学や高専では，振動学という科目名で講義を行っているところもあり，また，機械力学という科目の中で振動学を講義するところもあります．日本機械学会では，これらの科目を力学分野と位置づけ，この振動学の教科書は JSME テキストシリーズの力学分野の 1 冊として刊行されました．振動学，とくに本書で解説している機械系の振動は，稼動している機械において常に生じている現象であり，機械の効率，寿命，破壊に関わってきます．最近では，振動は機械の振動だけでなく，環境問題など生活に直接関連していると言っても過言ではありません．このように重要な位置を占める振動学ですので，学生諸君の熱心な取り組みを期待します．

執筆者の先生方の中には，早くから原稿をご用意していただいたにもかかわらず，私の怠慢で出版が遅れてしまったことを深くお詫び申し上げます．また，ご専門の立場からの原稿を執筆していただきましたが，入門的な教科書としてわかりやすさを優先させていただきました．最後に，振動学の分野別委員の先生の研究室の学生諸君には，図表をはじめ，編集を手伝ってくれたことを感謝いたします．

2005 年 8 月

JSME テキストシリーズ出版分科会

振動学テキスト

主査　高田　一

振動学　執筆者・出版分科会委員

執筆者・委員	高田　一	（横浜国立大学）	第 1 章，第 2 章
執筆者	永井　健一	（群馬大学）	第 3 章，第 9 章
執筆者	吉村　卓也	（首都大学東京）	第 4 章
執筆者	成田　吉弘	（北海道大学）	第 5 章
執筆者	池田　隆	（島根大学）	第 6 章
執筆者・委員	吉沢　正紹	（慶応義塾大学）	第 7 章
執筆者	青木　繁	（東京都立工業高等専門学校）	第 8 章
執筆者	井上　喜雄	（高知工科大学）	第 10 章
委員	木村　康治	（東京工業大学）	

総合校閲者　鈴木　浩平　（首都大学東京）

目次

第4章　2自由度系の振動

第5章　連続体の振動

第 1 章

はじめに

Introduction

1・1　振動学とは（what is vibration？）

機械工学を学ぶ上で，振動学はどのような位置にあるのだろうか．振動学の分野は，一般に力学のなかに位置づけられる．

力学に関しては，16 世紀から 17 世紀に活躍したガリレオ・ガリレイが自由落下する物体や振り子の運動などを観測したときに現在の力学の基礎が築き上げられたと言えるであろう．その後，運動の 3 法則を示したニュートン，解析力学で有名なラグランジュらへと続いていく．20 世紀に入って相対性理論を著したアインシュタインも力学には大いに寄与している．力学(mechanics)は，力と運動との関係を扱う学問であり，材料力学に代表される静力学(statics)と流体力学や機械力学に代表される動力学(dynamics)に分けられる．振動学はこの動力学のなかに位置づけられる．

では振動とは，一体何だろうか．振動(vibration)とは，ある座標系で測定した物理量が，その平均値や基準値よりも大きい状態と小さい状態とを交互に繰り返す変化である．この定義によれば，心臓の脈拍により生じる血圧変動なども振動と言うことができる．機械工学における振動学は，従来，主として機械振動(mechanical vibration)を対象にしてきたが，現在では流体力や電磁力により生じる機械の振動は言うまでもなく，前述の血圧変動などを含む広い分野の振動現象と係わるようになっている．

図 1.1　強制振動の例

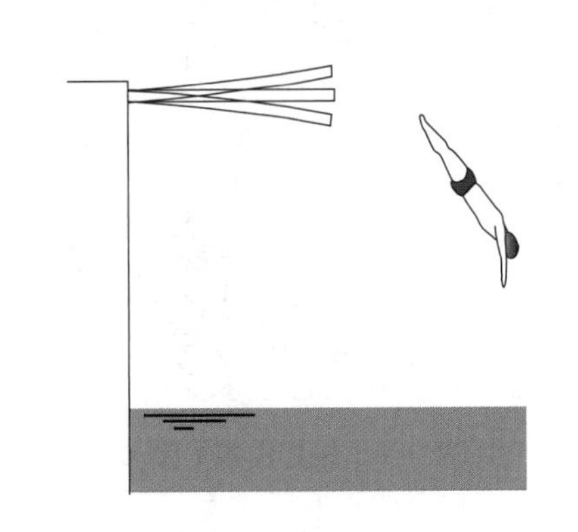

図 1.2　自由振動の例

1・2　どんな振動があるのだろうか（classification of vibration）

身のまわりにはいろいろな振動が起きている．最も身近な振動として，図1.1のように車がでこぼこ道を走行するとき，上下振動－車のバウンシングと呼ばれている－を感じることがある．このバウンシングは周期的な外力によって発生する継続的な周期振動であり，このような振動を強制振動(forced vibration)と呼ぶ．強制振動には，バウンシングのようにばねなどを通して外力を受ける場合と，直接外力を受ける場合とがあるが，振動の揺れ幅が小さいときは，いずれの場合も外力の振動数と同じ振動数で振動するのが特徴である．

次によく観察される振動として，図1.2のように飛び込み板から人が飛び込んだ後に板に発生する振動などがある．この振動は，物体に作用する外力を取り除いた後に起こる振動で，自由振動(free vibration)と呼ぶ．この場合，物体は，その系に固有の振動数つまり後述の固有振動数(natural frequency)で振動する．自由振動は固有振動とも呼ばれる．

これらのほかに日常見かける振動としては，図1.3のように風による旗のはためきがある．また，図1.4のように黒板にある角度を持ってチョークを進ませると摩擦力によりチョークがカタカタと振動する．これらは，非周期的な工

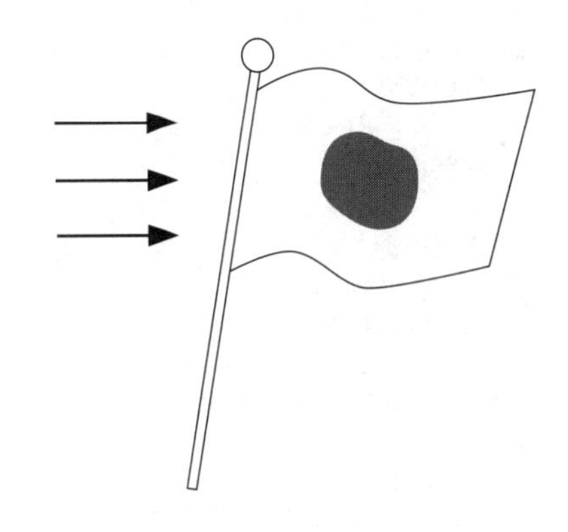

図 1.3　自励振動の例(1)
（風による旗のはためき）

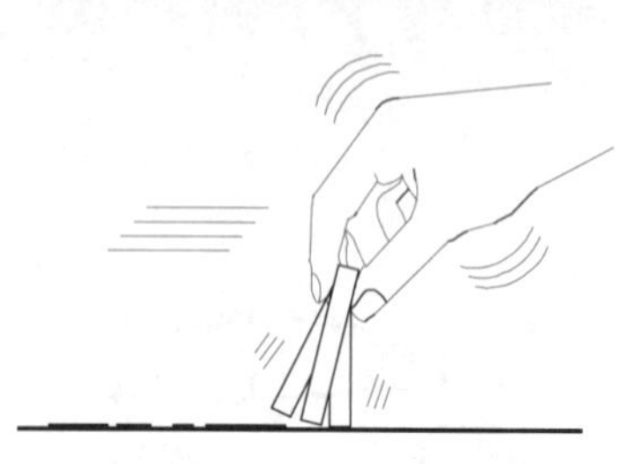

図 1.4　自励振動の例(2)
（黒板上でのチョークの
振動）

図 1.5　係数励振振動の例

ネルギーが継続的に供給されることにより生じる振動であり，自励振動(self-excited vibration あるいは self-induced vibration)と呼ばれる．自励振動によって物体が振動する振動数は，その物体の固有振動数である．

さらに，張力が時間変動する弦の横振動，人が上下動することにより励振されるブランコ乗りなどがある（図1.5）．これらは物体の運動方向とは異なる方向の周期的変動力により物体が励振される振動で，係数励振振動(parametric excitationあるいはparametrically excited vibration)と呼ばれる．係数励振によって物体が振動する振動数は，自励振動の場合と同様に，その物体の固有振動数である．この場合，周期的変動外力の振動数は，固有振動数とは異なり，固有振動数の半分の振動数近傍でよく発生するのが特徴である．また自励振動と係数励振振動は，外乱がないと，振動が起きないという共通の特徴を持つ．

以上，日常見かけるさまざまな振動現象を，励振のメカニズムを基本にして振動学の立場から見ると，次のように整理することができる（コラム参照）．

すなわち第一に，第2章で学ぶ振動現象の根幹として，振動中には外力が働いていなくても，その系固有の振動数で振動する自由振動がある．第二に，第3章で学ぶ励振の基本的メカニズムとして，周期的な外力により，外力と同一方向，同一振動数で振動する強制振動がある．第三に，外乱があるといままでの静止状態が不安定化して物体の固有振動数で振動する自励振動ならびに係数励振振動があり，これらは第9章に記されている．これらの特徴は，それぞれの振動の支配方程式を学ぶことにより，より正確かつ明確になる．

―物体の振動を支配する方程式系―

1.2 節で示された各振動の基本的な支配方程式は以下のようになる．

・自由振動

$$\ddot{y}+\omega_n^2 y=0$$

・強制振動

$$\ddot{y}+\omega_n^2 y=f\sin\omega t$$

・自励振動

$$\ddot{y}-2\gamma\dot{y}+\omega_n^2 y=0$$

・係数励振振動

$$\ddot{y}+(\omega_n^2+\varepsilon\sin\omega t)y=0$$

上の3つの微分方程式で青色の項が励振する働きを持つ．強制振動の場合のみ非同次の微分方程式で，初期条件として y および $\dot{y}$ が0つまり物体が完全な静止状態にあっても振動が発生する．これに対して自由振動を含め，自励振動および係数励振振動では，初期条件がすべて0のときには振動は発生しない．

1・3　振動の用語（vibration technical terms）

振動のなかでもっとも基本的な例は，調和振動(harmonic vibration)あるいは単振動(simple harmonic vibration)と呼ばれる周期的な運動である．これを式で表すと，

$$y=a\sin(\omega t+\varphi) \tag{1.1}$$

となる．ここで，

y：変位

t：時間

a：振幅

ω：角振動数または円振動数

φ：初期位相（時間 $t=0$ のときの位相）

である．また，この振動の周期は

$$T=\frac{2\pi}{\omega} \tag{1.2}$$

で表される．振動数は，周期を使うと

$$f=\frac{1}{T} \tag{1.3}$$

で表すことができる．

振動数(frequency)とは，単位時間あたりに繰り返されるサイクル数のことをいい，単位時間には秒を用いることが多く，ヘルツ(Hz)の単位で表す．振動学では，主に角振動数(angular frequency)あるいは円振動数(circular frequency)を用いる．角振動数は，振動数の 2π 倍であり，単位は(1/s あるい

は rad/s)となる．

式(1.1)で表される調和振動波形は，物体の運動を記述する微分方程式（運動方程式）の解である．運動方程式については第 2 章以降で説明するのでここでは省略する．

振動を運動方程式の形式から分類して線形振動，非線形振動に分けることもある．線形振動とは，微分方程式でいう線形微分方程式に対応し，運動方程式の解を重ね合わせることができる式で表された振動系である．この線形振動は理想化されたモデルであり，小振幅の振動に対応する．これに対して，非線形振動とは，形式では非線形の微分方程式に対応する．本教科書ではいくつかの例を挙げて説明する．

振動をさらに自由度(degree of freedom)という観点から分類することもできる．系の質点あるいは物体の位置や角度を 1 つの変数であらわすことができる系を 1 自由度の振動系という．質点が 2 つの場合，あるいは質点が 1 つでも変数が 2 つの場合は 2 自由度となる．たわむはりや棒，橋（図 1.6）などは連続体と呼ばれる．

図 1.6　連続体の例

空間内を移動する質点に関しては，空間は 3 次元であり，空間を移動する質点は 3 つの座標で位置を表すことができるので 3 自由度，空間を移動する物体つまり剛体は位置を表す 3 自由度と 3 つの座標軸のそれぞれの軸まわりの回転を表す 3 自由度を加えて合計 6 自由度となる．平面内を移動する質点は 2 自由度，平面内を移動する物体は面に垂直な軸まわりの回転も加わるので合計 3 自由度となる．

次に振動学で使用する単位について述べる．力の単位は N(ニュートン)，変位の単位は m である．実際の変位は小さいことが多いので mm を使うことも多い．ただし，工業界などでは重力単位を使用している場合もある．重力単位では力は kgf となる．この単位では，同じ力を表すのに重力加速度の値である約 9.8 倍だけ SI 単位よりも数値が小さくなる．例えば，体重 60 キロの人が床にかける力は SI 単位では 588N であるが，重力単位では 60kgf となる．

1・4　本教科書の構成と使用方法（overview and usage of this textbook）

この教科書は，大学で初めて振動学を学ぶ学生のために執筆されたもので，表 1.1 に示されるように全 10 章から構成されている．その特色は，以下に述べられる三点にある．

第一の特色は，振動学の基礎あるいは根幹となる第 1 章から第 4 章において，力学・数学の学力が必ずしも十分でない学生諸君でも独学で容易に読むことが出来るように，必要最小限の“基本事項を精選”した上で“やさしさに重点“を置いた点にある．

第二の特色は，将来，実社会において体験するであろう現象への橋渡し，あるいは最先端の研究につながる第 5 章から第 9 章において，各章執筆担当の専門家が“内容を厳選”した上で“わかりやすさに最大限の努力”を払った点にある．

また，第 5 章から第 9 章は各章が完結しており，初学者でも第 1 章から第

4 章までを通読していれば，各章独立に読むことが出来る．本書は振動学の入門書であるが，第 5 章から第 9 章は，ある程度振動学を学んだ方々にも，より高度な振動学を学ぶ面白さ，少々大げさに言えば醍醐味を味わっていただけること願っている．

なお第 5 章から第 9 章では，各分野特有の“運動方程式の記述方法”，“記号の使い方”などを，各章毎に必要最低限度に限って独立にもちいている．たとえば，質点の運動方程式中の $m\ddot{x}$ の $\ddot{x}$ は加速度であり，この x は座標として記述している．同じ式中にある x であっても kx の x はばねの自然長からの伸びをあらわしており，質量 m の変位を表している．この表現が連続体になると座標として x を用い，連続体の中のある点の変位として u を用いている．これらの表現は，各章に相当する学問分野の慣例によるものであり，座標と変位との区別を認識していただきたい．

第三の特色は，計測に関する第 10 章において，産業界で永年に渡り振動測定に携わってきた専門家により“振動現象の具体的な測定方法”を記述した点にある．

以上に述べた三つの特色を持つ本教科書を，高専あるいは大学 1,2 年の学生を対象にした振動学の授業(半期，12 回)で使う場合，第 1 章から第 4 章までを 8 回程度で講義したのち，講義の進み具合に合わせて第 5 章から第 9 章までの 1 あるいは 2 章を選択して講義することを薦める．これによって，他の章を必要に応じて学生独自で学ぶことが容易になる．そして最後に，第 10 章を 1～2 回程度で講義することが望ましい．

表 1.1　本教科書の構成図

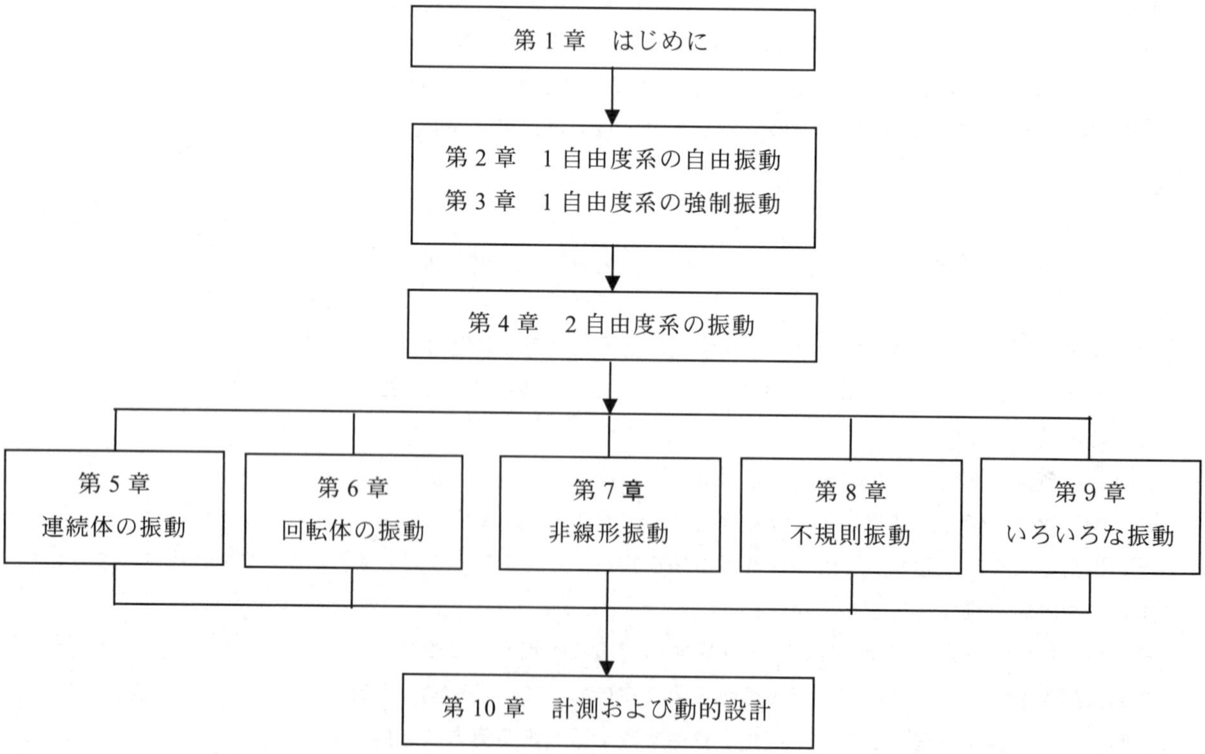

第 1 章　はじめに

↓

第 2 章　1 自由度系の自由振動
第 3 章　1 自由度系の強制振動

↓

第 4 章　2 自由度系の振動

↓

第 5 章	第 6 章	第 7 章	第 8 章	第 9 章
連続体の振動	回転体の振動	非線形振動	不規則振動	いろいろな振動

↓

第 10 章　計測および動的設計

第 2 章

1 自由度系の自由振動

Free Vibration of System with Single Degree of Freedom

- 振動の周期は何で決まる？ 振り子も振動？
- 力を使うか，エネルギーを使うか，頭を使って考えよう！
- 永く続く振動，すぐ衰える振動，それは何が原因か
- 電気系でも振動する，つまり発振！

2・1　1 自由度振動系とは（vibration systems with single degree of freedom）

機械や構造物で振動が生じると破壊や事故に至るおそれがあり，また破壊までに至らなくても騒音や振動で不快に感じることがある．そのような場合には，系のメカニズムを知ることにより振動や騒音対策の手段を講ずることができる．ここでは，振動系(vibration system)のなかで最も基本的な系である 1 自由度の振動系を取り扱う．ここでいう 1 自由度とは，系を構成する要素のひとつである質点あるいは剛体が 1 個であり，その位置あるいは角度などが一つの変数で表される系を意味する．

2・2　減衰のない 1 自由度系の振動（vibration systems with single degree of freedom without damping）

2・2・1　ばね－質量系の運動方程式と解（equation of motion and spring-mass system solution）

まず，図 2.1 のような系を考える．質点は質量 m をもち，図の x 軸方向だけに動くことができる．質点の位置はばねが自然長であるときの位置を原点として，その変数を x とする．とりつけられているばねのばね定数を k とし，ばねと復元力の間にはフックの法則が成立するものとする．また，ばねの質量を無視する．この質点の運動を表す運動方程式は，ニュートンの第二法則である「質量×加速度＝力」の式を用いて，

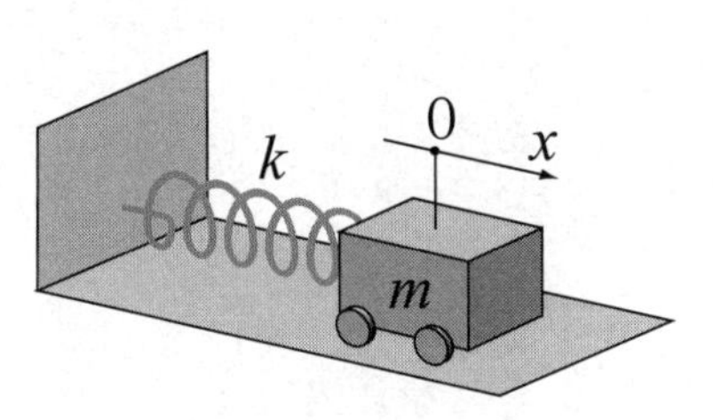

図 2.1　1 自由度振動系のモデル

$$m\frac{d^2x}{dt^2} = -kx \tag{2.1}$$

と書くことができる．加速度 d^2x/dt^2 は $\ddot{x}$ と記述し，次のように書くことが多い．

$$m\ddot{x} = -kx \tag{2.2}$$

あるいは，

$$m\ddot{x} + kx = 0 \tag{2.3}$$

これが，1自由度系の調和振動(harmonic vibration)の運動方程式である．

図2.1では，質点が水平面内で振動する場合を考えているが，次に図2.2(a)のように天井からつりさげられたばねに質点が取り付けられ，上下に振動する場合を考えてみる．この場合，図2.2(b)のように質点が釣合いの位置にある場合にばねがすでに伸びていることを考慮する必要がある．ばねが自然長であるときのばねの先端位置を原点として，質点の位置を変数 X で表し下向きにとる．質点の運動方程式は，

$$m\ddot{X} = mg - kX \tag{2.4}$$

で表される．ばねの伸び X を釣合いの位置での伸び x_s（図2.2(b)）と釣合いの位置からの伸び x（図2.2(c)）で表すと，

$$X = x_s + x \tag{2.5}$$

となる．ここで，ばねの伸び x_s はばねによる復元力と重力との釣合いより，

$$mg = kx_s \tag{2.6}$$

となり，また $\ddot{X} = \ddot{x}$ であるので，式(2.4)は，次のようになる．

$$m\ddot{x} = mg - k(x_s + x) = -kx \tag{2.7}$$

この式(2.7)は重力を考慮していない式(2.2)と同じである．つまり，次のことがいえる．

質点に重力が働いている場合でも，釣合いの位置を原点にとれば，重力を考慮せずに運動方程式を立てた場合と同じになる．

式(2.2)あるいは式(2.7)の一般解を求めるには，まず式の両辺に $\dot{x}$ を乗じ，変形すると

$$\frac{d}{dt}\left(\frac{m}{2}\dot{x}^2 + \frac{k}{2}x^2\right) = 0 \tag{2.8}$$

となる．これを積分すると，

$$\frac{m}{2}\dot{x}^2 + \frac{k}{2}x^2 = \text{一定} = E \tag{2.9}$$

となり，この式は「運動エネルギーとばねによる弾性エネルギーを合わせた系全体のエネルギーは一定であり，エネルギーが保存されている」ことを示している．そして，式(2.9)を

$$\dot{x} = \pm\sqrt{\frac{2E}{m} - \frac{k}{m}x^2} = \pm\sqrt{\frac{2E}{m}\left(1 - \frac{k}{2E}x^2\right)} \tag{2.10}$$

のように変形した後，

$$x = \sqrt{\frac{2E}{k}}\sin\theta \tag{2.11}$$

とおいて式(2.10)に代入すると，$\dot{x} = \sqrt{2E/k}\,\dot{\theta}\cos\theta$ を使って

$$\dot{\theta} = \pm\sqrt{\frac{k}{m}} \tag{2.12}$$

が得られる．したがって，x は，

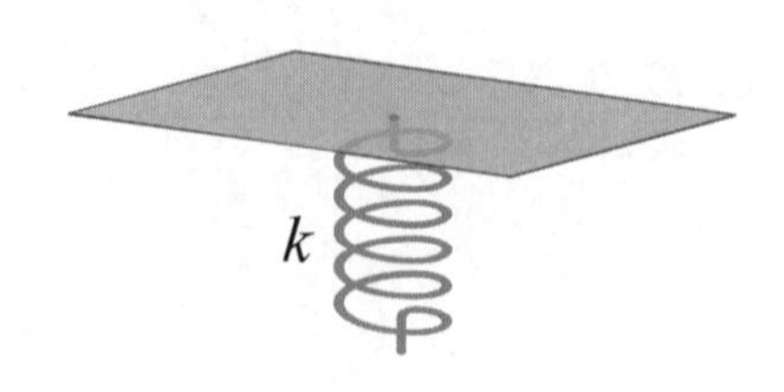

(a)　天井からつりさげられたばね

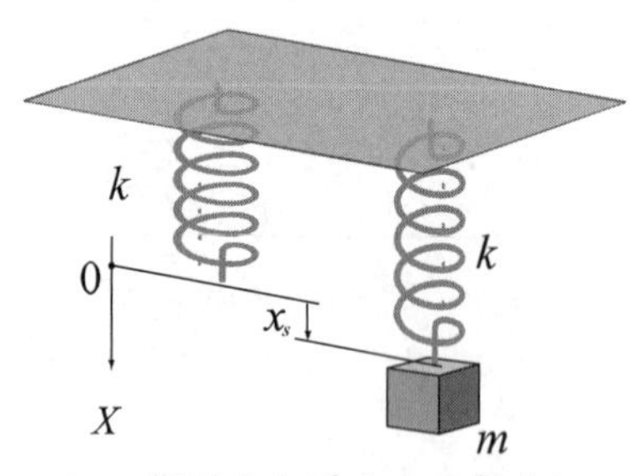

(b)　復元力と重力との釣合い

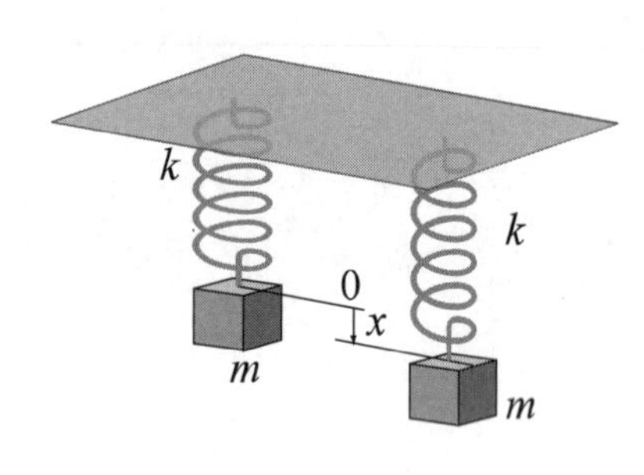

(c)　釣合いの位置からの座標

図2.2　天井からつり下げられたばね－質量系の自由振動

$$x = \sqrt{\frac{2E}{k}}\sin(\pm\sqrt{\frac{k}{m}}t + \alpha)$$
$$= A\sin\omega_n t + B\cos\omega_n t \quad (2.13)$$

と求められる．ここで，$\omega_n = \sqrt{k/m} = \sqrt{g/x_s}$

である．この ω_n は振動系に固有の値であり，自由振動(free vibration)ではこの振動数で振動するので固有角振動数(natural angular frequency)あるいは固有円振動数(natural circular frequency)と呼ばれる．また，A および B は積分定数であり，初期条件により決まる．また，この振動の周期を固有周期(natural period)といい，$T = 2\pi/\omega_n$ で求められる．

この解 x は 0 を中心に振動していることがわかり，振動系について次のことが説明できる．

① 釣合いの位置が振動の中心（これを平衡点という）となる．

② 重力の影響を受ける上下振動の場合でも釣合いの位置を原点として式を立てると運動方程式は式(2.7)で表され，解は式(2.13)で表されるので，やはり釣合いの位置を平衡点として振動する．

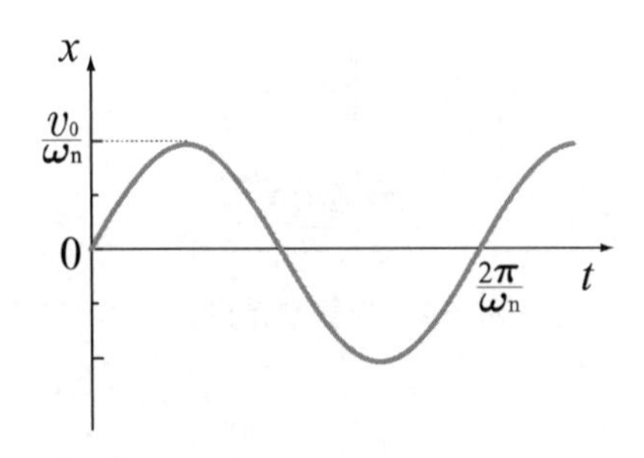

(a)　$t=0$：$x=0, \dot{x}=v_0$ のときの振動

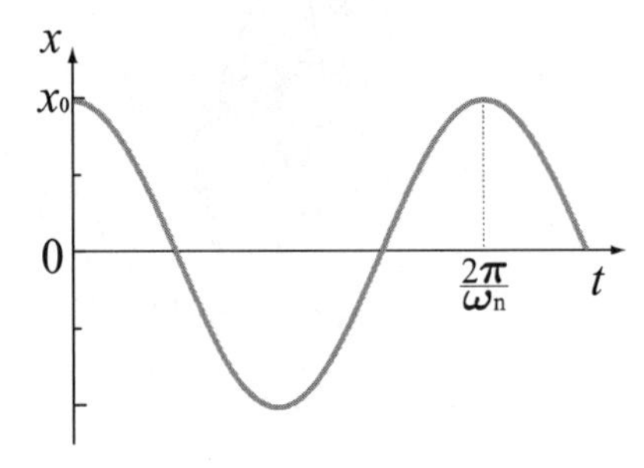

(b)　$t=0$：$x=x_0, \dot{x}=0$ のときの振動

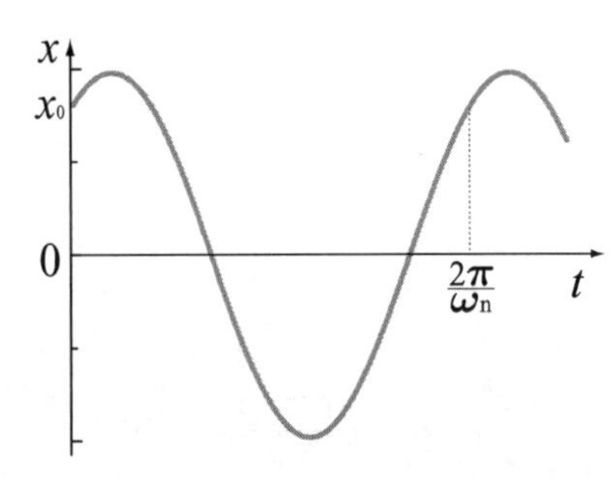

(c)　$t=0$：$x=x_0, \dot{x}=v_0$ のときの振動

図 2.3　いろいろな初期条件における自由振動波形

【例題 2・1】　＊＊＊＊＊＊＊＊＊＊＊＊＊＊＊＊＊＊＊＊＊＊＊＊

$t=0$ で，(a) $x=0$，$\dot{x}=v_0$ であるときの振動を求めよ．また，(b) $x=x_0$，$\dot{x}=0$ のとき，(c) $x=x_0$，$\dot{x}=v_0$ のときはどうか．

【解答】　(a) $x=0$，$\dot{x}=v_0$ の場合は，$x=(v_0/\omega_n)\sin\omega_n t$，(b) $x=x_0$，$\dot{x}=0$ の場合は，$x=x_0\cos\omega_n t$ となる．また，(c) $x=x_0$，$\dot{x}=v_0$ の場合は，$x=(v_0/\omega_n)\sin\omega_n t + x_0\cos\omega_n t$ のようになり，sin あるいは cos から位相がずれることになる．これらの様子を図 2.3(a)，(b)および(c)に示す．

＊＊＊＊＊＊＊＊＊＊＊＊＊＊＊＊＊＊＊＊＊＊

例題の解をみてわかるように(c)の場合の解は，(a)の場合の解と(b)の場合の解の和になっている．つまり，初期条件(c)は初期条件(a)と(b)の和になっており，解も同様に和になっている．このような性質を線形といい，微分方程式が線形であると同時に振動についても線形振動(linear vibration)であるという．

2・2・2　さまざまな振動モデル（various models of vibration）

これまでは，ばねと質点がひとつである「ばね－質量系」について考えてきたが，振動の形態はこれだけではない．ここでは，他の形態の振動について考えてみる．

a．ねじり振動（torsional vibration）

ばね－質量系は質点が直線的な振動を行なう系であるが，回転の例としてねじり振動(torsional vibration)があげられる．図 2.4 のように天井にとりつけられた弾性軸の先に円板が取り付けられている系を考える．質量の無視できる

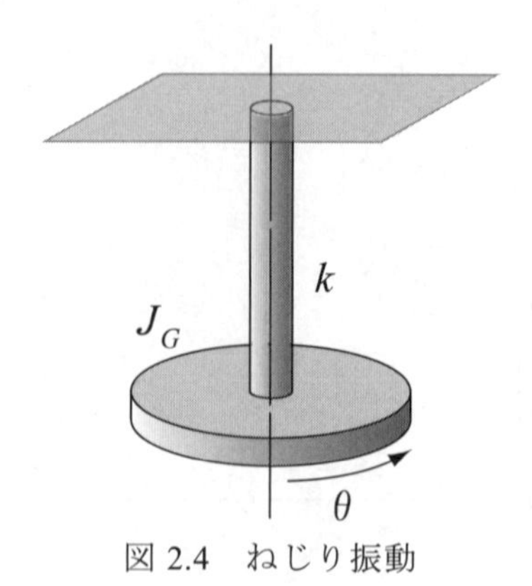

図 2.4　ねじり振動

軸は中心軸まわりにねじられ，円板は剛体とする．このとき，円板の中心まわりの回転運動を表す運動方程式は，回転角度を表す変数をθとし，ねじりのばね定数をkとすると，復元モーメント（トルク）は$-k\theta$となるので，回転のしにくさを表す中心（重心）軸まわりの慣性モーメントJ_Gを使って

$$J_G\ddot{\theta}+k\theta=0 \tag{2.14}$$

と記述することができる．ここで，変数θは回転角度を表し，kはねじりのばね定数とよばれる定数である．この微分方程式の形式は，ばね－質量系と同じであるので，解の形式はばね－質量系と同じである．ばね定数の具体的な例として，軸の横弾性係数がG，断面極二次モーメントがI_P，長さがlである軸の場合，$k=GI_P/l$で求められる．さらに軸が中実丸棒の場合，直径をdとすると，$I_P=\pi d^4/32$で計算される．

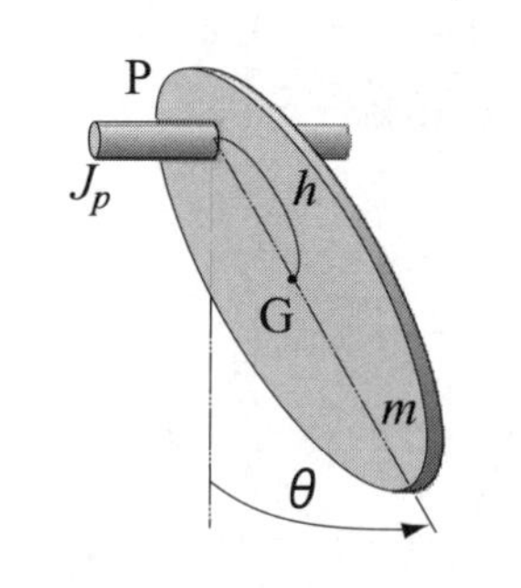

図 2.5　実体振り子の振動

b．実体振り子（physical pendulums）

他の振動の例として，振り子が挙げられる．図 2.5 のように質量mの振り子の重心から距離hの点 P で支持し，点 P まわりの慣性モーメントをJ_Pとすると，振り子の運動方程式は，

$$J_P\ddot{\theta}+mgh\sin\theta=0 \tag{2.15}$$

と表される．

この式はこれまでの微分方程式と形式が異なるように見えるが，微小振動であるという条件を加えると，$\sin\theta\simeq\theta$と近似できるので，式(2.15)は，次のようになり，これまでと同じ形式の微分方程式となる．

$$J_P\ddot{\theta}+mgh\theta=0 \tag{2.16}$$

これまでの 3 種類の振動のパラメータと変数を対応させると表 2.1 のようになる．

表 2.1　いろいろな振動モデルの対応

ばね－質量系の振動（直線振動）	x(m)	m(kg)	k(N/m)
ねじり振動	θ(rad)	J_G(kgm^2)	k(Nm/rad)
振り子の振動	θ(rad)	J_P(kgm^2)	mgh(Nm/rad)

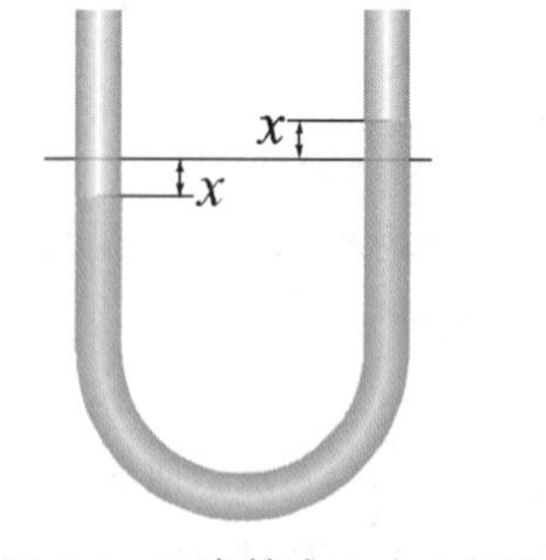

図 2.6　U 字管内の水の振動

【例題 2・2】　＊＊＊＊＊＊＊＊＊＊＊＊＊＊＊＊＊＊＊＊＊＊＊＊＊＊

図 2.6 のような U 字管があり，管内の液体が自由振動しているときの周期を求めよ．管の断面積をA，液体の全長をl，液体の密度をρとする．

【解答】　平衡点を原点にとり，右側の液体がxだけ上がっているものとする．このとき，両液体には$2x$の高さの差が生じているので，液体が受ける力

は重力加速度を g として

$$2\rho Axg \tag{2.17}$$

となる．液体の全質量は ρAl であり，力は x と逆方向であるので運動方程式は

$$\rho A l\ddot{x} = -2\rho Axg \tag{2.18}$$

となり，　$\omega_n = \sqrt{2g/l}$ となるので，周期は

$$T = 2\pi/\omega_n = 2\pi\sqrt{l/2g} \tag{2.19}$$

となる．

＊＊＊＊＊＊＊＊＊＊＊＊＊＊＊＊＊＊＊＊＊＊＊

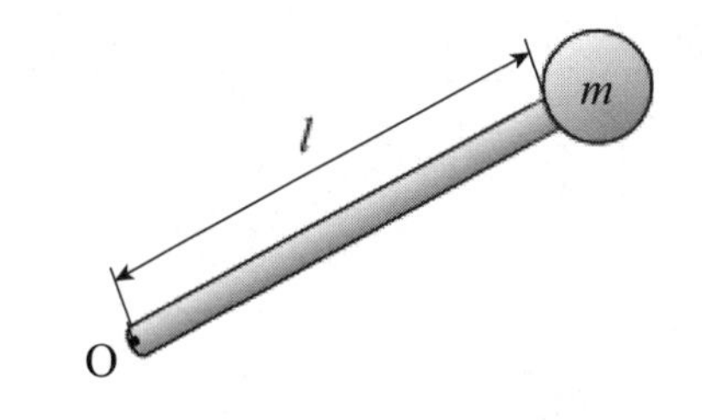

図 2.7　定点まわりに回転する質点の慣性モーメント

c．慣性モーメント（moment of inertia）

上記で使った慣性モーメントについて述べる．

（1）　質量が無視できる長さ l の棒の先に質量 m の質点がついた系の点 O まわりの慣性モーメント（図 2.7）

$$J_O = ml^2 \tag{2.20}$$

（2）　長さ l，質量 m の一様な棒の慣性モーメント（図 2.8(a)）

(i)　重心 G まわり（図 2.8(b)）　　$J_G = \dfrac{1}{12}ml^2$　　(2.21)

(ii)　端点 O まわり（図 2.8(c)）　　$J_O = \dfrac{1}{3}ml^2$　　(2.22)

(iii)　重心 G から h だけはなれた点 P まわり（図 2.8(d)）

$$J_P = \frac{1}{12}ml^2 + mh^2 \tag{2.23}$$

ここで，$J_P = J_G + mh^2$ が成り立っていることがわかる．これを慣性モーメントに関する平行軸の定理(parallel axis theorem)という．これは，棒だけでなく慣性モーメントについて一般的に成り立つ．

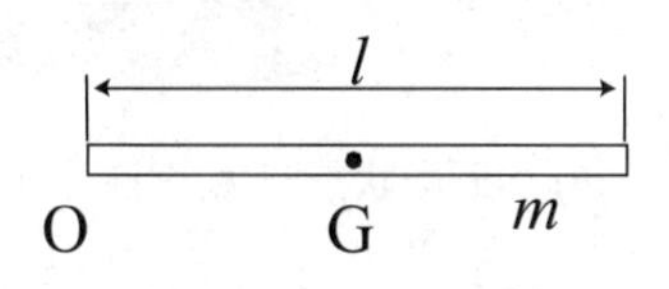

(a)一様な棒

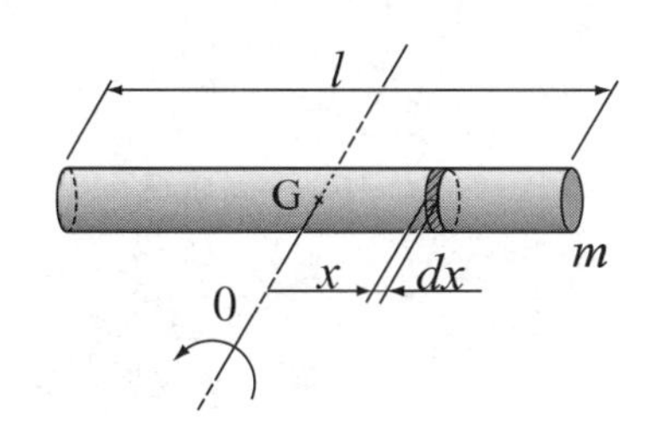

(b)重心 G まわりの慣性モーメント

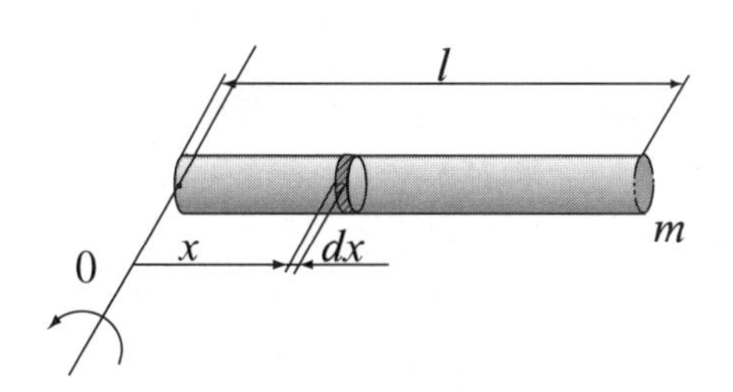

(c)端点 O まわりの慣性モーメント

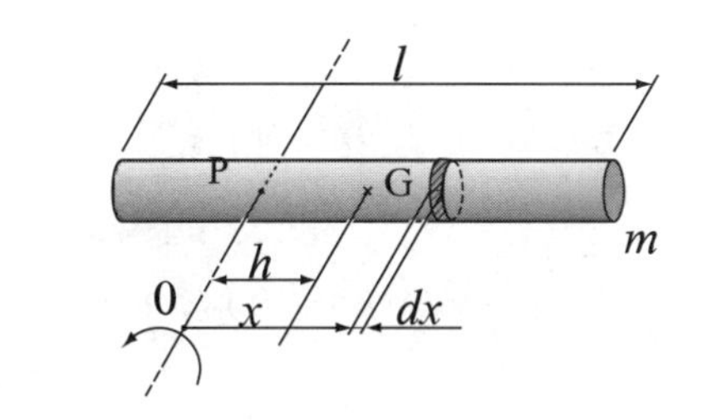

(d)任意の点 P まわりの慣性モーメント

図 2.8　棒の慣性モーメント

（3）　面密度 ρ，半径 R，厚さ一定の一様な円板の中心（重心）まわりの慣性モーメント（図 2.9）

$$J_O = \frac{1}{2}mR^2 \tag{2.24}$$

ここで，質量 $m = \rho\pi R^2$ としている．

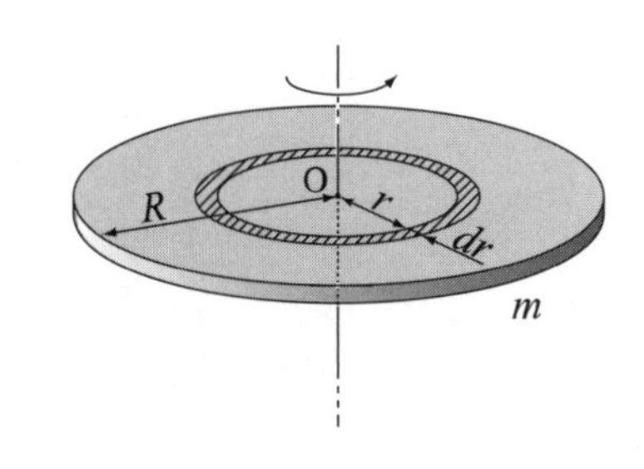

図 2.9　回転の中心まわりの慣性モーメント

2・3　エネルギー法による固有振動数の計算法（calculation using energy method）

これまで考えてきた振動の解法について考えてみる．運動方程式である微分方程式の解が求められれば良いが，解を求めるのが困難な運動方程式や，ときには解を求めなくても振動系の特性だけを求めればよい場合がある．例えば，固有振動数(natural frequency)だけを求めたい場合は，次のエネルギー法

（レイリー法）を用いると便利なことが多い．

2・3・1　ばね－質量系（ばねが水平の場合）（spring-mass system with horizontal spring）

エネルギー法では，自由振動している場合のエネルギー保存則を利用して固有振動数を求める．図 2.10(a)および(b)の系の全体のエネルギー E は，運動エネルギー＋ばねの弾性エネルギー＝一定であり，式で表すと次のようになる．

$$E = \frac{1}{2}mv^2 + \frac{1}{2}kx^2 = 一定 \tag{2.25}$$

ここで x はばねの伸びあるいは縮みである．ばねが自然長のときの質点の位置を原点にとり，変位を $x = A\sin\omega_n t$ と仮定すると $v = \dot{x} = A\omega_n\cos\omega_n t$ となる．振動中の2箇所，例えば，(i)平衡状態の点を通過中のときと，(ii)ばねの伸びが最大のときにおいて，エネルギーの保存を考える．

(i)　平衡点を通過中のとき（図 2.10(a)）は $x = 0,\ v = A\omega_n$ であるで，

$$E = \frac{1}{2}m(A\omega_n)^2 + 0 \tag{2.26}$$

(ii)　ばねの伸びが最大のときは（図 2.10(b)） $x = A,\ v = 0$ であるので，

$$E = 0 + \frac{1}{2}kA^2 \tag{2.27}$$

となり，(i)と(ii)でのエネルギーが等しいとおいて $\frac{1}{2}m(A\omega_n)^2 = \frac{1}{2}kA^2$

より，固有角振動数 $\omega_n = \sqrt{k/m}$ が求められる．

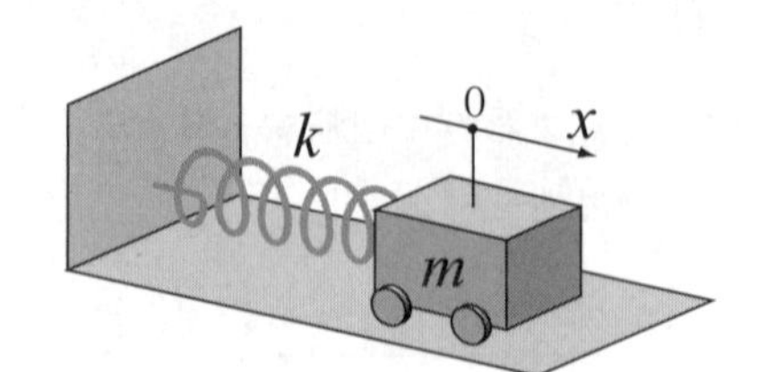

(a)　平衡状態の点を通過中のとき

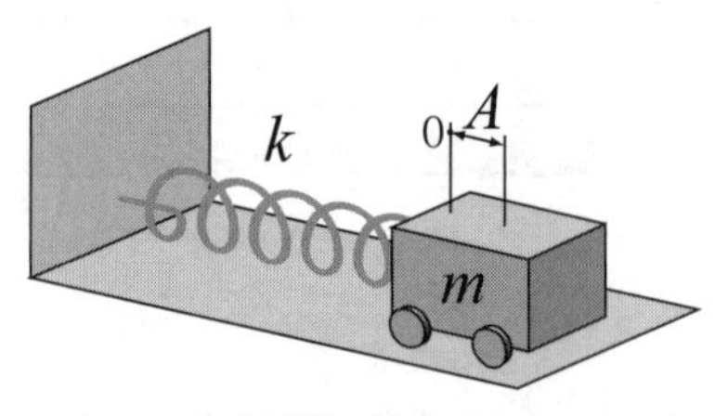

(b)　ばねの伸びが最大のとき

図 2.10　平衡点のときとばねののびが最大のとき

2・3・2　ばね－質量系（ばねが垂直の場合）（spring-mass system with vertical spring）

ばねが垂直の場合，全体のエネルギーに質点の位置エネルギーが含まれる．

$$E = \frac{1}{2}mv^2 + \frac{1}{2}kx^2 + mgh = 一定 \tag{2.28}$$

ここで h は基準点からの質点の高さを表す．図 2.11 で釣合いの位置（平衡点）を原点にとり位置エネルギーの基準点も平衡点にとる．平衡点でのエネルギーは，変位を水平の場合と同様に考えて，ばねの伸びは， $x_s = mg/k$ であるので

$$\text{(i)}\quad E = \frac{1}{2}m(A\omega_n)^2 + \frac{1}{2}kx_s^2 + 0 \tag{2.29}$$

最下点では，ばねの伸びは $x_s + A$ となるので，

$$\text{(ii)}\quad E = 0 + \frac{1}{2}k(x_s + A)^2 - mgA = \frac{1}{2}k(x_s^2 + A^2) \tag{2.30}$$

同様に(i)と(ii)でのエネルギーが等しいとおいて

$\therefore \omega_n = \sqrt{k/m}$ が求められる．

これは，質点の最上点を用いても同様に求められる．

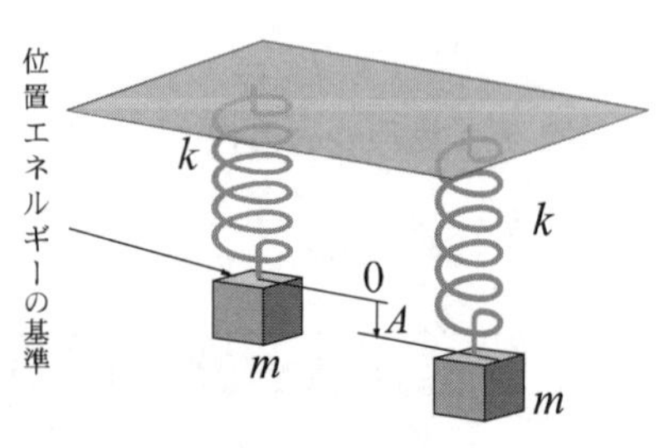

図 2.11　つりあいの位置（平衡点）とばねののびが最大のとき

2・3・3　振り子の振動（vibration of pendulum）

図 2.12 のような振り子の場合，考えるエネルギーは，運動エネルギーと位置エネルギーの和である．位置エネルギーの基準を振り子の最下点（平衡点）にとり，式で表すと

$$E = \frac{1}{2} J_P \dot{\theta}^2 + mgh(1 - \cos\theta) \tag{2.31}$$

となる．振り子の角度を $\theta = \alpha \sin \omega_n t$ とすると，

(i)平衡点（図 2.12 (a)）では，$\theta = 0$，$\dot{\theta} = \alpha\omega_n$ であるので，

$$E = \frac{1}{2} J_p (\alpha\omega_n)^2 + 0 \tag{2.32}$$

(ii)一番右に振れた位置（図 2.12(b)）では，$\theta = \alpha$，$\dot{\theta} = 0$ であるので，

$$E = 0 + mgh(1 - \cos\alpha) \tag{2.33}$$

となる．ここで，微小振動を仮定し，振幅は小さいと考えて，$\cos\alpha = 1 - \alpha^2/2$ で近似する．(i)と(ii)のエネルギーが等しいとおいて

$$\omega_n = \sqrt{\frac{mgh}{J_P}} \tag{2.34}$$

という振り子の固有角振動数が求められる．

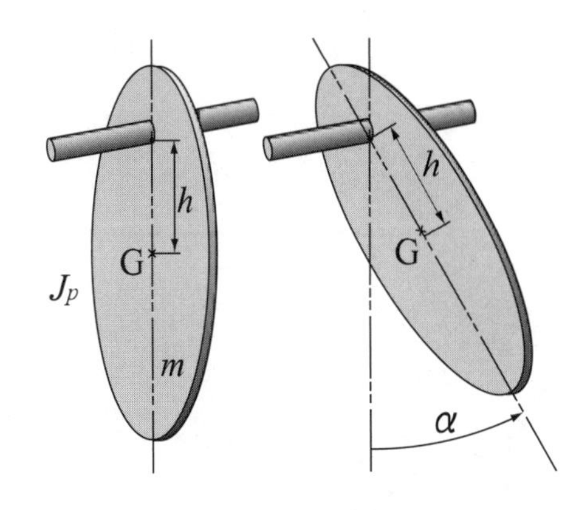

(i)　平衡点　　(ii)　角度が最大のとき

(a)　平衡点と位置が最高のとき

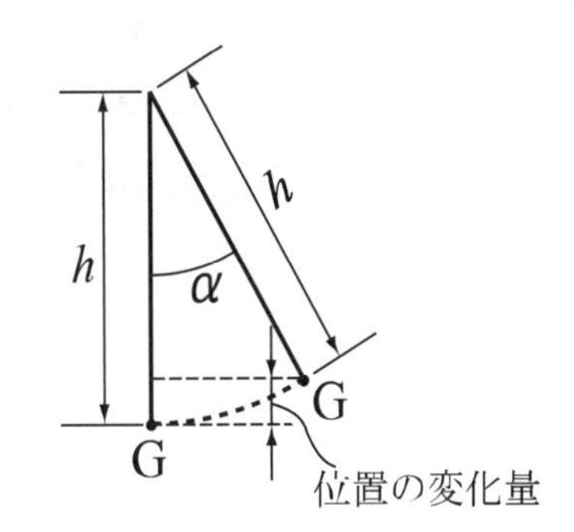

(b)　重心位置の上昇

図 2.12　実体振り子の振動

2・4　減衰のある１自由度系の振動（vibration of system with single degree of freedom with damping）

減衰振動(damped vibration)とは時間とともに振幅が小さくなっていく振動のことをいう．減衰振動には粘性減衰振動，摩擦減衰振動などがある．これに対して，減衰のない場合の振動を不減衰振動(undamped vibration)という．図 2.13(a)のような粘性減衰がある場合の振動系について考えてみる．質点は減衰要素から質点の速度に比例する抵抗力を受ける．比例係数は減衰係数(damping coefficient)と呼ばれ，通常 c で表す．この性質を粘性減衰といい，減衰要素は減衰器(damper)あるいはダンパーともよばれる．図 2.13(a)は，図 2.13(b)のようにモデル化して表すこともできる．運動方程式は質点に働く力として，ばねによる復元力に減衰項 $-c\dot{x}$ を付け加えて次のようになる．

$$m\ddot{x} = -kx - c\dot{x} \tag{2.35}$$

あるいは，

$$m\ddot{x} + c\dot{x} + kx = 0 \tag{2.36}$$

ここで，減衰項の符号について考えてみる．$\dot{x}$ が正のとき，減衰器による力は負の方向に働き，$-c\dot{x}$ の符号としては負になる．一方，$\dot{x}$ が負のときは減衰器による力は正の方向に働き，$-c\dot{x}$ の符号としては正になる．したがって，式(2.35)の減衰項による力は速度と反対の向きであることがわかる．

この解を求める方法はいくとおりかあるが，ここでは，解を $x = Ae^{\lambda t}$ とおいてみると，λ は，$m\lambda^2 + c\lambda + k = 0$ 　の解となり，

$$\lambda = \frac{-c \pm \sqrt{c^2 - 4mk}}{2m} = \lambda_1, \lambda_2 \tag{2.37}$$

のように求められる．式(2.36)の解は

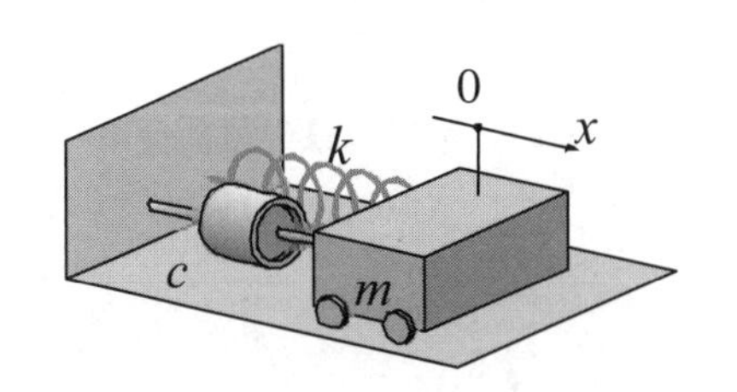

(a)　1 自由度系の振動モデル

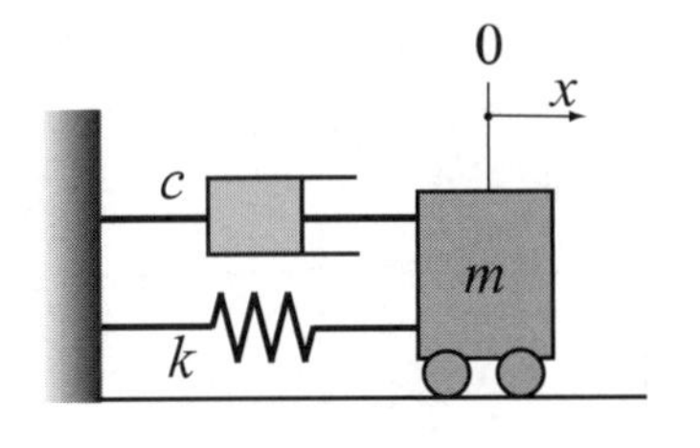

(b)　2 次元モデル図

図 2.13　減衰器のついた振動モデル

$$x = Ae^{\lambda_1 t} + Be^{\lambda_2 t} \tag{2.38}$$

となり，λ_1, λ_2 の正負，あるいは実数，虚数で質点の挙動が異なることになる．ここで，A および B は積分定数である．式(2.37)の根号の中の正負で以下のように分けられる．

2・4・1　過減衰（overdamping）

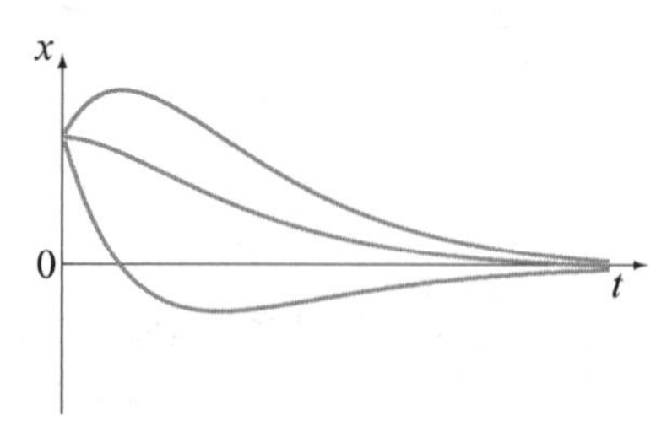

図 2.14　過減衰の時間変化（初期条件の違いによりグラフが異なる）

$c^2 > 4mk$ のとき λ_1, λ_2 は負の数となり，時刻とともに x は 0 に近づく．したがって，振動は起こらず，この現象は過減衰(overdamping）とよばれる．（図 2.14）

2・4・2　不足減衰（underdamping）

$c^2 < 4mk$ のとき，λ_1 と λ_2 はともに複素数となる．ここで，

$$\lambda_1, \lambda_2 = -\frac{c}{2m} \pm i\omega_d \tag{2.39}$$

$$\omega_d = \frac{\sqrt{4mk - c^2}}{2m} \tag{2.40}$$

であるので，

$$x = Ae^{(-\frac{c}{2m}+i\omega_d)t} + Be^{(-\frac{c}{2m}-i\omega_d)t}$$

$$= Ae^{-\frac{c}{2m}t}(\cos\omega_d t + i\sin\omega_d t) + Be^{-\frac{c}{2m}t}(\cos\omega_d t - i\sin\omega_d t)$$

$$= e^{-\frac{c}{2m}t}(A'\cos\omega_d t + B'\sin\omega_d t)$$

$$= \sqrt{A'^2 + B'^2}e^{-\frac{c}{2m}t}\sin(\omega_d t + \varphi) \tag{2.41}$$

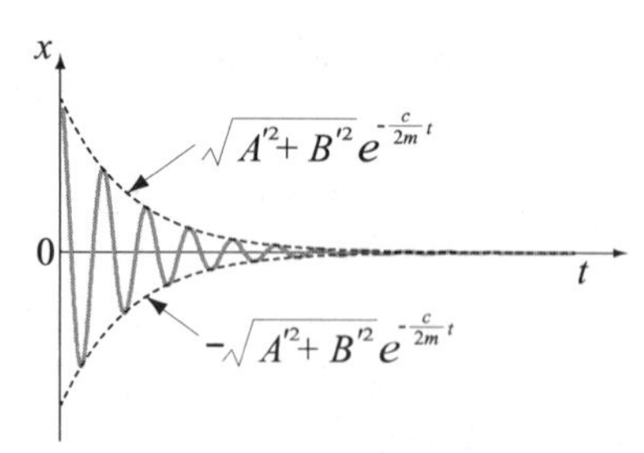

図 2.15　不足減衰の時間変化（減衰振動）

となり，図 2.15 のような減衰振動(damped vibration)が起こる．ここで，$e^{i\theta} = \cos\theta + i\sin\theta$ を使っている．また，i は虚数単位，A', B' は積分定数である．ω_d は減衰固有角振動数(damped natural angular frequency)である．この現象を不足減衰(underdamping)という．

2・4・3　臨界減衰（critical damping）

$c^2 = 4mk$ のときは $\lambda_1 = \lambda_2$ で，積分定数が一つになり式(2.38)が一般解にならないので，式(2.35)の一般解を $x = f(t)e^{-\frac{c}{2m}t}$ とおいて

$$x = (At + B)e^{-\frac{c}{2m}t} \tag{2.42}$$

のように求められる．ここで，A および B は積分定数である．

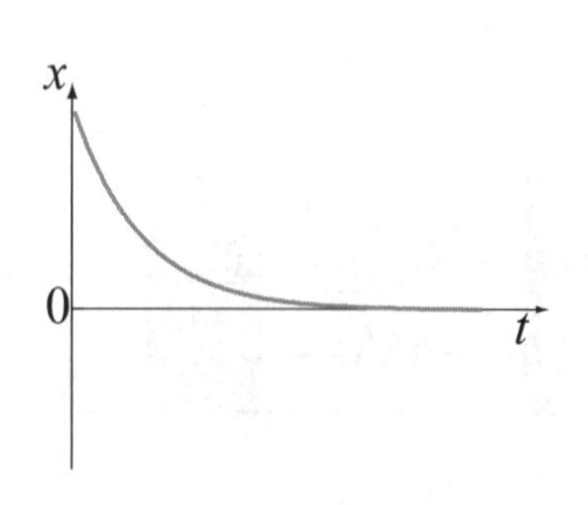

図 2.16　臨界減衰の時間変化

式(2.42)は時間とともに図 2.16 のようにやはり 0 に近づく．この条件からわかるように，c の値が $2\sqrt{mk}$ よりも小さいと振動が起こるので，この $c = 2\sqrt{mk}$ の値を臨界減衰係数(critical damping coefficient)とよび，c_c と記述する．このときを臨界減衰(critical damping)という．また，c と臨界減衰係数との比を減衰比(damping ratio)といい，$\zeta = c/c_c$ で表す．$\zeta > 1$ のとき，過減

衰，$\zeta=1$のとき，臨界減衰，$\zeta<1$のとき，不足減衰に対応する．

前述の減衰固有角振動数ω_dと減衰のない場合の固有角振動数ω_nの関係は，$\omega_d=\omega_n\sqrt{1-\zeta^2}$のように表され，減衰がある場合は減衰のない場合に比べて固有角振動数が小さくなる．しかし，実際の構造物の多くは，減衰比は小さいので，減衰による固有振動数低下は非常に小さい．

2・4・4 対数減衰率（logarithmic decrement）

減衰の程度は次のように計算する．時刻t_nのときの変位をx_n，一周期後の変位をx_{n+1}とすると

$$x_n=e^{-\frac{c}{2m}t_n}(A'\cos\omega_d t_n+B'\sin\omega_d t_n) \tag{2.43}$$

$$x_{n+1}=e^{-\frac{c}{2m}(t_n+\frac{2\pi}{\omega_d})}\{A'\cos\omega_d(t_n+\frac{2\pi}{\omega_d})+B'\sin\omega_d(t_n+\frac{2\pi}{\omega_d})\} \tag{2.44}$$

であるので，その比x_n/x_{n+1}およびその対数は

$$\frac{x_n}{x_{n+1}}=e^{\frac{\pi c}{m\omega_d}}=e^{\frac{2\pi\zeta}{\sqrt{1-\zeta^2}}} \tag{2.45}$$

$$\delta=\ln\frac{x_n}{x_{n+1}}=\frac{\pi c}{m\omega_d}=\frac{2\pi\zeta}{\sqrt{1-\zeta^2}} \tag{2.46}$$

となる．このδを対数減衰率(logarithmic decrement)という．

実際にどの程度の減衰効果があるのかについて考えてみよう．

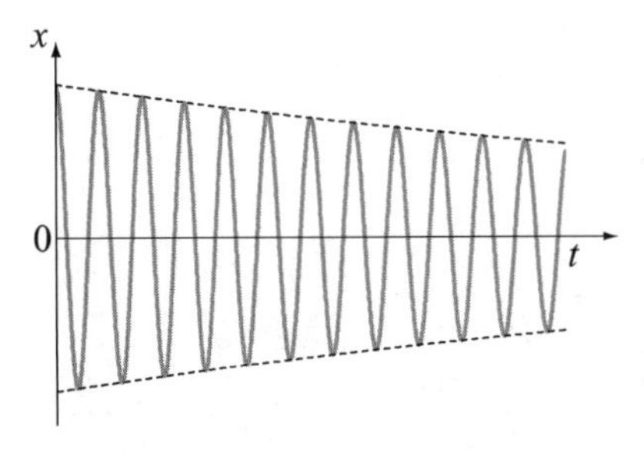

(a)　減衰比ζ=0.01のとき

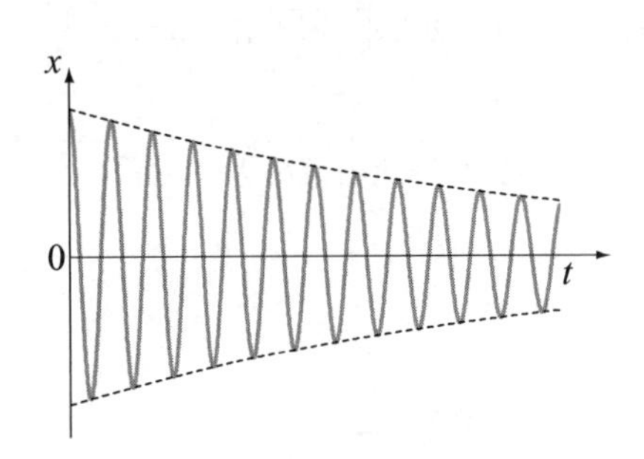

(b)　減衰比ζ = 0.02のとき

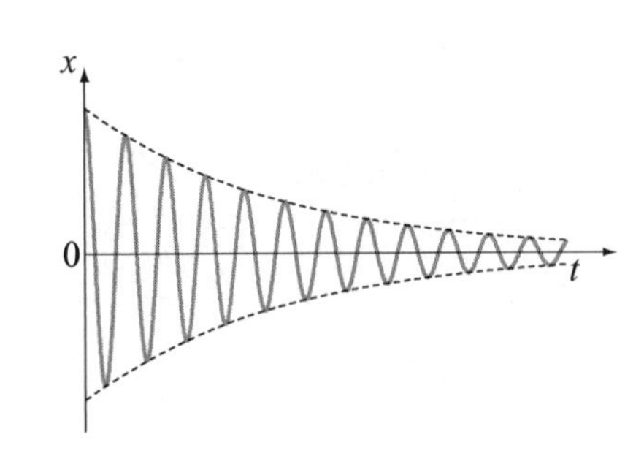

(c)　減衰比ζ = 0.05のとき

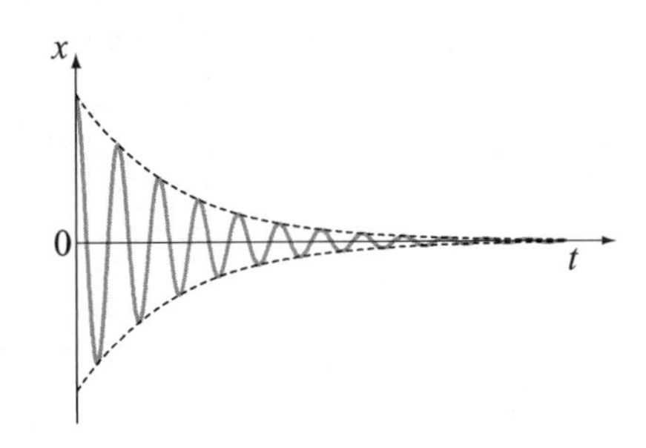

(d)　減衰比ζ = 0.1のとき

図2.17　減衰振動波形

【例題2・3】　＊＊＊＊＊＊＊＊＊＊＊＊＊＊＊＊＊＊＊＊＊＊＊＊

ζ=0.01，0.02，0.05および0.1の場合に一周期後の振幅が何倍になるか計算せよ．

【解答】　式(2.45)を使って計算すると表2.2のようになる．例えば，ζ=0.01の場合の振幅はつねにひとつ前の0.939倍になることがわかる．

表2.2　減衰比ζが小さいときの近似計算の比較

ζ	$\frac{\pi c}{m\omega_d}$	$\frac{x_{n+1}}{x_n}$：式(2.43)	$\frac{x_{n+1}}{x_n}$：近似式(2.48)	5往復後	10往復後
0.01	0.063	0.939	0.937	0.730	0.533
0.02	0.126	0.882	0.874	0.533	0.285
0.05	0.315	0.730	0.686	0.207	0.043
0.10	0.631	0.532	0.372	0.043	0.002

＊＊＊＊＊＊＊＊＊＊＊＊＊＊＊＊＊＊＊＊＊＊

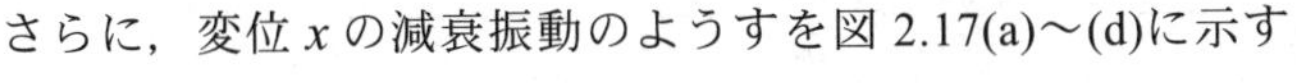

さらに，変位xの減衰振動のようすを図2.17(a)～(d)に示す

ζ=0.01などのように，ζが1に比べて小さく，ζの固有振動数への影響が無視できる場合は，式(2.45)を次のように近似することができる．

$$e^{\frac{2\pi\zeta}{\sqrt{1-\zeta^2}}}=e^{2\pi\zeta}=1+2\pi\zeta \tag{2.47}$$

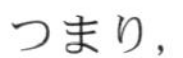

つまり，

$$\frac{x_{n+1}}{x_n} = 1 - 2\pi\zeta \tag{2.48}$$

として計算しても良いことがわかる．その結果も表 2.2 に載せる．

次に振動波形から減衰比を求める方法を考えてみる．

ζ が 1 に比べて小さいとき，上述のように

$$\frac{x_n}{x_{n+1}} = e^{2\pi\zeta} \tag{2.49}$$

と近似することができる．また.図 2.18 のように片対数グラフに x_n（各波の山の値がよい）をプロットすると，その傾き b から減衰比は次のように求めることができる．

$$2\pi\zeta = \mathrm{l_n}\, x_n - \mathrm{l_n}\, x_{n+1} \tag{2.50}$$

$$\zeta = \frac{\mathrm{l_n}\, x_n - \mathrm{l_n}\, x_{n+1}}{2\pi} = \frac{\log_{10} x_n - \log_{10} x_{n+1}}{2\pi \log_{10} e} \tag{2.51}$$

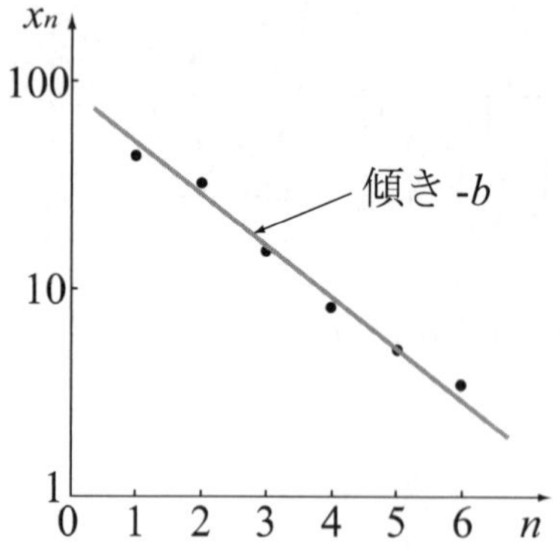

図 2.18　減衰比の求め方

グラフより傾き b は

$$b = \log_{10} x_n - \log_{10} x_{n+1} \tag{2.52}$$

であるので，

$$\zeta = \frac{2.303}{2\pi} b = 0.366b \tag{2.53}$$

で求められる．

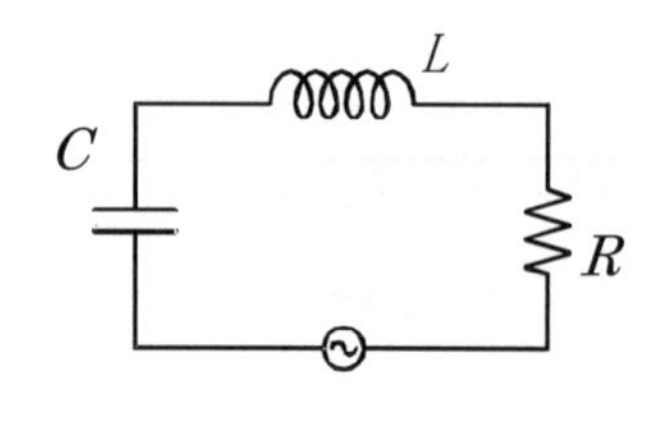

図 2.19　電気回路

【例題 2・4】　＊＊＊＊＊＊＊＊＊＊＊＊＊＊＊＊＊＊＊＊＊＊＊＊

図 2.19 のような抵抗 R，インダクタンス L，静電容量 C のコンデンサが直列に接続された電気回路がある．この回路の微分方程式を求めよ．

【解答】　電流を i とすると，抵抗の両側の電圧は Ri，コイルの電圧は $L\dfrac{di}{dt}$，

コンデンサの電圧は $\dfrac{1}{C}\displaystyle\int idt$ となるので，

微分方程式は

$$L\frac{di}{dt} + Ri + \frac{1}{C}\int idt = 0 \tag{2.54}$$

となる．これをコンデンサの電荷 $Q(i = dQ/dt)$ で表わすと

$$L\frac{d^2Q}{dt^2} + R\frac{dQ}{dt} + \frac{1}{C}Q = 0 \tag{2.55}$$

となり，式(2.36)と同様のこれまでに説明した自由振動と同じ形式の微分方程式となる．パラメータを対応させると次のようになる．

表 2.3　振動と電気回路の対比

ばねー質量系の振動	電気回路
変位　x	電荷　Q
質量　m	インダクタンス　L
減衰係数　c	抵抗　R
ばね定数　k	$\dfrac{1}{静電容量}$　$\dfrac{1}{C}$

＊＊＊＊＊＊＊＊＊＊＊＊＊＊＊＊＊＊＊＊＊＊＊＊

2・5　固体摩擦のある場合の１自由度系の振動（vibration of system with single degree of freedom with dry friction）

次に図 2.20 のように固体摩擦がある場合の振動について考えてみる．固体摩擦は，乾性摩擦あるいはクーロン摩擦とも呼ばれ，物体はその運動方向と逆向きの一定の力を受ける．例えば，動摩擦係数が μ の水平面上を動く質量 m の物体には，固体摩擦力として，$f = \mu mg$ が働くと考えることができる．一般に運動方程式は次のように与えられる．

$$m\ddot{x} + kx = \mp f \tag{2.56}$$

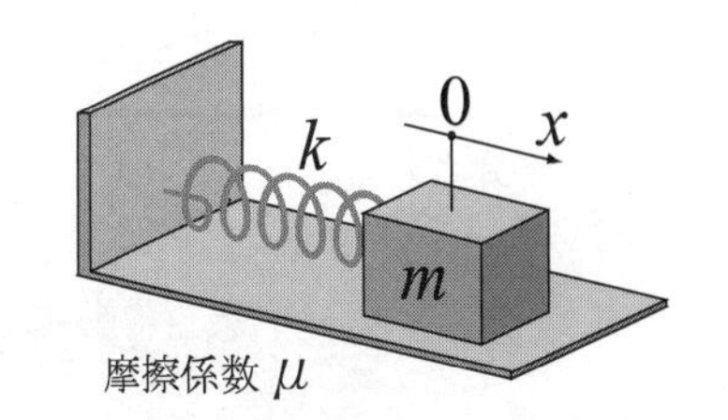

図 2.20　固体摩擦力を受ける振動モデル

ここで，f の符号は，$\dot{x}$ が正のとき力は負の方向に働くので負，$\dot{x}$ が負のときは力が正の方向に働くので正をとる．式(2.56)の一般解は，右辺を 0 とおいて求められる一般解と式(2.56)の特殊解の和である．したがって，次のように求められる．

$$x = A\sin\omega t + B\cos\omega t \mp f / k \tag{2.57}$$

ここで，複号は上述と同じである．

【例題 2・5】　＊＊＊＊＊＊＊＊＊＊＊＊＊＊＊＊＊＊＊＊＊＊＊＊＊

図 2.21 のように質量 m を x の正の方向に 21 mm だけ引っ張り，静かに放したとき，質量の挙動を求めよ．$m = 1\text{kg}$，$k = 0.5\text{N/mm}$，$f = 1\text{N}$ とする．

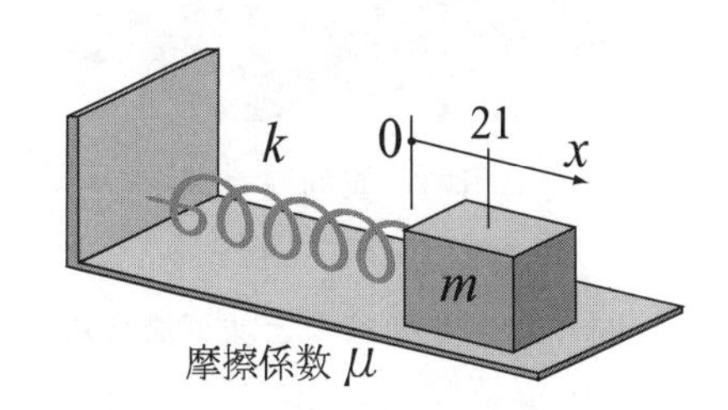

図 2.21　固体摩擦力を受けるときの振動の例

【解答】　最初に質量は x 軸の負の方向に動くので x は，

$$x = A\sin\omega t + B\cos\omega t + f / k \tag{2.58}$$

と表される．ここで，初期条件，$t = 0$ において，$x = 21\text{mm}$ と，静かに放した条件 $\dot{x} = 0$ および $f / k = 2\text{mm}$ を使って，

$$x = 19\cos\omega t + 2 \tag{2.59}$$

となる．これをグラフに表すと図 2.22 のようになる．式(2.59)は，質量が負の方向に動いているあいだ，つまり $0 < t < \pi / \omega$ の間だけ成立する．この後，質量は $x = -17\text{mm}$ の点を折り返し点として正の方向に動きだし，x の式は切り替わる．x は，$t = \pi / \omega$ で $x = -17$，$\dot{x} = 0$ として

$$x = 15\cos\omega t - 2 \tag{2.60}$$

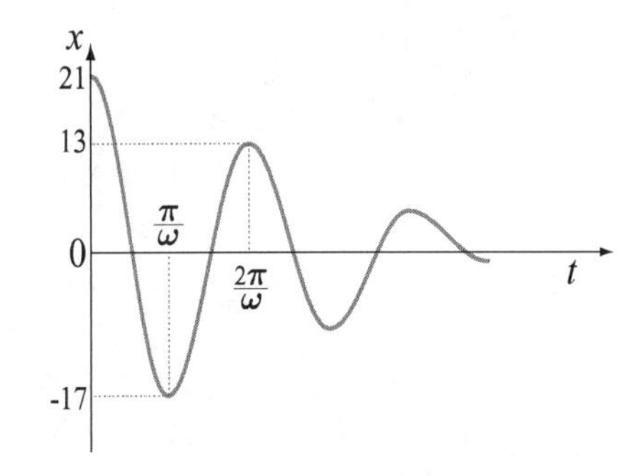

図 2.22　固体摩擦力による振幅の減少

となる．式(2.60)は，$\pi / \omega < t < 2\pi / \omega$ の間だけ成立し，その後は $x = 13\text{mm}$ の点を折り返し点として，再び切り替わる．以後同様にくり返す．一往復するごとに折り返し点の位置が 8mm ずつ原点に近づくことがわかる．固体摩擦の場合は，粘性減衰のときと異なり，一般的には時間が経つにつれて質点が原点に収束するということはなく，摩擦力とばねによる復元力との関係でどこかに静止することが多い．慣性力が 0 になった時点で，摩擦力がばねによる復元力よりも大きい場合に静止する．この場合は，

$$f > k|x| \tag{2.61}$$

が成り立つときであり，$|x| < f / k = 2\text{mm}$ となる．つまり，$x = \pm 2\text{mm}$ 以内の地点で折り返そうとすると摩擦力がばね力よりも上回って，質量が動けなくなることを意味する．この例題の場合，2 往復後に x の式は

$$x = 3\cos\omega t + 2 \tag{2.62}$$

となり，$t = 5\pi / \omega$ のとき，$x = -1\text{mm}$ となる．したがって，この地点で質

量は静止する．

＊＊＊＊＊＊＊＊＊＊＊＊＊＊＊＊＊＊＊＊＊＊＊＊

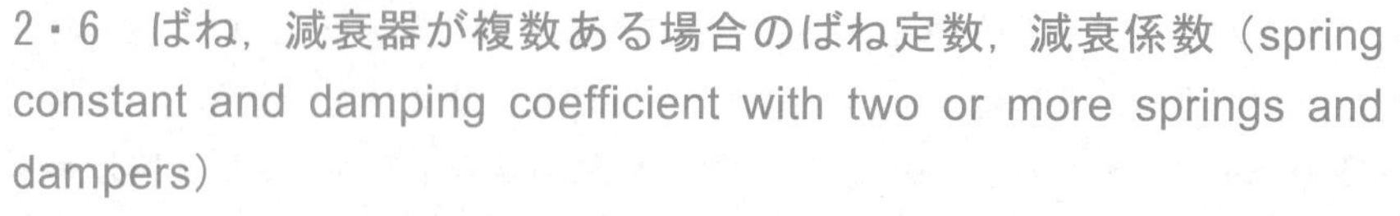

2・6　ばね，減衰器が複数ある場合のばね定数，減衰係数（spring constant and damping coefficient with two or more springs and dampers）

これまでは，ばねや減衰器が一つだけの場合を扱ってきたが，実際には複数個で支持したり，減衰させたりすることも少なくない．

ここでは，2 個のばねや減衰器がそれぞれ直列あるいは並列に取り付けられた場合について全体のばね定数，減衰係数を考えてみる．

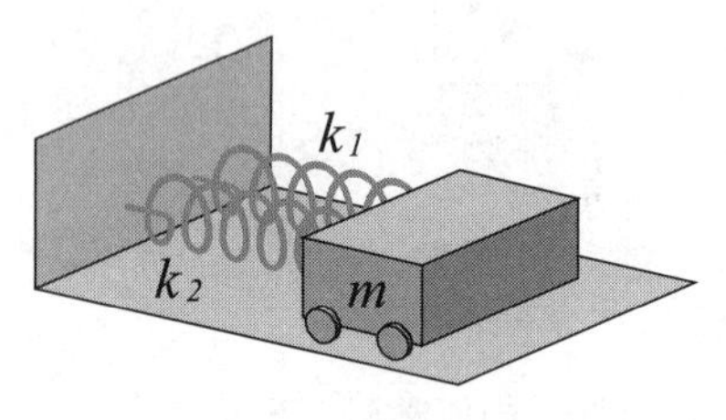

(a)　並列ばね

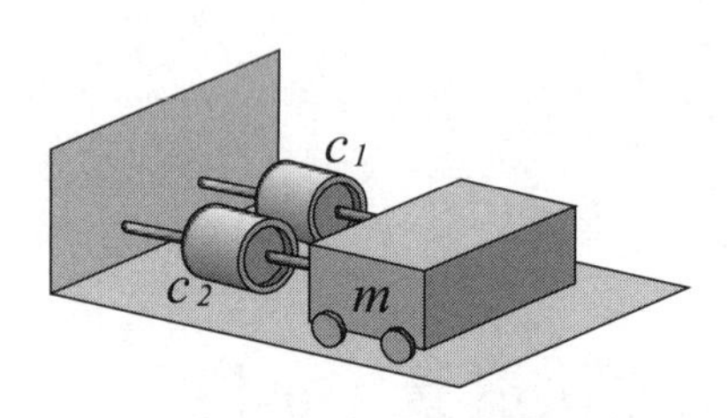

(b)　並列減衰器

図 2.23　並列ばねと並列減衰器

2・6・1　並列ばね，並列減衰器（parallel springs and parallel dampers）

図 2.23(a)のようにばね定数 k_1 と k_2 の 2 つのばねが並列に取り付けられた場合は，ばねの両側から働く力を F として，それぞれのばねが力 F_1 と F_2 を受け持つとする．ばねの伸びあるいは縮みは共通で x とすると

$$F = F_1 + F_2 = k_1 x + k_2 x = (k_1 + k_2)x = kx \tag{2.63}$$

つまり，全体のばね定数は

$$k = k_1 + k_2 \tag{2.64}$$

となることがわかる．図 2.23(b)のように減衰係数 c_1 と c_2 の 2 つの減衰器が並列に取り付けられた場合も同じように

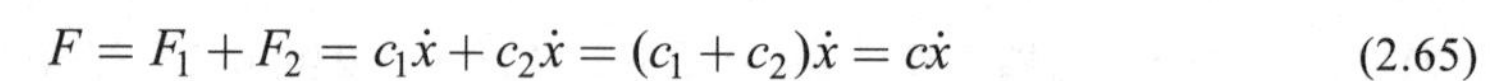

$$F = F_1 + F_2 = c_1 \dot{x} + c_2 \dot{x} = (c_1 + c_2)\dot{x} = c\dot{x} \tag{2.65}$$

となり，

$$c = c_1 + c_2 \tag{2.66}$$

であることがわかる．

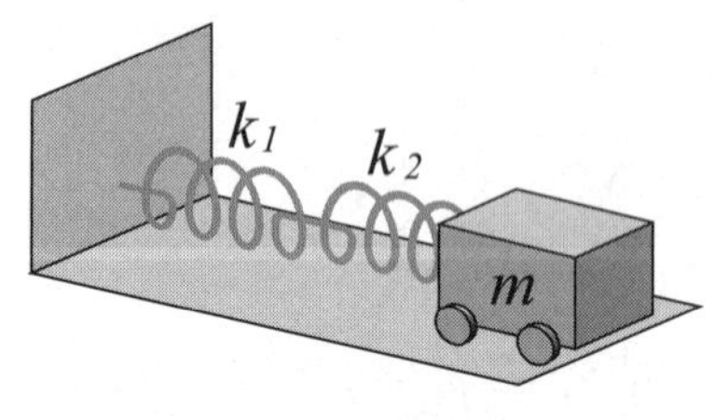

(a)　直列ばね

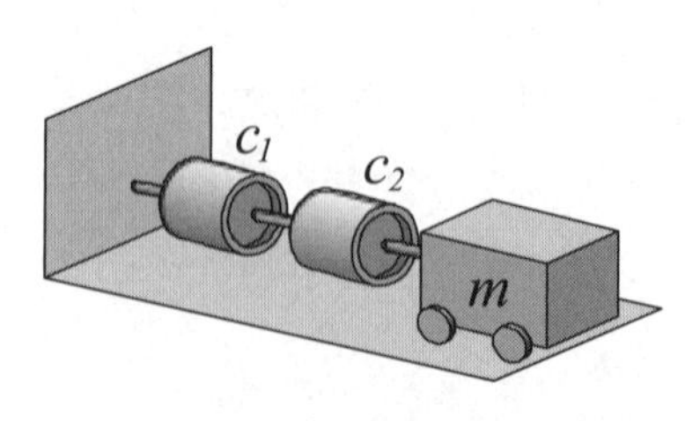

(b)　直列減衰器

図 2.24　直列ばねと直列減衰器

2・6・2 直列ばね，直列減衰器（series springs and series dampers）

図 2.24(a)のように 2 つのばねが直列に取り付けられた場合は，それぞれのばねの伸びあるいは縮みを x_1 および x_2 とすると力 F は共通なので，全体の伸び x は

$$x = x_1 + x_2 = F / k_1 + F / k_2 = F / k \tag{2.67}$$

これより，

$$\frac{1}{k} = \frac{1}{k_1} + \frac{1}{k_2} \tag{2.68}$$

となる．図 2.24(b)の減衰器の場合も同様に

$$\frac{1}{c} = \frac{1}{c_1} + \frac{1}{c_2} \tag{2.69}$$

で計算される．

2・7　ラグランジュの運動方程式（Lagrange's equation of motion）

運動方程式を求める方法は，ニュートンの運動方程式に限ったことではない．ニュートンの方法では，質点に働く力を使用するため，力を定義しなければならないが，次に示すラグランジュの方法 (1) では力を定義する必要はなく，

エネルギーを表す式を正しく求められれば，複雑な力学系の運動方程式を比較的簡単に導くことができる．この方程式は，仮想仕事[(1)]の原理から導くことができるが，ここでは導く過程を省略する．

ラグランジュの方程式は，次のように表される．変数を q とし，T を運動エネルギー，U をポテンシャルエネルギー，$L=T-U$ とおいて

$$\frac{d}{dt}\left(\frac{\partial L}{\partial \dot{q}}\right)-\frac{\partial L}{\partial q}=0 \tag{2.70}$$

から運動方程式を導き出す方法である．ここで L のことをラグランジアン (Lagrangian)という．

例えば，図 2.1 のようなばね－質量系では，変数は x であるので

$$L=\frac{1}{2}m\dot{x}^2-\frac{1}{2}kx^2 \tag{2.71}$$

となり，これから

$$m\ddot{x}+kx=0 \tag{2.72}$$

を導くことができる．図 2.5 のような振り子では変数を θ として，

$$L=\frac{1}{2}J_P\dot{\theta}^2-mgh(1-\cos\theta) \tag{2.73}$$

となり，運動方程式は，

$$J_P\ddot{\theta}+mgh\sin\theta=0 \tag{2.74}$$

となる．ここで，J_P は P 点まわりの慣性モーメントである．このような単純な系ではラグランジュの方法を用いる利点があまりないように思われるが，次の例題のような系では，この方法の長所がわかる．

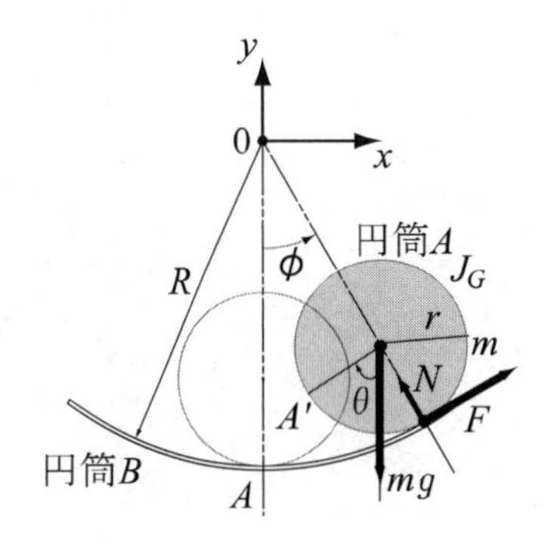

(a)　ころがり振動のモデル

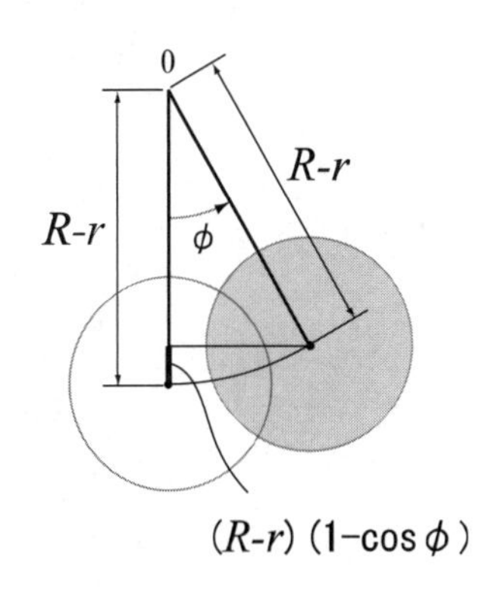

(b)　重心の位置の上昇高さ

図 2.25　大きな円筒内をころがる小さな円筒

【例題 2・6】　＊＊＊＊＊＊＊＊＊＊＊＊＊＊＊＊＊＊＊＊＊＊＊＊

図 2.25(a)のように，質量 m，半径 r の円筒 A が半径 R の円筒 B の内側をすべらずに微小のころがり振動をする場合の運動方程式をニュートンの方程式およびラグランジュの方程式で求めよ．$R>r$ とする．

【解答】　まず，ニュートンの運動方程式から求めてみる．円筒間の摩擦力を F，抗力を N とおいて，円筒 A の重心 (x,y) の並進運動および重心まわりの回転運動の 3 つの運動方程式を考える必要がある．

$$m\ddot{x}=F\cos\phi-N\sin\phi \tag{2.75}$$

$$m\ddot{y}=N\cos\phi+F\sin\phi-mg \tag{2.76}$$

$$J_G\ddot{\theta}=-Fr \tag{2.77}$$

これらから，F および N を消去し，変数間の関係，$x=(R-r)\sin\phi=(R-r)\phi$，$y=(R-r)\cos\phi=(R-r)$，$(\theta+\phi)r=R\phi$ を使い，$\cos\phi=1$，$\sin\phi=\phi$ と近似して，1 自由度系の運動方程式を次のように導くことができる．

$$(J_G+mr^2)\ddot{\theta}=-\frac{mgr^2}{R-r}\theta \tag{2.78}$$

次にラグランジュの方程式では，円筒 A の運動エネルギーは並進運動のエネルギーと回転運動のエネルギーの和であるので，

$$T = \frac{1}{2}m(r\dot{\theta})^2 + \frac{1}{2}J_G\dot{\theta}^2 \tag{2.79}$$

となり，また，ポテンシャルエネルギーは重心の位置エネルギーだけであるから，図 2.25(b)より

$$U = mg(R-r)(1-\cos\phi) = \frac{1}{2}mg(R-r)\phi^2 = \frac{1}{2}mg\frac{r^2\theta^2}{R-r} \tag{2.80}$$

となる．ここでは $\cos\phi = 1 - \frac{1}{2}\phi^2$ の近似および，変数間の関係 $(\theta+\phi)r = R\phi$ を使っている．そして，式(2.70)より式(2.78)を導くことができる．

＊＊＊＊＊＊＊＊＊＊＊＊＊＊＊＊＊＊＊＊＊＊

＝＝＝＝＝　練習問題　＝＝＝＝＝＝＝＝＝＝＝＝＝＝＝＝＝＝＝＝＝＝＝＝

【2・1】　$m = 10\mathrm{kg}$，$k = 4\mathrm{N/mm}$ のとき，この 1 自由度系の固有角振動数はいくらか．

【2・2】　ばねを鉛直にしてばねに質量をぶら下げ，振動させる場合，運動方程式に重力の項を入れないようにするには，どうしたらよいか．

【2・3】　一様な中実丸棒の先に円板が取り付けられた 1 自由度系のねじり振動の場合，固有振動数を求めるのに必要な物理量は何か．

【2・4】　A spring-mass system has a natural angular frequency ω_n without damping. Obtain the damped natural angular frequency ω_d of a system with a damper that has the damping coefficient $c = \sqrt{3mk}$.

【解答】

２・１　20rad/s

２・２　質点の位置を示す座標系において，釣合いの位置を原点にとる．

２・３　ねじりのばね定数を決定する棒の縦弾性係数，軸径と長さ，円板の慣性モーメントを決定する円板の質量と半径．

２・４　$\omega_d = \omega_n / 2$．

第 2 章の文献

(1)　日本機械学会編，機械工学便覧，基礎編 α2 機械力学，第 6 章，(2004)，日本機械学会．

第３章

１自由度系の強制振動

Forced Vibration of System with Single Degree of Freedom

- 時間と共に変わる外からの力や変位が１自由度系に加わると，どのような振動状態が生じるだろうか．
- 振動に伴って生じる慣性力，ばね力や減衰力がどのような関係を保って，動的に釣合うか知ってほしい．

3・1　強制振動とは（forced vibration）

私達は多くの強制振動を体験できる．例えば，図 3.1(a)のように，人が話しかける際，音声は声帯からの空気の疎密波として相手に伝わる．聞き手には，音声の変動圧力が耳の鼓膜に振動を与え，それにより言葉が伝わる．一方，図 3.1(b)の自動車ラリーでは，自動車が荒れた道路を走っている．走行中，タイヤは路面の起伏に応じて強制的な変位を受ける．これがタイヤを支持するばねを介して車体の振動が起こる．実際の車は，路面からの振動を最小限とするために，減衰器を含む設計がなされ，最適な運転状態となるように作られている．このように，強制振動は身近にある．ここでは，強制振動の力学的な仕組みを明らかにしよう．

(a)　音の振動

(b)　自動車の振動

図 3.1　強制振動の例

3・2　運動方程式（equation of motion）

振動系に変動する外力が作用すると，振動応答が発生する．特に，周期的な外力や周期変位が系に作用すると，特定な振動数において振動振幅が急に増大する共振現象(resonance phenomenon)が生じる．外力により振動応答が発生する現象を一般に強制振動(forced vibration)と言う．

図 3.2 のように，質量 m の物体にばねと減衰器を取り付けた振動系を考える．ばねは，ばね定数 k の復元力を持ち，減衰器には，速度に比例する減衰力（c:減衰係数）が生じるものとする．系に静的な力が作用すると，物体は初期位置から変位 x_s が生じ，静的釣合いを満たす位置まで移動する．これを原点に選ぶ．動的な外力の下での変位を $x(t)$ とし，物体に作用する外力を $f(t)$ とする．運動方程式はニュートンの第二法則における「物体に力が作用すると運動が生じ，その力は物体の質量とその加速度の積に等しい」との関係を用いて，

$$f(t) - kx - c\dot{x} = m\ddot{x} \tag{3.1}$$

で示される．　上式にダランベールの原理を用い，両辺に $-m\ddot{x}$ を加えると

$$m\ddot{x} + c\dot{x} + kx = f(t) \tag{3.2}$$

のように示される．なお，第 2 章では右辺が 0 となる自由振動について説明

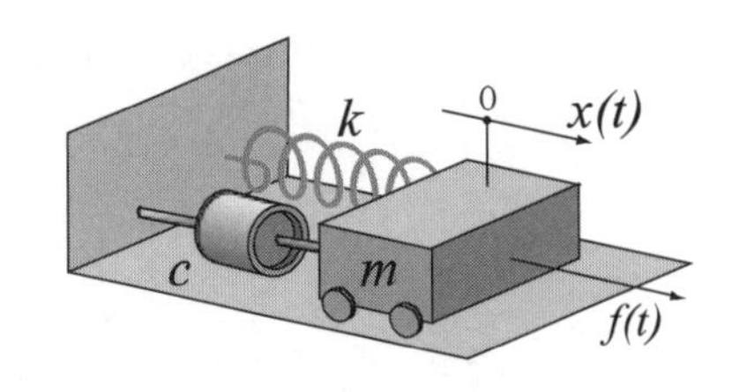

図 3.2　強制振動系

した. その場合の微分方程式は同次方程式(homogeneous equation)とよばれる. その解は, 固有振動数や減衰比などの振動系の性質を定めるパラメータを含む. なお, 解に含まれる未定係数は初期条件により定まる. 本章では, 右辺に既知の時間関数を含む非同次方程式(non-homogeneous equation)を扱う. その方程式における解は外力による振動数や力の大きさに追従し, 振幅や位相が変化する. その解は非同次解(non-homogeneous solution) もしくは特殊解(particular solution)と呼ばれる. つまり, 式(3.2)の一般解は同次式の解と非同次式の解の和で示される.

一般に, 変動外力 $f(t)$ の種類によって系の振動応答が大別される. 外力が周期性を持つ場合には, 周期外力(periodic external force)となり, その周期を T とすると, $f(t)=f(t+T)$ を満足する. なお, 周期外力を調和外力(harmonic external force)とも呼ぶ. 周期外力の代表例として, 機械を駆動するエンジンやモータによる力が考えられる. エンジンでは, ピストンの往復運動が周期力を発生させる. モータでは, 負荷による偏心の回転振れ回りが周期力を生じさせる. このような外力に応じて, 周期 T の周期応答(periodic response)が予想できる.

一方, 周期性を持たない外力は非周期外力(non-periodic force)と呼ばれる. エンジンの起動や停止時において, 短時間に発生する一過性の力が非周期外力に対応する. この種の応答では過渡応答(transient response)が発生する.

ここでは, 1 自由度振動系に, 周期外力や周期変位, 多重の周期力さらに非周期外力が作用する場合の振動応答の求め方や振動現象の特徴を説明する.

3・3　定常応答と共振特性（steady-state response and characteristics of resonance）

3・3・1　定常応答（steady-state response）

まず, 周期外力が 1 自由度振動系に作用する場合の振動応答を求める. 周期力は

$$f(t) = f_0 \cos \omega t \tag{3.3}$$

と仮定する. f_0 と ω はそれぞれ周期力の振幅と角振動数であり, t は時間である. なお, 周期力 $f(t)$ の位相を 90° ずらすことで $f(t) = f_0 \sin \omega t$ とおいてもよい. しかし, 後で述べる外力と応答と位相の関係には, 注意が必要となる.

上式を式(3.2)に代入すると,

$$m\ddot{x} + c\dot{x} + kx = f_0 \cos \omega t \tag{3.4}$$

の微分方程式を得る. 上式左辺の第一項は慣性力項, 第二項と第三項はそれぞれ減衰力項と復元力項である. 右辺は周期外力の項である. ここで, 第 2 章で用いた次の記号

$$\omega_n = \sqrt{\frac{k}{m}}, \quad \zeta = \frac{c}{c_c}, \quad c_c = 2\sqrt{mk}, \quad x_s = \frac{f_0}{k} \tag{3.5}$$

を使って式(3.4)を書き改めると,

$$\ddot{x} + 2\zeta\omega_n\dot{x} + \omega_n^2 x = x_s\omega_n^2 \cos \omega t \tag{3.6}$$

となる．ここで，x_s は外力の振幅が静的に作用した場合の静的変位を表している．上式は加速度の次元を持つ方程式となる．上式の一般解は右辺を0とおいた自由振動の解と強制振動項に対する特殊解との和で示される．一般に，変位や速度の初期条件を与えると，自由振動が発生する．しかし自由振動は減衰の影響で時間の経過とともに過渡状態を経て消滅する．これより，強制振動による解が定常応答(steady-state response)として残ることとなる．

次に，式(3.6)の定常応答を求める．周期外力の項に $\cos\omega t$ を含むので，加振力に同期した $\cos\omega t$ も解の一部となることが予想される．さらに，微分方程式には，x の一階微分も含まれる．これより $\cos\omega t$ の他に $\sin\omega t$ も解となる必要がある．よって解は

$$x = C\cos\omega t + S\sin\omega t \tag{3.7}$$

となる．ただし，C と S は未知数である．これは振動振幅(amplitude of vibration)または振動成分(component of vibration)とも呼ばれる．上式は，

$$x = A\cos(\omega t - \varphi) \tag{3.8}$$

とも表される．ここで，A は振幅であり，φ は位相角を示す．上式と式(3.7)を比較することにより，$C = A\cos\varphi$ と $S = A\sin\varphi$ を得る．これより次式を得る．

$$A = \sqrt{C^2 + S^2}, \quad \varphi = \sin^{-1}\frac{S}{A} = \cos^{-1}\frac{C}{A} = \tan^{-1}\frac{S}{C} \tag{3.9}$$

振動成分 C, S，振幅 A と位相角 φ の関係を図3.3に示す．応答の振幅は A で位相は $\cos\omega t$ に対し，φ の遅れを示す．式(3.7)を方程式(3.6)に代入する．ついで，$\cos\omega t$ と $\sin\omega t$ の各項ごとに，振動成分を比較すると，C と S に関する次の連立方程式を得る．

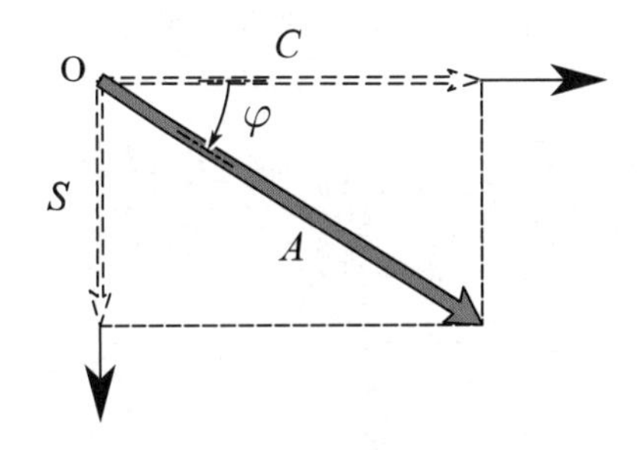

図3.3　振動成分と位相角の関係

$$\left\{1-\left(\frac{\omega}{\omega_n}\right)^2\right\}C + 2\zeta\left(\frac{\omega}{\omega_n}\right)S = x_s$$

$$-2\zeta\left(\frac{\omega}{\omega_n}\right)C + \left\{1-\left(\frac{\omega}{\omega_n}\right)^2\right\}S = 0 \tag{3.10}$$

上式を解いて，C と S を求め，式(3.7)に代入すると，強制振動における定常応答が

$$x = \frac{x_s}{\left\{1-\left(\frac{\omega}{\omega_n}\right)^2\right\}^2 + \left(2\zeta\frac{\omega}{\omega_n}\right)^2}\left[\left\{1-\left(\frac{\omega}{\omega_n}\right)^2\right\}\cos\omega t + 2\zeta\frac{\omega}{\omega_n}\sin\omega t\right] \tag{3.11}$$

のように得られる．なお，上式の定常応答は外力の振動数と一致して発生するので，調和応答(harmonic response)とも呼ばれる．

3・3・2　共振特性（characteristics of resonance）

周期的な外力を受ける振動系では，強制振動応答が発生する．式(3.11)の振動解を式(3.8)の表現に書き改めると，

$$x = M_d x_s \cos(\omega t - \varphi) = x_d \cos(\omega t - \varphi) \tag{3.12}$$

となる．ただし，次の関係を持つ．

$$M_d = \frac{1}{\sqrt{\left\{1-\left(\dfrac{\omega}{\omega_n}\right)^2\right\}^2 + \left(2\zeta\dfrac{\omega}{\omega_n}\right)^2}} = \frac{x_d}{x_s}$$

$$\varphi = \tan^{-1}\frac{2\zeta\dfrac{\omega}{\omega_n}}{1-\left(\dfrac{\omega}{\omega_n}\right)^2} \tag{3.13}$$

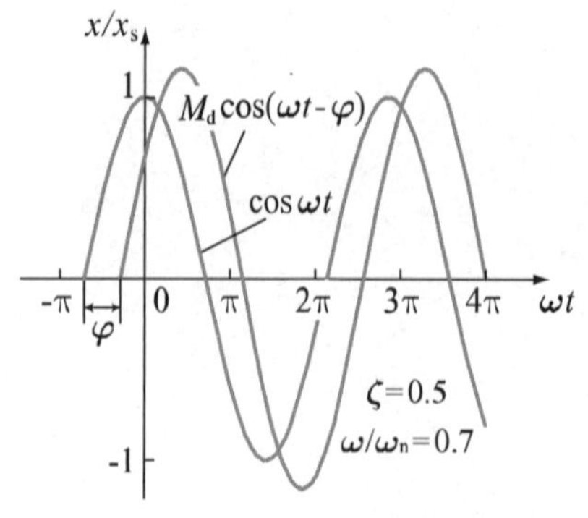

図 3.4　外力と応答の時間波形

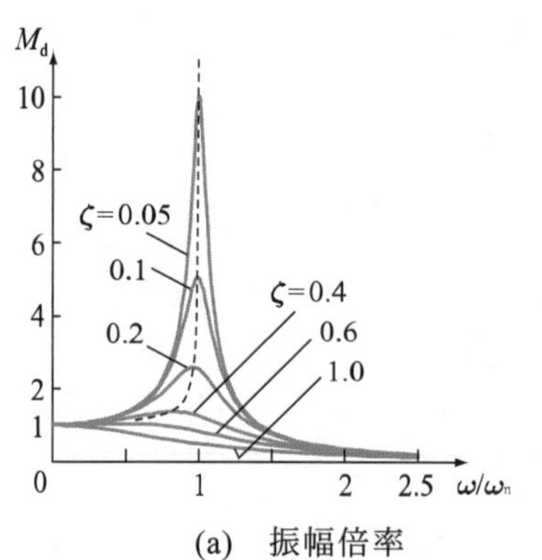

(a)　振幅倍率

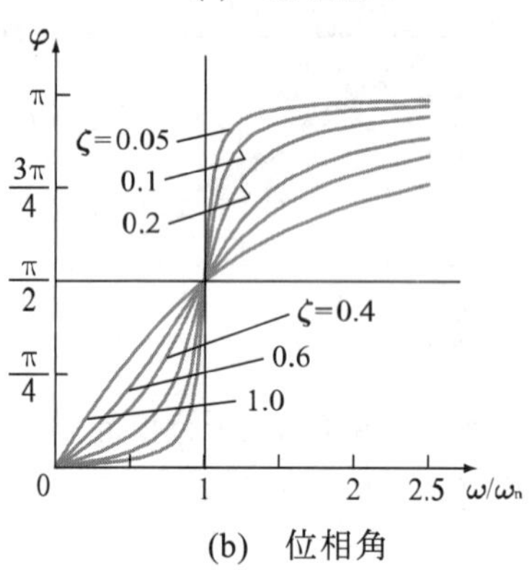

(b)　位相角

図 3.5　変位の周波数応答曲線

外力の時間波形と応答波形との関係を図 3.4 に示す．図より，応答は，その周期が外力の周期に等しく位相角が φ だけ遅れて生じることがわかる．ここで，M_d は静的変位 x_s に対する応答振幅 x_d の比を示し，振幅倍率(magnification factor of displacement amplitude)と言う．不減衰の固有角振動数を基準とした加振角振動数の比 ω/ω_n に対して，振幅倍率 M_d と位相角 φ の関係を図 3.5 に示す．これは周波数応答曲線(frequency response curve)と呼ばれる．振動振幅と位相の変化は減衰比 ζ と振動数比 ω/ω_n に依存する．ω が ω_n より十分に小さいと，M_d は 1 に近づく．つまり，最大振幅 x は静的変位 x_s と同程度となる．その際の位相角は 0 に近づき，これを同相(in-phase)という．ω が ω_n の近傍に至ると，応答振幅は急激に増大する．対応する位相角は $\pi/2$ ほど遅れる．このように振幅や位相が急激に変化する現象を共振(resonance)と言う．ω が ω_n より十分に大きくなると，振幅は再び減少し，位相角 φ の遅れはほぼ π となる．なお，これを逆相(anti-phase)と呼ぶ．減衰比が十分に小さいと，共振振幅と位相の変化は大きく変わる．一方，減衰比が大きくなると，共振振幅は小さくなる．なお，減衰比の増加にともない，振幅の最大を示す振動数は，図 3.5(a)の中の破線で示すように，ω_n から低振動数側に移行することがわかる．

次に，式(3.12)の振幅応答を時間で微分すると，速度応答が次式のように示される．

$$\dot{x} = -M_d \omega x_s \sin(\omega t - \varphi) = M_d\left(\frac{\omega}{\omega_n}\right)x_s\omega_n \cos\left(\omega t - \left(\varphi - \frac{\pi}{2}\right)\right)$$

$$= M_v x_s \omega_n \cos\left(\omega t - \left(\varphi - \frac{\pi}{2}\right)\right)$$

$$= x_v \cos\left(\omega t - \left(\varphi - \frac{\pi}{2}\right)\right)$$

$$M_v = \frac{\dfrac{\omega}{\omega_n}}{\sqrt{\left\{1-\left(\dfrac{\omega}{\omega_n}\right)^2\right\}^2 + \left(2\zeta\dfrac{\omega}{\omega_n}\right)^2}} \tag{3.14}$$

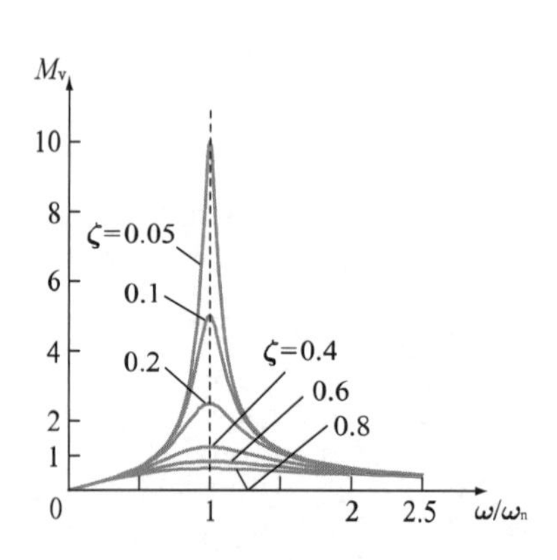

図 3.6　速度倍率の周波数応答曲線

ここで，M_v は $x_s\omega_n$ に対する速度応答の振幅の比であり，速度倍率(magnification factor of velocity)と呼ばれる．M_v の周波数応答曲線を図 3.6 に示す．　応答の位相角は周期外力より$\varphi-\pi/2$の遅れを持つ．φは先の図 3.5 で示される．図において，速度倍率の応答曲線の最大値は常に$\omega/\omega_n=1$に一致する．減衰比ζが小さいと，応答曲線は$\omega/\omega_n=1$の軸に対して，ほぼ対称性を持つことがわかる．

さらに，式(3.14)を時間で微分すると，加速度応答(response of acceleration)および加速度倍率(magnification factor of acceleration)が次式のように定められる．

$$\ddot{x}=M_a x_s \omega_n^2 \cos(\omega t-(\varphi+\pi)) \tag{3.15}$$

$$M_a=\frac{\left(\dfrac{\omega}{\omega_n}\right)^2}{\sqrt{\left\{1-\left(\dfrac{\omega}{\omega_n}\right)^2\right\}^2+\left(2\zeta\dfrac{\omega}{\omega_n}\right)^2}}$$

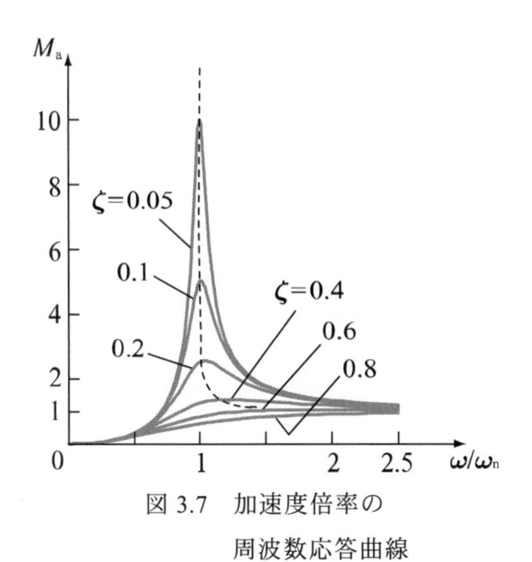

図 3.7　加速度倍率の周波数応答曲線

M_aの応答曲線を図 3.7 に示す．なお，位相角は$\varphi+\pi$だけ遅れる．加速度倍率の応答曲線において，振幅の最大値は減衰の増大に伴い高振動数側に移行することがわかる．

3・3・3　共振特性を用いた減衰比の同定（identification of damping ratio with characteristics of resonance）

振動系には，質量による慣性力，ばねによる復元力ならびに減衰器による減衰力が存在する. 質量はその重量を計測して, 重力加速度で除して得られる. ばねによる復元力は静荷重による変位の関係から，ばね定数が定まる．しかし，減衰力は速度に依存するため，実際の振動応答から，減衰比を求める必要がある．強制振動による周波数応答曲線より減衰比を推定する方法を考える．式(3.14)で示した速度の振幅$|\dot{x}|$に関する応答曲線が実験から得られたものとする．便宜上$\omega/\omega_n=\eta$とおき，式(3.14)から$\dot{x}$の振幅x_vを使って

$$M_v=\frac{x_v}{x_s\omega_n}=\frac{\eta}{\sqrt{(1-\eta^2)^2+(2\zeta\eta)^2}} \tag{3.16}$$

と示される. 上式に$\eta=1$を代入すると，最大速度の$x_{v\max}/(x_s\omega_n)=1/(2\zeta)$を得る．これより$\zeta=x_s\omega_n/(2x_{v\max})$が求まるが，$x_s=f_0/k$より$x_s$は外力の振幅$f_0$を含む．実際の実験では$f_0$を測定するのは難しく，この式から$\zeta$は推定しにくい．このため，$\omega/\omega_n$に対する$x_{v\max}$の応答曲線の振幅から，減衰比を推定する．図 3.8 のように応答曲線の最大値$x_{v\max}$に対して，$r(0<r<1)$倍の速度振幅比における振動数$\eta_1=\omega_1/\omega_n$と$\eta_2=\omega_2/\omega_n$を求める. ここで, ηを未知数として式(3.16)と$x_{v\max}/(x_s\omega_n)=1/(2\zeta)$の関係より, 次式を得る．

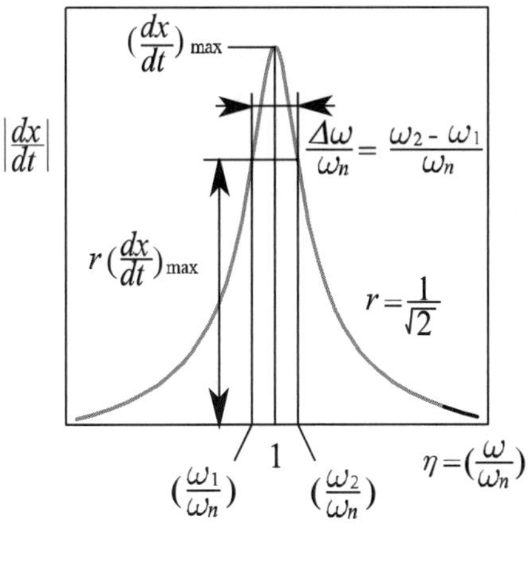

$$\frac{r}{2\zeta}=\frac{\eta}{\sqrt{(1-\eta^2)^2+(2\zeta\eta)^2}} \tag{3.17}$$

両辺を 2 乗してηについて整理すると，

$$\left(\frac{1-\eta^2}{2\zeta\eta}\right)^2-R^2=0,$$

図 3.8　速度振幅の周波数応答曲線

$$R=\sqrt{\frac{1}{r^2}-1} \tag{3.18}$$

となり，上式をηについて解くと，

$$\eta^2 \pm 2\zeta R\eta - 1 = 0 \tag{3.19}$$

となる．ηが正であることより，2つの解η_1とη_2が

$$\eta_1 = -\zeta R + \sqrt{1+\zeta^2 R^2},\quad \eta_2 = \zeta R + \sqrt{1+\zeta^2 R^2} \tag{3.20}$$

のように定まる．もし，減衰比ζが十分に小さい値なら，上式の根号内の$\zeta^2 R^2$は 1 に比べ十分小さく，省略できる．これより応答曲線は$\eta=1$，つまり$\omega/\omega_n=1$に対してほぼ対称となる．式(3.20)より$\eta_2-\eta_1=2\zeta R$を得る．振動数ω_2とω_1の差を$\Delta\omega$とおくと減衰比ζは，式(3.18)のRを考慮して，

$$\zeta=\frac{1}{2\sqrt{\frac{1}{r^2}-1}}\frac{\Delta\omega}{\omega_n} \tag{3.21}$$

のように定められる．具体的に減衰比ζを定めるには，以下のように行えばよい．まず，速度の応答曲線を求める．次に最大振幅を示す角振動数ω_nを定め，最大振幅よりr倍の振幅における2つ振動数ω_2とω_1から，$\Delta\omega=\omega_2-\omega_1$とする．これらの値を式(3.21)に代入すると，$\zeta$が定まる．なお，先の振幅比$r$を$1/\sqrt{2}$とおくと$\zeta$は

$$\zeta=\frac{\Delta\omega}{2\omega_n} \tag{3.22}$$

となる．ここで，$\omega_n/\Delta\omega=(2\zeta)^{-1}$となる．この大きさは応答曲線の立ちあがりの鋭さを示す値としてQ係数(quality factor)と呼ばれる．減衰比が小さい系での応答曲線は急峻となり，減衰比が判定しやすくなる．

【例題3・1】　＊＊＊＊＊＊＊＊＊＊＊＊＊＊＊＊＊＊＊＊＊＊＊＊
周波数応答曲線から減衰比を推定してみよう．

【解答】式(3.12)および式(3.13)のM_dにおいて$\omega/\omega_n=\eta$として，振幅倍率の式は次式で示される．

$$\frac{x_d}{x_s}=\frac{1}{\sqrt{(1-\eta^2)^2+(2\zeta\eta)^2}} \tag{3.23}$$

x_d/x_sが最大値をとなるηを求めるには，上式をηで微分し0と置くと，

$$4\eta(\eta^2-1+2\zeta^2)=0 \tag{3.24}$$

を得る．$\eta=\sqrt{1-2\zeta^2}$の場合に，式(3.23)は最大値$x_{d\max}$を示し，式(3.23)は

$$\frac{x_{d\max}}{x_s}=\frac{1}{2\zeta\sqrt{1-\zeta^2}} \tag{3.25}$$

となる．最大振幅のr倍の振幅では，上式の値のr倍となる．これを式(3.23)

に代入して，両辺を 2 乗すると，

$$\frac{r^2}{4\zeta^2(1-\zeta^2)}=\frac{1}{(1-\eta^2)^2+(2\zeta\eta)^2} \tag{3.26}$$

となる．上式を整理し，η^2 に関する二次方程式を解くと，

$$\eta^2=1-2\zeta^2\pm 2\zeta\sqrt{1-\zeta^2}R \tag{3.27}$$

を得る．ただし，$R=\sqrt{r^{-2}-1}$ である．上式の 1 以外の項は十分に小さいとしてテイラー展開すると，

$$\eta=1\pm\zeta R-\zeta^2\pm\frac{1}{2}\zeta^3 R \tag{3.28}$$

さらに，ζ が 1 より十分に小さいと $\eta=1\pm\zeta R$ となり，$r=1/\sqrt{2}$ では $R=1$ であるので，$\eta_1=1-\zeta$ と $\eta_2=1+\zeta$ を得る．$\Delta\omega=\omega_2-\omega_1$ を考慮して，

$$\zeta=\frac{\Delta\omega}{2\omega_n} \tag{3.29}$$

を得る．上式は式(3.22)と同じ式を得る．つまり，十分に小さな減衰比は振幅や速度の応答曲線から定められる．

＊＊＊＊＊＊＊＊＊＊＊＊＊＊＊＊＊＊＊＊＊＊＊

3・4 強制振動における仕事（work in forced vibration）

3・4・1 力の釣合い（equilibrium in force）

ここでは，調和応答の際の周期外力に対する慣性力，復元力ならびに減衰力の大きさと方向の関係を調べてみる．式(3.6)を変形して次のように $G(x)$ とおく．

$$G(x)=x_s\omega_n^2\cos\omega t-(\ddot{x}+2\zeta\omega_n\dot{x}+\omega_n^2 x)=0 \tag{3.30}$$

上式の変位，速度と加速度は式(3.12)より，次式で示される．

$$x=M_d x_s\cos(\omega t-\varphi)$$

$$\dot{x}=-M_d x_s\omega\sin(\omega t-\varphi)=-M_d x_s\omega\cos(\omega t-\varphi-\frac{\pi}{2})$$

$$\ddot{x}=-M_d x_s\omega^2\cos(\omega t-\varphi) \tag{3.31}$$

上式を式(3.30)に代入し、整理すると，

$$\cos\omega t-\left\{1-\left(\frac{\omega}{\omega_n}\right)^2\right\}M_d\cos(\omega t-\varphi)+2\zeta\frac{\omega}{\omega_n}M_d\cos(\omega t-(\varphi+\frac{\pi}{2}))=0 \tag{3.32}$$

となる．上式で，左辺第一項は周期外力項を示し，時間経過と共に $\cos\omega t$ の変化をする．これを基準として応答の振幅と位相の関係を調べる．第二項は復元力項と慣性力項に対応する．慣性力は外力に対し φ だけ遅れ，復元力は慣性力に対しさらに π だけ遅れる．第三項は減衰力項であり，慣性力項から $\pi/2$ の位相遅れを持つ．これらの振幅の大きさと方向を，先の図 3.5 におけ

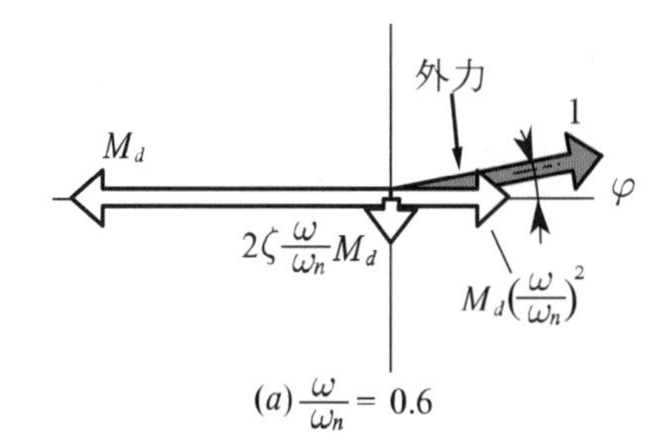

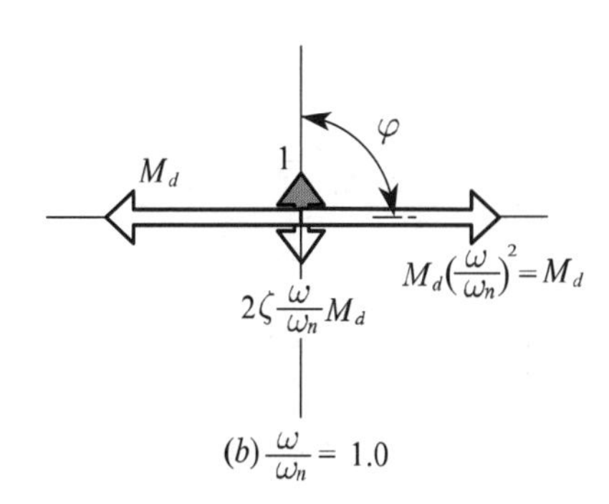

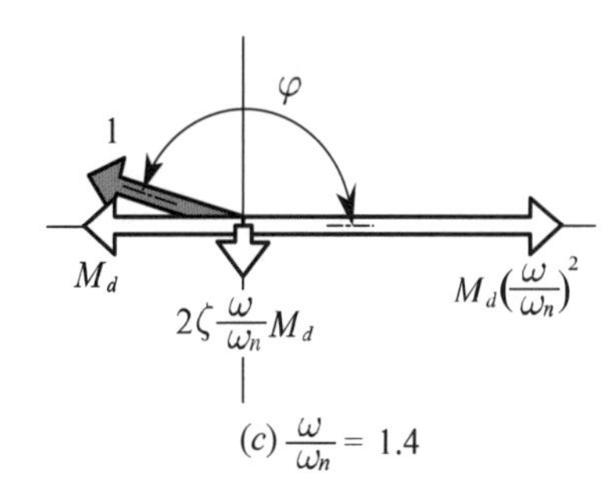

図 3.9 各強制振動のベクトル表示 $\zeta=0.1$

る$\zeta = 0.1$の場合の振動数比ω/ω_nの各点に対し，ベクトルで表示して，図 3.9 に示す．図 3.9(a)は加振角振動数ωが固有角振動数ω_nより小さい場合である．この場合の外力の大部分は，復元力のM_dに対して釣合う．図 3.9(b)は$\omega = \omega_n$の場合を示し，慣性力と復元力が釣合い状態となる．外力は減衰力と釣合う．さらに，ωがω_nより高い振動数領域での結果を図 3.9(c)に示す．ここでは，外力は主に慣性力と釣合うことがわかる．

3・4・2　仕事（work）

次に，強制振動での仕事の授受を考える．式(3.4)の運動方程式は力の次元を持つ．この式に変位を乗ずると仕事となる．式(3.4)に対応し，加速度の次元を持つ式(3.30)に対して$x = x_0$から$x = x_1$まで積分すると，

$$\int_{x_0}^{x_1} G(x)dx = 0 \tag{3.33}$$

となる．これは単位質量あたりの仕事を示す．ここで，積分の変数を$dx = (dx/dt)dt$を用いて，時間に置き換えてみる．$t = t_0$において，$x = x_0$と$\dot{x} = \dot{x}|_{t=t_0}$に対応し，$t = t_1$では，$x = x_1$と$\dot{x} = \dot{x}|_{t=t_1}$となる．これより上式は

$$\int_{t_0}^{t_1} \left\{ x_s \omega_n^2 \cos\omega t - (\ddot{x} + 2\zeta\omega_n \dot{x} + \omega_n^2 x) \right\} \dot{x} dt = 0 \tag{3.34}$$

となる．ここで，式(3.30)の解は式(3.31)で示される．この解は周期$T = 2\pi/\omega$を持つため，上式の時間積分の範囲は$t_0 = 0$から$t_1 = 2\pi/\omega$とすればよい．上式に式(3.31)を代入して整理すると，

$$\left[M_d (x_s\omega_n)^2 \omega \right] \int_0^{2\pi/\omega} \left[\left\{ 1 - \left(\frac{\omega}{\omega_n} \right)^2 \right\} M_d \cos(\omega t - \varphi) \sin(\omega t - \varphi) \right.$$

$$\left. - \cos\omega t \sin(\omega t - \varphi) - 2\zeta \frac{\omega}{\omega_n} M_d \sin^2(\omega t - \varphi) \right] dt = 0 \tag{3.35}$$

となる．上式の積分内で，第一項は復元力と慣性力のエネルギーに対応し，第二項と第三項は強制力と減衰力のエネルギーにそれぞれ対応する．各項のエネルギーEの時間変化を図 3.10 に示す．図 3.10(a)は復元力と慣性力項に対する波形である．波形は外力の一周期の間$\omega T = 2\pi$にわたり，その$1/2$の周期を持つ波形となる．これより，一周期の間での，慣性力と復元力のエネルギーを積分すると，その総和は 0 となる．一方，図 3.10(b)の強制力と減衰力によるエネルギーの変化において，太い線が強制力によるエネルギーで細線は減衰力による結果である．その積分値をそれぞれ，次式に示す．

$$\int_0^{2\pi/\omega} \cos\omega t \sin(\omega t - \varphi) dt = -\frac{\pi}{\omega} \sin\varphi$$

$$\int_0^{2\pi/\omega} 2\zeta \frac{\omega}{\omega_n} M_d \sin^2(\omega t - \varphi) dt = 2\zeta \frac{\omega}{\omega_n} M_d \frac{\pi}{\omega} = \frac{\pi}{\omega} \sin\varphi \tag{3.36}$$

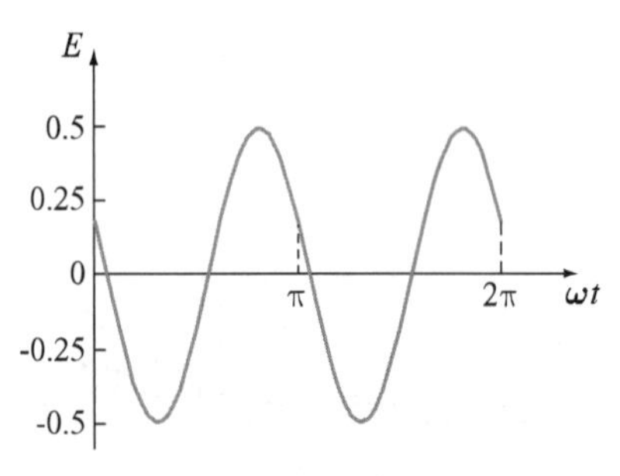

(a)　慣性力と復元力

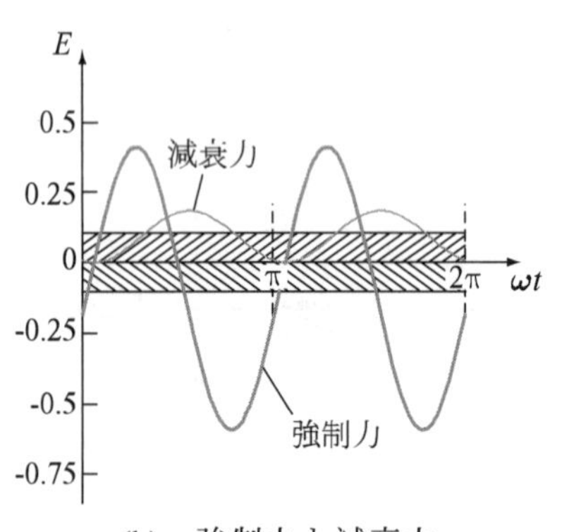

(b)　強制力と減衰力

図 3.10　強制振動における
エネルギー

ここで, $\sin\varphi = \dfrac{2\zeta\dfrac{\omega}{\omega_n}}{\sqrt{\left\{1-\left(\dfrac{\omega}{\omega_n}\right)^2\right\}^2+\left(2\zeta\dfrac{\omega}{\omega_n}\right)^2}} = 2\zeta\dfrac{\omega}{\omega_n}M_d$ を利用している.

図では斜線で示す領域に対応する．これより，強制力によるエネルギーは減衰力によるエネルギーによって消費されることがわかる.

3・5　振動の伝達（transmission of vibration）

3・3 節では，周期外力が作用する場合の振動応答を求めた．機械の基礎が揺れたり，走行中の車が上下動する場合，系の振動は周期的な変位(periodic displacement)により生ずる．図 3.11 のように，振動系のばねや減衰器に対して周期的な強制変位 $x_0 = x_d \cos\omega t$ が作用する場合の振動応答を求めてみる．ばね力は，ばね両端の相対変位とばね定数の積より得られ $-k(x-x_0)$ となる．同様に減衰力として $-c(\dot{x}-\dot{x}_0)$ を得る．これより，この場合の運動方程式は

$$m\ddot{x}+c\dot{x}+kx = kx_0 + c\dot{x}_0 \tag{3.37}$$

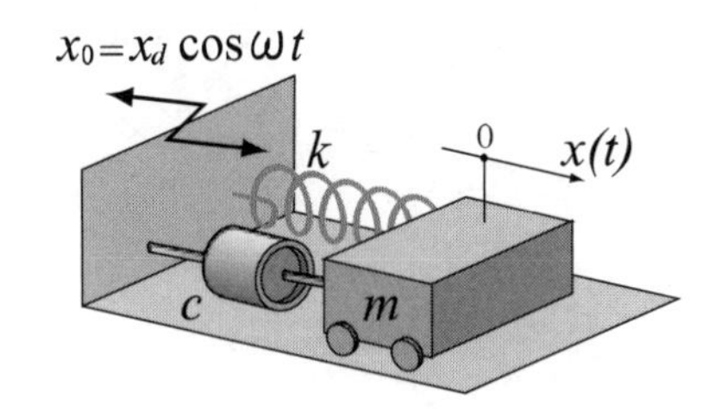

図 3.11　強制変位振動系

で示される．上式の右辺は周期変位と，その速度の関数となり，$x_0 = x_d \cos\omega t$ に対し，$\dot{x}_0 = -\omega x_d \sin\omega t$ となる．ここでは，複素解析を用いて解を求めてみる．式(3.37)に対して

$$m\ddot{y}+c\dot{y}+ky = ky_0 + c\dot{y}_0 \tag{3.38}$$

とおき，$z = x+iy$，$z_0 = x_0 + iy_0$ とする．式(3.37)と，式(3.38)に i を乗じた式の左辺と右辺をそれぞれ加算した式は複素数 z を変数とした次の式になる.

$$m\ddot{z}+c\dot{z}+kz = kz_0 + c\dot{z}_0 \tag{3.39}$$

これを解くため，オイラーの公式より，強制変位を次式のようにおく.

$$z_0 = x_d e^{i\omega t} = x_d(\cos\omega t + i\sin\omega t) \tag{3.40}$$

式(3.39)に式(3.40)を代入すると

$$m\ddot{z}+c\dot{z}+kz = (k+i\omega c)x_d e^{i\omega t} = (k+i\omega c)z_0 \tag{3.41}$$

となる．ここで，式(3.5)で示した諸量で整理すると，次式のようになる.

$$\ddot{z}+2\zeta\omega_n\dot{z}+\omega_n^2 z = z^* e^{i\omega t} \tag{3.42}$$

ただし

$$z^* = \omega_n^2\left(1+2i\zeta\frac{\omega}{\omega_n}\right)x_d \tag{3.43}$$

上式の z^* は複素定数となる．ここで，式(3.42)の解を

$$z = A^* e^{i\omega t} \tag{3.44}$$

のように仮定し，式(3.42)に代入すると,

$$\omega_n^2\left\{1-\left(\frac{\omega}{\omega_n}\right)^2 + i\left(2\zeta\frac{\omega}{\omega_n}\right)\right\}A^* e^{i\omega t} = z^* e^{i\omega t} \tag{3.45}$$

を得る．上式の両辺の係数をそれぞれ振幅と位相角で示すと,

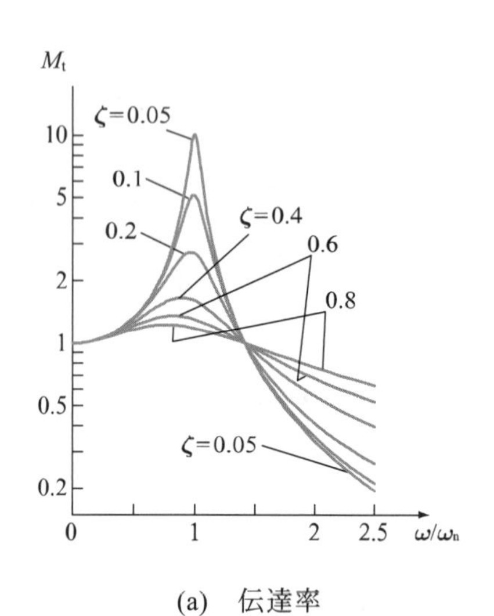

(a)　伝達率

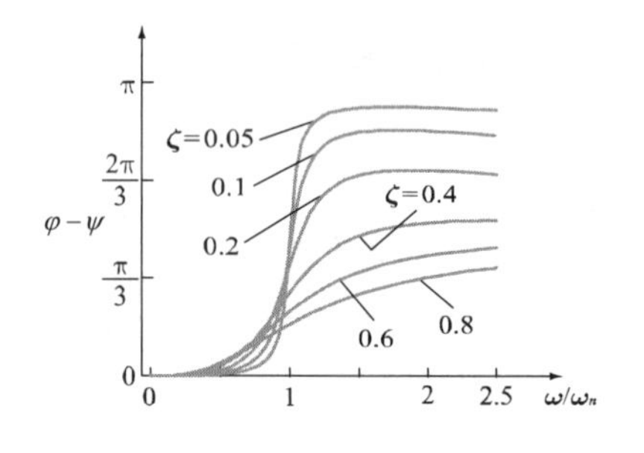

(b)　位相角

図 3.12　振動の伝達率

$$\omega_n^2\sqrt{\left\{1-\left(\frac{\omega}{\omega_n}\right)^2\right\}^2+\left(2\zeta\frac{\omega}{\omega_n}\right)^2}e^{i\varphi}A^*=\omega_n^2\sqrt{1+\left(2\zeta\frac{\omega}{\omega_n}\right)^2}x_d e^{i\psi} \tag{3.46}$$

のようになる．ただし，

$$\varphi=\tan^{-1}\frac{2\zeta\dfrac{\omega}{\omega_n}}{1-\left(\dfrac{\omega}{\omega_n}\right)^2},\quad \psi=\tan^{-1}2\zeta\frac{\omega}{\omega_n} \tag{3.47}$$

である．これより未知の振幅 A^* は次のように定まる．

$$A^*=\frac{\sqrt{1+\left(2\zeta\dfrac{\omega}{\omega_n}\right)^2}}{\sqrt{\left\{1-\left(\dfrac{\omega}{\omega_n}\right)^2\right\}^2+\left(2\zeta\dfrac{\omega}{\omega_n}\right)^2}}x_d e^{i(\psi-\varphi)} \tag{3.48}$$

結局，A^* を式(3.44)に代入して，解は次式で与えられる．

$$z=M_t x_d e^{i(\omega t+\psi-\varphi)} \tag{3.49}$$

ここで M_t は伝達率(transmissibility)を示す．強制変位が $x_d\cos\omega t$ で与えられているので，上式の実部をとり出して

$$x=M_t x_d\cos(\omega t+\psi-\varphi) \tag{3.50}$$

を得る．ただし，

$$M_t=\frac{\sqrt{1+\left(2\zeta\dfrac{\omega}{\omega_n}\right)^2}}{\sqrt{\left\{1-\left(\dfrac{\omega}{\omega_n}\right)^2\right\}^2+\left(2\zeta\dfrac{\omega}{\omega_n}\right)^2}} \tag{3.51}$$

である．強制変位が $x_d\sin\omega t$ で与えられている場合は虚部を取り出せばよい．強制変位による振動の伝達率を図 3.12 に示す．縦軸は振幅倍率であり，対数で表示してある．振動数に伴う振幅の変化から，振動数 $\omega/\omega_n=\sqrt{2}$ では，伝達率 M_t が 1 となる．それ以上の振動数では，$M_t<1$ となり伝達率は 1 より小さくなる．この範囲では減衰比が小なる程，振幅は低くなる．これより無減衰固有角振動数 ω_n の $\sqrt{2}$ 倍より高い振動数領域で，振動をおさえるためには，低い減衰比の減衰材を用いた方がよい．

3・6　多重周期振動（multiple periodic vibrations）

いままで，単一の周期外力による振動応答を求めてきた．ここでは，周期性を持つ複雑な時間波形が作用した場合の応答をはじめ，さらに一般的な時間波形による応答を調べる．

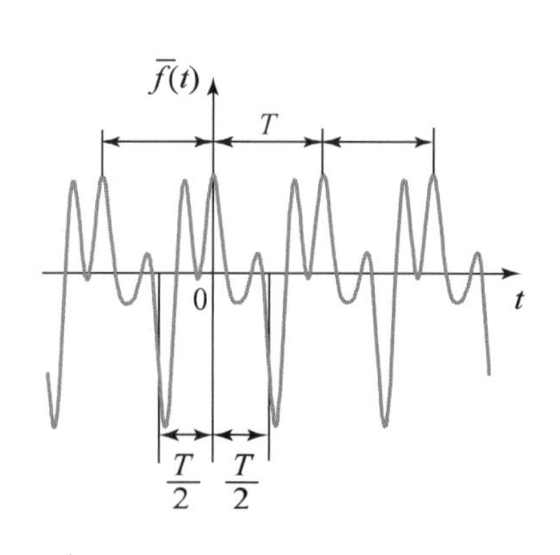

図 3.13　周期性をもつ振動波形

3・6・1　フーリエ級数（Fourier series）

図 3.13 のように，周期 T を持ち，連続でなめらかな振動波形が記録されたものとする．波形の任意時間を原点に選び，データを $\bar{f}(t)$ とすると，

$\bar{f}(t)=\bar{f}(t+nT)$ （n：整数）を満たす．周期 T に対する角振動数 ω は $\omega=2\pi/T$ となる．なお，計算を容易にするため，$\bar{f}(t)$ の代表的な両振幅を $2f_0$ として，規格化したデータ $f(t)=\bar{f}(t)/f_0$ を用意するものとする．波形データ $f(t)$ を，次の三角級数 $f_M(t)$ で近似することを考える．

$$f_M(t)=\frac{C_0}{2}+\sum_{m=1}^{M}(C_m\cos m\omega t+S_m\sin m\omega t) \tag{3.52}$$

上式で $f_M(t)$ は有限フーリエ級数(finite Fourier series)と呼ばれ，係数 C_0，C_m や S_m はフーリエ係数(Fourier coefficient)と言う．上式で $m=1$ での C_1，S_1 を基本調波成分(component of fundamental harmonic)と呼び，$m>1$ での係数を m 次の高調波成分(component of higher harmonic)と言う．ただし，指数 m を何項までとるかは近似の精度に依存する．これらの係数を定めるため，$f(t)$ と $f_M(t)$ の差，つまり $e(t)=f(t)-f_M(t)$ の二乗平均誤差 E_r を

$$E_r=\frac{1}{T}\int_{-T/2}^{T/2}e^2(t)dt=\frac{1}{T}\int_{-T/2}^{T/2}(f(t)-f_M(t))^2dt \tag{3.53}$$

のように考える．E_r は $C_0,C_1,\cdots,S_1,S_2,\cdots$ の関数となる．上式が最小の値を得るためには，上式をフーリエ係数で偏微分して0とおけばよく，

$$\frac{\partial E_r}{\partial C_n}=0, \qquad (n=0,1,2,\cdots,M),$$

$$\frac{\partial E_r}{\partial S_n}=0, \qquad (n=1,2,3,\cdots,M) \tag{3.54}$$

の関係式を得る．式(3.52)を式(3.53)に代入し，定積分を行い，偏微分を実行すると，フーリエ係数は

$$C_n=\frac{2}{T}\int_{-T/2}^{T/2}f(t)\cos n\omega t dt, \qquad (n=0,1,2,\cdots,M)$$

$$S_n=\frac{2}{T}\int_{-T/2}^{T/2}f(t)\sin n\omega t dt, \qquad (n=1,2,3,\cdots,M) \tag{3.55}$$

のように定まる．このように周期性のある波形データ $f(t)$ は式(3.52)のフーリエ級数により近似できることが分かる．ただし，上記の演算において，次の関係を用いてある．

$$\frac{1}{T}\int_{-T/2}^{T/2}\cos m\omega t\cos n\omega t dt=\frac{1}{2}(\delta_{mn}+\delta_{m0}\delta_{n0})$$

$$\frac{1}{T}\int_{-T/2}^{T/2}\sin m\omega t\sin n\omega t dt=\frac{1}{2}\delta_{mn},$$

$$\frac{1}{T}\int_{-T/2}^{T/2}\sin m\omega t\cos n\omega t dt=0 \tag{3.56}$$

なお，δ_{mn} はクロネッカーのデルタ記号(Kronecker's delta)で，

$$\delta_{mn}=\begin{cases}1; m=n\\0; m\neq n\end{cases} \tag{3.57}$$

の関係を満たす．式(3.56)は三角関数における直交条件(orthogonal condition)と呼ぶ．これは後述する固有振動形（固有振動モード）を求める固有値問題や微分方程式の解法のために，重要な性質である．

ここで，フーリエ級数の式(3.52)を複素表示してみる．オイラーの公式($e^{\pm i\theta} = \cos\theta \pm i\sin\theta$)を利用して，三角関数は

$$\cos m\omega t = \frac{e^{im\omega t} + e^{-im\omega t}}{2}, \quad \sin m\omega t = -\frac{i(e^{im\omega t} - e^{-im\omega t})}{2} \tag{3.58}$$

のようになる．式(3.52)に上式を代入することにより，

$$f_M(t) = \frac{C_0}{2} + \sum_{m=1}^{M} \left\{ \frac{C_m - iS_m}{2} e^{im\omega t} + \frac{C_m + iS_m}{2} e^{-im\omega t} \right\} \tag{3.59}$$

を得る．上式に対して，次の複素係数を導入する．

$$A_0 = \frac{C_0}{2}, \quad A_m = \frac{C_m - iS_m}{2}, \quad A_{-m} = \frac{C_m + iS_m}{2} \tag{3.60}$$

これより，式(3.59)は

$$f_M(t) = A_0 + \sum_{m=1}^{M} \left(A_m e^{im\omega t} + A_{-m} e^{-im\omega t} \right) = \sum_{m=-M}^{M} A_m e^{im\omega t} \tag{3.61}$$

となる．ここで，上式の A_m は式(3.60)にフーリエ係数の式(3.55)を代入して，

$$A_m = \frac{1}{2}(C_m - iS_m) = \frac{1}{T}\int_{-T/2}^{T/2} f(t)(\cos m\omega t - i\sin m\omega t)dt$$

$$= \frac{1}{T}\int_{-T/2}^{T/2} f(t)e^{-im\omega t}dt \tag{3.62}$$

となる．式(3.61)を有限複素フーリエ級数(complex form of finite Fourier series)と呼び，式(3.62)を複素フーリエ係数(complex form of Fourier coefficient)と呼ぶ．

式(3.52)および式(3.61)の有限フーリエ級数 $f_M(t)$ において，最大指数 M を無限大まで拡張すると，$f_M(t)$ は周期データ $f(t)$ に限りなく近づくことができる．これより，式(3.52)および式(3.61)はそれぞれ次式で示される．

$$f(t) = \frac{C_0}{2} + \sum_{m=1}^{\infty} (C_m \cos m\omega t + S_m \sin m\omega t) \tag{3.63}$$

$$f(t) = \sum_{m=-\infty}^{\infty} A_m e^{im\omega t} \tag{3.64}$$

上式は一般にそれぞれフーリエ級数(Fourier series)および複素フーリエ級数(complex form of Fourier series)と呼ばれる．また，対応する係数は式(3.55)で M を無限大に置き換えた式と式(3.62)で与えられる．

3・6・2　一般の周期力による応答（response of generalized periodic force）

周期性を持つ一般の外力 $\bar{f}(t)$ が，1自由度振動系の式(3.2)に作用する場合を考える．$\bar{f}(t)$ は $\bar{f}(t) = f_0 f(t)$ と示しておく．ただし，f_0 は外力の代表的振幅である．式(3.5)の諸量と $x_s = f_0 / k$ を用い，運動方程式を整理する．さらに外力 $f(t)$ は式(3.61)の複素フーリエ級数を用いて

$$\ddot{x}+2\zeta\omega_n\dot{x}+\omega_n^2 x = x_s\omega_n^2\sum_{m=-\infty}^{\infty}A_m e^{im\omega t} \tag{3.65}$$

のように表示する．ただし，A_m は式(3.62)により導かれる．式(3.65)の右辺は基本角振動数 ω の整数次を持つ周期外力の級数となっている．この場合の応答は，個々の周期外力による応答の和で示される．式(3.65)の m 次の周期外力に対する運動方程式の解を

$$x = A_m^* e^{im\omega t} \tag{3.66}$$

と仮定する．なお，A_m^* は複素振幅である．上式を m 次外力とした方程式(3.65)に代入すると，

$$\left\{1-\left(\frac{m\omega}{\omega_n}\right)^2+2i\zeta\frac{m\omega}{\omega_n}\right\}A_m^* = x_s A_m \tag{3.67}$$

を得る．上式に式(3.62)を考慮し，両辺を振幅と位相角で示すと，次式のようになる．

$$\sqrt{\left\{1-\left(\frac{m\omega}{\omega_n}\right)^2\right\}^2+\left(2\zeta\frac{m\omega}{\omega_n}\right)^2}\,e^{i\varphi_m}A_m^* = \frac{x_s}{2}\sqrt{C_m^2+S_m^2}\,e^{-i\psi_m},$$

$$\varphi_m = \tan^{-1}\frac{2\zeta\dfrac{m\omega}{\omega_n}}{1-\left(\dfrac{m\omega}{\omega_n}\right)^2},\quad \psi_m = \tan^{-1}\frac{S_m}{C_m} \tag{3.68}$$

これより，m 次の調和応答における複素振幅は，

$$A_m^* = \frac{x_s\sqrt{C_m^2+S_m^2}}{2\sqrt{\left\{1-\left(\dfrac{m\omega}{\omega_n}\right)^2\right\}^2+\left(2\zeta\dfrac{m\omega}{\omega_n}\right)^2}}e^{-i(\varphi_m+\psi_m)} \tag{3.69}$$

のように定まる．つまり，式(3.65)の一般周期力による解は次式で与えられる．

$$x = \frac{x_s}{2}\sum_{m=-\infty}^{\infty}\frac{\sqrt{C_m^2+S_m^2}}{\sqrt{\left\{1-\left(\dfrac{m\omega}{\omega_n}\right)^2\right\}^2+\left(2\zeta\dfrac{m\omega}{\omega_n}\right)^2}}e^{i(m\omega t-\varphi_m-\psi_m)} \tag{3.70}$$

これより，一般の周期力による振動応答はフーリエ級数を用いて求められる．

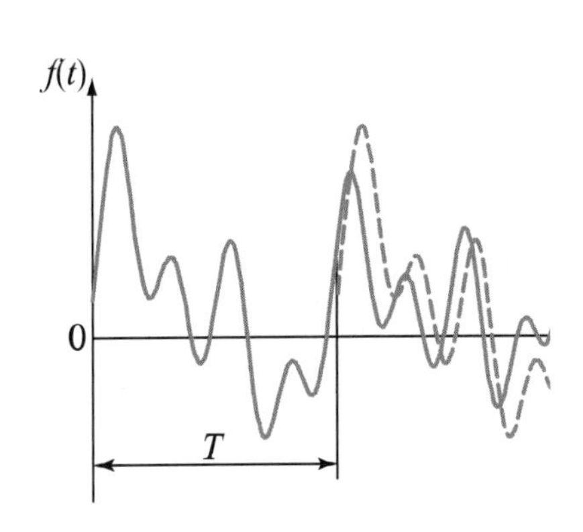

図 3.14　非周期性の時間波形

3・6・3　周波数分析（frequency analysis）

次に，図 3.14 の実線で示すように振動応答として一般の時間波形 $f(t)$ が記録された場合を考える．一般の波形では，基本周期 T は明確には定まらない．そのため，十分に長い時間を周期 T に選び，図の破線のように，その波形が周期 T でくり返し現れるものと考える．時間波形を有限フーリエ級数で近似する．式(3.61)において，角振動数 ω は十分に長い周期 T に対して $\omega T = 2\pi$ より，微小量となる．これを $\Delta\omega$ とおくと $\Delta\omega T = 2\pi$ となる．さらに，$\Delta\omega$ に対する m 倍の振動数を $\omega_m = m\Delta\omega$（m :整数）とおくことにより，式(3.61)お

よび式(3.62)は，$F(\omega_m) = A_m / \Delta\omega$ とおいて，次のようになる．

$$f_M(t) = \sum_{m=-M}^{M} F(\omega_m) e^{i\omega_m t} \Delta\omega \tag{3.71}$$

$$F(\omega_m) = \frac{1}{2\pi} \int_{-T/2}^{T/2} f(t) e^{-i\omega_m t} dt = \frac{1}{2\pi} \int_0^T f(t) e^{-i\omega_m t} dt \tag{3.72}$$

なお，式(3.72)で $-T/2$ から $T/2$ の積分範囲を 0 から T としても，同じ結果を得る．これより十分に長い周期の時間波形が与えられると，微小角振動数 $\Delta\omega = 2\pi / T$ を基準とした，m 次調波成分の複素振幅 $F(\omega_m)$ を定めることができる．

上式において，周期 T を無限大まで拡張すると，$\Delta\omega$ は無限小となり $d\omega$ とおける．指数 m の上限を無限大までとると，$\omega_m = m\Delta\omega$ は ω として連続的に扱える．また，$f_M(t)$ は $f(t)$ に近付く．これより，式(3.71)および式(3.72)は，次のようにおける．

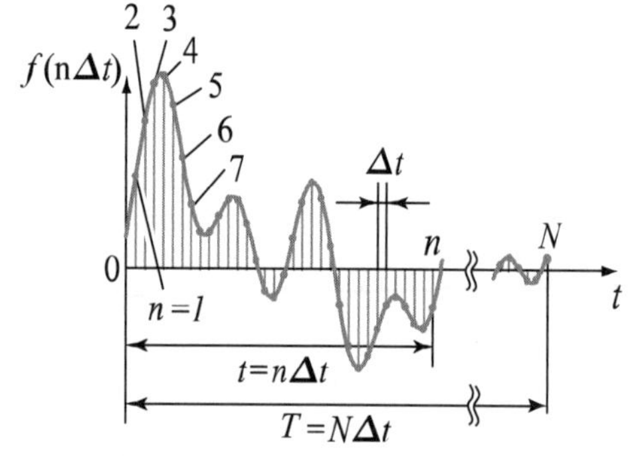

図 3.15　実験による波形データ

$$f(t) = \int_{-\infty}^{\infty} F(\omega) e^{i\omega t} d\omega \tag{3.73}$$

$$F(\omega) = \frac{1}{2\pi} \int_0^{\infty} f(t) e^{-i\omega t} dt \tag{3.74}$$

式(3.74)は時間波形 $f(t)$ を角振動数 ω における振幅成分 $F(\omega)$ に変換できる．これをフーリエ変換(Fourier transform)と呼ぶ．なお，式(3.73)は逆フーリエ変換(inverse Fourier transform)と言う．

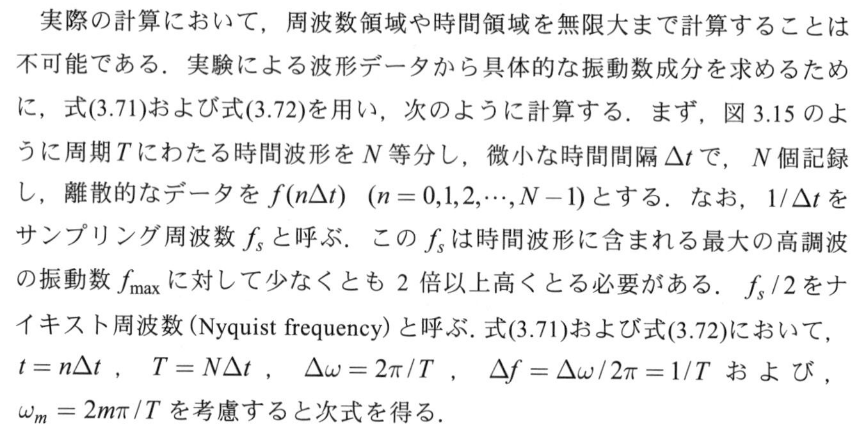

実際の計算において，周波数領域や時間領域を無限大まで計算することは不可能である．実験による波形データから具体的な振動数成分を求めるために，式(3.71)および式(3.72)を用い，次のように計算する．まず，図 3.15 のように周期 T にわたる時間波形を N 等分し，微小な時間間隔 Δt で，N 個記録し，離散的なデータを $f(n\Delta t)$　$(n = 0, 1, 2, \cdots, N-1)$ とする．なお，$1/\Delta t$ をサンプリング周波数 f_s と呼ぶ．この f_s は時間波形に含まれる最大の高調波の振動数 $f_{\max}$ に対して少なくとも 2 倍以上高くとる必要がある．$f_s / 2$ をナイキスト周波数(Nyquist frequency)と呼ぶ．式(3.71)および式(3.72)において，$t = n\Delta t$，$T = N\Delta t$，$\Delta\omega = 2\pi / T$，$\Delta f = \Delta\omega / 2\pi = 1/T$ および，$\omega_m = 2m\pi / T$ を考慮すると次式を得る．

$$f(n\Delta t) = \sum_{m=-M}^{M} F(f_m) e^{i2m\pi\frac{n}{N}} \Delta f \tag{3.75}$$

$$F(f_m) = \sum_{n=0}^{N-1} f(n\Delta t) e^{-i2m\pi\frac{n}{N}} \Delta t \tag{3.76}$$

ただし，$F(f_m) = A_m / \Delta f$ で与えられる．式(3.76)の計算を行うことにより，$m\Delta f$ における周波数成分の複素振幅が定まる．このように，離散データに対し有限のフーリエ変換を離散フーリエ変換(discrete Fourier transform：DFT)と呼ぶ．これより，一般の波形に含まれる顕著な振動数における振幅成分を検出することができる．これを周波数分析(frequency analysis)と言う．なお，2 のべき乗個の離散データを用いて，離散フーリエ変換を高速に演算する方法を高速フーリエ変換(fast Fourier transform：FFT)と言う．この方法は，実際の振動分析に多く用いられている．

3・7　過渡応答（transient response）

いままで周期的な外力による定常振動の問題を扱ってきた．機械の起動時などでは, 外力は衝撃的に作用する場合が多く, 振動系は過渡的な応答を示す．その際, 自由振動が誘起され, その応答は減衰の影響で時間とともに消滅し，周期外力などによる定常応答が残る．しかし，過渡応答は機械に過度の負荷を与えるため，その影響を明らかにすることは大切である．過渡応答の解析には，問題に応じた解法が適用される．外力が微小時間内で変化する場合には，自由振動の解と外力による解との和に，初期条件を考慮して過渡応答が得られる．外力が有限の時間で変化する場合には，フーリエ積分法，ラプラス変換法や定数変化法などが利用できる．さらに複雑な外力や運動方程式の場合には，数値積分を行う数値解法などがある．ここでは，主に初期条件を考慮して定める方法を説明する．

3・7・1　ステップ外力による応答（step response）

周期性を持たない一般的な外力を $\overline{f}(t)$ とする. 外力の代表的な振幅を f_0 とし, 外力の時間変動関数 $f(t)$ を $\overline{f}(t)=f_0 f(t)$ とおく．この外力を受ける運動方程式は式(3.2)に式(3.5)の諸量を導入して,

$$\ddot{x}+2\zeta\omega_n\dot{x}+\omega_n^2 x = x_s\omega_n^2 f(t) \tag{3.77}$$

となる．まず，一定振幅の外力が急激に，系に作用した問題を考える．ここで，図 3.16(a)のように，最初に力が作用せず，時間 $t=t_0$ から，微小時間 Δt の間に 1 となる関数を考える．関数の傾きは $1/\Delta t$ となり Δt が十分に小さいと，急激に増大する． Δt が無限小となると，図 3.16 の(b)のようになる．この関数と同じ挙動を示す次の関数を考える．

$$H_{\Delta t}(t-t_0)=\frac{1}{\pi}(\tan^{-1}\frac{t-t_0}{\Delta t}+\frac{\pi}{2}) \tag{3.78}$$

上式は図 3.16 の(c)に示すように，Δt が十分小さい値で，$H_{\Delta t}(t-t_0)$ は $t<t_0$ の範囲で 0 となり，$t=t_0$ では 1/2 となる．さらに $t>t_0$ では 1 となる．Δt が 0 に近づけば,

$$H(t-t_0)=\lim_{\Delta t\to 0} H_{\Delta t}(t-t_0)=\begin{cases}0 & (t<t_0)\\ 1 & (t>t_0)\end{cases} \tag{3.79}$$

のようになる．この関数を単位ステップ関数(unit step function)と呼ぶ.

ここで，$t=0$ でステップ状の外力 $f=f_0$ を振動系に作用させた場合の振動応答を求める．運動方程式は，式(3.77)の $f(t)$ を $H(t)$ とおいて

$$\ddot{x}+2\zeta\omega_n\dot{x}+\omega_n^2 x = x_s\omega_n^2 H(t) \tag{3.80}$$

で与えられる．ζ が 1 より小さいとき，自由振動解は次式で与えられる．

$$x=e^{-\zeta\omega_n t}(C\cos\omega_d t+S\sin\omega_d t) \tag{3.81}$$

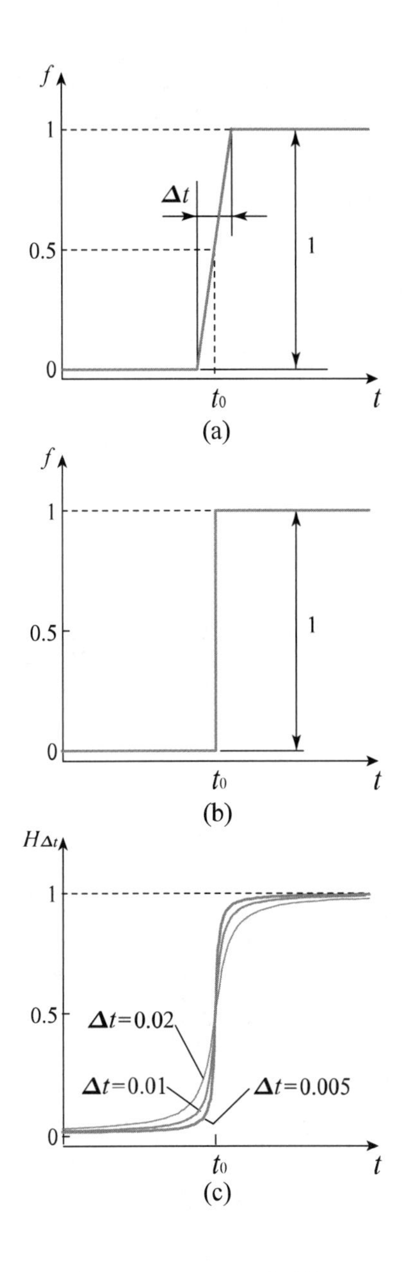

図 3.16　ステップ関数

ただし $\omega_d = \sqrt{1-\zeta^2}\omega_n$，$C$ と S は未定係数である．外力は十分な時間が経過すると($t>0$)一定値となる．このため特殊解は $x = x_s$ となる．これより一般解は

$$x = e^{-\zeta\omega_n t}(C\cos\omega_d t + S\sin\omega_d t) + x_s \tag{3.82}$$

で与えられる．ここで，初期条件として，$t=0$ で $x=0$ ならびに $\dot{x}=0$ とすると，未定係数は $C=-x_s$ と $S=-x_s\zeta/\sqrt{1-\zeta^2}$ となる．この関係を上式に代入して整理する．$t<0$ では $x=0$ となる必要があり，$t>0$ の範囲では次式が解となる．

$$x = x_s\left\{1-\frac{1}{\sqrt{1-\zeta^2}}e^{-\zeta\omega_n t}\cos(\omega_d t-\varphi)\right\} \tag{3.83}$$

ただし，φ は

$$\varphi = \tan^{-1}\frac{\zeta}{\sqrt{1-\zeta^2}} \tag{3.84}$$

で示される．x/x_s の時間経過を図 3.17 に示す．これより変位は 0 から立ち上がり，時間経過と共に減衰振動を行い，静的な変位量 $x/x_s=1$ に至る．減衰が小さくなるに従い，最大振幅は x_s の 2 倍程度となることがわかる．減衰がない場合には 2 倍となる．これより減衰の小さな系で，急激に力が加わる場合の振幅応答には，注意が必要である．

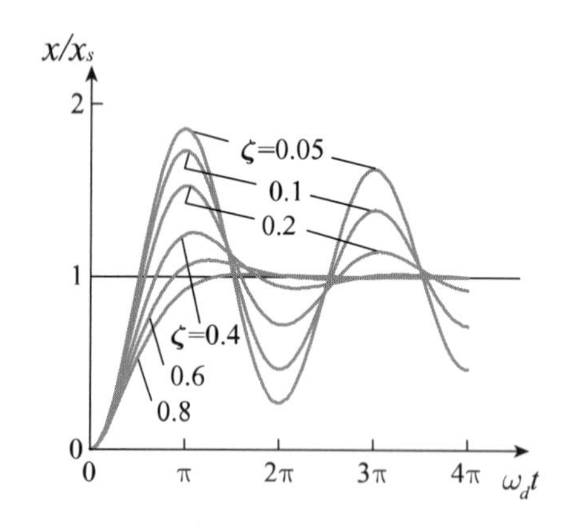

図 3.17　ステップ外力による応答

ここまでは，$\zeta<1$ の範囲における x の応答を示した．過減衰 $\zeta>1$ での場合は，同次解を次式のようにおけばよい．

$$x = C_1 e^{-\mu_1\omega_n t} + C_2 e^{-\mu_2\omega_n t} \tag{3.85}$$

ただし，C_1 と C_2 は未定定数であり初期条件により決定される．なお，μ_1 と μ_2 は次式で示される．

$$\mu_1 = \zeta-\sqrt{\zeta^2-1},\quad \mu_2 = \zeta+\sqrt{\zeta^2-1} \tag{3.86}$$

3·7·2　衝撃力による応答(response subjected to impulsive force)

次に，ステップ状の外力を時間間隔 Δt だけ加える場合の応答を考える．図 3.18(a)のように $t=0$ で，$f=f_0H(t)$ のステップ状外力を与え，$t=\Delta t$ において，$F=-f_0H(t-\Delta t)$ の力を加える．これより，図 3.18 の(b)に示すような,衝撃力(impulsive force)が短時間に発生することになる．この場合の運動方程式は

$$\ddot{x} + 2\zeta\omega_n\dot{x} + \omega_n^2 x = x_s\omega_n^2[H(t)-H(t-\Delta t)] \tag{3.87}$$

で示される．この式の右辺の第一項 $x_s\omega_n^2H(t)$ による特殊解は式(3.83)で示される．これを解 x_1 とおく．第二項の $x_s\omega_n^2H(t-\Delta t)$ による特殊解 x_2 を同様に求め，$x=x_1-x_2$ から式(3.87)の解が定まる．なお，解 x_2 は式(3.83)で，t を $t-\Delta t$ とおけばよい．さらに，解 x_2 は $t<\Delta t$ で 0 となる．$t>\Delta t$ では，0 以外の解を持つものとする．$x=x_1-x_2$ から解 x は

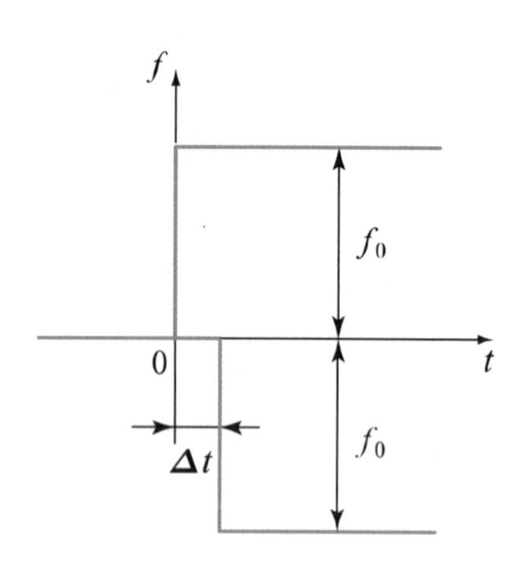

(a)　2 つのステップ外力

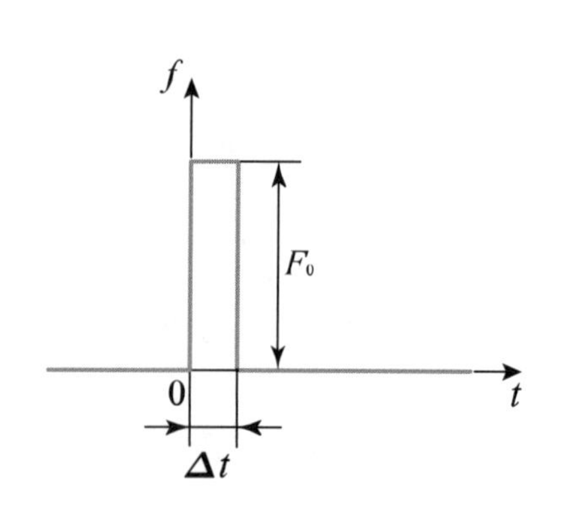

(b)　合成された衝撃力

図 3.18　衝撃力

$$x = \frac{x_s}{\sqrt{1-\zeta^2}} e^{-\zeta\omega_n t} \left\{ e^{\zeta\omega_n \Delta t} \cos(\omega_d t - \varphi - \omega_d \Delta t) - \cos(\omega_d t - \varphi) \right\} \tag{3.88}$$

となる．ただし，

$$\omega_d = \sqrt{1-\zeta^2}\omega_n, \quad \varphi = \tan^{-1} \frac{\zeta}{\sqrt{1-\zeta^2}} \tag{3.89}$$

である．ここで，式(3.88)において微小量 Δt を含む次の関数に対してテイラー展開を行い，その一次項を残すと

$$e^{\zeta\omega_n \Delta t} \approx 1 + \zeta\omega_n \Delta t, \quad \cos\omega_d \Delta t \approx 1, \quad \sin\omega_d \Delta t \approx \omega_d \Delta t \tag{3.90}$$

のようになる．上式を式(3.88)に代入し $(\Delta t)^2$ の項を省略すると，

$$x = \frac{x_s}{\sqrt{1-\zeta^2}} e^{-\zeta\omega_n t} \omega_n \Delta t \left\{ \zeta \cos(\omega_d t - \varphi) + \sqrt{1-\zeta^2} \sin(\omega_d t - \varphi) \right\} \tag{3.91}$$

となる．さらに，式(3.89)での φ と ζ の関係と式(3.4)の $x_s = f_0 / k$ ，$\omega_n^2 = k / m$ の関係より，式(3.91)は

$$x = \frac{x_s \omega_n^2 \Delta t}{\omega_d} e^{-\zeta\omega_n t} \cos(\omega_d t - \frac{\pi}{2}) = \frac{f_0 \Delta t}{m\omega_d} e^{-\zeta\omega_n t} \sin\omega_d t \tag{3.92}$$

のようになる．この式で，衝撃力 f_0 と微小時間 Δt との積を力積(impulse)と呼び，この量を I とおく．力積 I が質量 m の物体に作用し，その速度が $\Delta v = dx / dt$ だけ変化した場合には，運動の法則から力積と運動量は等価となり，次式が成立する．

$$I = f_0 \Delta t = m \Delta v \tag{3.93}$$

これより，式(3.92)は

$$x = \frac{I}{m\omega_d} e^{-\zeta\omega_n t} \sin\omega_d t = \frac{\Delta v}{\omega_d} e^{-\zeta\omega_n t} \sin\omega_d t \tag{3.94}$$

のように書き換えられる．すなわち，衝撃力応答は衝撃の際の速度変化に依存することがわかる．このことを踏まえ，$t = 0$ で $x = 0$ と $\dot{x} = I / m$ の初期条件の下での自由振動問題を考える．解は式(3.81)で次のように与えられる．

$$x = e^{-\zeta\omega_n t} (C \cos\omega_d t + S \sin\omega_d t) \tag{3.95}$$

上式に初期条件を考慮すると，$C = 0$ と $S = I / m\omega_d$ を得る．解は次式で示される．

$$x = \frac{I}{m\omega_d} e^{-\zeta\omega_n t} \sin\omega_d t \tag{3.96}$$

上式は式(3.94)と同じ式となる．結局，衝撃力による応答は初速を与えた自由振動に対応することがわかる．その初速は力積を質量で除した量である．力積 I が単位の大きさである場合の応答を単位インパルス応答（unit impulse response）と呼ぶ．式(3.96)の衝撃力による応答を図 3.19 に示す．

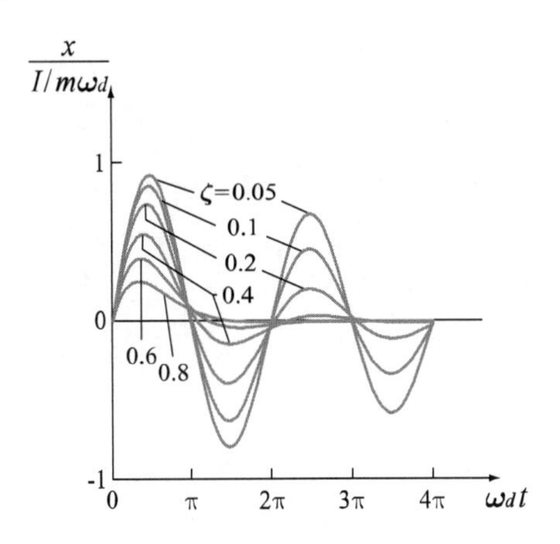

図 3.19　衝撃力による時間応答

＝＝＝＝＝　練習問題　＝＝＝＝＝＝＝＝＝＝＝＝＝＝＝＝＝＝＝＝＝＝＝

【3・1】　周期力を受ける減衰振動系がある．不減衰の系の固有角振動数 ω_n に対する周期力の角振動数の比 ω/ω_n と振幅倍率 M_d に関する周波数応答曲線が得られた．また，別の自由振動の実験により減衰比 ζ=0.3 を得た．このとき，振幅倍率 M_d が最大となる角振動数比 ω/ω_n を求めなさい．

【3・2】　A doll is hung with an elastic band from the top of a windshield in a car. The mass of the doll is m and the spring coefficient of the elastic band is k. First, the doll is being pulled downward by the gravitational acceleration g. When the car runs on a rough road, the doll is vibrated vertically under periodic acceleration $a_d \cos\omega t$, where a_d is the amplitude of acceleration. The symbols ω and t are the angular frequency of excitation and time, respectively.

a)　Find the displacement x_s of the doll due to the gravitational force and the natural angular frequency ω_n.

b)　Assuming that the amplitude of acceleration a_d is smaller than the gravitational acceleration g, find the exciting angular frequencies in which the maximum amplitudes of the vibration are equal to the static displacement x_s. These frequencies exist in both the higher and lower frequency ranges of the natural frequency.

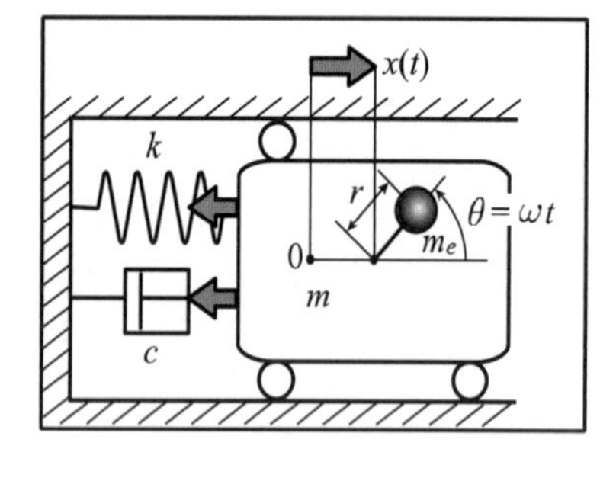

図 3.20　偏心質量のあるモデル

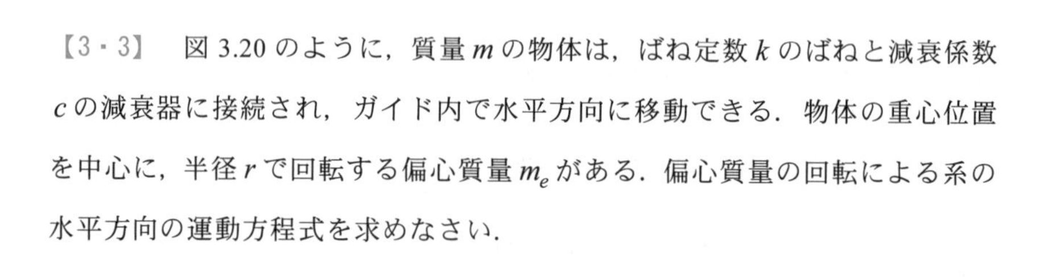

【3・3】　図 3.20 のように，質量 m の物体は，ばね定数 k のばねと減衰係数 c の減衰器に接続され，ガイド内で水平方向に移動できる．物体の重心位置を中心に，半径 r で回転する偏心質量 m_e がある．偏心質量の回転による系の水平方向の運動方程式を求めなさい．

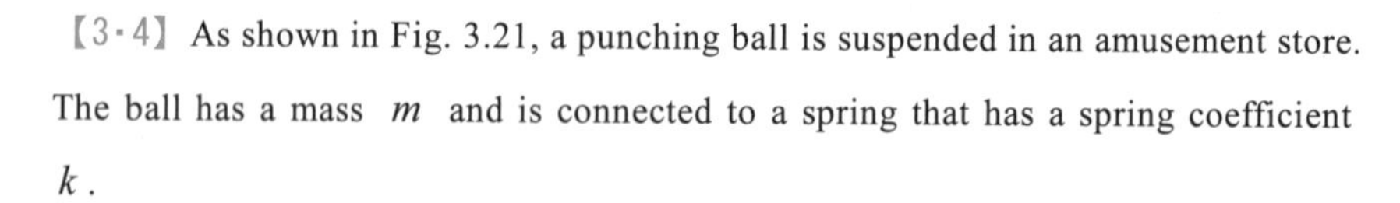

【3・4】As shown in Fig. 3.21, a punching ball is suspended in an amusement store. The ball has a mass m and is connected to a spring that has a spring coefficient k.

The other side of the spring is fixed to a rigid wall. The ball stands still at first. When the ball is hit straight with someone's fist, the ball will vibrate due to the initial impulsive force of the fist. If the mass of the fist m_f has an initial velocity V_1, then the mass m_f reduces its velocity to v_1 during an inelastic collision, while the velocity of the ball changes from V_2 to v_2. The following relations between the velocities of the fist and the ball are satisfied.

$$m_f V_1 + m V_2 = m_f v_1 + m v_2 \tag{3.97}$$

$$e(V_1 - V_2) = v_2 - v_1 \tag{3.98}$$

Equation (3.97) shows that the total momentum remains the same during the collision. Equation (3.98) indicates the ratio of the velocities. The symbol e is called the coefficient of restitution.

a) Find the velocity of the ball just after the ball is hit by the fist.

b) Find the maximum amplitude of the ball when the ball reaches the farthest point from its initial position.

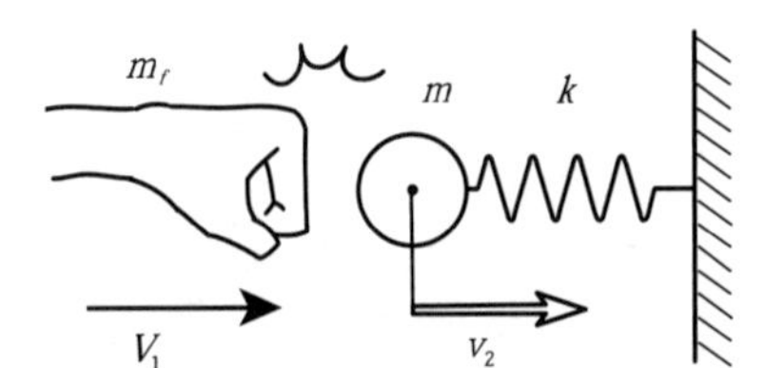

Fig.3.21　Punching ball

【3・5】　図 3.22 のように，長さ l のひもの先に，質量 m の物体が付いた振り子がある．ひもの上端に周期的な強制変位 $y_0 = r_0 \cos\omega t$ を水平方向に加えたところ，振り子は，$x-y$ 平面内で振動した．ただし，r_0 は変位振幅であり，ω は角振動数である．質量 m には強制変位による慣性力 $-m(d^2 y_0 / dt^2)$ が作用する．ここで．振れ角 $\theta(t)$ は十分に小さい範囲で振動し，$\sin\theta \simeq \theta$，$\cos\theta \simeq 1$ とおけるものとする．ひも上端まわりの物体の慣性モーメント J は $J = ml^2$ である．このとき．

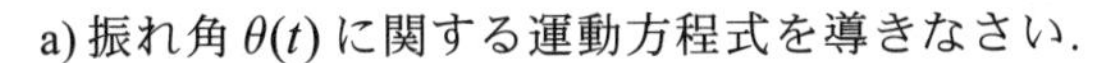

a) 振れ角 $\theta(t)$ に関する運動方程式を導きなさい．

b) 方程式を解いて，系の固有角振動数 ω_n と振れ角 $\theta(t)$ を求めなさい．

c) さらに，$x-y$ 座標の原点 O から見たおもりの y 軸方向の変位を y_m とし，y_m を時間の関数として示しなさい．

d) ω が ω_n より十分に小さい場合と大きい場合での y_m の動きをそれぞれ説明しなさい．

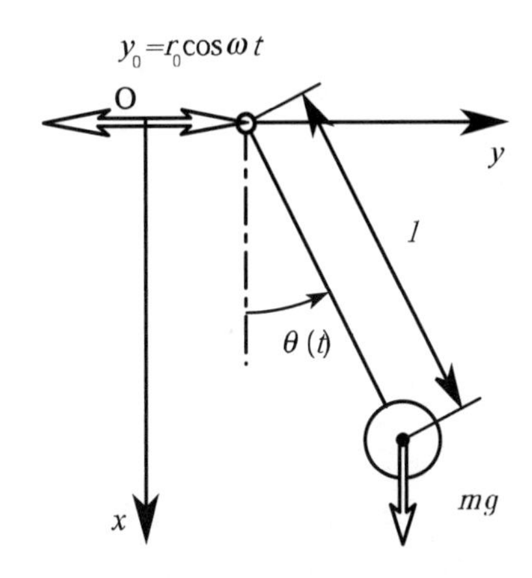

図 3.22　上端に水平方向周期強制変位を与えた振り子の振動

【解答】

3・1　$\omega / \omega_n \fallingdotseq 0.91$ のとき M_d が最大となる．

3・2　a) $x_s = mg,\ \omega_n = \sqrt{k/m}$，　b) $\omega = \omega_n \sqrt{1 \mp (a_d / g)}$

3・3　質量 m の重心の変位 x に対し，偏心質量の変位は $x + r\cos\omega t$ となる．ニュートンの第二法則を用いて，

$$(m + m_e)\frac{d^2 x}{dt^2} + c\frac{dx}{dt} + kx = m_e r \omega^2 \cos\omega t$$ を得る．

3・4

a) The velocity of the doll is $v_2 = \dfrac{m_f}{m + m_f}(1 + e)V_1$.

b) The maximum amplitude is $A_{\max} = \dfrac{m_f}{m + m_f}(1 + e)V_1 \sqrt{\dfrac{m}{k}}$.

3・5

a) 運動方程式は，

$$-mgl\sin\theta + mr_0\omega^2 l\cos\theta\cos\omega t = J\frac{d^2\theta}{dt^2}$$

となり，$\sin\theta \simeq \theta,\ \cos\theta \simeq 1$ より，

$$ml^2\frac{d^2\theta}{dt^2}+mgl\theta=mr_0\omega^2 l\cos\omega t$$

となる．

b)固有角振動数 $\omega_n=\sqrt{g/l}$，振れ角 $\theta(t)=\dfrac{(\omega/\omega_n)^2}{1-(\omega/\omega_n)^2}\dfrac{r_0}{l}\cos\omega t$

c) $y_m=y_0+l\sin\theta\simeq y_0+l\theta$ となる．b)の θ を代入して，

$$y_m=\frac{r_0}{1-(\omega/\omega_n)^2}\cos\omega t$$

d) $\omega\ll\omega_n$ の場合，振り子は強制変位と同じ方向に動く．一方，$\omega\gg\omega_n$ の場合，振り子は強制変位の方向と逆方向に動き，ω が大きくなるほど振幅が小さくなる．

第3章の参考文献

(1) Thomson, W. T., Mechanical Vibration, (1953), Prentice-Hall, Inc, 機械振動入門，(小堀与一訳)，(2000)，丸善.

(2) 中川憲治，室津義定，岩壷卓三，工業振動学，(1991)，森北出版.

(3) 安田仁彦，モード解析と動的設計，(1993)，コロナ社.

第 4 章

2 自由度系の振動

Vibration of System with Two Degrees of Freedom

- 2 自由度系とはどのような振動系か？
- 2 自由度系には固有振動数と対応する振動モードがそれぞれ 2 つある．
- 固有モードはそれぞれが 1 自由度系のように振る舞う．
- 固有モードには直交性という便利な性質がある．

4・1 はじめに（introduction）

第 2,3 章で扱った 1 自由度振動系は，振動現象を理解する上でもっとも基礎となるモデルである．振動現象をなるべく単純化することで，問題の本質が明らかになり，見通しがつけやすくなるという場合も多い．

一方，振動系が複雑になると，系の位置は 1 変数だけでは記述できなくなり，多自由度系(multiple-degree-of-freedom system)として扱うことが必要となる．例として，図 4.1(a),(b)のような振動系を考えよう．図 4.1(a)は 2 階建ての建物を考えたものであり，それぞれの階の上部を 1 つの質量と見なすことにより，この建物の動きを表すことができる．また，図 4.1(b)は自動車のサスペンションの動きを 2 次元的に捉えたものであり，前輪と後輪それぞれのばねの動きを考えることにより，上下振動とピッチ振動の 2 つの動きを表現することができる．このような振動系では，系の状態を表現するのに 2 つの変数が必要となり，2 自由度系(two-degree-of-freedom system)とよばれる．

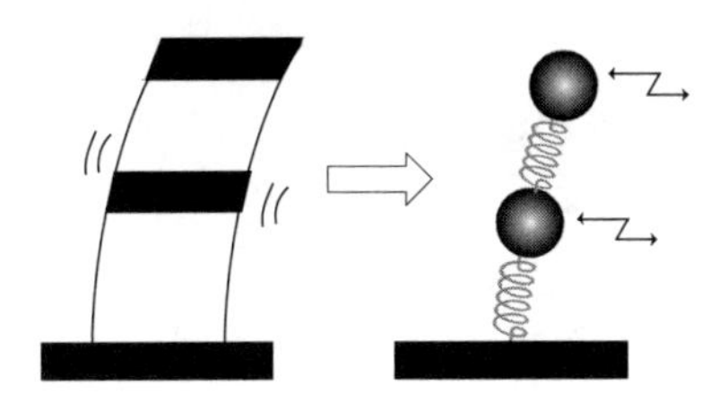

(a) 建物の振動の例

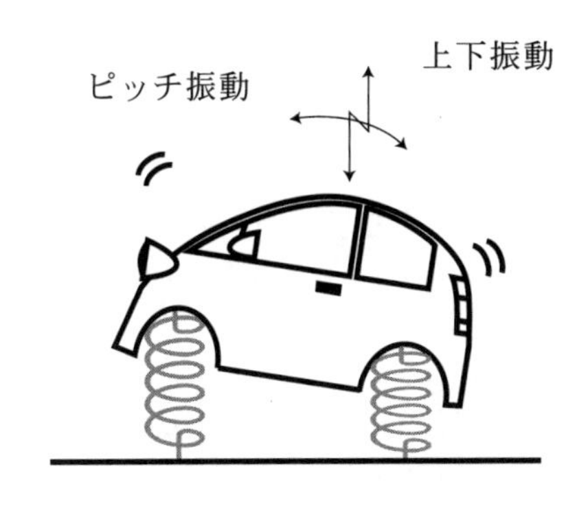

(b) 自動車の振動の例

図 4.1 2 自由度系の振動

多自由度系は，一見すると複雑な挙動を示すものの，‘振動モード’という概念を導入することにより，簡単化され，1 自由度系の重ね合わせとして理解することができる．すなわち，振動モード(vibration mode)とは 1 自由度系と多自由度系の橋渡しをする概念といってもよい．本章では，多自由度系の中でもっとも単純な 2 自由度系を取り上げ，多自由度系のこのような特質について説明する．

4・2 運動方程式（equation of motion）

2 自由度振動系を考えるにあたり，最も簡単な例として減衰のない図 4.2 のような系を考えよう．この系は，2 つの質点（質点 1，質点 2）と 3 つのばねからなり，系の位置は 2 つの変数 x_1，x_2 によって決定される．この系の運動方程式を立てるには，まず，個々の質点 1，2 について，ニュートンの運動方程式を考える．

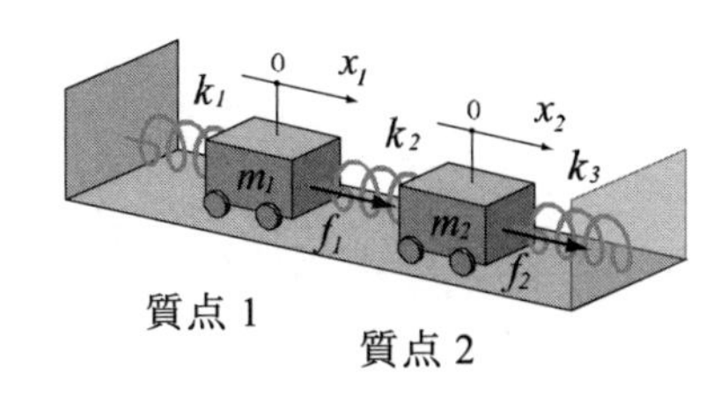

図 4.2 減衰のない 2 自由度系

すなわち，質点 1 には，ばね 1 およびばね 2 の復元力が作用するので

$$m_1\ddot{x}_1 = -k_1x_1 - k_2(x_1 - x_2) + f_1 \quad (4.1)$$

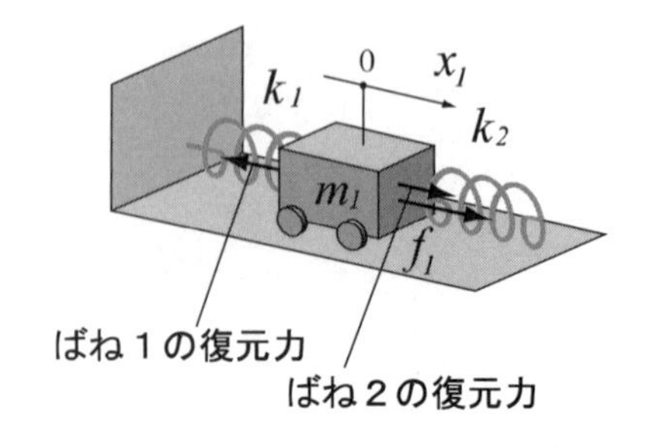

(a)　質点 1 に働く力

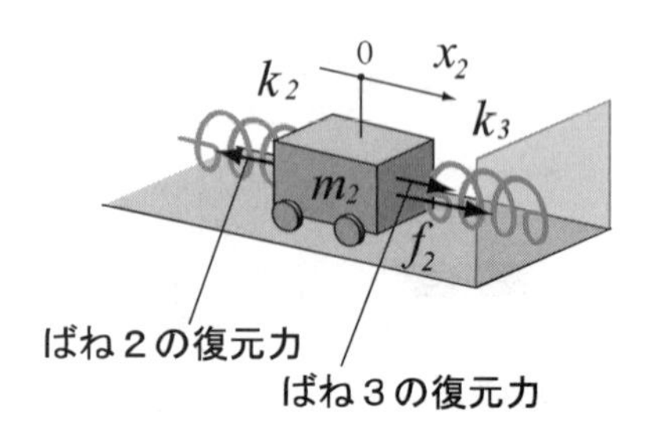

(b)　質点 2 に働く力

図 4.3　それぞれの質点に働く力

ここで，右辺第 1 項は，ばね 1 による復元力，第 2 項は，ばね 2 による復元力，第 3 項は外力である．同様に，質点 2 について考えると，

$$m_2\ddot{x}_2 = -k_2(x_2 - x_1) - k_3x_2 + f_2 \tag{4.2}$$

となる．これらの運動方程式をまとめて整理すると，

$$\begin{aligned} m_1\ddot{x}_1 + (k_1 + k_2)x_1 - k_2x_2 &= f_1 \\ m_2\ddot{x}_2 - k_2x_1 + (k_2 + k_3)x_2 &= f_2 \end{aligned} \tag{4.3}$$

となり，また，これを行列で表すと，

$$\begin{bmatrix} m_1 & 0 \\ 0 & m_2 \end{bmatrix} \begin{Bmatrix} \ddot{x}_1 \\ \ddot{x}_2 \end{Bmatrix} + \begin{bmatrix} k_1 + k_2 & -k_2 \\ -k_2 & k_2 + k_3 \end{bmatrix} \begin{Bmatrix} x_1 \\ x_2 \end{Bmatrix} = \begin{Bmatrix} f_1 \\ f_2 \end{Bmatrix} \tag{4.4}$$

つまり，

$$\mathbf{M}\ddot{\mathbf{x}} + \mathbf{K}\mathbf{x} = \mathbf{f} \tag{4.5}$$

となる．ここに，

$$\mathbf{M} = \begin{bmatrix} m_1 & 0 \\ 0 & m_2 \end{bmatrix} \qquad \mathbf{K} = \begin{bmatrix} k_1 + k_2 & -k_2 \\ -k_2 & k_2 + k_3 \end{bmatrix}$$

$$\mathbf{x} = \begin{Bmatrix} x_1 \\ x_2 \end{Bmatrix} \qquad \mathbf{f} = \begin{Bmatrix} f_1 \\ f_2 \end{Bmatrix}$$

であり，$\mathbf{M}$，$\mathbf{K}$ はそれぞれ質量行列(mass matrix)，剛性行列(stiffness matrix)，$\mathbf{x}$，$\mathbf{f}$ はそれぞれ変位ベクトル，外力ベクトルである．2 自由度系におけるこれらの行列はいずれも 2×2 行列，ベクトルは 2 次元ベクトルである．

4・3　固有振動数と固有振動モード（natural frequency and natural mode of vibration）

ここでは 2 自由度系の自由振動について考える．すなわち，ある初期条件を与えて自由振動をさせた場合に，どのような振動が起きるのかを考えてみよう．式(4.5)において，外力 $\mathbf{f} = \mathbf{0}$ とおけば，運動方程式は，

$$\mathbf{M}\ddot{\mathbf{x}} + \mathbf{K}\mathbf{x} = \mathbf{0} \tag{4.6}$$

図 4.4 の系では，

$$\begin{bmatrix} m_1 & 0 \\ 0 & m_2 \end{bmatrix} \begin{Bmatrix} \ddot{x}_1 \\ \ddot{x}_2 \end{Bmatrix} + \begin{bmatrix} k_1 + k_2 & -k_2 \\ -k_2 & k_2 + k_3 \end{bmatrix} \begin{Bmatrix} x_1 \\ x_2 \end{Bmatrix} = \begin{Bmatrix} 0 \\ 0 \end{Bmatrix} \tag{4.7}$$

が得られる．これは，ある初期条件の下で，自由振動をする系の運動方程式と考えることができる．

この自由振動の固有角振動数を ω，振幅を $\mathbf{u} = (u_1, u_2)^t$ として，これらを求めてみよう．ここで，^{t} は転置を表す．このとき，この系の変位は次式のように表すことができる．

$$\mathbf{x} = \mathbf{u}e^{i\omega t} \tag{4.8}$$

式(4.8)を式(4.6)に代入すると，

$$\left[-\omega^2\mathbf{M} + \mathbf{K}\right]\mathbf{u} = \mathbf{0} \tag{4.9}$$

となり，これを簡単に，

$$\mathbf{A}\mathbf{u} = \mathbf{0} \tag{4.10}$$

－連成とは？－

式(4.3)の 1 行目は質点 1 に関する式であるが，変数 x_1 だけでなく変数 x_2 も含んでいる．また 2 行目には変数 x_2 だけでなく変数 x_1 も含まれている．

これより，質点 1 が振動をはじめるとそれに伴って質点 2 が振動を始め，逆に質点 2 が振動するとそれに伴って質点 1 が振動する．このような性質を連成(coupling) という．

と表せば，これはベクトル $\mathbf{u}$ に関する方程式と見なすことができる．ここで，もし行列 $\mathbf{A}$ に逆行列が存在するならば，両辺に左から $\mathbf{A}^{-1}$ を乗ずることにより，$\mathbf{u}=\mathbf{0}$ となり，これは振幅すべてが 0 であり振動していないことを意味する．

よって，振動状態（$\mathbf{u}\neq\mathbf{0}$）であるためには，行列 $\mathbf{A}$ に逆行列が存在しない，すなわち行列 $\mathbf{A}$ が特異であり，行列式が 0 であることが必要となる．つまり，

$$|\mathbf{A}|=0 \tag{4.11}$$

が得られる．

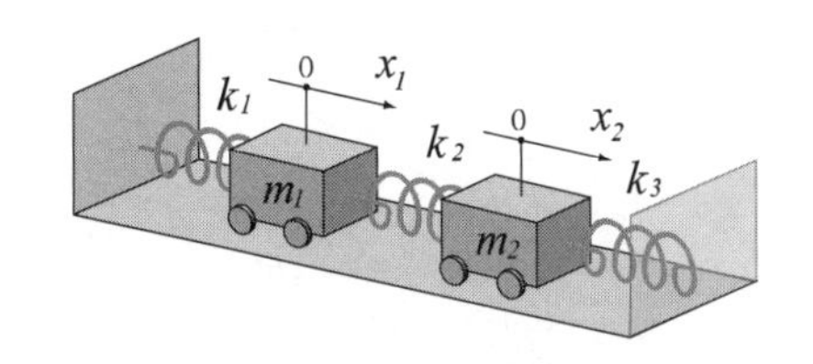

図 4.4　不減衰 2 自由度系

図 4.4 の系について考えると，式(4.8)に対して

$$\begin{Bmatrix} x_1 \\ x_2 \end{Bmatrix}=\begin{Bmatrix} u_1 \\ u_2 \end{Bmatrix}e^{i\omega t} \tag{4.12}$$

また，式(4.9)に対して，次式が得られる．

$$\begin{bmatrix} k_1+k_2-m_1\omega^2 & -k_2 \\ -k_2 & k_2+k_3-m_2\omega^2 \end{bmatrix}\begin{Bmatrix} u_1 \\ u_2 \end{Bmatrix}=\begin{Bmatrix} 0 \\ 0 \end{Bmatrix} \tag{4.13}$$

さらに，係数行列の行列式を 0 とおいて，

$$\begin{vmatrix} k_1+k_2-m_1\omega^2 & -k_2 \\ -k_2 & k_2+k_3-m_2\omega^2 \end{vmatrix}=0 \tag{4.14}$$

これを展開すると

$$\left(k_1+k_2-m_1\omega^2\right)\left(k_2+k_3-m_2\omega^2\right)-{k_2}^2=0 \tag{4.15}$$

整理して，次式を得る．

$$m_1m_2\omega^4-\{m_1(k_2+k_3)+m_2(k_1+k_2)\}\omega^2$$
$$+k_1k_2+k_1k_3+k_2k_3=0 \tag{4.16}$$

式(4.16)は ω^2 に関する 2 次方程式になっている．このように，式(4.11)から得られる振動数に関する代数方程式を振動数方程式(frequency equation)という．式(4.16)を解くと，次の 2 つの固有角振動数(natural angular frequency) ω_1 および ω_2（$\omega_1<\omega_2$）が得られる．

$${\omega_1}^2,{\omega_2}^2=\frac{1}{2}\left(\frac{k_2+k_3}{m_2}+\frac{k_1+k_2}{m_1}\right)\mp\frac{1}{2}\sqrt{\left(\frac{k_2+k_3}{m_2}-\frac{k_1+k_2}{m_1}\right)^2+\frac{4{k_2}^2}{m_1m_2}} \tag{4.17}$$

ここで，ω_1，ω_2 をそれぞれ，1 次，2 次の固有角振動数という．このように，2 自由度系には 2 つの固有角振動数が存在する．i 次の固有角振動数 $\omega_i\,(i=1,2)$を式(4.13)に代入することにより，固有角振動数 ω_i に対応した振幅比を次のように得ることができる．

$$\frac{{u_2}^{(i)}}{{u_1}^{(i)}}=\frac{k_1+k_2-m_1{\omega_i}^2}{k_2}=\frac{k_2}{k_2+k_3-m_2{\omega_i}^2} \tag{4.18}$$

このように，連立方程式(4.13)は，その係数行列 $\mathbf{A}$ が特異であるため不定であり，ベクトル $\mathbf{u}_i$ は一義的に定めることはできない．すなわち，各質点の振

－固有振動モードの表し方－

固有振動モードは，各点の振幅比として定まるもので，ベクトルとしては一義的に決まらない．例えば，$\mathbf{u}=\{1\quad 1\}^t$ と $\mathbf{u}=\{-1\quad -1\}^t$ はベクトルとしては異なるが，平行なベクトルであり，固有振動モードとしては同一である．

また長さが 1 となるように正規化すれば，$\mathbf{u}=\dfrac{1}{\sqrt{2}}\{1\quad 1\}^t$ となる．実用上は質量行列について正規化する場合が多く，

$\mathbf{u}^t\mathbf{M}\mathbf{u}=1$

とする．

幅比の形で $\mathbf{u}_i=\left\{u_1^{(i)},u_2^{(i)}\right\}^t$ を得ることができる．これは系が自由振動において角振動数 ω_i で振動するときは，振幅によらず必ずこの形で振動することを意味しており，$\mathbf{u}_i$ を i 次の固有振動モード(natural mode of vibration あるいは eigen mode)という．

このように自由振動の状態において，系はある固有角振動数 ω_i で特定の形 $\mathbf{u}_i$ で振動する．これらの値は，系の物理特性によって定まる固有の値であり，このような特性をモード特性(modal properties)とよぶ．

【例題 4・1】　＊＊＊＊＊＊＊＊＊＊＊＊＊＊＊＊＊＊＊＊＊＊＊＊

図 4.4 の系について，$m_1=m_2=m=1\,\mathrm{kg}$，$k_1=k_2=k_3=k=\ 1\times10^4\ \mathrm{N/m}$ として，以下の問に答えよ．

i)　m，k を用いて運動方程式を表せ．

ii)　固有角振動数，固有振動モードを求めよ．

【解答】

i)　式(4.7)より

$$\begin{bmatrix} m & 0 \\ 0 & m \end{bmatrix}\begin{Bmatrix} \ddot{x}_1 \\ \ddot{x}_2 \end{Bmatrix}+\begin{bmatrix} 2k & -k \\ -k & 2k \end{bmatrix}\begin{Bmatrix} x_1 \\ x_2 \end{Bmatrix}=\begin{Bmatrix} 0 \\ 0 \end{Bmatrix} \tag{4.19}$$

ii)　式(4.13)は，

$$\begin{bmatrix} 2k-m\omega^2 & -k \\ -k & 2k-m\omega^2 \end{bmatrix}\begin{Bmatrix} u_1 \\ u_2 \end{Bmatrix}=\begin{Bmatrix} 0 \\ 0 \end{Bmatrix} \tag{4.20}$$

振動数方程式(4.16)は，

$$\left(k-m\omega^2\right)\left(3k-m\omega^2\right)=0 \tag{4.21}$$

これより

$$\omega_1=\sqrt{\frac{k}{m}} \qquad \omega_2=\sqrt{\frac{3k}{m}} \tag{4.22}$$

$$\omega_1=100\mathrm{rad/s} \qquad \omega_2=173\mathrm{rad/s}$$

これを振動数 Hz の単位で表せば，それぞれ $100/2\pi=15.9\mathrm{Hz}$，$173/2\pi=27.5\mathrm{Hz}$ となる．

次に固有振動モードを求める．

$\omega_1=\sqrt{k/m}$ のとき，式(4.20)に代入すると，

$$\begin{bmatrix} k & -k \\ -k & k \end{bmatrix}\begin{Bmatrix} u_1 \\ u_2 \end{Bmatrix}=\begin{Bmatrix} 0 \\ 0 \end{Bmatrix} \tag{4.23}$$

これより，$u_1=u_2$ すなわち，$\mathbf{u}_1=C_1\begin{Bmatrix} 1 \\ 1 \end{Bmatrix}$　（C_1 は定数）

$\omega_2=\sqrt{3k/m}$ のとき，式(4.20)は

$$\begin{bmatrix} -k & -k \\ -k & -k \end{bmatrix}\begin{Bmatrix} u_1 \\ u_2 \end{Bmatrix}=\begin{Bmatrix} 0 \\ 0 \end{Bmatrix} \tag{4.24}$$

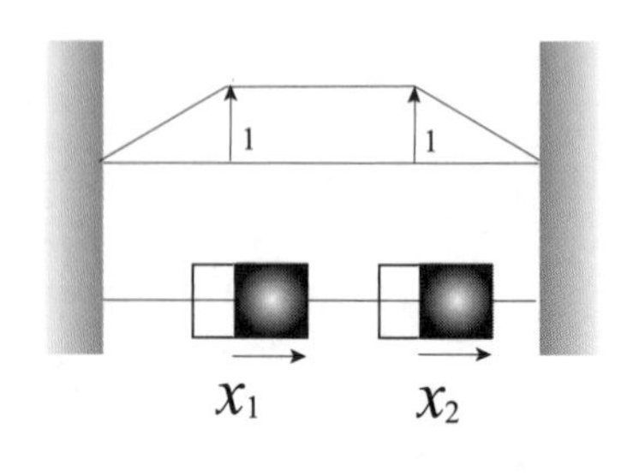

(a)　1 次の固有振動モード

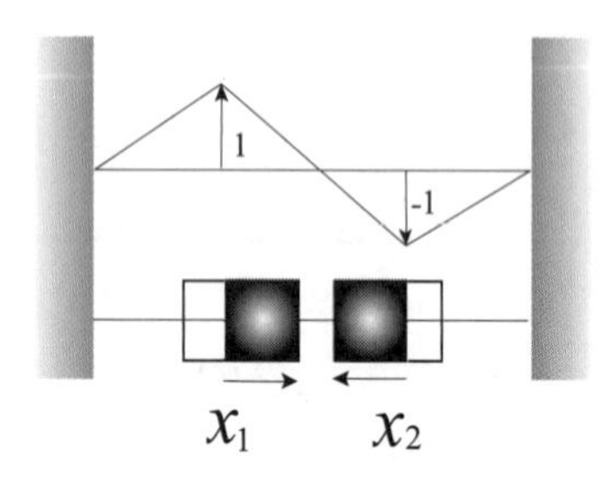

(b)　2 次の固有振動モード

図 4.5　固有振動モード

―固有振動モードは 1 自由度―

図 4.5(a)および(b)の固有振動モードは下の図のように考えると，それぞれの固有振動数が理解できる．

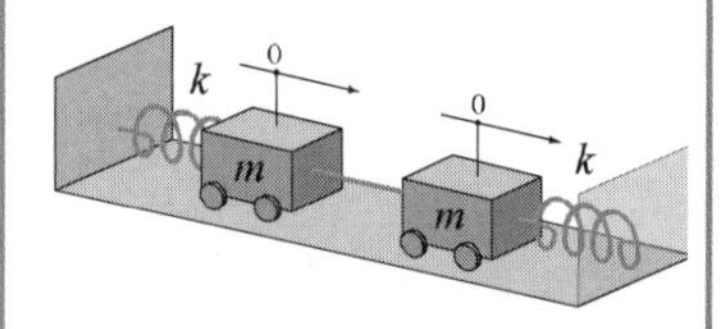

1 次モード：2 つの質点が剛な棒でつながれている．$\omega_1=\sqrt{k/m}$

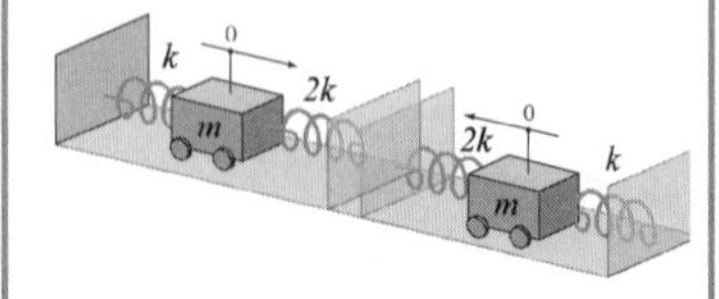

2 次モード：真中が壁で仕切られている．$\omega_2=\sqrt{3k/m}$

これより，$u_1 = -u_2$ すなわち $\mathbf{u}_2 = C_2 \begin{Bmatrix} 1 \\ -1 \end{Bmatrix}$　（C_2 は定数）

振動モードを表したのが，図 4.5(a),(b)である．

＊＊＊＊＊＊＊＊＊＊＊＊＊＊＊＊＊＊＊＊＊＊

【例題 4・2】　＊＊＊＊＊＊＊＊＊＊＊＊＊＊＊＊＊＊＊＊＊＊＊

図 4.6 に示す減衰のある 2 自由度系の運動方程式を求めよ．ただし，各減衰器の粘性減衰係数を c_1, c_2, c_3 とし，速度に比例する減衰力が働くものとする．

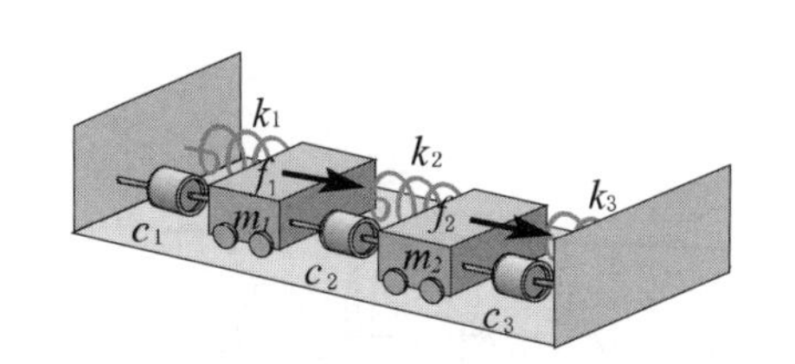

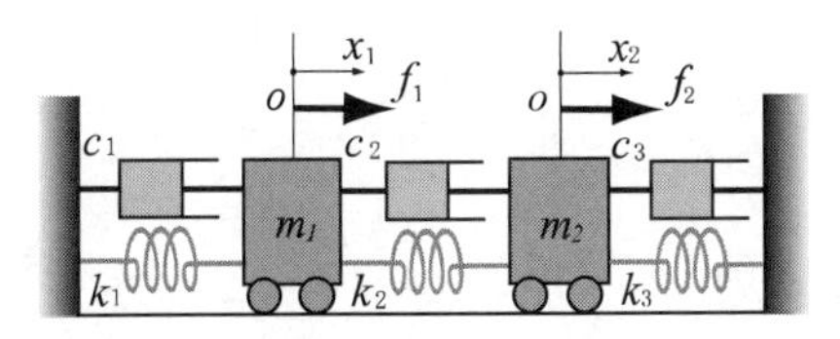

図 4.6　減衰のある 2 自由度系

【解答】　各質点ごとに表せば，

$$\begin{aligned} m_1\ddot{x}_1 &= -k_1x_1 - k_2(x_1 - x_2) - c_1\dot{x}_1 - c_2(\dot{x}_1 - \dot{x}_2) + f_1 \\ m_2\ddot{x}_2 &= -k_2(x_2 - x_1) - k_3x_2 - c_2(\dot{x}_2 - \dot{x}_1) - c_3\dot{x}_2 + f_2 \end{aligned} \tag{4.25}$$

行列でまとめて表せば，

$$\begin{bmatrix} m_1 & 0 \\ 0 & m_2 \end{bmatrix}\begin{Bmatrix} \ddot{x}_1 \\ \ddot{x}_2 \end{Bmatrix} + \begin{bmatrix} c_1 + c_2 & -c_2 \\ -c_2 & c_2 + c_3 \end{bmatrix}\begin{Bmatrix} \dot{x}_1 \\ \dot{x}_2 \end{Bmatrix} + \begin{bmatrix} k_1 + k_2 & -k_2 \\ -k_2 & k_2 + k_3 \end{bmatrix}\begin{Bmatrix} x_1 \\ x_2 \end{Bmatrix} = \begin{Bmatrix} f_1 \\ f_2 \end{Bmatrix} \tag{4.26}$$

＊＊＊＊＊＊＊＊＊＊＊＊＊＊＊＊＊＊＊＊＊＊

例題4・2において式(4.26)の左辺第2項に表れた行列 $\mathbf{C}$ を減衰行列(damping matrix)という．

$$\mathbf{C} = \begin{bmatrix} c_1 + c_2 & -c_2 \\ -c_2 & c_2 + c_3 \end{bmatrix} \tag{4.27}$$

4・4　自由振動の解（free vibration solution）

4・3 節より，2 自由度系の自由振動の解には，2 つの固有モードが存在する．すなわち，自由振動はこの 2 つの固有モードの重ね合わせによって表すことができる．したがって自由振動を表す一般解は，次のようになる．

$$\mathbf{x} = \sum_{i=1}^{2} \mathbf{u}_i \left(C_i e^{i\omega_i t} + C_i^* e^{-i\omega_i t} \right) \tag{4.28}$$

ここで，$C_i \quad (i = 1,2)$ は複素定数であり，*は複素共役を示す．これは，次のように書き直すことができる．

$$\mathbf{x} = \sum_{i=1}^{2} \mathbf{u}_i \left(a_i \cos\omega_i t + b_i \sin\omega_i t \right)$$

$$= \sum_{i=1}^{2} A_i \mathbf{u}_i \cos(\omega_i t - \phi_i) \tag{4.29}$$

ここで，a_i，b_i，A_i，ϕ_i は定数（実数）で

$$A_i = \sqrt{a_i^2 + b_i^2} \quad , \quad \phi_i = \tan^{-1}\frac{b_i}{a_i}$$

の関係がある．

このことは，いかなる自由振動も 2 つの固有モードの重ね合わせによって

－なぜ複素数？－

（問）なぜ ω と $-\omega$ の 2 つの角振動数で振動を表すの？

（答）次の関係式により，指数関数は三角関数で表されるから．

$$\sin\omega t = \frac{e^{i\omega t} - e^{-i\omega t}}{2i}$$

$$\cos\omega t = \frac{e^{i\omega t} + e^{-i\omega t}}{2}$$

（オイラーの公式：$e^{i\theta} = \cos\theta + i\sin\theta$）

i ：虚数単位

（問）$Ce^{i\omega t} + C^* e^{-i\omega t}$ のように，なぜ共役複素数で振動を表すの？

（答）実数にするために必要だから．上の関係式より，

$$a\cos\omega t + b\sin\omega t = \frac{a - bi}{2}e^{i\omega t} + \frac{a + bi}{2}e^{-i\omega t}$$ となり，係数は必ず共役となる．

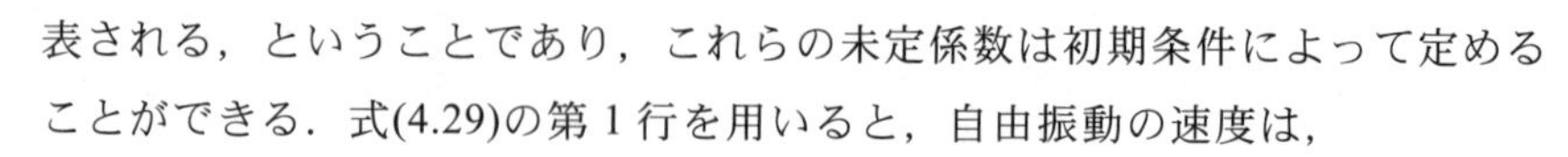

表される，ということであり，これらの未定係数は初期条件によって定めることができる．式(4.29)の第1行を用いると，自由振動の速度は，

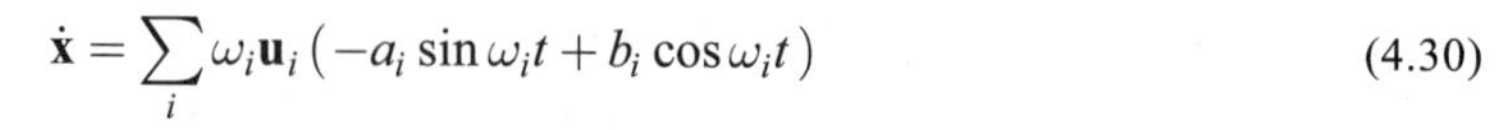

$$\dot{\mathbf{x}} = \sum_i \omega_i \mathbf{u}_i \left(-a_i \sin\omega_i t + b_i \cos\omega_i t\right) \tag{4.30}$$

よって，変位および速度の初期条件が与えられれば，

$$\mathbf{x}(0) = \sum_i a_i \mathbf{u}_i = a_1 \mathbf{u}_1 + a_2 \mathbf{u}_2$$

$$\dot{\mathbf{x}}(0) = \sum_i b_i \omega_i \mathbf{u}_i = b_1 \omega_1 \mathbf{u}_1 + b_2 \omega_2 \mathbf{u}_2 \tag{4.31}$$

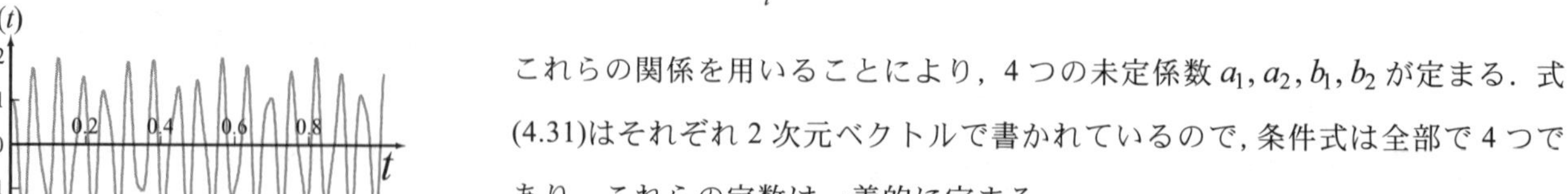

これらの関係を用いることにより，4つの未定係数 a_1, a_2, b_1, b_2 が定まる．式(4.31)はそれぞれ2次元ベクトルで書かれているので，条件式は全部で4つであり，これらの定数は一義的に定まる．

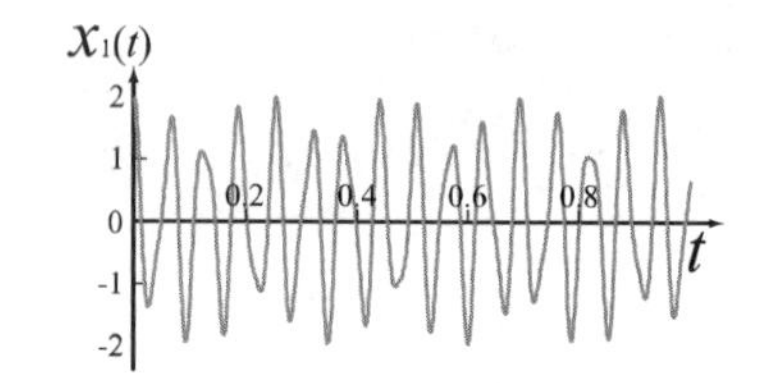

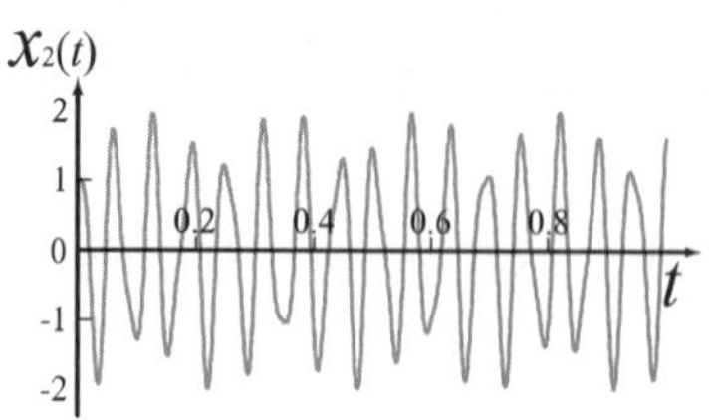

(a)　自由振動波形

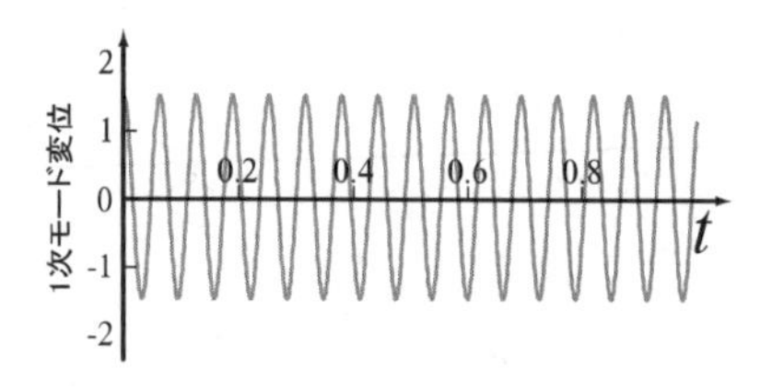

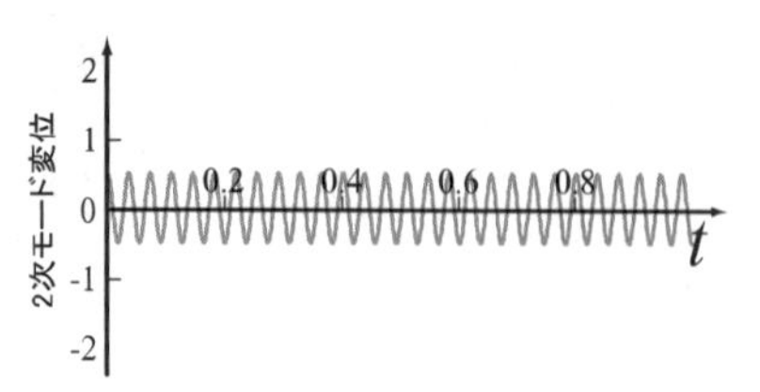

(b)　自由振動のモード変位

図4.7　2自由度系の振動

【例題4・3】　＊＊＊＊＊＊＊＊＊＊＊＊＊＊＊＊＊＊＊＊＊＊＊＊

例題4・1の系について，初期条件を $\mathbf{x}(0)=\{2 \quad 1\}^t$，$\dot{\mathbf{x}}(0)=\{0 \quad 0\}^t$ と与えたとき，自由振動を定める係数 a_i，$b_i\ (i=1,2)$ を求めよ．

【解答】　式(4.31)より，

$$\mathbf{x}(0) = \sum_i a_i \mathbf{u}_i = a_1 \mathbf{u}_1 + a_2 \mathbf{u}_2 = \begin{Bmatrix} 2 \\ 1 \end{Bmatrix}$$

$$\dot{\mathbf{x}}(0) = \sum_i b_i \omega_i \mathbf{u}_i = b_1 \omega_1 \mathbf{u}_1 + b_2 \omega_2 \mathbf{u}_2 = \begin{Bmatrix} 0 \\ 0 \end{Bmatrix} \tag{4.32}$$

ここで，簡単のために $C_1 = C_2 = 1$ とおけば $\mathbf{u}_1 = \{1 \quad 1\}^t, \mathbf{u}_2 = \{1 \quad -1\}^t$ だから，

$$\begin{cases} a_1 + a_2 = 2 \\ a_1 - a_2 = 1 \end{cases} \tag{4.33}$$

$$\begin{cases} b_1\omega_1 + b_2\omega_2 = 0 \\ b_1\omega_1 - b_2\omega_2 = 0 \end{cases} \tag{4.34}$$

これらより，

$$a_1 = 3/2, \quad a_2 = 1/2, \quad b_1 = b_2 = 0 \tag{4.35}$$

＊＊＊＊＊＊＊＊＊＊＊＊＊＊＊＊＊＊＊＊＊＊＊＊

【例題4・4】　＊＊＊＊＊＊＊＊＊＊＊＊＊＊＊＊＊＊＊＊＊＊＊＊

例題4・3で得られた自由振動を，時間 t に関する各質点の変位のグラフとして示せ．

【解答】　例題4・3で得られた結果と例題4・1の数値を使って

$$\mathbf{x}(t) = \begin{Bmatrix} x_1(t) \\ x_2(t) \end{Bmatrix} = \frac{3}{2}\begin{Bmatrix} 1 \\ 1 \end{Bmatrix}\cos\omega_1 t + \frac{1}{2}\begin{Bmatrix} 1 \\ -1 \end{Bmatrix}\cos\omega_2 t \tag{4.36}$$

ここで，$\omega_1 = 100\text{rad/s}$，$\omega_2 = 173\text{rad/s}$ より，図4.7(a)のようなグラフを得る．これを各モード変位について示したものが図 4.7(b)であり，このように各モ

ードの変位を適当な重み付けにより加え合わせたものが，実際の物理的変位となる．

＊＊＊＊＊＊＊＊＊＊＊＊＊＊＊＊＊＊＊＊＊＊＊

4・5　モード座標とモードの直交性（modal coordinate and modal orthogonality）

既に述べたように２自由度系は，２つの物理座標 x_1, x_2 によってその状態を表現することができた．ここでは簡略のため，例題 4・1 でも取り上げた図 4.8 の系を例に説明しよう．

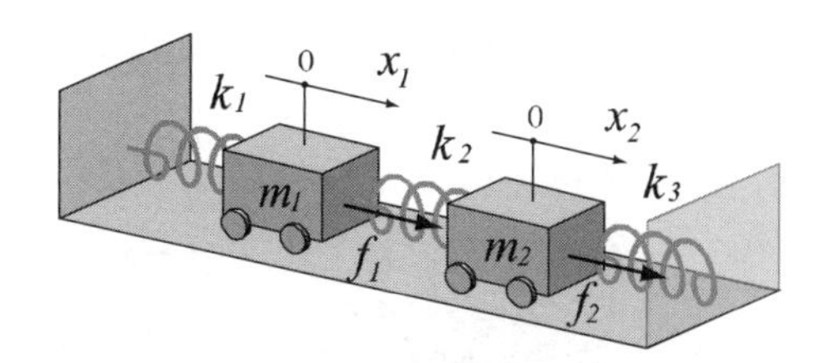

図 4.8　２自由度振動系

4・5・1　モード座標（modal coordinate）

この系の２つの固有振動モード $\mathbf{u}_1 = \{1 \quad 1\}^t$，$\mathbf{u}_2 = \{1, -1\}^t$ を平面座標上に示すと図 4.9 のようになる．ここで，系の任意の変位を２つの固有振動モードの重ね合わせによって次のように表すことを考えよう．

$$\mathbf{x} = q_1\mathbf{u}_1 + q_2\mathbf{u}_2 \tag{4.37}$$

すなわち，

$$\begin{Bmatrix} x_1 \\ x_2 \end{Bmatrix} = q_1\begin{Bmatrix} 1 \\ 1 \end{Bmatrix} + q_2\begin{Bmatrix} 1 \\ -1 \end{Bmatrix} = \begin{Bmatrix} q_1 + q_2 \\ q_1 - q_2 \end{Bmatrix} \tag{4.38}$$

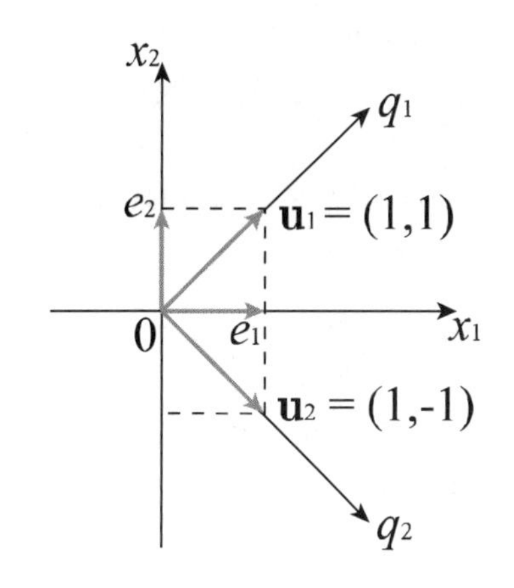

図 4.9　固有モード $\mathbf{u}_1, \mathbf{u}_2$ とモード座標

ここで，式(4.3)で $m_1 = m_2 = m, k_1 = k_2 = k_3 = k$ として上式を代入する．

$$\begin{aligned} m(\ddot{q}_1 + \ddot{q}_2) + k(q_1 + 3q_2) &= f_1 \\ m(\ddot{q}_1 - \ddot{q}_2) + k(q_1 - 3q_2) &= f_2 \end{aligned} \tag{4.39}$$

上の２式において和および差をつくると以下の式を得る．

$$\begin{aligned} 2m\ddot{q}_1 + 2kq_1 &= f_1 + f_2 \\ 2m\ddot{q}_2 + 6kq_2 &= f_1 - f_2 \end{aligned} \tag{4.40}$$

これを行列で書き直すと，

$$\begin{bmatrix} 2m & 0 \\ 0 & 2m \end{bmatrix}\begin{Bmatrix} \ddot{q}_1 \\ \ddot{q}_2 \end{Bmatrix} + \begin{bmatrix} 2k & 0 \\ 0 & 6k \end{bmatrix}\begin{Bmatrix} q_1 \\ q_2 \end{Bmatrix} = \begin{Bmatrix} f_1 + f_2 \\ f_1 - f_2 \end{Bmatrix} \tag{4.41}$$

ここで上式左辺の係数行列を見ると，いずれも対角成分のみを持つ対角行列である．また式(4.40)の第１行は変数 q_1 のみに関する，第２行は変数 q_2 のみに関する式である．このことは，これらが連成しない，すなわち非連成であることを示している．ここで，一般的な物理座標 x_1, x_2 に対して，変数 q_1, q_2 をモード座標(modal coordinate)とよぶ．

さて，自由振動状態を考えると，式(4.40)あるいは式(4.41)において $f_1 = f_2 = 0$ とおけば，

$$\begin{aligned} 2m\ddot{q}_1 + 2kq_1 &= 0 \\ 2m\ddot{q}_2 + 6kq_2 &= 0 \end{aligned} \tag{4.42}$$

これより，q_1 および q_2 に関する固有角振動数が求められ，$\omega_1 = \sqrt{k/m}$，$\omega_2 = \sqrt{3k/m}$ を得る．これを一般化して表せば，i 次の固有振動モードに関して次のようになる．

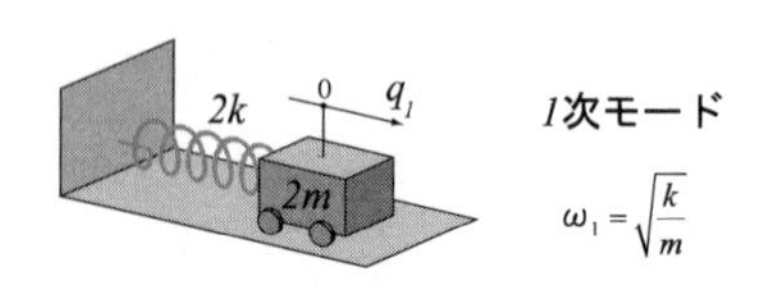

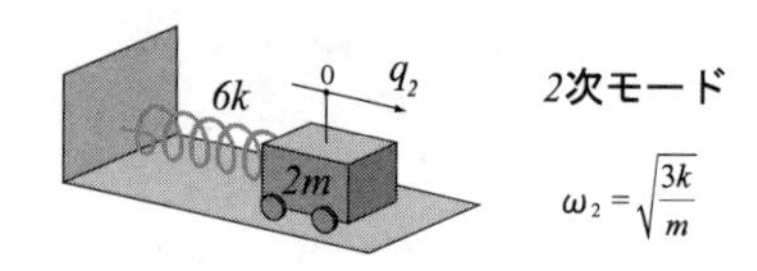

図 4.10　モード座標における
1自由度振動特性

―式(4.49)が導かれるのは何故？―

式(4.48)より,

$$\mathbf{U}^t\mathbf{M}\mathbf{U} = \begin{bmatrix}\mathbf{u}_1{}^t \\ \mathbf{u}_2{}^t\end{bmatrix}\mathbf{M}\begin{bmatrix}\mathbf{u}_1 & \mathbf{u}_2\end{bmatrix}$$

$$= \begin{bmatrix}\mathbf{u}_1{}^t\mathbf{M}\mathbf{u}_1 & \mathbf{u}_1{}^t\mathbf{M}\mathbf{u}_2 \\ \mathbf{u}_2{}^t\mathbf{M}\mathbf{u}_1 & \mathbf{u}_2{}^t\mathbf{M}\mathbf{u}_2\end{bmatrix} = \begin{bmatrix}m^{(1)} & 0 \\ 0 & m^{(2)}\end{bmatrix}$$

剛性行列についても同様である.

―固有振動モードの直交性の証明―

本文では固有振動モードの直交性を確認することはできた. ここでは一般的な証明を示しておこう.

i 次の固有角振動数を ω_i, 固有振動モードを $\mathbf{u}_i$ とすれば, 式 (4.9) より,

$$\left[-\omega_i{}^2\mathbf{M} + \mathbf{K}\right]\mathbf{u}_i = 0 \qquad \text{(a)}$$

左から j 次の固有振動モードを乗ずると,

$$-\omega_i{}^2\mathbf{u}_j{}^t\mathbf{M}\mathbf{u}_i + \mathbf{u}_j{}^t\mathbf{K}\mathbf{u}_i = 0 \qquad \text{(b)}$$

上式の転置をとれば

$$-\omega_i{}^2\mathbf{u}_i{}^t\mathbf{M}\mathbf{u}_j + \mathbf{u}_i{}^t\mathbf{K}\mathbf{u}_j = 0 \qquad \text{(c)}$$

式(b)で i と j を入れ換えると,

$$-\omega_j{}^2\mathbf{u}_i{}^t\mathbf{M}\mathbf{u}_j + \mathbf{u}_i{}^t\mathbf{K}\mathbf{u}_j = 0 \qquad \text{(d)}$$

式(c) から式(d) を引いて,

$$\left(\omega_j{}^2 - \omega_i{}^2\right)\mathbf{u}_i{}^t\mathbf{M}\mathbf{u}_j = 0 \qquad \text{(e)}$$

ここで, $\omega_i \neq \omega_j$ $(i \neq j)$ とすれば,

$$\mathbf{u}_i{}^t\mathbf{M}\mathbf{u}_j = 0 \qquad \text{(f)}$$

従って,

$$\mathbf{u}_i{}^t\mathbf{K}\mathbf{u}_j = 0 \qquad \text{(g)}$$

$$m^{(i)}\ddot{q}_i + k^{(i)}q_i = 0 \tag{4.43}$$

そして, i 次の固有角振動数は, 次のようになる.

$$\omega_i = \sqrt{\frac{k^{(i)}}{m^{(i)}}} \tag{4.44}$$

本例では $m^{(1)} = 2m$, $k^{(1)} = 2k$, $m^{(2)} = 2m$, $k^{(2)} = 6k$ である. $m^{(i)}$ および $k^{(i)}$ は i 次の固有振動モードの質量および剛性と見なすことができるので, $m^{(i)}$ を i 次のモード質量(modal mass), $k^{(i)}$ を i 次のモード剛性(modal stiffness)という. これを模式的に示したのが図 4.10 である.

4・5・2　モードの直交性 (modal orthogonality)

物理座標からモード座標への変換を一般的に言えば次のようになる. 変数 $\mathbf{x} = \{x_1 \quad x_2\}^t$ を変数 $\mathbf{q} = \{q_1 \quad q_2\}^t$ で次のように置き換える.

$$\mathbf{x} = \begin{bmatrix}\mathbf{u}_1 & \mathbf{u}_2\end{bmatrix}\begin{Bmatrix}q_1 \\ q_2\end{Bmatrix} = \mathbf{U}\mathbf{q} \tag{4.45}$$

ここで, 次の 2×2 行列 $\mathbf{U}$ を固有モード行列という.

$$\mathbf{U} = \begin{bmatrix}\mathbf{u}_1 & \mathbf{u}_2\end{bmatrix} \tag{4.46}$$

これより, 式(4.5)の運動方程式は次のように表される.

$$\mathbf{M}\mathbf{U}\ddot{\mathbf{q}} + \mathbf{K}\mathbf{U}\mathbf{q} = \mathbf{f} \tag{4.47}$$

上式に左から固有モード行列の転置 $\mathbf{U}^t$ を乗ずれば,

$$\mathbf{U}^t\mathbf{M}\mathbf{U}\ddot{\mathbf{q}} + \mathbf{U}^t\mathbf{K}\mathbf{U}\mathbf{q} = \mathbf{U}^t\mathbf{f} \tag{4.48}$$

この式が, 式(4.40)あるいは式(4.41)に対応する. すなわち, 上式左辺の係数行列は対角行列となり,

$$\mathbf{U}^t\mathbf{M}\mathbf{U} = \lceil m \rfloor$$

$$\mathbf{U}^t\mathbf{K}\mathbf{U} = \lceil k \rfloor \qquad (\lceil \cdot \rfloor \text{は対角行列を表す.}) \tag{4.49}$$

と表すことができる. $\mathbf{U} = \begin{bmatrix}\mathbf{u}_1 & \mathbf{u}_2\end{bmatrix}$ であることから, 上式は次のように整理できる.

$$\mathbf{u}_i{}^t\mathbf{M}\mathbf{u}_j = \begin{cases} m^{(i)} & (i = j) \\ 0 & (i \neq j) \end{cases}$$
$$\mathbf{u}_i{}^t\mathbf{K}\mathbf{u}_j = \begin{cases} k^{(i)} & (i = j) \\ 0 & (i \neq j) \end{cases} \tag{4.50}$$

ここで上式より, 質量行列および剛性行列の両側から i 次の固有振動モードを乗ずれば, モード質量およびモード剛性が得られるが, 異なる次数の固有振動モードを乗ずると 0 となることがわかる. これを固有振動モードの直交性(orthogonality in natural mode of vibration)という.

固有振動モードの直交性とは, 式(4.50)のように質量行列, および剛性行列をはさんで両側から互いに異なる固有ベクトルを乗じた形であり, これは一般のベクトル直交性

$$\mathbf{u}_1{}^t\mathbf{u}_2 = \mathbf{u}_2{}^t\mathbf{u}_1 = 0 \tag{4.51}$$

とは異なる．本文の例の固有ベクトルは，このベクトル直交性も有しているが，これは 2 つの質量が等しく，$\mathbf{M} = m\mathbf{I}$（$\mathbf{I}$ は単位行列）であるためであり特別の場合である．

【例題 4・5】　＊＊＊＊＊＊＊＊＊＊＊＊＊＊＊＊＊＊＊＊＊＊＊＊

図 4.8 の 2 自由度系について，固有振動モードの直交性を確かめよ．

【解答】　固有振動モードは，$\mathbf{u}_1 = \{1 \quad 1\}^t, \mathbf{u}_2 = \{1 \quad -1\}^t$ だから，

$$\begin{aligned}\mathbf{u}_1{}^t\mathbf{M}\mathbf{u}_1 &= 2m\\ \mathbf{u}_2{}^t\mathbf{M}\mathbf{u}_2 &= 2m\\ \mathbf{u}_1{}^t\mathbf{M}\mathbf{u}_2 &= \mathbf{u}_2{}^t\mathbf{M}\mathbf{u}_1 = 0\end{aligned} \tag{4.52}$$

また，

$$\begin{aligned}\mathbf{u}_1{}^t\mathbf{K}\mathbf{u}_1 &= 2k\\ \mathbf{u}_2{}^t\mathbf{K}\mathbf{u}_2 &= 6k\\ \mathbf{u}_1{}^t\mathbf{K}\mathbf{u}_2 &= \mathbf{u}_2{}^t\mathbf{K}\mathbf{u}_1 = 0\end{aligned} \tag{4.53}$$

＊＊＊＊＊＊＊＊＊＊＊＊＊＊＊＊＊＊＊＊＊＊

4・6　強制振動（forced vibration）

4・6・1　運動方程式（equation of motion）

ここでは 2 自由度系の強制振動について考えよう．図 4.2 と同じ振動系(図 4.11)に対して角振動数 ω の入力が作用した場合の応答を求めることを考える．運動方程式は式(4.5)のように表された．

$$\mathbf{M}\ddot{\mathbf{x}} + \mathbf{K}\mathbf{x} = \mathbf{f} \tag{4.5}$$

角振動数 ω で振幅 $\mathbf{F}$ なる入力を考えると，

$$\mathbf{f} = \mathbf{F}e^{i\omega t} \tag{4.54}$$

このとき，系の応答は 1 自由度系と同様に，式(4.5)の右辺を $\mathbf{0}$ とした同次解と，右辺の調和外力に対応する非同次解の和として表される．本節では減衰を考慮していないが，実際の系では材料の内部摩擦や空気抵抗などによりわずかな減衰が必ず存在するので，同次解である自由振動解は，時間の経過とともに消滅する．したがって，同次解は過渡応答を，非同次解は定常応答を表す．

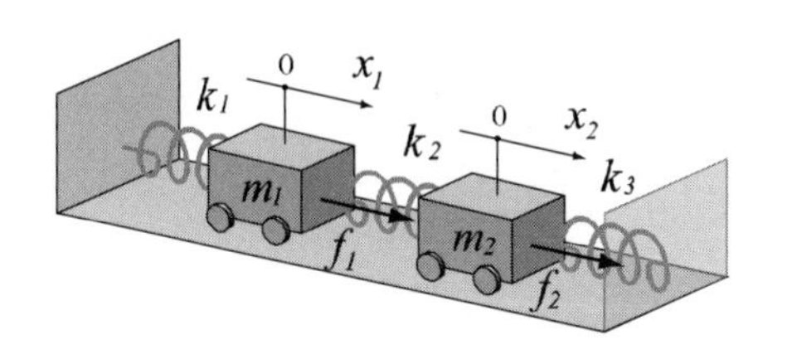

図 4.11　外力を受ける不減衰 2 自由度系

4・6・2　定常応答（steady-state response）

周期外力に対する応答を考えたとき，より重要な意味を持つのは，定常応答成分であり，ここではこの定常応答(steady-state response)を求める．式(4.5)において

$$\mathbf{x} = \mathbf{X}e^{i\omega t} \tag{4.55}$$

とすれば，

$$\left[-\omega^2\mathbf{M}+\mathbf{K}\right]\mathbf{X}e^{i\omega t}=\mathbf{F}e^{i\omega t} \tag{4.56}$$

ここで，$\omega \neq \omega_1, \omega \neq \omega_2$ であれば，左辺の行列 $\left[-\omega^2\mathbf{M}+\mathbf{K}\right]$ は逆行列が存在し，

$$\mathbf{X}=\left[-\omega^2\mathbf{M}+\mathbf{K}\right]^{-1}\mathbf{F} \tag{4.57}$$

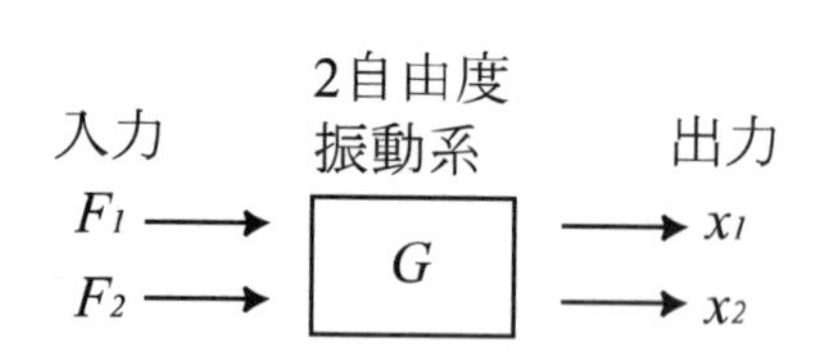

図 4.12　2 自由度系の入出力

と表される．また，

$$\mathbf{G}(\omega)=\left[-\omega^2\mathbf{M}+\mathbf{K}\right]^{-1} \tag{4.58}$$

とおけば，

$$\mathbf{X}=\mathbf{G}(\omega)\mathbf{F} \tag{4.59}$$

となり，2×2 行列 $\mathbf{G}(\omega)$ は振幅 $\mathbf{F}$ により角振動数 ω で系を加振したときの定常応答の振幅を $\mathbf{X}=\mathbf{G}(\omega)\mathbf{F}$ によって与える．この行列 $\mathbf{G}(\omega)$ を周波数応答関数行列(frequency response function matrix)という．

2 自由度系における入力（加振力）と出力（応答）の関係を模式的に示したのが，図 4.12 である．2 自由度系においてこの関係を要素で表すと，

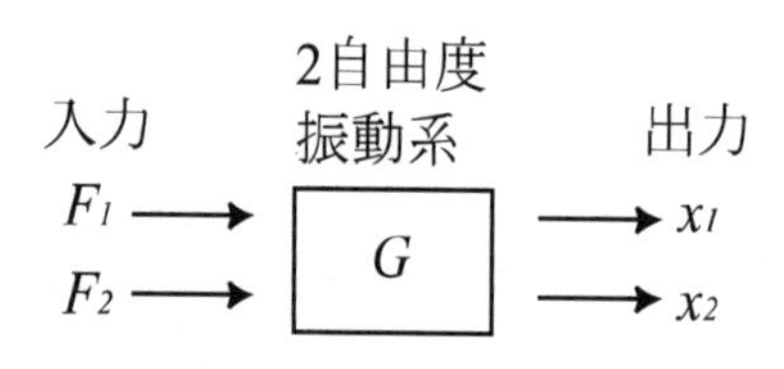

図 4.12　2 自由度系の入出力

$$\begin{Bmatrix} X_1 \\ X_2 \end{Bmatrix}=\begin{bmatrix} G_{11} & G_{12} \\ G_{21} & G_{22} \end{bmatrix}\begin{Bmatrix} F_1 \\ F_2 \end{Bmatrix} \tag{4.60}$$

となり，

$$\begin{aligned} X_1 &= G_{11}F_1+G_{12}F_2 \\ X_2 &= G_{21}F_1+G_{22}F_2 \end{aligned} \tag{4.61}$$

である．行列 $\mathbf{G}$ の (i,j) 成分である G_{ij} は，質点 j のみに加振力 F_j を加えたときの点 i の応答を X'_i として，これらの入力と出力の比となる．

$$G_{ij}=\frac{X'_i}{F_j} \tag{4.62}$$

また，式(4.61)より，点 i の応答は個々の入力 $F_j\,(j=1,2)$ に対する応答の重ね合わせによって表されることがわかる．これを線形系の重ね合わせの原理(principle of superposition)という．

また，図 4.11 の 2 自由度振動系についてこれを要素で表すと，式(4.56)より，

$$\begin{bmatrix} k_1+k_2-m_1\omega^2 & -k_2 \\ -k_2 & k_2+k_3-m_2\omega^2 \end{bmatrix}\begin{Bmatrix} X_1 \\ X_2 \end{Bmatrix}=\begin{Bmatrix} F_1 \\ F_2 \end{Bmatrix} \tag{4.63}$$

すなわち，

$$\mathbf{G}(\omega)=\frac{1}{\Delta}\begin{bmatrix} k_2+k_3-m_2\omega^2 & k_2 \\ k_2 & k_1+k_2-m_1\omega^2 \end{bmatrix} \tag{4.64}$$

$$\Delta=m_1m_2\omega^4-\{m_1(k_2+k_3)+m_2(k_1+k_2)\}\omega^2+k_1k_2+k_2k_3+k_3k_1$$

ここで，$\Delta=0$ としたものが，式(4.16)の振動数方程式である．

【例題 4・6】　＊＊＊＊＊＊＊＊＊＊＊＊＊＊＊＊＊＊＊＊＊＊＊＊＊

例題 4・2 の減衰のある 2 自由度系の周波数応答関数行列を求めよ．

【解答】　式(4.26)より，

$$\begin{bmatrix} k_1+k_2-m_1\omega^2+i\omega(c_1+c_2) & -k_2-i\omega c_2 \\ -k_2-i\omega c_2 & k_2+k_3-m_2\omega^2+i\omega(c_2+c_3) \end{bmatrix}\begin{Bmatrix} X_1 \\ X_2 \end{Bmatrix}=\begin{Bmatrix} F_1 \\ F_2 \end{Bmatrix} \tag{4.65}$$

これより，

$$\mathbf{G}(\omega)=\frac{1}{\Delta}\begin{bmatrix} k_2+k_3-m_2\omega^2+i\omega(c_2+c_3) & k_2+i\omega c_2 \\ k_2+i\omega c_2 & k_1+k_2-m_1\omega^2+i\omega(c_1+c_2) \end{bmatrix} \tag{4.66}$$

ここで

$$\Delta=\left\{k_1+k_2-m_1\omega^2+i\omega(c_1+c_2)\right\}\left\{k_2+k_3-m_2\omega^2+i\omega(c_2+c_3)\right\}-(k_2-i\omega c_2)^2$$

＊＊＊＊＊＊＊＊＊＊＊＊＊＊＊＊＊＊＊＊＊＊

4・7　動吸振器（dynamic damper）

図 4.13 に示すような，2 自由度系を考える．質点 m_2 は質点 m_1 に比べて質量が小さく，主系 m_1 が調和外力を受けるときに，m_1 に付加系である m_2 を付加することにより，主系 m_1 の振動応答を抑制することを目的としたものを動吸振器(dynamic damper)という．

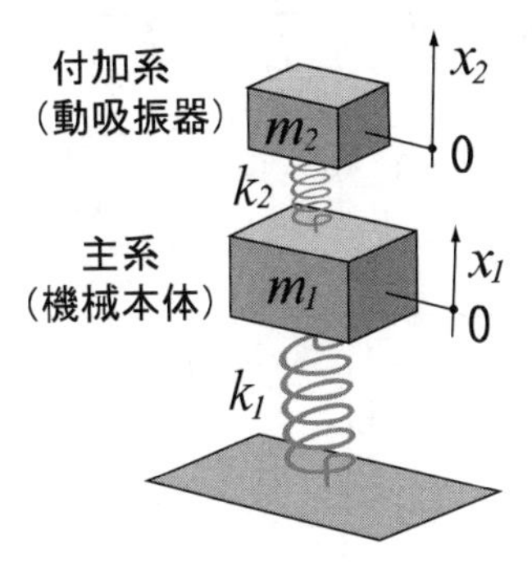

図 4.13　動吸振器モデル（不減衰）

この系の運動方程式は，

$$\begin{aligned} m_1\ddot{x}_1+(k_1+k_2)x_1-k_2x_2&=f \\ m_2\ddot{x}_2+k_2(x_2-x_1)&=0 \end{aligned} \tag{4.67}$$

ここで，$f=Fe^{i\omega t}$，$\{x_1 \quad x_2\}^t=\{X_1 \quad X_2\}^t e^{i\omega t}$ とおいて，上式に代入すると，

$$\begin{bmatrix} k_1+k_2-m_1\omega^2 & -k_2 \\ -k_2 & k_2-m_2\omega^2 \end{bmatrix}\begin{Bmatrix} X_1 \\ X_2 \end{Bmatrix}=\begin{Bmatrix} F \\ 0 \end{Bmatrix} \tag{4.68}$$

これを解くと，

$$\begin{Bmatrix} X_1 \\ X_2 \end{Bmatrix}=\frac{1}{\Delta}\begin{bmatrix} k_2-m_2\omega^2 & k_2 \\ k_2 & k_1+k_2-m_1\omega^2 \end{bmatrix}\begin{Bmatrix} F \\ 0 \end{Bmatrix} \tag{4.69}$$

$$\Delta=\left\{k_1+k_2-m_1\omega^2\right\}\left\{k_2-m_2\omega^2\right\}-k_2{}^2 \tag{4.70}$$

ここで，次のパラメータを導入する．

$$\omega_{01}{}^2=\frac{k_1}{m_1},\quad \omega_{02}{}^2=\frac{k_2}{m_2},\quad \mu=\frac{m_2}{m_1} \tag{4.71}$$

これを用いて，

$$\Delta=k_1k_2\left[\left\{1+\frac{k_2}{k_1}-\left(\frac{\omega}{\omega_{01}}\right)^2\right\}\left\{1-\left(\frac{\omega}{\omega_{02}}\right)^2\right\}-\frac{k_2}{k_1}\right] \tag{4.72}$$

$$\equiv k_1k_2\Delta'$$

$$\Delta'=\left\{1+\frac{k_2}{k_1}-\left(\frac{\omega}{\omega_{01}}\right)^2\right\}\left\{1-\left(\frac{\omega}{\omega_{02}}\right)^2\right\}-\frac{k_2}{k_1}$$

とおけば，式(4.69)は

$$\begin{Bmatrix} X_1 \\ X_2 \end{Bmatrix} = \frac{1}{\Delta'} \begin{Bmatrix} 1-\left(\dfrac{\omega}{\omega_{02}}\right)^2 \\ 1 \end{Bmatrix} \frac{F}{k_1} \tag{4.73}$$

となる．さらに外力 F による静的な変位を求めると，

$$\begin{Bmatrix} X_1 \\ X_2 \end{Bmatrix} = \begin{Bmatrix} 1 \\ 1 \end{Bmatrix} \frac{F}{k_1} \tag{4.74}$$

が得られるので，

$$X_s = \frac{F}{k_1} \tag{4.75}$$

とすれば，次式が得られる．

$$\begin{aligned} \frac{X_1}{X_s} &= \frac{1}{\Delta'}\left\{1-\left(\frac{\omega}{\omega_{02}}\right)^2\right\} \\ \frac{X_2}{X_s} &= \frac{1}{\Delta'} \end{aligned} \tag{4.76}$$

これより，強制外力の角振動数が $\omega = \omega_{02}$ のとき，主系 m_1 は全く振動しないことがわかる．

動吸振器は，主系 m_1 の共振を抑制することが目的なので，付加系の固有角振動数 ω_{02} を主系の固有角振動数 ω_{01} に一致させ，$\omega_{01} = \omega_{02}$ とする．このとき $k_2/k_1 = m_2/m_1 = \mu$ であり，

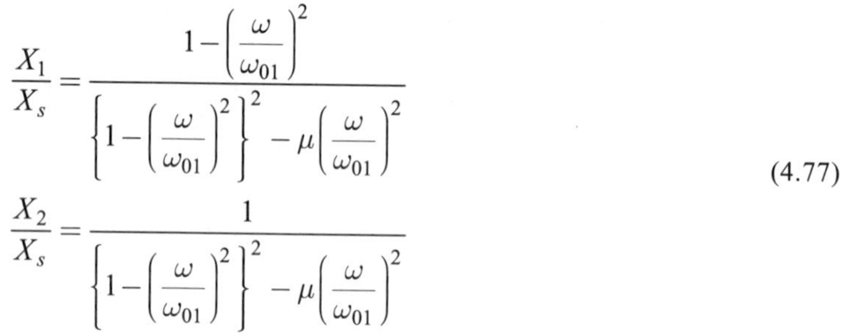

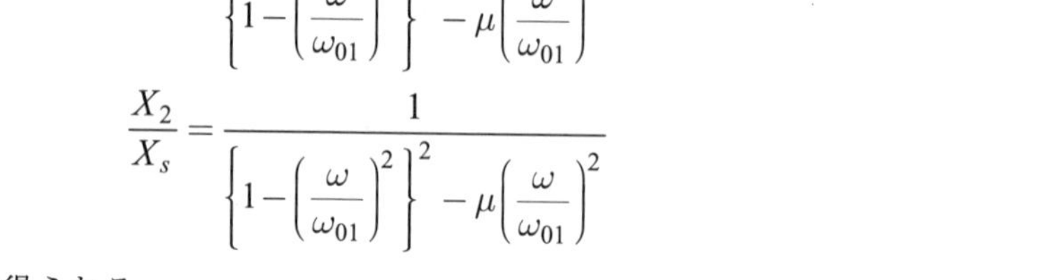

$$\begin{aligned} \frac{X_1}{X_s} &= \frac{1-\left(\dfrac{\omega}{\omega_{01}}\right)^2}{\left\{1-\left(\dfrac{\omega}{\omega_{01}}\right)^2\right\}^2 - \mu\left(\dfrac{\omega}{\omega_{01}}\right)^2} \\ \frac{X_2}{X_s} &= \frac{1}{\left\{1-\left(\dfrac{\omega}{\omega_{01}}\right)^2\right\}^2 - \mu\left(\dfrac{\omega}{\omega_{01}}\right)^2} \end{aligned} \tag{4.77}$$

が得られる．

ここで動吸振器の効果により，$\omega = \omega_{01}$ において主系は振動していないが，この系には2自由度系の2つの固有角振動数が存在し，これは，式(4.77)の分母の項を0とおいて得られる．

この振動数方程式は，$(\omega/\omega_{01})^2 = \beta$ とおいて，

$$(1-\beta)^2 - \mu\beta = \beta^2 - (2+\mu)\beta + 1 = 0 \tag{4.78}$$

となり，これより，

$$\beta = 1 + \frac{\mu}{2} \pm \sqrt{\mu\left(1+\frac{\mu}{4}\right)} \tag{4.79}$$

が求められ，2自由度系の固有振動数が得られる．すなわち，共振振動数は質量比 μ の関数として与えられる．図4.14は質量比 $\mu = 0.1$, 0.5における主系の応答倍率 $|X_1|/X_s$ を示したものである．

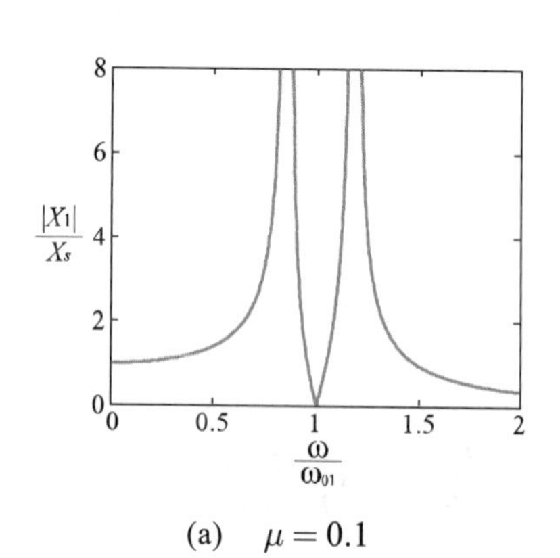

(a)　$\mu = 0.1$

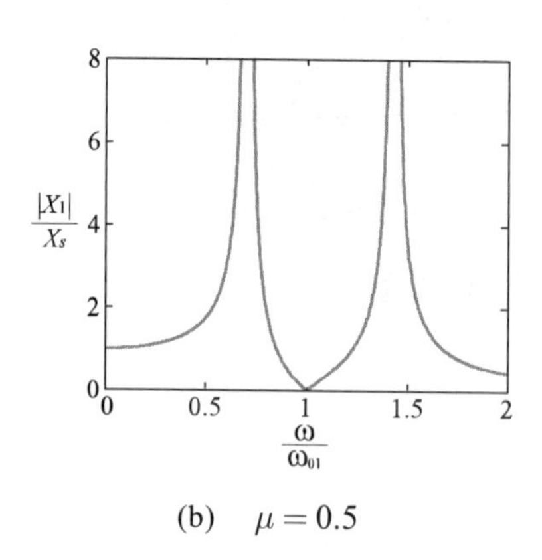

(b)　$\mu = 0.5$

図4.14　減衰のない動吸振器の応答倍率

4・8　モード解析（modal analysis）

4・8 モード解析

4.6 節では，式(4.58)のように，逆行列を求めることにより，周波数応答関数行列が得られた．このような直接解法は，一般の N 自由度系においては困難であり，得られたとしても，その見通しを得るのも容易ではない．

N 自由度系の，固有角振動数 ω_i，固有振動モード $\mathbf{u}_i$，およびモード剛性 $k^{(i)}$ などが得られれば，これらを用いて，周波数応答関数行列 $\mathbf{G}$ は，次のように表される．

$$\mathbf{G}(\omega)=\sum_{i=1}^{N}\frac{1/k^{(i)}}{1-\left(\dfrac{\omega}{\omega_i}\right)^2}\mathbf{u}_i\mathbf{u}_i^t \tag{4.80}$$

このように，$\mathbf{G}(\omega)$ は N 個の固有振動モードを重ね合わせて表されており，個々の固有振動モードは，1 自由度系の周波数応答に類似した特性を持っている．このように多自由度系の応答特性は 1 自由度系の重ね合わせにより表すことができる．このことは固有振動モードの直交性を利用して導かれる．

物理的な応答変位 $\mathbf{x}$ は固有振動モードの重ね合わせにより，次のように表すことができる．

$$\mathbf{x}=\mathbf{U}\mathbf{q}=\mathbf{u}_1q_1+\ldots+\mathbf{u}_Nq_N \tag{4.81}$$

このとき，変位 $\mathbf{x}$ を物理座標というのに対し，$\mathbf{q}$ は各次数のモード変位を表しており，これをモード座標という．3 自由度系を例に取り，物理座標上の応答とモード座標上の応答を模式的に示したのが図 4.15 である．これより，物理座標上では連成している 3 自由度系が，モード座標上においては連成のない 3 つの 1 自由度系として表されていることがわかる．この 1 自由度系における振動特性がモード質量とモード剛性（4.2 節参照）によって与えられる．

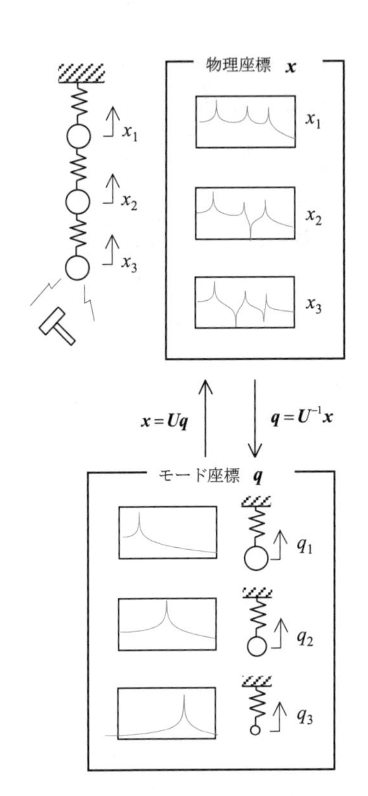

図 4.15　物理座標とモード座標との関係

【例題 4・7】　＊＊＊＊＊＊＊＊＊＊＊＊＊＊＊＊＊＊＊＊＊＊＊＊

図 4.2 の系で，$m_1=m_2=m=1\,\mathrm{kg}$，$k_1=k_2=k_3=k=1\times10^4\ \mathrm{N/m}$ として，次の問いに答えよ．

(1)　周波数応答関数行列 $\mathbf{G}(\omega)$ を求めよ．

(2)　質点 1 を入力点および出力点とした $G_{11}(\omega)$ を求めよ．また，質点 1 を入力点，質点 2 を出力点とした $G_{21}(\omega)$ を求めよ．

(3)　$G_{11}(\omega), G_{21}(\omega)$ の振幅と位相の周波数応答曲線を描け．

【解答】

(1)　例題 4・1 と同様に，$\mathbf{u}_1=\{1\quad 1\}^t$，$\mathbf{u}_2=\{1\quad -1\}^t$ とすれば，$k^{(1)}=2k$，$k^{(2)}=6k$ より，式(4.80)に代入して，

$$\mathbf{G}(\omega)=\frac{\dfrac{1}{k^{(1)}}}{1-\left(\dfrac{\omega}{\omega_1}\right)^2}\begin{Bmatrix}1\\1\end{Bmatrix}\{1\quad 1\}+\frac{\dfrac{1}{k^{(2)}}}{1-\left(\dfrac{\omega}{\omega_2}\right)^2}\begin{Bmatrix}1\\-1\end{Bmatrix}\{1\quad -1\}$$

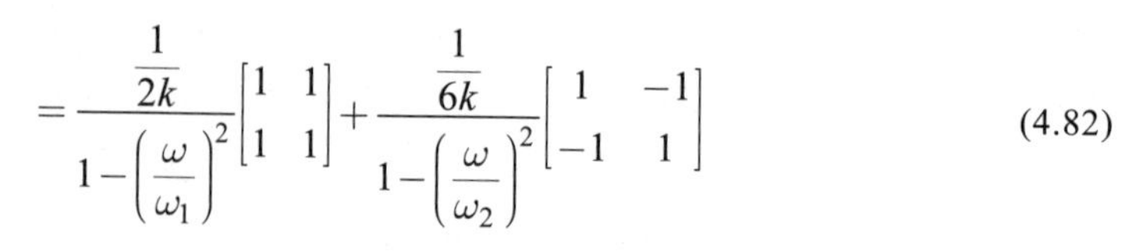

$$=\frac{\dfrac{1}{2k}}{1-\left(\dfrac{\omega}{\omega_1}\right)^2}\begin{bmatrix}1 & 1\\ 1 & 1\end{bmatrix}+\frac{\dfrac{1}{6k}}{1-\left(\dfrac{\omega}{\omega_2}\right)^2}\begin{bmatrix}1 & -1\\ -1 & 1\end{bmatrix} \tag{4.82}$$

ただし，$\omega_1=\sqrt{k/m}$，$\omega_2=\sqrt{3k/m}$

(2)　$\mathbf{G}(\omega)=\begin{bmatrix}G_{11} & G_{12}\\ G_{21} & G_{22}\end{bmatrix}$ より，次のように得られる．

$$G_{11}(\omega)=\frac{\dfrac{1}{2k}}{1-\left(\dfrac{\omega}{\omega_1}\right)^2}+\frac{\dfrac{1}{6k}}{1-\left(\dfrac{\omega}{\omega_2}\right)^2} \tag{4.83}$$

同様に

$$G_{21}(\omega)=\frac{\dfrac{1}{2k}}{1-\left(\dfrac{\omega}{\omega_1}\right)^2}-\frac{\dfrac{1}{6k}}{1-\left(\dfrac{\omega}{\omega_2}\right)^2} \tag{4.84}$$

(3)　周波数応答関数を描いたのが図 4.16(a)および(b)である．ここで扱う振動系は減衰のない系なので，外力の振動数が固有振動数に正確に一致する場合には，周波数応答が無限大となることに注意されたい．

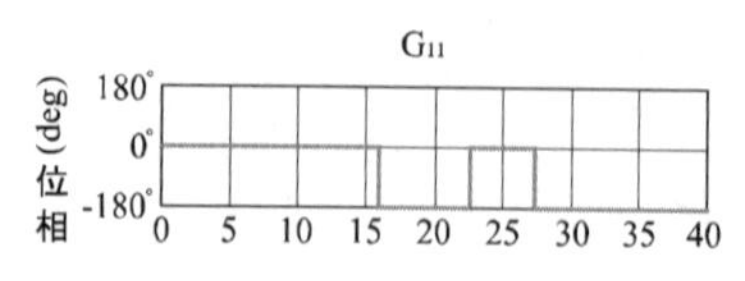

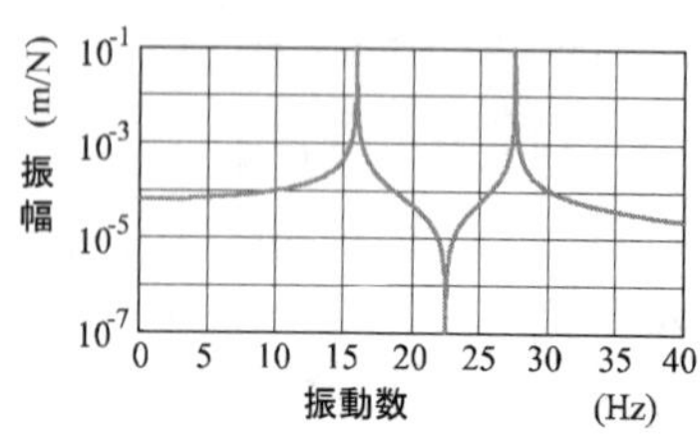

(a)　2自由度系の周波数応答関数 G_{11}

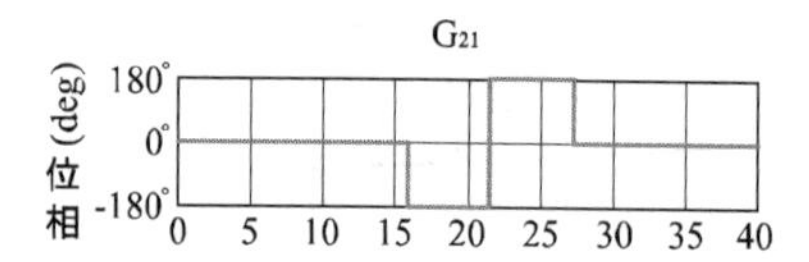

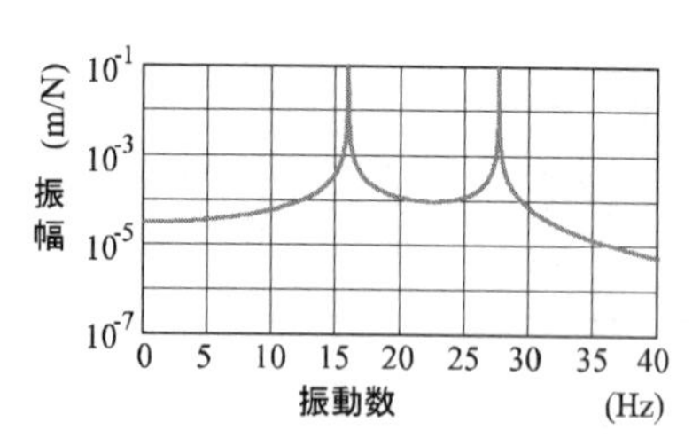

(b)　2自由度系の周波数応答関数 G_{21}

図 4.16　周波数応答関数

＊＊＊＊＊＊＊＊＊＊＊＊＊＊＊＊＊＊＊＊＊＊

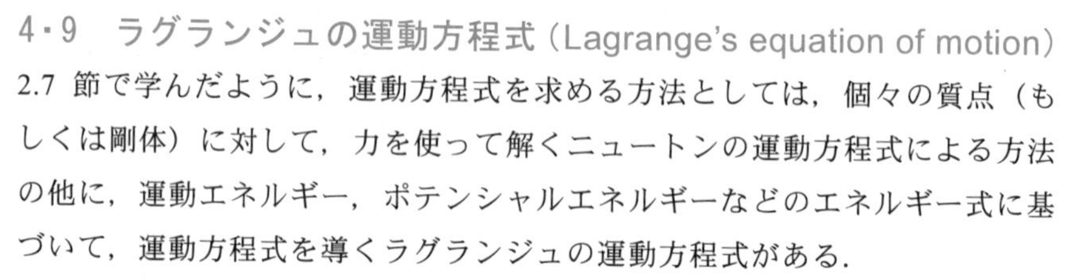

4・9　ラグランジュの運動方程式（Lagrange's equation of motion）

2.7 節で学んだように，運動方程式を求める方法としては，個々の質点（もしくは剛体）に対して，力を使って解くニュートンの運動方程式による方法の他に，運動エネルギー，ポテンシャルエネルギーなどのエネルギー式に基づいて，運動方程式を導くラグランジュの運動方程式がある．

特に，拘束力を含んだ多自由度系においては，ラグランジュの方法は拘束力や内力を表さずに運動方程式を導くことができるため，ニュートンの方法に比べて導出が容易である．

2.7 節の拡張として，ラグランジュの運動方程式は，系の運動エネルギー T とポテンシャルエネルギー U を一般化座標の変数 $q_1,\cdots q_N$ によって表し，ラグラジアン $L=T-U$ を用いて次式により運動方程式を導く方法である．

$$\frac{d}{dt}\left(\frac{\partial L}{\partial \dot{q}_k}\right)-\frac{\partial L}{\partial q_k}=Q_k \qquad (k=1,\cdots,N) \tag{4.85}$$

ここで，Q_k は非保存力の一般化力であり，物理座標の位置ベクトルを $\mathbf{r}_i\,(i=1,\cdots,n)$，非保存力を $\mathbf{F}_i$ としたとき，

$$Q_k=\sum_{i=1}^{n}\mathbf{F}_i\cdot\frac{\partial \mathbf{r}_i}{\partial q_k} \tag{4.86}$$

ここで，非保存力のなす仮想仕事を $\delta W'_{nc}$ とすれば

$$\delta W'_{nc}=\sum_{i=1}^{n}\mathbf{F}_i\cdot\delta\mathbf{r}_i=\sum_{k=1}^{N}Q_k\cdot\delta q_k \tag{4.87}$$

が成り立つ.

【例題 4・8】　＊＊＊＊＊＊＊＊＊＊＊＊＊＊＊＊＊＊＊＊＊＊＊＊＊

図 4.17 に示す並進運動と回転運動の 2 自由度系の運動方程式を導け. ただし, 台車と床との間の摩擦は無視できるものとする.

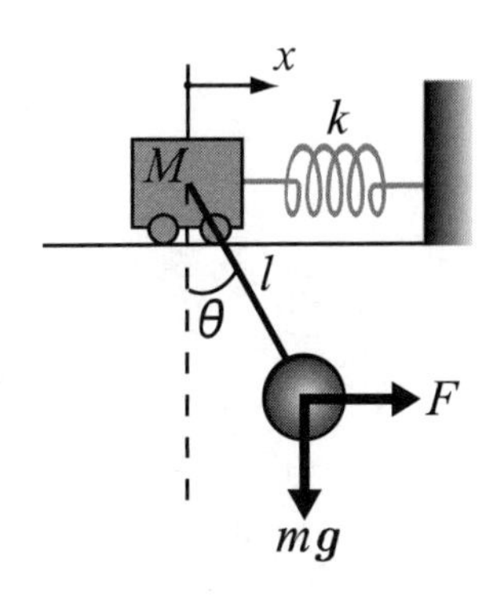

図 4.17　2 自由度振動系

【解答】　一般化座標は, $q_1 = x$, $q_2 = \theta$ とおけばよい. このとき, 運動エネルギー T とポテンシャルエネルギー U は

$$T = \frac{1}{2}M\dot{x}^2 + \frac{1}{2}m\left\{\left(\ell\dot{\theta} + \dot{x}\cos\theta\right)^2 + \left(\dot{x}\sin\theta\right)^2\right\} \tag{4.88}$$

$$U = \frac{1}{2}kx^2 + mg\ell(1-\cos\theta) \tag{4.89}$$

$$\begin{aligned} L = T - U = \frac{1}{2}M\dot{x}^2 + \frac{1}{2}m\left(\ell^2\dot{\theta}^2 + \dot{x}^2 + 2\ell\dot{\theta}\dot{x}\cos\theta\right) \\ -\frac{1}{2}kx^2 - mg\ell(1-\cos\theta) \end{aligned} \tag{4.90}$$

ここで, 式(4.88)のように表される運動エネルギー T は, 図 4.18 に示したように, 剛体 M により質点 m に生ずる速度を半径方向と接線方向に分解することにより得られる.

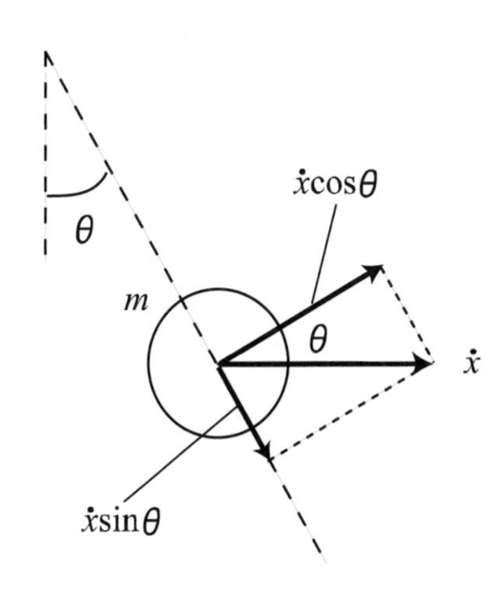

図 4.18　速度ベクトルの分解

$$\begin{aligned} &\frac{\partial L}{\partial \dot{x}} = (M+m)\dot{x} + m\ell\dot{\theta}\cos\theta \\ &\frac{d}{dt}\left(\frac{\partial L}{\partial \dot{x}}\right) = (M+m)\ddot{x} + m\ell\ddot{\theta}\cos\theta - m\ell\dot{\theta}^2\sin\theta \\ &\frac{\partial L}{\partial x} = -kx \end{aligned} \tag{4.91}$$

$$\begin{aligned} &\frac{\partial L}{\partial \dot{\theta}} = m\left(\ell^2\dot{\theta} + \ell\dot{x}\cos\theta\right) \\ &\frac{d}{dt}\left(\frac{\partial L}{\partial \dot{\theta}}\right) = m\ell^2\ddot{\theta} + m\ell\ddot{x}\cos\theta - m\ell\dot{x}\dot{\theta}\sin\theta \\ &\frac{\partial L}{\partial \theta} = -m\ell\dot{\theta}\dot{x}\sin\theta - mg\ell\sin\theta \end{aligned} \tag{4.92}$$

ここで, 外力 F の仮想仕事を考えると

$$\delta W'_{nc} = F\delta x + F\ell\cos\theta\cdot\delta\theta \tag{4.93}$$

これより $Q_1 = F$, $Q_2 = F\ell\cos\theta$ として, 式(4.91)～(4.93)より次の運動方程式が得られる.

$$(M+m)\ddot{x} + m\ell\ddot{\theta}\cos\theta - m\ell\dot{\theta}^2\sin\theta + kx = F$$
$$m\ell^2\ddot{\theta} + m\ell\ddot{x}\cos\theta + mg\ell\sin\theta = F\ell\cos\theta$$

＊＊＊＊＊＊＊＊＊＊＊＊＊＊＊＊＊＊＊＊＊＊＊＊＊

4・10　N 自由度系の自由振動（free vibration of system with N degrees of freedom）

減衰のない N 自由度の運動方程式は

$$\mathbf{M}\ddot{\mathbf{x}} + \mathbf{K}\mathbf{x} = \mathbf{f} \tag{4.94}$$

これは，式(4.5)と同じ形であり，$\mathbf{M}$，$\mathbf{K}$ は $N \times N$ 行列，$\mathbf{x}$，$\mathbf{f}$ は N 次元ベクトルとなっている．例えば，汎用の有限要素法(finite element method : FEM)プログラムを用いれば，連続体を離散化することにより，$\mathbf{M}$，$\mathbf{K}$ 行列を容易に作成することができる．

このような N 自由度系の固有振動数，および固有振動モードを求めるには，固有値問題を解けばよい．このような固有値問題を $\mathbf{M}$，$\mathbf{K}$ 型固有値問題，もしくは一般的固有値問題といい，次のように表される．

$$[\lambda_i \mathbf{M} + \mathbf{K}]\mathbf{u}_i = \mathbf{0} \tag{4.95}$$

ここで，λ_i，$\mathbf{u}_i$ はそれぞれ i 次の固有値，固有ベクトルであり，固有値 λ_i と固有角振動数 ω_i は次の関係がある．

$$\lambda_i = -\omega_i^2 \tag{4.96}$$

また，固有ベクトル $\mathbf{u}_i$ は，固有振動モードと同義である．また，$N \times N$ 行列には，重複を含めて N 個の固有値と固有ベクトルが存在することから，N 自由度系には，N 個の固有振動モードが存在することがわかる．

これらの N 個の振動モードに対しては，2自由度系と同様に，式(4.50)で表されるモードの直交性が成立する．また，自由振動についても同様であり，N 個のモードの重ね合わせにより，式(4.28)あるいは式(4.29)と同様に次のように表すことができる．

$$\begin{aligned}
\mathbf{x} &= \sum_{i=1}^{N} \mathbf{u}_i \left(C_i e^{i\omega_i t} + C_i^* e^{-i\omega_i t} \right) \\
&= \sum_{i=1}^{N} \mathbf{u}_i \left(a_i \cos\omega_i t + b_i \sin\omega_i t \right) \\
&= \sum_{i=1}^{N} A_i \mathbf{u}_i \cos(\omega_i t - \phi_i)
\end{aligned} \tag{4.97}$$

＝＝＝＝＝　練習問題　＝＝＝＝＝＝＝＝＝＝＝＝＝＝＝＝＝＝＝＝＝＝＝＝

【4・1】　図4.2の2自由度系において，$m_1 = m$, $m_2 = 2m$, $k_1 = k_2 = k_3 = k$ とする．

i) 固有振動数，固有振動モードを求めよ．

($m = 1$ kg, $k = 1 \times 10^4$ N/m として値を求めよ．)

ii) 固有振動モードの直交性を確認せよ．

【4・2】　例題4.3の系において初期速度を $\dot{\mathbf{x}}(0) = \{0 \quad 0\}^t$ とし，初期変位だけを与え自由振動を発生させる．このとき1次モードのみを励起させ，2次モードを励起させないためには，どのような初期変位を与えればよいか．

【4・3】　図4.19に示す2自由度系が基礎から強制変位入力 y を受けているとする．

第4章　練習問題

i) この系の運動方程式を導け．

ii) 絶対座標 x_1，x_2 の代わりに相対座標 $u_1 = x_1 - y$，$u_2 = x_2 - y$ を用いて運動方程式を表せ．

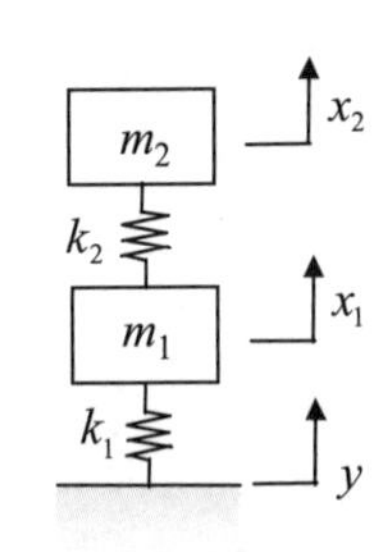

図 4.19　基礎入力を受ける 2 自由度系

【4・4】　Figure 4.20 shows a 2-DOF model of an automobile model that includes vertical and pitching motions. Assume that the mass and the moment of inertia are M and I, respectively, and that the angular displacement θ is small.

i) Derive the equations of motion using the Newtonian approach.

ii) Derive Lagrange's equations of motion.

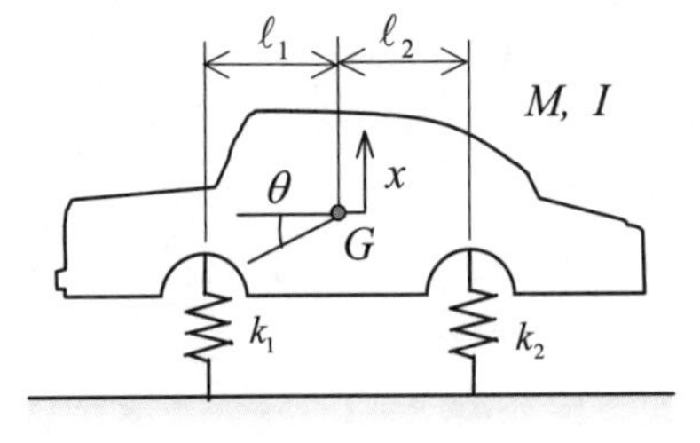

Fig.4.20　automobile 2-DOF model

【解答】

4・1

i) 式(4.7)より運動方程式は，

$$\begin{bmatrix} m & 0 \\ 0 & 2m \end{bmatrix}\begin{Bmatrix} \ddot{x}_1 \\ \ddot{x}_2 \end{Bmatrix} + \begin{bmatrix} 2k & -k \\ -k & 2k \end{bmatrix}\begin{Bmatrix} x_1 \\ x_2 \end{Bmatrix} = \begin{Bmatrix} f_1 \\ f_2 \end{Bmatrix} \tag{4.98}$$

式(4.13)より，

$$\begin{bmatrix} 2k - m\omega^2 & -k \\ -k & 2k - 2m\omega^2 \end{bmatrix}\begin{Bmatrix} u_1 \\ u_2 \end{Bmatrix} = \begin{Bmatrix} 0 \\ 0 \end{Bmatrix} \tag{4.99}$$

振動数方程式は，

$$2m^2\omega^4 - 6mk\omega^2 + 3k^2 = 0 \tag{4.100}$$

$$\omega^2 = \left(\frac{3 \pm \sqrt{3}}{2}\right)\frac{k}{m}$$

1 次モードは，

$$\omega_1 = \sqrt{\frac{\left(3 - \sqrt{3}\right)k}{2m}} = 79.6 \text{ rad/s} = 12.7 \text{ Hz} \tag{4.101}$$

対応する固有振動モードは，

$$\frac{\boldsymbol{u}_2^{(1)}}{\boldsymbol{u}_1^{(1)}} = \frac{1 + \sqrt{3}}{2} \qquad \therefore \mathbf{u}_1 = C_1\begin{Bmatrix} 2 \\ 1 + \sqrt{3} \end{Bmatrix} \ (C_1 \text{は定数}) \tag{4.102}$$

2 次モードは，

$$\omega_1 = \sqrt{\frac{\left(3 + \sqrt{3}\right)k}{2m}} = 153.8 \text{ rad/s} = 24.5 \text{ Hz} \tag{4.103}$$

固有振動モードは，

$$\frac{\boldsymbol{u}_2^{(2)}}{\boldsymbol{u}_1^{(2)}} = \frac{1 - \sqrt{3}}{2} \qquad \therefore \mathbf{u}_2 = C_2\begin{Bmatrix} 2 \\ 1 - \sqrt{3} \end{Bmatrix} \ (C_2 \text{は定数}) \tag{4.104}$$

なお，固有振動モードを長さが 1 となるように正規化すれば以下を得る．

$$\mathbf{u}_1 = \begin{Bmatrix} 0.591 \\ 0.807 \end{Bmatrix}, \quad \mathbf{u}_2 = \begin{Bmatrix} 0.939 \\ -0.344 \end{Bmatrix} \tag{4.105}$$

ii) 上記の式(4.102)および式(4.103)を用いて直交性を確認する．簡単のために，$C_1 = C_2 = 1$ とおけば，

$$\mathbf{u}_1{}^t\mathbf{M}\mathbf{u}_2 = \begin{Bmatrix} 2, & 1+\sqrt{3} \end{Bmatrix} \begin{bmatrix} m & 0 \\ 0 & 2m \end{bmatrix} \begin{Bmatrix} 2 \\ 1-\sqrt{3} \end{Bmatrix} = 0 \tag{4.106}$$

$$\mathbf{u}_1{}^t\mathbf{K}\mathbf{u}_2 = \begin{Bmatrix} 2, & 1+\sqrt{3} \end{Bmatrix} \begin{bmatrix} 2k & -k \\ -k & 2k \end{bmatrix} \begin{Bmatrix} 2 \\ 1-\sqrt{3} \end{Bmatrix} = 0 \tag{4.107}$$

以上により直交性が確認できた．

4・2　式(4.31)より，

$$\mathbf{x}(0) = a_1\mathbf{u}_1 + a_2\mathbf{u}_2 = a_1 \begin{Bmatrix} 1 \\ 1 \end{Bmatrix} + a_2 \begin{Bmatrix} 1 \\ -1 \end{Bmatrix} = \begin{Bmatrix} x_1 \\ x_2 \end{Bmatrix} \tag{4.108}$$

1次モードのみを励起させるためには $a_1 \neq 0,\ a_2 = 0$ が必要だから，

$$\mathbf{x}(0) = a_1 \begin{Bmatrix} 1 \\ 1 \end{Bmatrix} \qquad (a_1 \neq 0) \tag{4.109}$$

すなわち1次の振動モード形を初期値として与えれば良い．

4・3

i) 各質点について運動方程式を立てると，

$$\begin{cases} m_1\ddot{x}_1 = k_2(x_2 - x_1) - k_1(x_1 - y) \\ m_2\ddot{x}_2 = -k_2(x_2 - x_1) \end{cases} \tag{4.110}$$

行列で表すと，

$$\begin{bmatrix} m_1 & 0 \\ 0 & m_2 \end{bmatrix} \begin{Bmatrix} \ddot{x}_1 \\ \ddot{x}_2 \end{Bmatrix} + \begin{bmatrix} k_1 + k_2 & -k_2 \\ -k_2 & k_2 \end{bmatrix} \begin{Bmatrix} x_1 \\ x_2 \end{Bmatrix} = \begin{Bmatrix} k_1 \\ 0 \end{Bmatrix} y \tag{4.111}$$

質量行列 $\mathbf{M}$，剛性行列 $\mathbf{K}$ を用いて表すと，

$$\mathbf{M}\ddot{\mathbf{x}} + \mathbf{K}\mathbf{x} = \mathbf{K}\mathbf{y} \tag{4.112}$$

ただし，

$$\mathbf{M} = \begin{bmatrix} m_1 & 0 \\ 0 & m_2 \end{bmatrix}, \ \mathbf{K} = \begin{bmatrix} k_1 + k_2 & -k_2 \\ -k_2 & k_2 \end{bmatrix}, \ \mathbf{x} = \begin{Bmatrix} x_1 \\ x_2 \end{Bmatrix}, \ \mathbf{y} = \begin{Bmatrix} y \\ y \end{Bmatrix} \tag{4.113}$$

ii) 同様にして，

$$\begin{bmatrix} m_1 & 0 \\ 0 & m_2 \end{bmatrix} \begin{Bmatrix} \ddot{u}_1 \\ \ddot{u}_2 \end{Bmatrix} + \begin{bmatrix} k_1 + k_2 & -k_2 \\ -k_2 & k_2 \end{bmatrix} \begin{Bmatrix} u_1 \\ u_2 \end{Bmatrix} = -\begin{bmatrix} m_1 & 0 \\ 0 & m_2 \end{bmatrix} \begin{Bmatrix} \ddot{y} \\ \ddot{y} \end{Bmatrix} \tag{4.114}$$

行列で表記すると，

$$\mathbf{M}\ddot{\mathbf{u}} + \mathbf{K}\mathbf{u} = -\mathbf{M}\ddot{\mathbf{y}} \tag{4.115}$$

ここで右辺は慣性力を表している．

4・4

i) By applying Newton's law, we obtain

$$\begin{cases} M\ddot{x} = -k_1(x-\ell_1\theta) - k_2(x+\ell_2\theta) \\ I\ddot{\theta} = k_1(x-\ell_1\theta)\ell_1 - k_2(x+\ell_2\theta)\ell_2 \end{cases} \tag{4.116}$$

In matrix form, that is

$$\begin{bmatrix} M & 0 \\ 0 & I \end{bmatrix} \begin{Bmatrix} \ddot{x} \\ \ddot{\theta} \end{Bmatrix} + \begin{bmatrix} k_1+k_2 & -k_1\ell_1+k_2\ell_2 \\ -k_1\ell_1+k_2\ell_2 & k_1\ell_1^2+k_2\ell_2^2 \end{bmatrix} \begin{Bmatrix} x \\ \theta \end{Bmatrix} = \begin{Bmatrix} 0 \\ 0 \end{Bmatrix} \tag{4.117}$$

ii) If T , V and L are the kinetic energy, the potential energy and the Lagrangian, respectively, then

$$\begin{cases} T = \dfrac{1}{2}M\dot{x}^2 + \dfrac{1}{2}I\dot{\theta}^2 \\ V = \dfrac{1}{2}k_1(x-\ell_1\theta)^2 + \dfrac{1}{2}k_2(x+\ell_2\theta)^2 \end{cases} \tag{4.118}$$

Hence,

$$L = T - V = \frac{1}{2}M\dot{x}^2 + \frac{1}{2}I\dot{\theta}^2 - \frac{1}{2}k_1(x-\ell_1\theta)^2 - \frac{1}{2}k_2(x+\ell_2\theta)^2 \tag{4.119}$$

$$\begin{aligned} &\frac{d}{dt}\left(\frac{\partial L}{\partial \dot{x}}\right) - \frac{\partial L}{\partial x} = M\ddot{x} + k_1(x-\ell_1\theta) + k_2(x+\ell_2\theta) = 0 \\ &\frac{d}{dt}\left(\frac{\partial L}{\partial \dot{\theta}}\right) - \frac{\partial L}{\partial \theta} = I\ddot{\theta} - k_1(x-\ell_1\theta)\ell_1 + k_2(x+\ell_2\theta)\ell_2 = 0 \end{aligned} \tag{4.120}$$

These are equivalent to Eqs. (4.116) and (4.117).

第4章の参考文献

(1)　長松昭男，モード解析入門，(1993)，コロナ社.

(2)　モード解析ハンドブック編集委員会編，モード解析ハンドブック，(2000)，コロナ社.

第 5 章

連続体の振動

Vibration of Continuous Systems

- 自動車，航空機はじめ機械のほぼすべては，構造面から見るとフレームや薄い板などの構造要素を結合して構成されている．
- この構造要素が慣性と弾性の特性を持つとき振動を生じるが，その振動はどう解析したら良いのだろうか．
- この章では無限自由度を持つ解析モデルである連続体を紹介して，はりや板など代表的な構造要素をモデル化するときの考え方と解法を学ぶ．

5・1　2 自由度系から連続体へ（from two degrees of freedom to continuous systems）

すでに 1 自由度系から 2 自由度系までの自由振動と強制振動について学んだ．振動は，物体が釣合い位置を中心として往復運動をする現象であるが，振動が生じるとき系には必ず 2 つの特性が必要とされた．1 つはニュートンの法則に出てきた慣性（質量）の効果である．慣性は文字通り「(現在の状態に)慣れる性質」であり，外力が作用しない限り物体は静止または等速直進運動を続けようとする特性である．

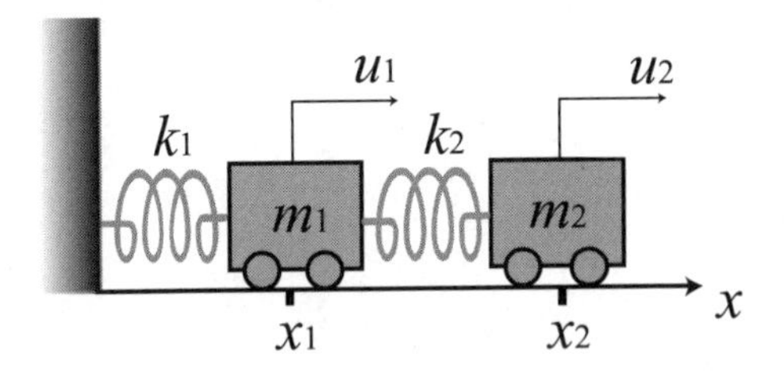

図 5.1　2 自由度系

振動にもう 1 つ欠かせないものは，復元力を与える弾性である．固体は元の形を保ち続けようとして変形に抵抗する性質がある．ばねなどに見られるように，この変形に抵抗し元の形に戻ろうとする力を弾性力といい，形状も関連する変形抵抗の性質を剛性(stiffness)という．振動は，慣性と弾性から生じる力の間の綱引きにより生じる現象である．

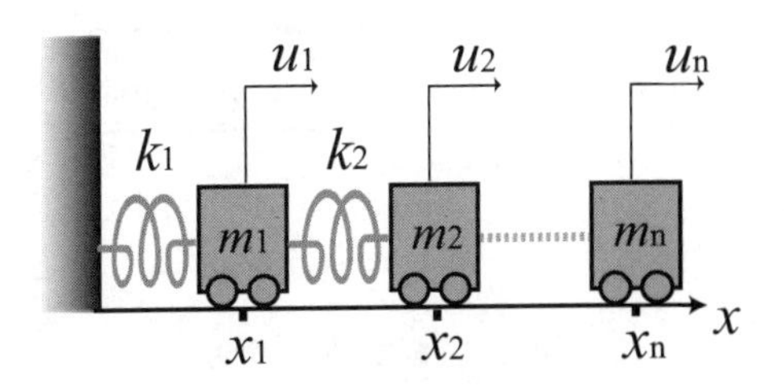

図 5.2　n 自由度系

この関係は，本章で取り上げる連続体でも同じである．図 5.1 は，慣性と弾性を表す要素を 2 組持ち，2 つの変位 u_1, u_2 で系全体の状態が表される 2 自由度系の振動モデルである．ここで m_1, m_2 は質量で，ばねは剛性 k_1, k_2 を持つ線形ばねである．この振動系には，2 つの固有振動数とそれらに対応する 2 つの固有振動モード形が存在する．

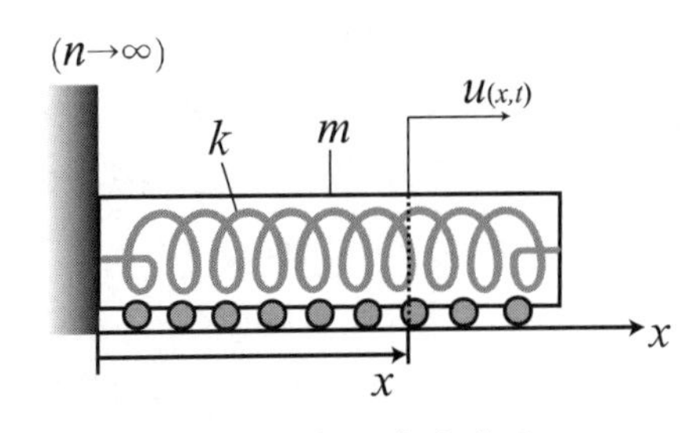

図 5.3　無限自由度系

この「自由度」(degree of freedom，しばしば d.o.f. と略する)とは，「ある系の運動状態を一意的（曖昧さなし）に定めるのに必要な最小限の変数の数」である．「次元」と似た用語だが，図 5.2 にあるように空間的には 1 次元（すなわち線上に並ぶ）系でも，多数の質量とばねが一列に並んだ系の運動を表すには，それぞれの位置 $x_1, x_2, \cdots, x_n$ を基点として測った各質点の運動中の位置（変位）を表す変数 $u_1, u_2, \cdots, u_n$ が必要である．このような系は n 自由度の系（多自由度）と呼ばれ，基本的に n 個の固有振動数と固有振動モード形を持つことになる．

その考えを拡張して $n \to \infty$ としていくと，図 5.3 に示すように，質量は x 軸上に沿って連続的に分布し，各位置の変位も連続的な関数 $u(x)$ として表現される．この場合はもはや図 5.1 や図 5.2 のように，慣性を表す質量部分と弾性を表すばね部分を分離して表現できず，弾性棒や(それ自身の質量も考慮した)ばねのように，すべての位置において両方の性質を持つ振動系となる．このような系を総称して連続体または連続系(continuous system)と呼び，前章までに学んだ図 5.1 や図 5.2 にある慣性と弾性を別の部分として表すモデルを離散系(discrete system)と呼んで区別している．それでは図 5.3 の連続体にモデル化された弾性棒の縦振動から考えてみよう．

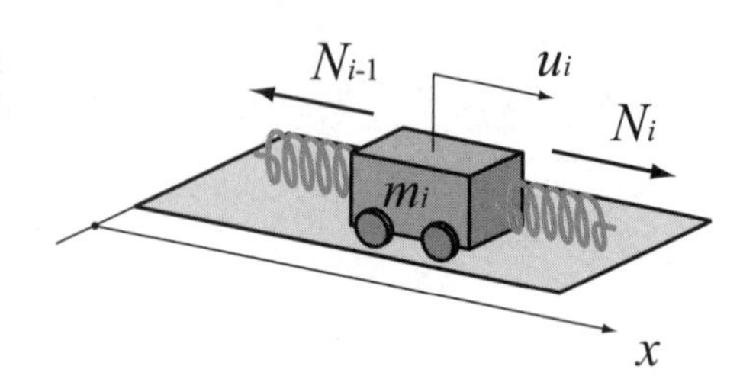

図 5.4　多自由度系の i 番目の質点

5・2　棒の縦振動（longitudinal vibration of bar）

5・2・1　縦振動の運動方程式（equation of longitudinal vibration）

図 5.4 は，多自由度の離散系における i 番目の質点 m_i を示す．ここでは，質点 m_i の右側に正方向に定義した力 N_i と左側の力 N_{i-1} との差 $N_i - N_{i-1}$ が質点に加えられる復元力であり，ニュートンの第 2 法則から質点 m_i に関して運動方程式

$$m_i \frac{d^2 u_i}{dt^2} = N_i - N_{i-1} \tag{5.1}$$

が成り立つ．慣性の効果を，運動の反対方向に作用する慣性力としてとらえ，式(5.1)を慣性力と外力の釣合いの式(合力= 0)

$$\left(-m_i \frac{d^2 u_i}{dt^2}\right) + (N_i - N_{i-1}) = 0$$

と理解しても良い．

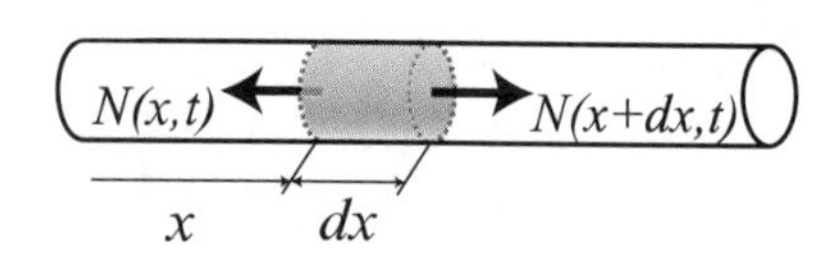

図 5.5　棒中の微小要素

連続体では質点を 1 つ取り出すことはできないが，図 5.5 に示すように任意の位置に棒の一部を表す微小要素 dx を設定して，離散系と同様に定式化できる．この図は円形断面であるが，長方形断面でも同じである．棒の軸力 N は，ヤング率 E を用いた垂直応力 σ と軸方向ひずみ ε の関係 $\sigma = E\varepsilon$ に，断面積 A を乗じて

$$A\sigma = AE\varepsilon = N$$

と表せる．ここで E と A は一定値としておく．

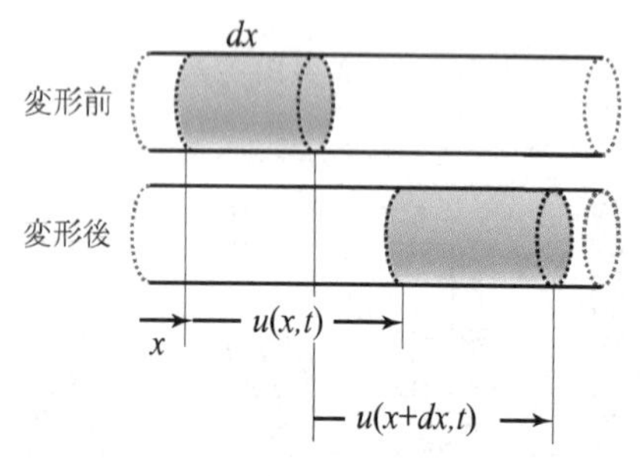

図 5.6　軸方向ひずみ

軸方向ひずみ ε は，微小要素において元の長さに対する伸びの比として定義される．そこで図 5.6 中の要素右端での変位 $u(x+dx,t)$ を x についてテイラー展開(Taylor expansion)すると次のようになる．

$$u(x+dx,t) = u(x,t) + \frac{\partial u(x,t)}{\partial x} dx + \frac{1}{2!} \frac{\partial^2 u(x,t)}{\partial x^2} (dx)^2 + \cdots \tag{5.2}$$

－式(5.2)の意味－

式(5.2)は，変位 u が独立変数 x および t の関数になっているため，偏微分で記述されている．しかし，t が一定であるから，実質的には $\partial u / \partial x, \partial^2 u / \partial x^2$ はそれぞれ $du / dx, d^2 u / dx^2$ と同じ意味である．第 5 章で現れる Taylor 展開はすべて同様である．

この展開式を用いる意義は，「ある位置の関数 $u(x,t)$ とその(高次)微分を用いて，そこから dx ずれた位置の関数値 $u(x+dx,t)$ を表現できる」ことにある．ここで dx はもともと微小な量であり，その 2 乗以上は無視できると考えると式(5.2)の右辺 2 項目までを用いて近似できる．微小量は具体的な数値を持つ訳ではないが，例えば 1 に対して 0.01 を考えると，その 2 乗は 0.0001 となり，1 に対して非常に小さな量となることから理解できる．ある位置の量をテイラー展開した後に高次の項を省略する近似の考え方は，連続体の力学で頻繁に使用するので慣れておくとよい．

図 5.6 の関係から，垂直ひずみは微小要素の伸び $u(x+dx,t)-u(x,t)$ を元の長さ dx で除して

$$\begin{aligned}\varepsilon(x,t) &= \frac{u(x+dx,t)-u(x,t)}{dx} \\ &= \frac{u(x,t)+\{\partial u(x,t)/\partial x\}dx-u(x,t)}{dx} = \frac{\partial u(x,t)}{\partial x}\end{aligned} \tag{5.3}$$

であるから，要素に加わる復元力は，微小要素の両端における軸力の差

$$\begin{aligned}&N(x+dx,t)-N(x,t)\\ &= AE\varepsilon(x+dx,t)-AE\varepsilon(x,t)\\ &= AE\left\{\varepsilon(x,t)+\frac{\partial\varepsilon(x,t)}{\partial x}dx-\varepsilon(x,t)\right\} = AE\frac{\partial\varepsilon(x,t)}{\partial x}dx = AE\frac{\partial^2 u(x,t)}{\partial x^2}dx\end{aligned}$$

となる．ここでも $\varepsilon(x+dx,t)$ を 2 項目まで展開した後，式(5.3)を代入している．

微小要素の質量は，密度を ρ とすると ρAdx であるから，離散モデルの式(5.1)に相当する棒の運動方程式は，質量が ρAdx であるので，

$$\rho Adx\frac{\partial^2 u}{\partial t^2} = AE\frac{\partial^2 u}{\partial x^2}dx$$

すなわち

$$\frac{\partial^2 u}{\partial x^2}-\frac{1}{c^2}\frac{\partial^2 u}{\partial t^2} = 0 \quad \left(c^2 = \frac{E}{\rho}\right) \tag{5.4}$$

である．この式の前提となった微小要素は，任意の位置に定義された要素であり特別な限定はしていない．したがって運動方程式(5.4)は棒のすべての位置に適用できるものとなる．なお，式(5.4)では，u が x と t の関数であるため，偏微分の記号を用いる．ここの定数 $c=\sqrt{E/\rho}$ は，後で示されるように振動の波の速度を示す．

5・2・2　縦振動の固有振動数（natural frequency of longitudinal vibration）

次に式(5.4)の解を求めよう．偏微分方程式の基本的な解法である変数分離法を適用するため

$$u(x,t) = U(x)T(t) \tag{5.5}$$

の形の解を仮定して，式(5.4)に代入して U と T の関数を両辺に分けると

$$\frac{d^2T}{dt^2}\Big/T = c^2\frac{d^2U}{dx^2}\Big/U \quad (=-\omega^2) \tag{5.6}$$

となる．この左辺は時間 t だけの関数，右辺は座標 x だけの関数からなる．図 5.7 のように，それらの値が常に等しいときは値が定数でなければならない．ここでその値を $-\omega^2$ とするが，定数を負数とおくのは，正数では解が発散し，式の上から振動現象を表現できないためである．

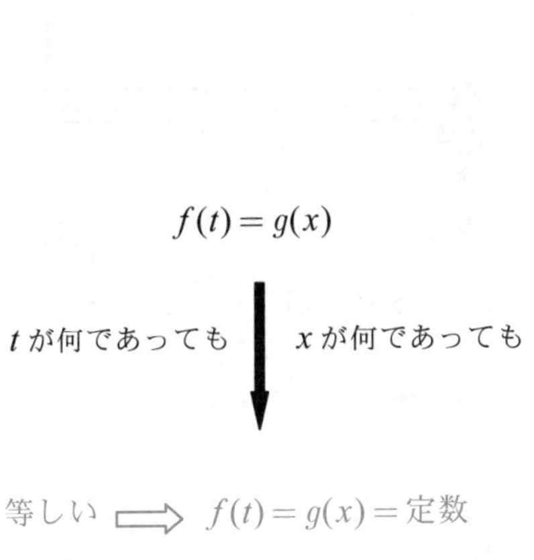

式(5.6)の左辺の時間の関係からは

$f(t)=g(x)$

t が何であっても　↓　x が何であっても

等しい ⟹ $f(t)=g(x)=$ 定数

図 5.7　変数分離の仕組み

$$\frac{d^2T}{dt^2}+\omega^2 T=0 \tag{5.7}$$

となり，定数係数の二階微分方程式を解くと，その解

$$T(t)=C_1\sin\omega t+C_2\cos\omega t \tag{5.8}$$

が得られる．これは 2 つの振動的な波形 sin 関数と cos 関数の和，C_1, C_2 は積分定数であり，初期条件により決まる．その重ね合わせの割合を示す係数となるが，外部から力が作用しない自由振動の固有振動数を求める目的にはどちらか一方，例えば sin 波のみを仮定すれば十分である．自由振動は，現実には減衰の効果により時間とともに消えてしまうが，振動的な外力を受けることによって生じる強制振動などの応答特性も，自由振動の解析から明らかになることから重要な意味を持っている．

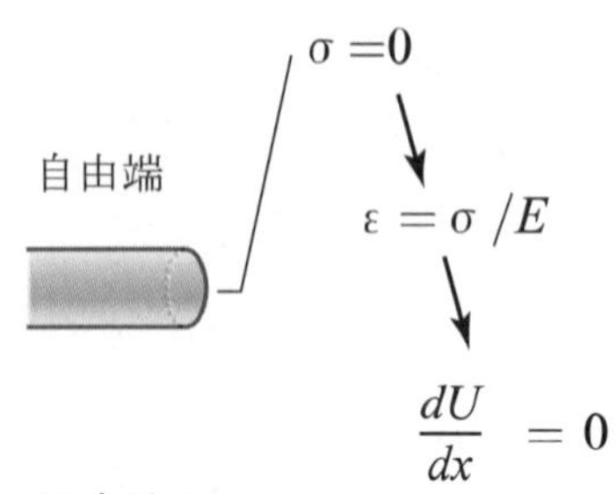

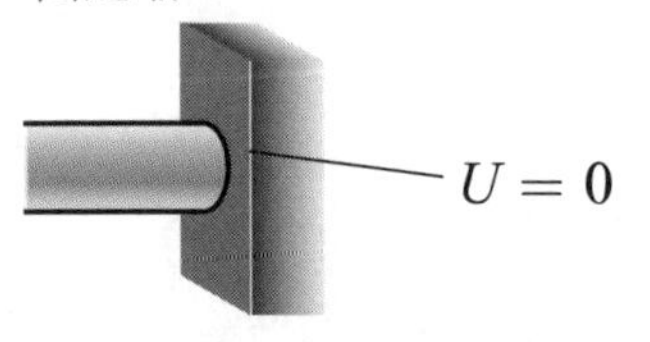

図 5.8　棒の縦振動の境界条件

式(5.6)の右辺の，もう一つの関係からは，

$$\frac{d^2U}{dx^2}+\left(\frac{\omega}{c}\right)^2 U=0 \tag{5.9}$$

が得られ，振動の形を表すその解は

$$U(x)=C_3\sin\frac{\omega}{c}x+C_4\cos\frac{\omega}{c}x \tag{5.10}$$

となる．積分定数 C_3, C_4 は，棒の両端における境界条件により定められる．棒の縦振動では，端において図 5.8 に示すように

(1) 自由端:　応力が 0，すなわち $\sigma=E\varepsilon$ と式(5.3)から

$dU/dx=0$

(2) 固定端:　変位を剛に拘束，すなわち　$U=0$

がある．この他に，弾性的な拘束を表す境界条件も考えることができる．

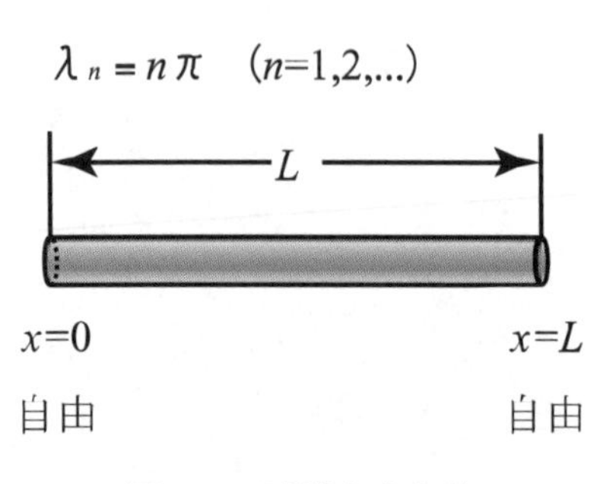

図 5.9　両端自由な棒

図 5.9 に示す，長さ L の両端が自由な棒では，

$$x=0:\ dU/dx=0 \tag{5.11}$$

$$x=L:\ dU/dx=0 \tag{5.12}$$

である．式(5.10)を微分した式を境界条件に代入すると，式(5.11)から $C_3=0$ となり，式(5.12)から $C_4=0$ であるとすると，共に 0 となり，振動状態とならないため

$$\sin\frac{\omega}{c}L=0 \quad すなわち \quad \frac{\omega}{c}L=n\pi \ \ (n=1,2,...) \tag{5.13}$$

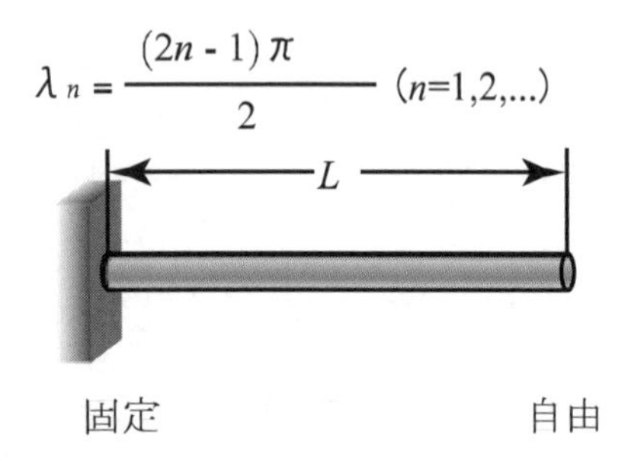

図 5.10　固定－自由の棒

を得る．これから固有角振動数 ω_n と固有振動数 f_n

$$\omega_n=\frac{c}{L}n\pi=\frac{n\pi}{L}\sqrt{\frac{E}{\rho}} \quad , \quad f_n=\frac{c}{2\pi L}n\pi=\frac{n\pi}{2\pi L}\sqrt{\frac{E}{\rho}} \tag{5.14}$$

が得られる．図 5.10 の片持ち棒や図 5.11 の両端固定の棒においても同様に，その固有角振動数と固有振動数は式(5.14)の $n\pi$ を λ_n で置き換えて

$$\omega_n=\frac{\lambda_n}{L}\sqrt{\frac{E}{\rho}} \quad または \quad f_n=\frac{\lambda_n}{2\pi L}\sqrt{\frac{E}{\rho}} \tag{5.15}$$

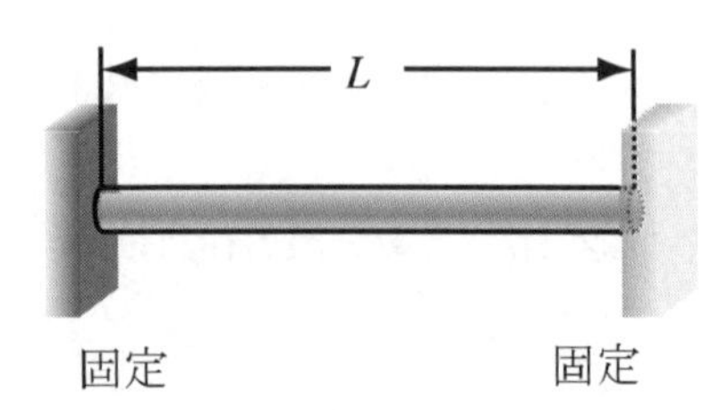

図 5.11　両端固定の棒

と表現できる．式(5.15)から，一定断面の棒においては，固有振動数の値に断面積 A は無関係であることがわかる．3 種類の境界条件の組合せに対する λ_n は，図 5.9～5.11 のようになる．

前章で学んだ 1 自由度と 2 自由度系の自由振動には，それぞれ 1 個と 2 個

の固有振動数が存在したように，固有振動数の個数は自由度の数と一致する．したがって，連続体の弾性棒では式(5.15)から $n=1,2,\cdots,\infty$ に対応する振動数が与えられ，理論的には無数の固有振動数が存在する．しかし音響や通信分野での振動と異なり，機械振動で問題となるのは，振幅が大きく，発生する応力も無視できない基本次数($n=1$)や低次(例えば $n=2,3,4$ 程度)の固有振動である．

固有振動数に対応する固有振動モードも，同様に無数に存在するが，その振動形は両端自由棒や両端固定棒では

$$U(x)=C_3\sin\frac{n\pi x}{L}$$

となり，これを式(5.5)に代入すると

$$\begin{aligned}u(x,t)&=C_3\sin\frac{n\pi x}{L}\sin\omega t\\&=-\frac{C_3}{2}\left\{\cos\left(\frac{n\pi x}{L}+\omega t\right)-\cos\left(\frac{n\pi x}{L}-\omega t\right)\right\}\\&=-\frac{C_3}{2}\left\{\cos\frac{n\pi(x+ct)}{L}-\cos\frac{n\pi(x-ct)}{L}\right\}\\&=-\frac{C_3}{2}\{g(x+ct)-g(x-ct)\}\end{aligned}$$

と書き直せる．ここで $g(x)=\cos(n\pi x/L)$ とおいている．

$g(x+ct)$， $g(x-ct)$ はそれぞれ，時間 t の経過とともに負方向と正方向に進行する波を表す．例えば $g(x-ct)$ は， $g(x)$ の関数を正方向に距離 ct だけ移動した関数であるが，その移動距離を時間で除した量は，波の移動する速度 $(ct)/t=c$ を表している．

【例題 5・1】　＊＊＊＊＊＊＊＊＊＊＊＊＊＊＊＊＊＊＊＊＊＊＊＊

正方形断面(1cm×1cm)で長さ 1 m の軟鋼(E=206GPa， ρ=7800kg/m^3)製の棒がある．両端自由棒と両端固定棒の縦振動について 3 次までの固有振動数 f_1,f_2,f_3 を求めよ．

【解答】　式(5.15)を用い

$$f_1=(1/2L)(E/\rho)^{1/2}=(1/2)(206\times10^9/7800)^{1/2}=2570\,\text{Hz},$$

同様に

$$f_2=2570\times2=5140\,\text{Hz},\qquad f_3=3\times2570=7710\,\text{Hz}$$

となる．一様断面の棒では，固有振動数に断面積は関係していない．

＊＊＊＊＊＊＊＊＊＊＊＊＊＊＊＊＊＊＊＊＊＊＊＊

5・3　はりの曲げ振動(横振動)(bending vibration of beam)

5・3・1　曲げ振動の運動方程式 (equation of bending vibration)

次にはりの曲げ振動(bending vibration)を学ぶ．棒とはりは同じ棒であるが，軸方向の振動を扱う際は「棒(bar)の縦振動」，軸に直角な方向の振動では「は

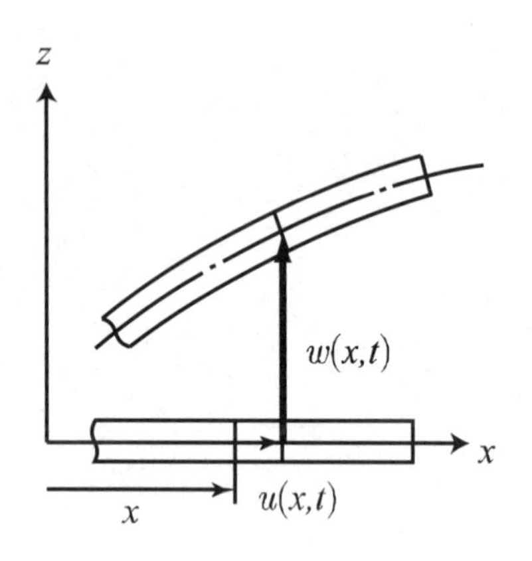

図 5.12　はり中立面上の変位

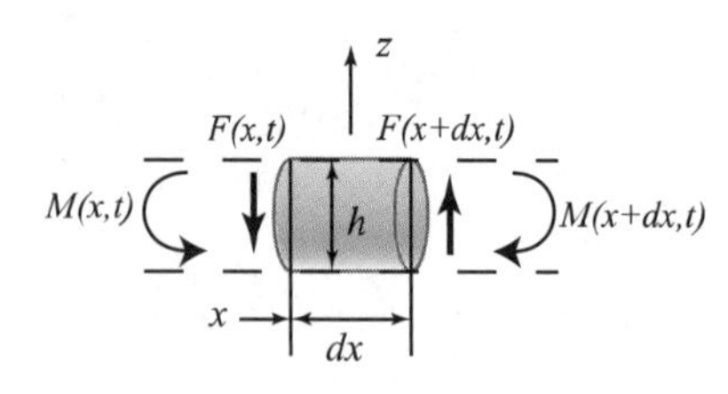

図 5.13　曲げの微小要素

－符号－
この符号の定義は図 5.14 に示す弾性論の約束に従っているが，材料力学や振動学のテキストによっては，慣習により異なる定義を使う場合もあり学習者の混乱の一因ともなっている．どの符号の定義を使うにしても終始一貫した約束にしたがっていなければならない．

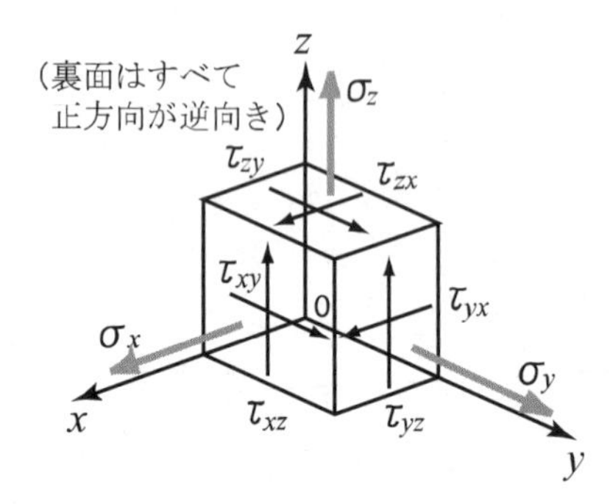

図 5.14　弾性論に用いる応力記号（τ_{xz} の向きが図 5.13 の $F(x+dx,t)$ に対応している）

り(beam)の曲げ振動または横振動」と呼ぶ．材料力学で，「棒の引張」，「はりの曲げ(たわみ)」と区別したのと同じである．またここで使われる「はりの曲げ」を求める理論は材料力学で学んだものと同一であり，相違点は静的曲げ問題の分布荷重の代わりにはり自身の慣性力が置き換わることである．しかし静的な曲げと曲げ振動が物理的に異なる現象であるように，方程式に慣性項が加えられると解の形と性質は明らかに異なってくる．

5.2 節の縦振動は 1 次元の問題であり軸方向の力の関係について考えたが，今回は図 5.12 のように空間的に 2 次元の関係が含まれ，曲げについては横方向(z 方向)の運動方程式を立てる．ここではりの中立面上の点が x 方向と z 方向に移動する変位を，それぞれ $u(x,t), w(x,t)$ とする．z 方向の復元力を求めるため，図 5.13 に示す微小要素における力の関係を見る．この図では変形中のはりになっていないが，線形振動(変形が十分に小さい)の範囲内では差し支えない．

はりの理論では，断面にせん断力 F と曲げモーメント M を考え，原点から x の位置にある負方向に面した断面では，下向きのせん断力 $F(x,t)$ と反時計まわりの曲げモーメント $M(x,t)$ が定義される．要素の正方向に面した $x+dx$ 位置の断面では，上向きのせん断力 $F(x+dx,t)$ と時計まわりの曲げモーメント $M(x+dx,t)$ が定義される(コラム参照)．曲げモーメント，せん断力と図 5.14 の応力の関係は

$$M(x,t)=\int_A \sigma_x z dA, \qquad F(x,t)=\int_A \tau_{xz} dz \tag{5.16}$$

により与えられる．ここに，A ははりの断面積，σ_x, τ_{xz} は図 5.13 で定義される応力である．

図 5.13 では，微小要素に働く上方，つまり z 方向の力の和は

$$F(x+dx,t)-F(x,t)=F(x,t)+\frac{\partial F(x,t)}{\partial x}dx-F(x,t)=\frac{\partial F(x,t)}{\partial x}dx$$

となる．

また x 断面を中心するとモーメントの釣合いは，微小要素 dx の回転による慣性を小さいとみなして無視する【練習問題 5・1（76 ページ）参照】と

$$0=-M(x+dx,t)+M(x,t)+F(x+dx,t)dx$$

となる．次に $x+dx$ における $M(x+dx,t), F(x+dx,t)$ を展開して，$(dx)^2$ 以上の高次微小項を略すると

$$F(x,t)=\frac{\partial M(x,t)}{\partial x} \tag{5.17}$$

を得る．質量 $\rho A dx$ を持つ微小要素に対して成り立つ運動方程式は，z 方向にニュートンの第 2 法則を適用すると

$$\rho A dx\frac{\partial^2 w}{\partial t^2}=F(x+dx,t)-F(x,t)=\frac{\partial F}{\partial x}dx$$

であり，これに式(5.17)を代入して

$$\rho A\frac{\partial^2 w}{\partial t^2}=\frac{\partial F}{\partial x}=\frac{\partial^2 M}{\partial x^2} \tag{5.18}$$

となる．

ここで材料力学の理論【練習問題 5・2 参照】から，モーメントと変位の関係は

$$M(x,t) = -EI\frac{\partial^2 w}{\partial x^2} \tag{5.19}$$

で与えられる．式(5.19)を式(5.18)に代入して

$$\frac{\partial^2}{\partial x^2}\left(EI\frac{\partial^2 w}{\partial x^2}\right) + \rho A\frac{\partial^2 w}{\partial t^2} = 0 \tag{5.20}$$

を得る．ここで EI は，はりの曲げ剛性(bending stiffness)で，曲げ変形に対する弾性的な抵抗の程度を示し，曲げ振動における復元力を与える．曲げ剛性の E はヤング率で材質による剛性への寄与，I は断面二次モーメント(moment of inertia of area)で断面の形状による剛性への寄与を示す．長方形と円形の断面形状に対する I の値は，図 5.15 のようになるが，他の形状についても材料力学の本に示されている．

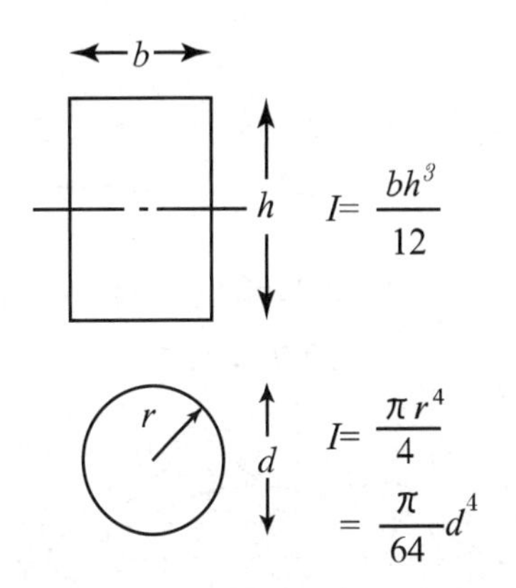

図 5.15　はりの断面二次モーメント

式(5.20)は，はりの曲げ剛性を一定(すなわち材質，断面形状とも一定)とすると

$$EI\frac{\partial^4 w}{\partial x^4} + \rho A\frac{\partial^2 w}{\partial t^2} = 0 \tag{5.21}$$

になる．

自由

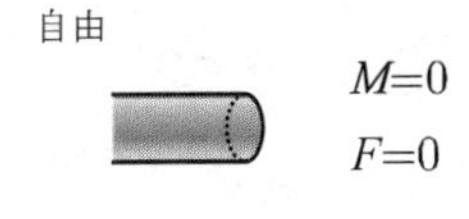

単純支持

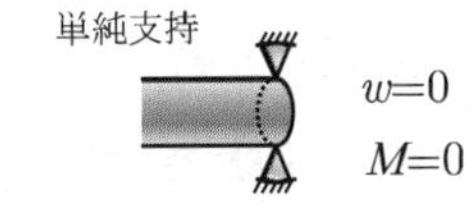

固定

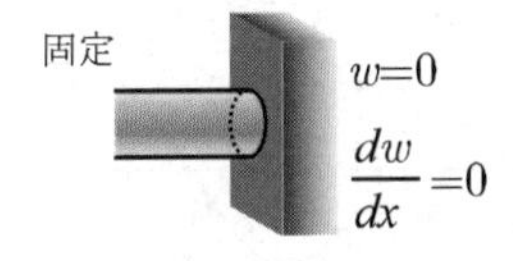

図 5.16　はりの境界条件

5・3・2　曲げ振動の固有振動数（natural frequency of bending vibration）

式(5.21)に，自由振動の解

$$w(x,t) = W(x)\sin\omega t \tag{5.22}$$

を仮定して代入すると

$$\frac{d^4W}{dx^4} - \alpha^4 W = 0 \tag{5.23}$$

ただし $\alpha^4 = \rho A\omega^2/(EI)$ となる．$W = Ce^{\lambda x}$ (C :係数)と仮定して，式(5.23)に代入すると，$\lambda = \alpha, -\alpha, i\alpha, -i\alpha$ の 4 つの解が求まる．これにオイラーの公式 $e^{i\alpha x} = \cos\alpha x + i\sin\alpha x$ と，双曲線関数

$$\sinh\alpha x = \frac{e^{\alpha x} - e^{-\alpha x}}{2}, \quad \cosh\alpha x = \frac{e^{\alpha x} + e^{-\alpha x}}{2}$$

の定義を利用して，さらに係数の定義を適当に置き換えると，はりの曲げ振動の振幅形状を表す解

$$W(x) = C_1\cos\alpha x + C_2\sin\alpha x + C_3\cosh\alpha x + C_4\sinh\alpha x \tag{5.24}$$

が得られる．

－単純支持－

はりの単純支持は，図 5.16 のように両側に記号を書くことも図 5.17 のように片側に書くこともある．

はりの代表的な境界条件には,図 5.16 に示すように，次のものがある．

(1) 自由:何らの拘束がなく，曲げモーメントとせん断力が共に 0，したがって式(5.17)および式(5.19)から，その端において

$$d^2W/dx^2 = 0, \quad d^3W/dx^3 = 0 \tag{5.25}$$

(2) 単純支持:横方向の変位は拘束されるが，自由に回転できる支持方法であり，変位と曲げモーメントは 0 となる．

$$W = 0, \quad d^2W/dx^2 = 0 \tag{5.26}$$

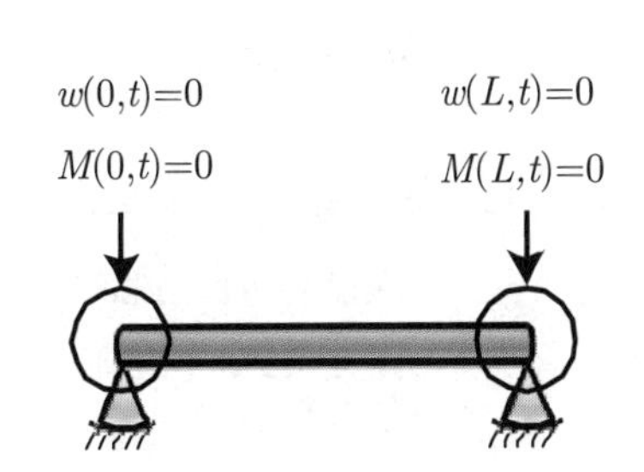

図 5.17　両端単純支持はり

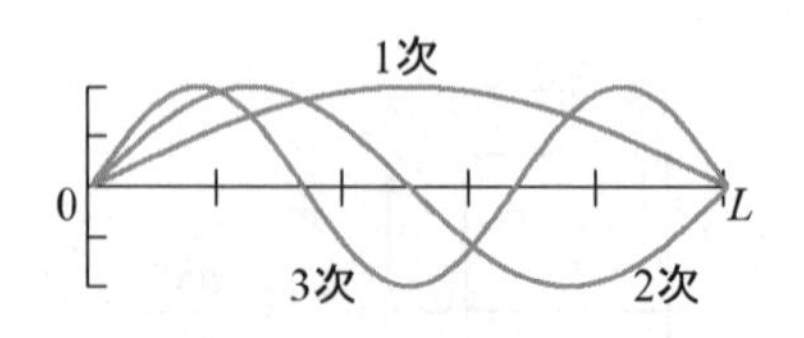

$\lambda_1=\pi,\ \lambda_2=2\pi,\ \lambda_3=3\pi$

(a)支持−支持はり

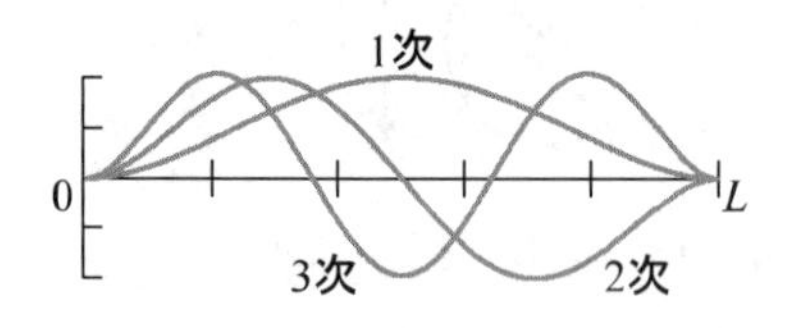

$\lambda_1=4.730,\ \lambda_2=7.853,\ \lambda_3=11.00$

(b)固定−固定はり

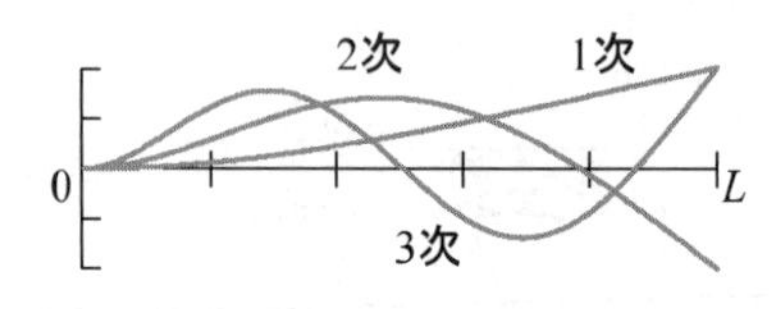

$\lambda_1=1.875,\ \lambda_2=4.694,\ \lambda_3=7.855$

(c)固定−自由はり(片持はり)

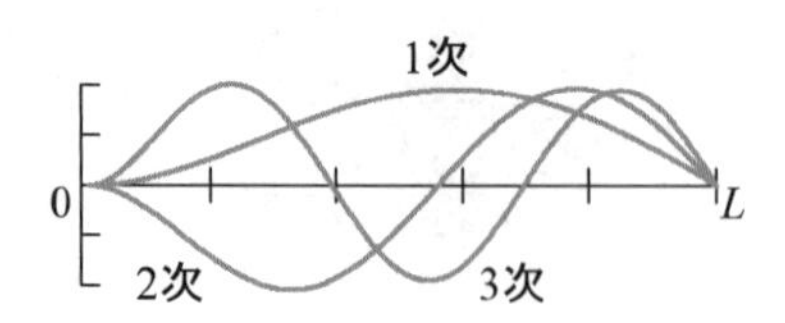

$\lambda_1=3.927,\ \lambda_2=7.069,\ \lambda_3=10.21$

(d)固定−支持はり

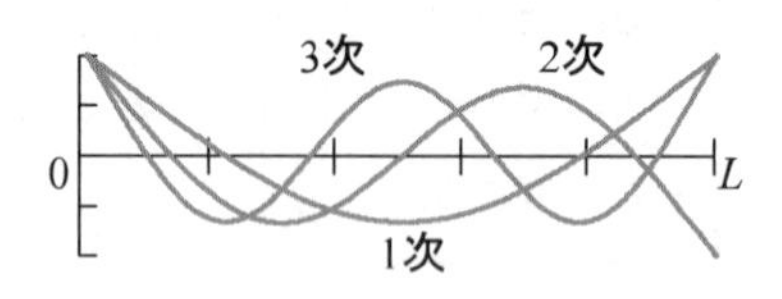

$\lambda_1=4.730,\ \lambda_2=7.853,\ \lambda_3=11.00$

(e)自由−自由はり

図 5.18　種々の境界条件を持つ一様はりの固有振動数と固有振動モード形

(3) 固定端:横変位も回転も剛に拘束，すなわち

$$W=0,\ \ dW/dx=0 \tag{5.27}$$

である．この他に，横変位と回転に対する弾性的な拘束も考えることができる．

境界条件に対応する解を求めるためには式(5.24)を境界条件の式(5.25)～(5.27)に代入する必要がある．このため，式(5.24)とその微分を次のように求めておく

$$W(x)=C_1\cos\alpha x+C_2\sin\alpha x+C_3\cosh\alpha x+C_4\sinh\alpha x \tag{5.28}$$

$$dW/dx=\alpha(-C_1\sin\alpha x+C_2\cos\alpha x+C_3\sinh\alpha x+C_4\cosh\alpha x) \tag{5.29}$$

$$d^2W/dx^2=\alpha^2(-C_1\cos\alpha x-C_2\sin\alpha x+C_3\cosh\alpha x+C_4\sinh\alpha x) \tag{5.30}$$

$$d^3W/dx^3=\alpha^3(C_1\sin\alpha x-C_2\cos\alpha x+C_3\sinh\alpha x+C_4\cosh\alpha x) \tag{5.31}$$

例えば図 5.17 に示す，両端が単純支持された長さ L のはりでは，

$$W(0)=d^2W/dx^2\,|_{x=0}=W(L)=d^2W/dx^2\,|_{x=L}=0 \tag{5.32}$$

であり，式(5.28)および式(5.30)を式(5.32)に代入すると

$$W(0)=0:\qquad C_1+C_3=0 \tag{5.33}$$

$$d^2W/dx^2\,|_{x=0}=0:\ -C_1+C_3=0 \tag{5.34}$$

$$W(L)=0:\qquad C_2\sin\alpha L+C_4\sinh\alpha L=0 \tag{5.35}$$

$$d^2W/dx^2\,|_{x=L}=0:\ -C_2\sin\alpha L+C_4\sinh\alpha L=0 \tag{5.36}$$

が得られる．式(5.33)および式(5.34)からは $C_1=C_3=0$ が得られ．式(5.35)および式(5.36)にはそれらを反映している．式(5.35)および式(5.36)から $C_4\sinh\alpha L=0$ であるが $\sinh\alpha L\neq 0$ のため $C_4=0$，したがって振幅の式(5.24)の係数の少なくとも 1 つが 0 でない(振幅が存在する)条件を満たすのは，$C_2\sin\alpha L=0$ から $\sin\alpha L=0$ の場合である．その $\alpha L=n\pi\ (n=1,2,\cdots)$ と α の定義から固有角振動数および固有振動数の解は

$$\omega_n=\frac{(n\pi)^2}{L^2}\sqrt{\frac{EI}{\rho A}}\quad ,\qquad f_n=\frac{(n\pi)^2}{2\pi L^2}\sqrt{\frac{EI}{\rho A}} \tag{5.37}$$

が得られる．このときの固有振動モード形は，0 でない係数は C_2 だけであるので，式(5.24)から

$$W(x)=C_2\sin\alpha x=C_2\sin\frac{n\pi x}{L} \tag{5.38}$$

となる．ここで積分定数 C_2 を含んでおり，材料力学で扱った外部荷重に対する静たわみの式と異なり，外力が作用していない自由振動では，$W(x)$ は振幅の形状を表しているだけで，その絶対値は与えられない．

【例題 5.2】　＊＊＊＊＊＊＊＊＊＊＊＊＊＊＊＊＊＊＊＊＊＊＊＊＊

正方形断面(1cm×1cm)で長さ 1m の軟鋼(E=206GPa, ρ=7800kg/m^3)製のはりがある．両端単純支持はりの曲げ振動の 3 次までの固有振動数 f_1, f_2, f_3 を求めよ．

【解答】　式(5.37)の定数部分は

$$\sqrt{\frac{EI}{\rho A}}=\sqrt{\frac{206\times10^9\times(10^{-2})^4}{7800\times(10^{-2})^2\times12}}=14.8$$

したがって

$$f_1=(\pi^2/2\pi)\times14.8=23.3\ \mathrm{Hz}$$

同様に

$$f_2=2\pi\times14.8=93.0\ \mathrm{Hz},\quad f_3=4.5\pi\times14.8=209\ \mathrm{Hz}$$

となる.

＊＊＊＊＊＊＊＊＊＊＊＊＊＊＊＊＊＊＊＊＊＊

棒の縦振動と異なり，はりの曲げ振動では断面形によって決まる断面二次モーメントが曲げ剛性に関わるので断面寸法は固有振動数に大きく影響する．図 5.18（a）に，両端単純支持の λ の値と，それに対応する固有振動モードの形を示す．他の境界条件の組合せに対しても，式(5.37)と同様な形式

$$\omega_n=\frac{\lambda_n^{\ 2}}{L^2}\sqrt{\frac{EI}{\rho A}}\quad または\quad f_n=\frac{\lambda_n^{\ 2}}{2\pi L^2}\sqrt{\frac{EI}{\rho A}}\tag{5.39}$$

が導かれる．図 5.18(b)に両端固定はりの，図 5.18(c)に固定－自由はりの λ_n の値と，それに対応する固有振動モードの形を示す．また，図 5.18(d)に固定－支持はりの，図 5.18(e)に両端自由はりの λ_n の値と，それに対応する固有振動モードの形を示す．

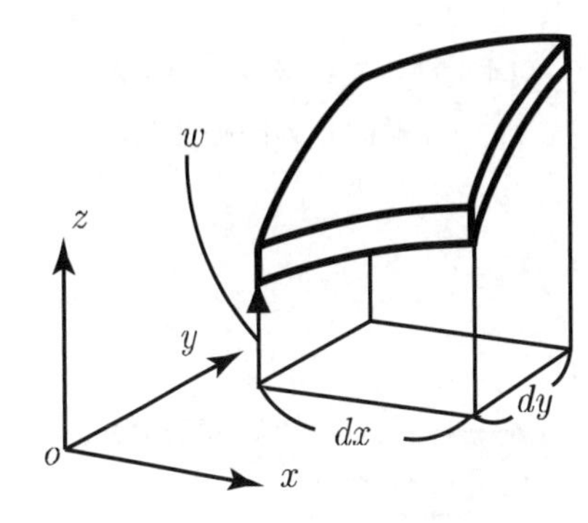

図 5.19　平板の中立上の点の変位

5・4　平板の曲げ振動(横振動)（bending vibration of flat plate）

5・4・1　平板の曲げ振動の運動方程式（equation of motion for bending vibration of flat plate）

平板の曲げ振動を学ぶ．はりの振動では 2 次元の関係を考えたが，平板では 3 次元の空間を対象とする．横方向(z 方向)に運動方程式を立てることは同じで，図 5.19 に示すように中立面上の点の z 方向変位を $w(x,y,t)$ とする．2 つの軸方向にはりの振動を重ね合わせると考えても，大まかな理解としてはよい．z 方向の弾性力を求めるため，図 5.20 に示す微小要素において力の関係を調べる．誘導の詳細は演習書に譲るが，$F_x(x,y,t)$，$F_y(x,y,t)$ を単位長さあたりのせん断力として，微小要素に働く上方向の力の和は

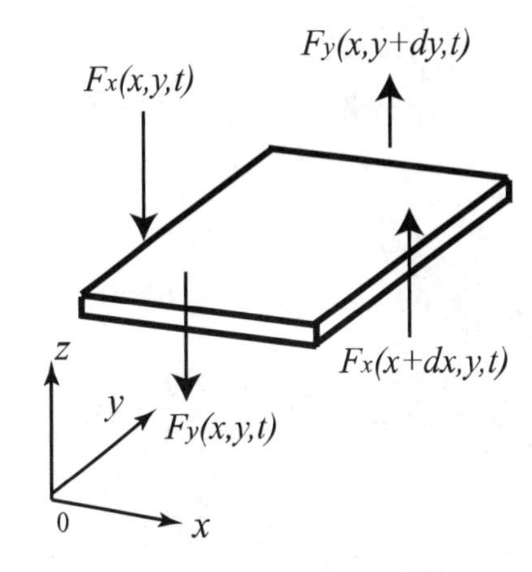

図 5.20　せん断力の定義

$$F_x(x+dx,y,t)dy-F_x(x,y,t)dy+F_y(x,y+dy,t)dx-F_y(x,y,t)dx$$
$$=\left(\frac{\partial F_x(x,y,t)}{\partial x}+\frac{\partial F_y(x,y,t)}{\partial y}\right)dxdy\tag{5.40}$$

となる．これははり理論の式(5.16)の下の式に相当する.次に図 5.21 に示すように，x 断面に沿った軸を中心にモーメントの釣合いを考え，$M_x(x,y,t)$，$M_y(x,y,t)$ $M_{xy}(x,y,t)$ を単位長さあたりのモーメントとして，反時計まわりを正にして揃えると

$$M_x(x,y,t)dy-M_x(x+dx,y,t)dy+F_x(x+dx,y,t)dxdy$$
$$+M_{xy}(x,y,t)dx-M_{xy}(x,y+dy,t)dx$$

$$
=\left(-\frac{\partial M_x(x,y,t)}{\partial x}+F_x(x,y,t)-\frac{\partial M_{xy}(x,y,t)}{\partial y}\right)dxdy=0
$$

すなわち，はり理論の式(5.17)に対応する

$$
F_x(x,y,t)=\frac{\partial M_x(x,y,t)}{\partial x}+\frac{\partial M_{xy}(x,y,t)}{\partial y} \tag{5.41}
$$

を得る．ここではりには見られなかったモーメント M_{xy} があるが,これはねじりモーメントであり，図 5.21 に示すように断面を右ねじが回る方向にモーメントを加える(二重の矢印が右ねじを回すドライバーの進行方向となる)のを正と定義している.同様に y 断面に沿った軸を中心するとモーメントの釣合いからは,

$$
F_y(x,y,t)=\frac{\partial M_y(x,y,t)}{\partial y}+\frac{\partial M_{xy}(x,y,t)}{\partial x} \tag{5.42}
$$

を得る.

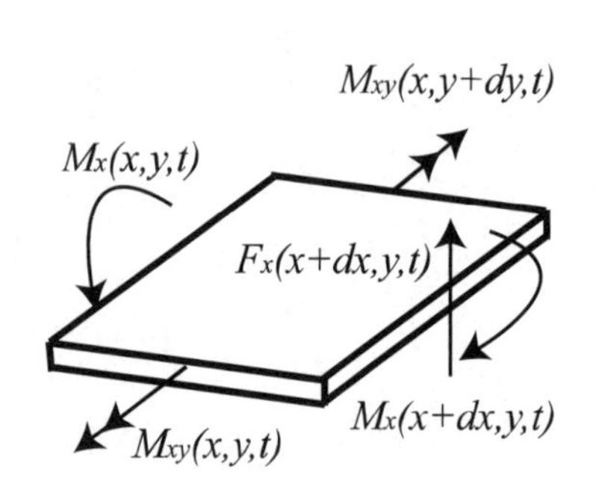

図 5.21　モーメントの定義
（y 軸回りの回転成分のみ）

次に，密度 ρ に厚さ h の微小要素の体積 $hdxdy$ を乗じて得られる質量 $\rho hdxdy$ の微小要素に成り立つ運動方程式は，z 方向にニュートンの第 2 法則を適用して

$$
\rho hdxdy\frac{\partial^2 w}{\partial t^2}=\left(\frac{\partial^2 M_x}{\partial x^2}+2\frac{\partial^2 M_{xy}}{\partial x\partial y}+\frac{\partial^2 M_y}{\partial y^2}\right)dxdy \tag{5.43}
$$

となる．ここで，式(5.41)および式(5.42)を式(5.40)に代入して，運動方程式の復元力をモーメント M_x, M_y, M_{xy} により表している.

また，モーメントと変位の関係は，ν をポアソン比として

$$
M_x=-D\left(\frac{\partial^2 w}{\partial x^2}+\nu\frac{\partial^2 w}{\partial y^2}\right)\quad,\quad M_y=-D\left(\frac{\partial^2 w}{\partial y^2}+\nu\frac{\partial^2 w}{\partial x^2}\right)
$$

$$
M_{xy}=-D(1-\nu)\frac{\partial^2 w}{\partial x\partial y} \tag{5.44}
$$

で与えられる[2]．せん断力と変位の関係は,式(5.44)を式(5.41)および式(5.42)に代入して得られる．式(5.44)を式(5.43)に代入して,板厚と材質が一定な平板を対象とすると

$$
D\left(\frac{\partial^4 w}{\partial x^4}+2\frac{\partial^4 w}{\partial x^2\partial y^2}+\frac{\partial^4 w}{\partial y^4}\right)+\rho h\frac{\partial^2 w}{\partial t^2}=0 \tag{5.45}
$$

を得る．ここで D は，平板の曲げ剛性(bending stiffness)

$$
D=\frac{Eh^3}{12(1-\nu^2)} \tag{5.46}
$$

で，はり理論の曲げ剛性 EI に相当して,曲げ変形に対する弾性的な抵抗の程度を示す．はりの曲げ剛性には見られなかったポアソン比 ν が含まれている.

自由

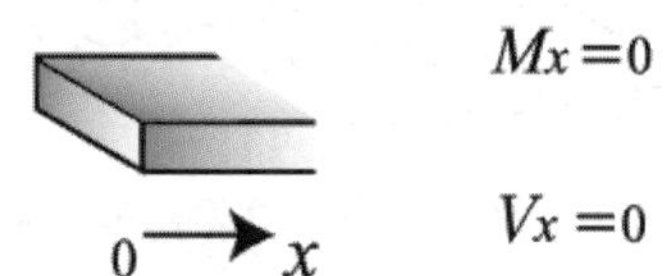

単純支持

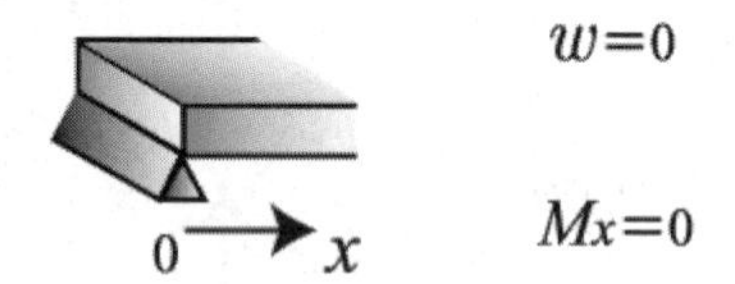

固定

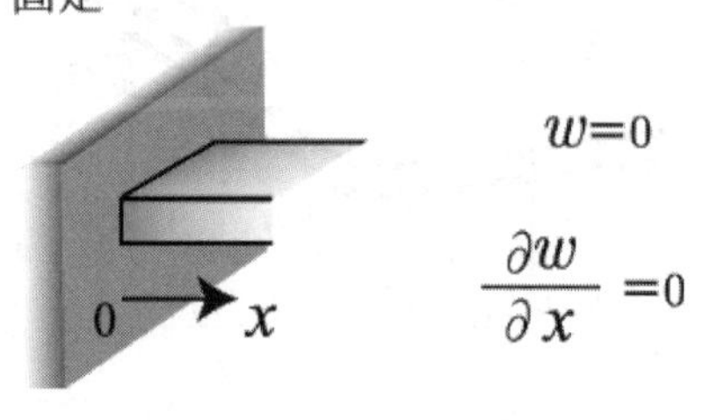

図 5.22　平板の境界条件

5・4・2　曲げ振動の固有振動数（natural frequency of bending vibration）

式(5.45)に自由振動の解

$$
w(x,y,t)=W(x,y)\sin\omega t \tag{5.47}
$$

を代入すると

$$
\Delta\Delta W-\alpha^4 W=0\quad\left(\Delta=\frac{\partial^2}{\partial x^2}+\frac{\partial^2}{\partial y^2},\ \alpha^4=\frac{\rho h\omega^2}{D}\right) \tag{5.48}
$$

となる．はりの運動方程式と異なり,式(5.48)からは，自由，単純支持，固定支持などの代表的な境界条件を任意に組合せた場合に適用できる解析解は得られない．

平板の境界条件は，$x=0$ の辺を例に説明すると，図 5.22 に示すように

(1) 自由:何らの拘束がなく，曲げモーメントとせん断力が共に 0，したがって辺に沿って

$$M_x(0,y,t)=0,\quad V_x(0,y,t)=0 \tag{5.49}$$

(2) 単純支持:横方向の変位は拘束されるが，自由に回転できる支持方法であり，変位と曲げモーメントは 0 となる．

$$W(0,y)=0,\quad M_x(0,y,t)=0 \tag{5.50}$$

(3) 固定端:横変位も回転も剛に拘束，すなわち

$$W(0,y)=0,\quad \partial W(x,y)/\partial x\,|_{x=0}=0 \tag{5.51}$$

である．ここで式(5.49)において，V_x は通常のせん断力 F_x ではなく,ねじりモーメントの効果を加味した．

$$V_x=F_x+\frac{\partial M_{xy}}{\partial y}=-D\left(\frac{\partial^3 w}{\partial x^3}+(2-\nu)\frac{\partial^3 w}{\partial x\partial y^2}\right) \tag{5.52}$$

である[1]．

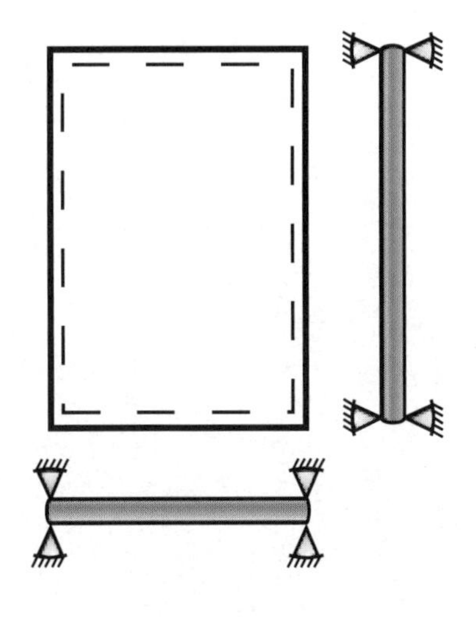

図 5.23 周辺単純支持された長方形板（上面図内の破線は単純支持を表す）

任意の境界条件に対する解を得るのは困難だが,図 5.23 に示す 4 辺が単純支持された寸法 $a\times b$ の長方形板に対しては，

$$W(x,y)=W_{mn}(x,y)=C_{mn}\sin\frac{m\pi x}{a}\sin\frac{n\pi y}{b} \tag{5.53}$$

の解を仮定すると,4 辺に沿って以下の境界条件を厳密に満足する．

$$W(0,y)=0,\quad M_x(0,y,t)=0,\quad W(a,y)=0,\quad M_x(a,y,t)=0$$
$$W(x,0)=0,\quad M_y(x,0,t)=0,\quad W(x,b)=0,\quad M_y(x,b,t)=0 \tag{5.54}$$

式(5.53)を運動方程式(5.48)に代入すると,固有振動数を与える式

$$\omega_{mn}=\pi^2\sqrt{\frac{D}{\rho h}}\left[\left(\frac{m}{a}\right)^2+\left(\frac{n}{b}\right)^2\right] \tag{5.55}$$

を得る.ここで m,n はそれぞれ x,y 方向の半波数であり，振動の形を表す振動モード形(vibration mode shape)を決定する．例えば $m=1,n=1$ をとった ω_{11} の振動数に対応するモードは，x,y 方向それぞれに山(半波)が 1 つとなる振動形を持つ．

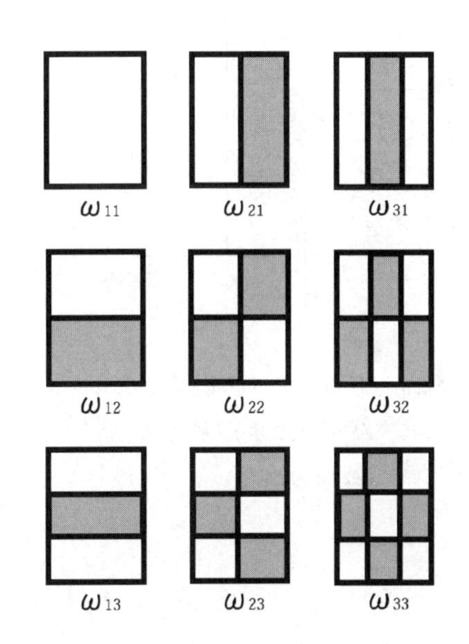

図 5.24 周辺単純支持された長方形板の固有振動モード形

さまざまな m,n に対応する全周単純支持された長方形板の固有振動モード形を図 5.24 に示す．ここで板内の実線は，z 方向変位のたわみ w が常に 0 となる節線(nodal line)を表す．節線を境にして，隣り合った領域は逆位相，すなわち互いに反対方向へと運動する．正方形板($a=b$)の ω_{12} と ω_{21} は同一の固有振動数を持つが，これを振動の退化(degeneration)という．このとき同一の振動数において，異なる 2 つの固有振動モードが存在するため，それらを重ね合わせた振動モード形も存在することがある．

【例題 5.3】 ＊＊＊＊＊＊＊＊＊＊＊＊＊＊＊＊＊＊＊＊＊＊＊＊＊＊

辺長 1m×2m で厚さ 1cm の軟鋼($E=206$GPa, $\nu=0.3$, $\rho=7800$kg/m^3)の周辺で単

純支持された長方形平板がある．この曲げ振動の固有振動数 f_1, f_2, f_3 を求めよ．

【解答】　式(5.55)の定数部分は

$$\pi^2\left(\frac{D}{\rho h}\right)^{1/2} = \pi^2\left(\frac{1}{\rho h}\frac{Eh^3}{12(1-\nu^2)}\right)^{1/2} = 153.5$$

これから，

$$\omega_{11} = 191.9\,\text{rad/s},\ \omega_{12} = 307.0\,\text{rad/s},$$

$$\omega_{21} = 652.4\,\text{rad/s},\ \omega_{22} = 767.5\,\text{rad/s}$$

すなわち

$$f_1 = 30.5\,\text{Hz},\ f_2 = 48.9\,\text{Hz},\ f_3 = 104\,\text{Hz},\quad f_4 = 122\,\text{Hz}$$

となる．

＊＊＊＊＊＊＊＊＊＊＊＊＊＊＊＊＊＊＊＊＊＊

5・5　エネルギーによる連続体の考察（consideration of continuous system based on energy）

5・5・1　連続体中の弾性エネルギー（elastic energy of continuous system）

本節では連続体が変形中に持つひずみエネルギーと運動エネルギーについて考える．これらのエネルギー式は，エネルギー原理に基づくリッツ法(Ritz's method)や有限要素法(finite element method)など適用範囲の広い振動計算法の基礎として重要な役割を果たす．

はじめに弾性エネルギーを求める．応力－ひずみ線図において，弾性限度内の直線下の面積で示されるエネルギーを弾性エネルギー(elastic energy)と呼ぶ．この応力－ひずみ線図の弾性区間の例を図 5.25 に示す．弾性体の変形が 0 から ε_c まで進んだとすると，この弾性区間内では，$\sigma = E\varepsilon$ が成り立つが，横軸に沿った微小な幅 $d\varepsilon$ を考えて，その幅の中では応力は一定と考えるとする．この場合に 0 から ε_c まで変形したときの単位体積当りのエネルギー

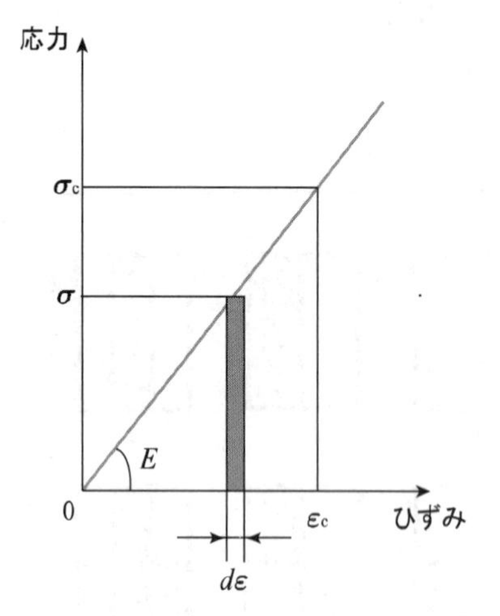

図 5.25　応力－ひずみ関係とひずみエネルギー(線形の場合)

$$\phi = \int_0^{\varepsilon_c} \sigma d\varepsilon = \int_0^{\varepsilon_c} E\varepsilon d\varepsilon = \frac{1}{2}E\varepsilon_c^2 \tag{5.56}$$

をひずみエネルギー密度(strain energy density)とよぶ．この値は，直線と x 軸が作る三角形の面積になっている．対象とする振動系全体のひずみエネルギーの総和は

$$U = \int_V \phi dV \tag{5.57}$$

となる．

はりの例により,エネルギーの式を導いてみよう．一般に薄肉はり($h \ll L$)の解析ではオイラーの仮定

$$u(x,z,t) = u_0(x,t) - z\frac{\partial w_0}{\partial x}(x,t) \tag{5.58}$$

を使っている．ここで添字 0 の付いた量は，中立面上の変位を表す．5.3.1 で触れなかったが，この関係は式(5.19)にすでに含まれている．式(5.58)を垂

直ひずみの定義式 $\varepsilon = du/dx$ に代入すると

$$\varepsilon(x,z,t) = \frac{\partial u_0}{\partial x}(x,t) - z\frac{\partial^2 w_0}{\partial x^2}(x,t) \tag{5.59}$$

であり，これを式(5.56)および式(5.57)に代入し，E を一定とすると

$$U = \frac{E}{2}\int_V \left[\left(\frac{\partial u_0}{\partial x}\right)^2 - 2z\left(\frac{\partial u_0}{\partial x}\right)\left(\frac{\partial^2 w_0}{\partial x^2}\right) + z^2\left(\frac{\partial^2 w_0}{\partial x^2}\right)^2\right] dAdx \tag{5.60}$$

となる．厚さ方向の z と y について積分すると，被積分関数の第 2 項は 0 となり

$$U = \frac{E}{2}\int_0^L A\left(\frac{\partial u_0}{\partial x}\right)^2 dx + \frac{E}{2}\int_0^L I\left(\frac{\partial^2 w_0}{\partial x^2}\right)^2 dx \tag{5.61}$$

が得られ，はり断面が一定の場合は A と I は積分記号の前に出せる．この第 1 項は伸縮のひずみエネルギー，第 2 項は曲げによるエネルギーである．すなわち 5.2 節と 5.3 節で別に扱った縦振動と横振動のひずみエネルギーを同時に導いていることになる．

はりの運動エネルギーは，質点の運動エネルギー「(1/2)×(質量)×(速度)^2」の考え方を，微小要素に対して適用すると

$$T = \frac{\rho A}{2}\int_0^L \left(\frac{\partial u}{\partial t}\right)^2 dx + \frac{\rho A}{2}\int_0^L \left(\frac{\partial w}{\partial t}\right)^2 dx \tag{5.62}$$

となる．

5・5・2 連続体の振動解析法－リッツ法（vibration analysis method of continuous system – Ritz's method）

5.5.1 で求めたエネルギーの定式化とエネルギー原理(principle of energy)に基づいた解析法を総称してエネルギー法(energy method)という．代表的なものに，これから示すリッツ法(Ritz's method)などがあり，微分方程式の厳密解や級数解などの数式解を求める方法より適用範囲が広い．1 自由度系の振動で見たように，振動は時間経過とともに（弾性）ひずみエネルギー $U(t)$ と運動エネルギー $T(t)$ を交換しあう現象である．不減衰振動系ではエネルギー保存則から総和 $F(t) = U(t) + T(t)$ は一定であり，さらに $U(t)$ と $T(t)$ の最大値 $U_{\max}$ と $T_{\max}$ も相等しい(図 5.26)．この関係 $U_{\max} = T_{\max}$ を利用して連続体の近似解を求める方法をレイリー法（Rayleigh's method）という．以下，リッツ法について説明する．

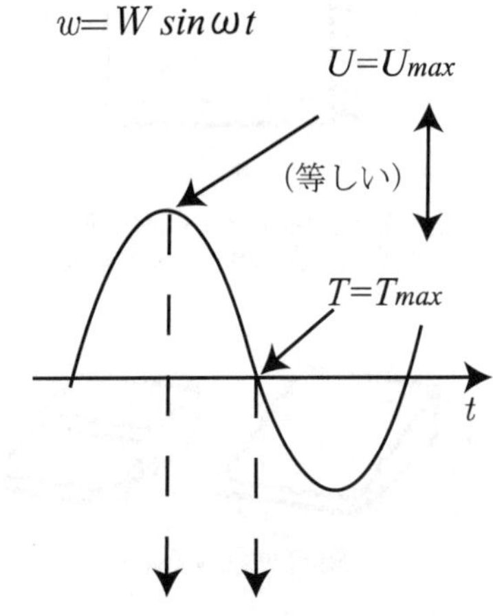

図 5.26　不減衰系における振動中のエネルギーの流れ

はりの曲げ振動問題では，式(5.22)の形を仮定し，式(5.61)および式(5.62)を用いると

$$U_{\max} - T_{\max} = \frac{E}{2}\int_0^L I\left(\frac{d^2W}{dx^2}\right)^2 dx - \omega^2\frac{\rho A}{2}\int_0^L W^2 dx = 0 \tag{5.63}$$

となる．ここで W に対して，精度の良い近似関数 W^* を用いると，

$$\omega^2 = \left[E\int_0^L I\left(\frac{d^2W^*}{dx^2}\right)^2 dx\right] \Big/ \left[\rho\int_0^L AW^{*2}dx\right] \tag{5.64}$$

が導かれる．たった 1 項でも適切な近似関数 W^* を用いると，式(5.64)から実

用的に十分な精度の固有振動数の値が求められる．いま片持はりの振幅を $W^*(x)=C(x/L)^2$（C:係数)で近似すると $\lambda_1^2=4.472$ が得られ，5.3.2 で求めた厳密解 $\lambda_1^2=3.516$ より 27%大きくなる．これに対して自重による静たわみの式

$$W^*(x)=C\left(\frac{x^4}{12}-\frac{Lx^3}{3}+\frac{L^2x^2}{2}\right) \tag{5.65}$$

を用いると，$\lambda_1^2=3.530$ が得られて，厳密解と誤差が 0.4%しかない高精度の解が得られる(2)．一般にはレイリー法では十分な精度の解が得られないため，振動の変位（振幅）の近似的な表現として，有限の項数からなる多項式

$$W(a_i,x)=\sum_{i=1}^{n}a_iW_i(x) \tag{5.66}$$

を考える．ここで a_i は未定係数，$W_i(x)$ は少なくとも幾何学的な境界条件(geometric boundary condition)を満たす関数である．この場合，ラグランジアン $L=T-U$ を仮定する．数学的には汎関数(functional)と呼ばれる F は，変数 x の関数 W_i に関して，さらに W_i の関数として与えられるスカラーである．リッツ法では，この W_i を用いて表したラグランジアンの時間平均が極小値を採るように，未定係数の値を決める方法である．言い換えると，境界条件を満たす形状関数を多数用いて実際の振動形を表すことを意図して，その形状関数を重ね合わせる割合をエネルギー原理により求める方法である．

リッツ法やレイリー法においては，仮定する形状関数が実際の固有振動モードにどの程度近いのかに依存して，得られる固有振動数の精度に差が出る．また得られた固有振動数は，幾何的な境界条件を満たしていると，解の上限値(実際の振動数より高い固有振動数値)を与える．一様な断面を持つはりについては，一般解(5.24)が得られており，リッツ法を使う意味はない．しかし図 5.27 に示すような断面が変化する（すなわち断面二次モーメント I が x の関数となる）はりや，材質が一様でないはりの振動問題を扱うことができる．

長方形平板においては，対辺が単純支持された場合には厳密解が得られるが，単純支持，固定，自由の境界条件を任意に組合わせた場合には厳密解が得られない．そこでリッツ法を適用すると，形状関数の適切な仮定により精度の良い近似解が得られる．図 5.28 には，厳密解は得られないが，リッツ法によれば近似解が得られる問題の例を示す．リッツ法においては，領域全体を対象として全体の固有振動モード形を(幾何学的な)境界条件を満たす多数の関数で表して，その重ね合わせる割合いを求める(図 5.29(a))．

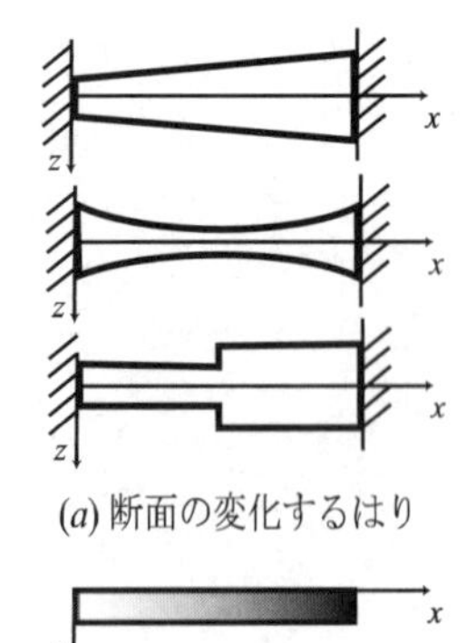

(a) 断面の変化するはり

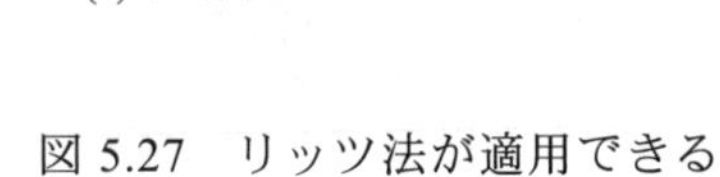

(b) 不均質なはり

図 5.27　リッツ法が適用できるはりの問題例

(a) 境界条件の組み合わせが複雑な板（対辺が単純支持の場合は厳密解がある）

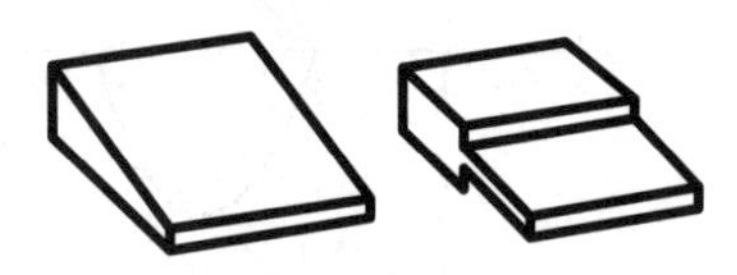

(b) 断面の変化する板

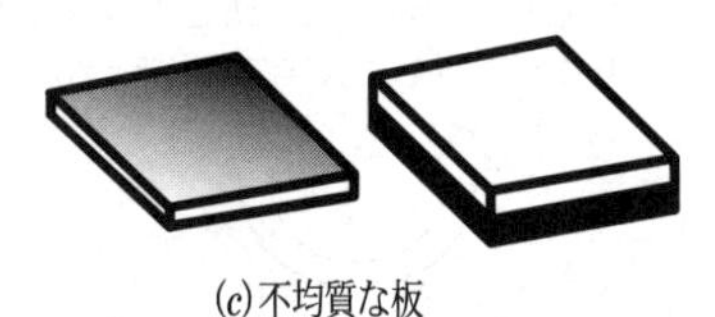

(c) 不均質な板

図 5.28　リッツ法が適用できる平板の問題例

5・5・3 連続体の振動解析法－有限要素法（vibration analysis method of continuous system – finite element method）

連続体の振動問題に対する近似解法は，本来は無限自由度を持つ問題についてその特性を失わないように離散化して，有限自由度の問題に変換することである．リッツ法に対して，有限要素法(finite element method，略して FEM)は，解析対象の領域を多数の要素(有限要素)に分割して物理的近似を行い，要素内の力学的関係を定式化する．この後，領域全体について力学的関係を

集積して全体系の方程式を数学的に厳密に解く解析方法であり（図 5.29(b)），形状に対する適用性に優れている．これに対して数値解法のもう 1 つの有力な方法である差分法(finite difference method)は，現象を表す微分方程式はそのまま用いるが，微分を差分に置き換えて扱う数学的な近似解法である（図 5.29(c)）．

有限要素法の手順は，解析対象の領域を有限要素に分割して，要素内の力学特性を内挿関数(interpolation function)により表す．次に連続体の全体の剛性方程式(stiffness equation)を連立一次方程式により表した後，その数値解を求める．

はりの横振動について，有限要素法の解析手順を説明する．図 5.30 に示すはりの一部を表す要素を考える．はじめに要素内にとった座標系(局所座標系)において，横変位 $w(x)$ を内挿するための形状関数(shape function)

$$w(x)=a_0+a_1x+a_2x^2+a_3x^3=\mathbf{Na} \tag{5.67}$$

を考える．ただし $\mathbf{a}=\{a_0,a_1,a_2,a_3\}^T$ は未定係数の列ベクトル(T は行列の転置)，$\mathbf{N}=\{1,x,x^2,x^3\}$ は内挿関数を表す行ベクトルである．

次に節点(node)と呼ばれるはり両端の(勾配も含む)変位ベクトルは

$$\boldsymbol{\delta}_e=\begin{Bmatrix} W_i \\ dW_i/dx \\ W_j \\ dW_j/dx \end{Bmatrix}=\begin{bmatrix} 1 & x_i & x_i^2 & x_i^3 \\ 0 & 1 & 2x_i & 3x_i^2 \\ 1 & x_j & x_j^2 & x_j^3 \\ 0 & 1 & 2x_j & 3x_j^2 \end{bmatrix}\begin{Bmatrix} a_0 \\ a_1 \\ a_2 \\ a_3 \end{Bmatrix}=\mathbf{Ca} \tag{5.68}$$

となる．これから $\mathbf{a}=\mathbf{C}^{-1}\boldsymbol{\delta}_e$ が得られ，式(5.67)に代入すると

$$w(x)=\mathbf{Na}=\mathbf{NC}^{-1}\boldsymbol{\delta}_e \tag{5.69}$$

として要素内の変位を節点変位により表したことになる．式(5.67)から導いた

$$\frac{d^2w(x)}{dx^2}=2a_2+6a_3x=\{0\quad 0\quad 2\quad 6x\}\mathbf{a}$$

$$=\mathbf{Qa}=\mathbf{QC}^{-1}\boldsymbol{\delta}_e \tag{5.70}$$

を使い，長さ L_e を持つ一様断面の有限要素のひずみエネルギーを表すと

$$U=\frac{1}{2}\int_0^{Le}EI\left(\frac{d^2W}{dx^2}\right)^2dx$$

$$=\frac{1}{2}\int_0^{Le}\left(\mathbf{QC}^{-1}\boldsymbol{\delta}_e\right)^T EI\mathbf{QC}^{-1}\boldsymbol{\delta}_e dx$$

$$=\frac{1}{2}\boldsymbol{\delta}_e^T\left(\mathbf{C}^{-1T}\left(EI\int_0^{Le}\mathbf{Q}^T\mathbf{Q}dx\right)\mathbf{C}^{-1}\right)\boldsymbol{\delta}_e$$

$$=\frac{1}{2}\boldsymbol{\delta}_e^T\mathbf{K}_e\boldsymbol{\delta}_e \tag{5.71}$$

となる．これは一様はりのひずみエネルギーを要素の節点変位に関して表したことになり，$\mathbf{K}_e$ を要素剛性行列(element stiffness matrix)という．

同様に運動エネルギーを節点変位により表すと

$$T=\frac{1}{2}\omega^2\boldsymbol{\delta}_e^T\left(\mathbf{C}^{-1T}\left(\rho A\int_0^{Le}\mathbf{N}^T\mathbf{N}dx\right)\mathbf{C}^{-1}\right)\boldsymbol{\delta}_e$$

$$=\frac{1}{2}\omega^2\boldsymbol{\delta}_e^T\mathbf{M}_e\boldsymbol{\delta}_e \tag{5.72}$$

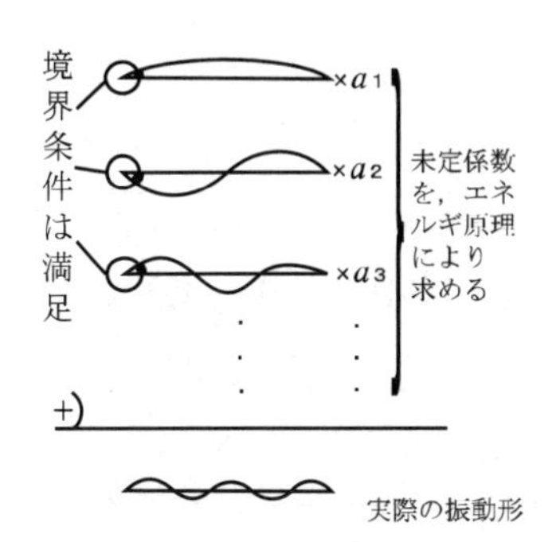

(a) リッツ法の考え方

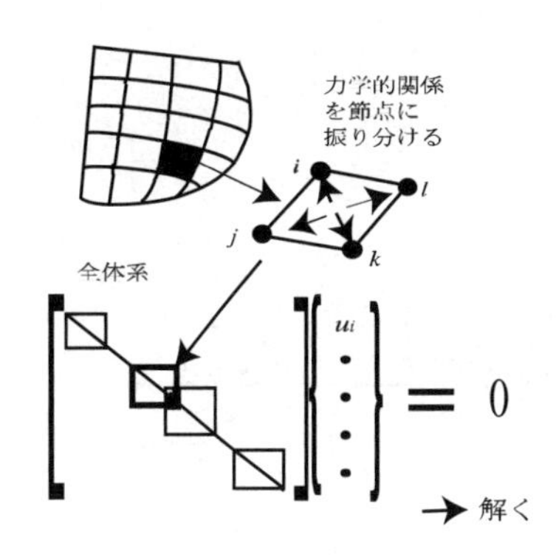

(b) 有限要素法の考え方

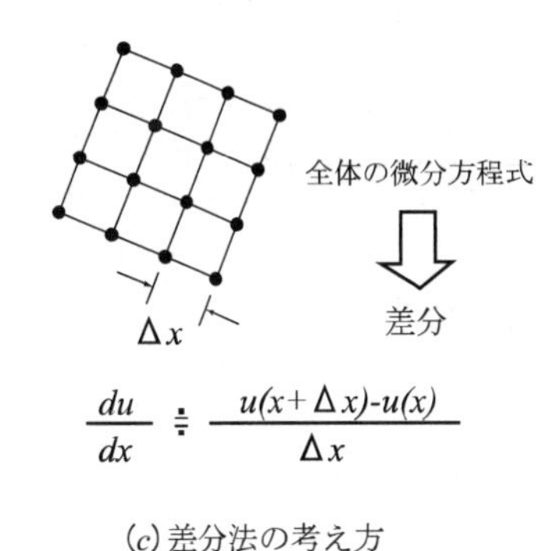

(c) 差分法の考え方

図 5.29　近似解法の考え方

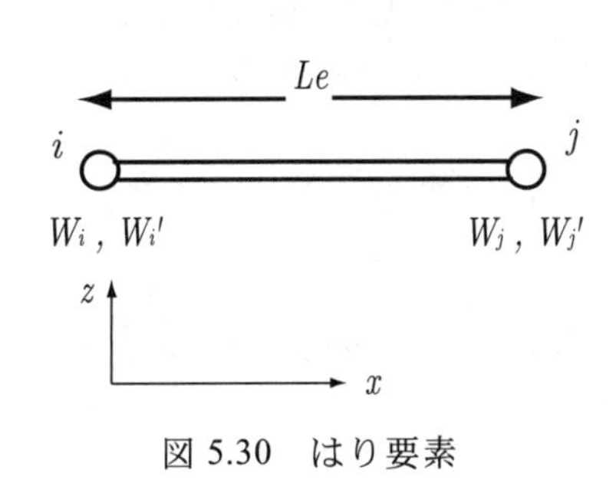

図 5.30　はり要素

を得る．ここで $\mathbf{M}_e$ を要素質量行列(element mass matrix)という．

式(5.71)および式(5.72)はそれぞれ各要素に対して得られた剛性行列と質量行列であり，それらを全体の座標系に変換して系全体を表すと

$$\left(\mathbf{K}-\omega^2\mathbf{M}\right)\boldsymbol{\delta}=0 \tag{5.73}$$

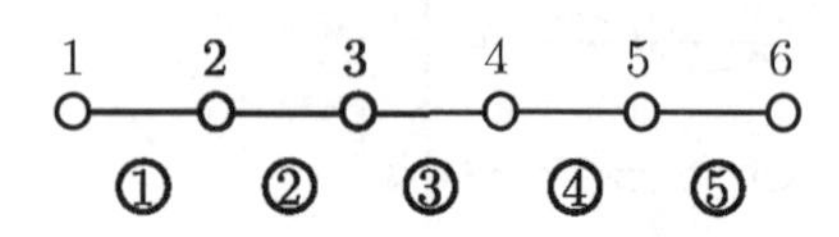

図 5.31　はり全体分割モデル

となる．ここで $\mathbf{K},\mathbf{M},\boldsymbol{\delta}$ はそれぞれ全体剛性行列(total stiffness matrix)，全体質量行列(total mass matrix)，全体系の変位ベクトル(displacement vector)である．

実際に式(5.71)から式(5.73)を用いて，プログラムを作成して固有振動数を計算した例を示す．図 5.31 に示すように，はり全長を 5 分割して求められた無次元化された振動数パラメータは，片持ちはりでは

$$\lambda^2=3.516(3.516),22.06(22.03),62.17(61.70),122.7(120.9)$$

両端単純支持はりでは

$$\lambda^2=9.872(9.870),39.63(39.48),90.45(88.83),175.3(157.9)$$

となる．ただし(　)内の数値は，はり理論(図 5.18)の厳密解であり，1 次(基本)，2 次振動数ではよく一致しているものの高次になるにつれて，やや差が生じている．分割数を増やすことでこの有限要素法の精度は上昇する．

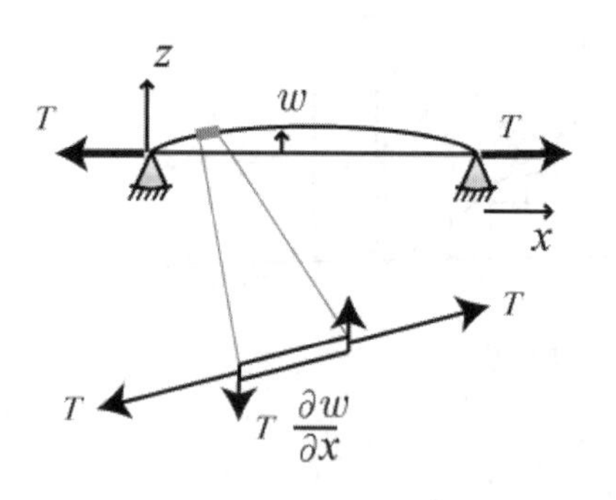

図 5.32　弦の振動

ここで示した有限要素法の定式化は弾性はりの基本的なものであり，固体力学のみならず熱流体や電磁気，その他の広い領域に適用されるため有限要素法の理論は発展している．また自動要素分割などを使いユーザーが簡単に入力データ生成の前処理ができるプリプロセッサーと，計算結果をグラフィックに見やすく処理するポストプロセッサーを兼ね備えた商用の有限要素ソフトウェアが実用に供されている．こうした FEM ソフトウェアには多数の種類の有限要素(はり要素，板要素，3 次元固体要素，熱解析要素など)と解析方法(静解析，自由振動解析，時刻歴解析，周波数応答解析，熱伝導解析など)が含まれている．そのソフトウェアをブラックボックスとして使い，結果を出力するだけであれば使用法は比較的に簡単であるが，力学的な意味や結果の定量的な解釈を行うためには，背景となる理論を学んでいなければならない．

5･6 その他の連続体の問題（problems in other continuous systems）

連続体の振動には，棒とはりの振動，長方形平板の横振動の他に，弦や膜のように張力を復元力とする振動や，円板や円筒シェルの問題がある．ここでは紙面の関係で，運動方程式と簡単な解について挙げるに留める．

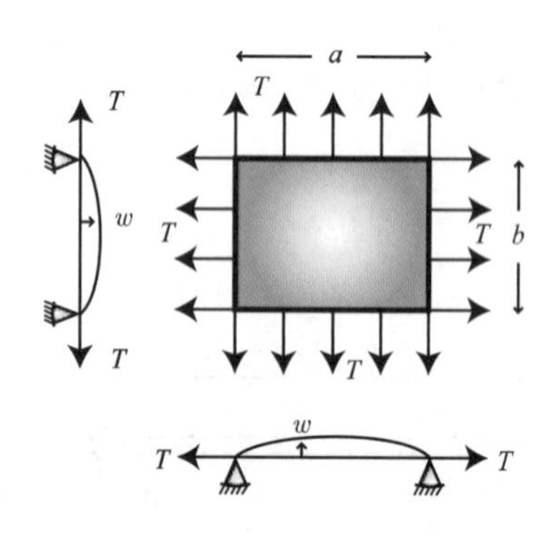

図 5.33　長方形膜の横振動

5・6・1 弦の振動（vibration of string）

図 5.32 に示すように一定の張力の下で振動する弦を考える.線密度 ρ として，横変位が微小であるため張力 T は一定と考える．この場合の運動方程式は

$$\frac{\partial^2 w}{\partial x^2}-\frac{1}{c^2}\frac{\partial^2 w}{\partial t^2}=0 \qquad \left(c^2=\frac{T}{\rho}\right) \tag{5.74}$$

が得られる．これは棒の縦振動の式(5.4)と同じ形を持っている．したがって棒の縦振動と同様にその変位 w は，2 つの関数 $g(x-ct)$，$g(x+ct)$ の和または差と表され，それぞれが正と負方向に速度 c を持つ波動を表す．解と固有角振動数は以下のようになる．

自由振動の解：　$$w(x,t)=A\sin\frac{n\pi x}{L}\sin\omega_n t$$

固有角振動数：　$$\omega_n=\frac{n\pi}{L}\sqrt{\frac{T}{\rho}}$$

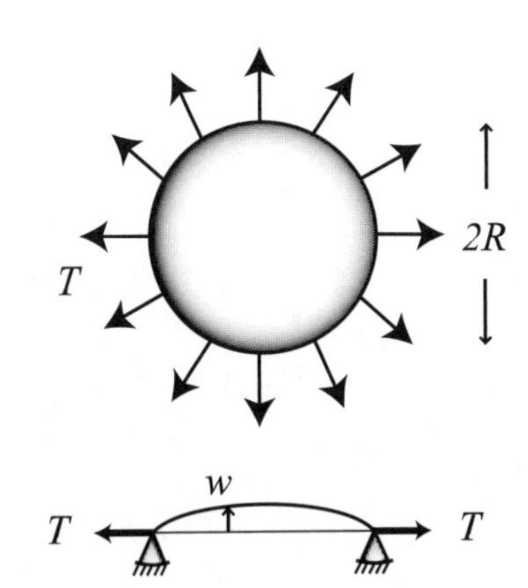

図 5.34　円形膜の横振動

5・6・2 長方形膜の振動（vibration of rectangular membrane）

弦と同様に，単位長さ当りに作用する一定の張力 T により平面が保たれている膜の振動を考える．面密度を ρ として，微小要素 $dydx$ に働く面外方向の力の釣合いを考えると

$$\frac{\partial^2 w}{\partial x^2}+\frac{\partial^2 w}{\partial y^2}-\frac{1}{c^2}\frac{\partial^2 w}{\partial t^2}=0 \quad \left(c^2=\frac{T}{\rho}\right) \tag{5.75}$$

を得る．

図 5.33 にある長方形の膜の自由振動を考える場合は，その横変位は

$$w(x,y,t)=A\sin\frac{m\pi x}{a}\sin\frac{m\pi y}{b}\sin\omega_{mn}t \tag{5.76}$$

とおける.ここで m,n は半波数を表し，長方形の境界にそって変位が 0 の条件が満足される．式(5.76)を(5.75)に代入すると固有角振動数

$$\omega_{mn}=\pi\sqrt{\frac{T}{\rho}}\sqrt{\frac{m^2}{a^2}+\frac{n^2}{b^2}} \tag{5.77}$$

を得る．

5・6・3 円形膜の振動（vibration of circular membrane）

図 5.34 は一定の張力 T の下にある，太鼓のような円形の境界を持つ膜である．座標系は円形境界を表すのに有利な極座標系（polar coordinate system）(r,θ) を用いる．この場合，式(5.75)は直角座標系と極座標系の関係から

$$\frac{\partial^2 w}{\partial r^2}+\frac{1}{r}\frac{\partial w}{\partial r}+\frac{1}{r^2}\frac{\partial^2 w}{\partial \theta^2}-\frac{1}{c^2}\frac{\partial^2 w}{\partial t^2}=0 \quad \left(c^2=\frac{T}{\rho}\right) \tag{5.78}$$

と書き直される．中実の円形膜に対する解は，

$$w(r,\theta,t)=AJ_n\left(\sqrt{\frac{\rho}{T}}\omega r\right)\cos n\theta\sin\omega t \tag{5.79}$$

となる．ここで J_n は特殊関数とよばれる関数の一種で，第 1 種のベッセル関数(Bessel's function)である．円周 $r=R$ に沿って変位が 0 となる境界条件の下では，固有角振動数 ω_{mn} は

$$J_n\left(\sqrt{\frac{\rho}{T}}\omega_{mn}R\right)=0 \tag{5.80}$$

の解を求めて得られる[3]．

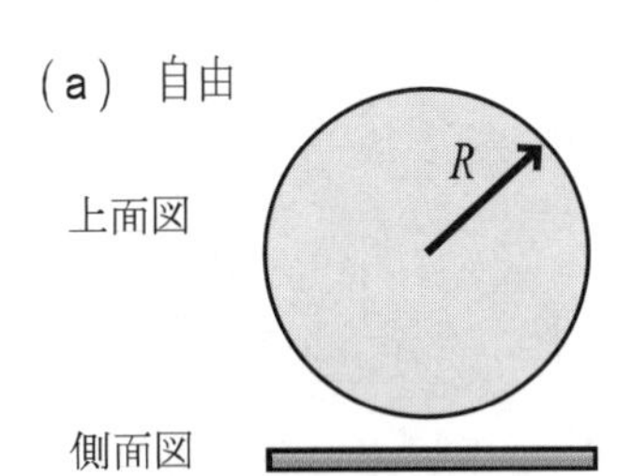

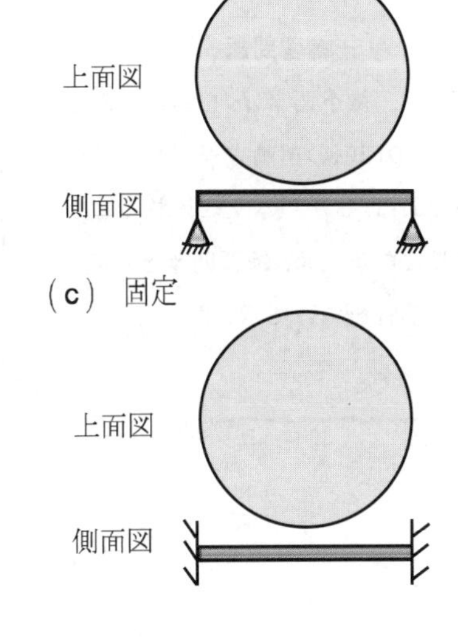

図 5.35　円板の横振動の境界条件

5・6・4 円板の振動（vibration of circular plate）

円板の振動も，長方形膜と円形膜の関係と同様に，直角座標系の式(5.48)か

ら極座標に変換した式

$$\Delta\Delta W - \alpha^4 W = 0 \left(\Delta = \frac{\partial^2}{\partial r^2} + \frac{1}{r}\frac{\partial}{\partial r} + \frac{1}{r^2}\frac{\partial^2}{\partial \theta^2},\ \alpha^4 = \frac{\rho h \omega^2}{D} \right) \tag{5.81}$$

を解くことにより，調べることが出来る．すなわち，中実円板の場合，式(5.81)の解は

$$w(r,\theta,t) = \{ AJ_n(\alpha r) + BI_n(\alpha r) \} \cos n\theta \sin \omega t \tag{5.82}$$

となる．ここで I_n は第 1 種の変形ベッセル関数(modified Bessel's function)である．

式(5.82)を，図 5.35 の $r = R$ で自由，単純支持，固定支持といった境界条件に代入して得られた特性方程式より，それぞれの場合の固有振動数を求めることが出来る[(3)]．

5・7 まとめ（summary）

この章では，連続体の振動について学んだ．連続体の振動を表す運動方程式は，その座標系における微小要素に作用する力を考えて振動方向の復元力を評価して，ニュートンの第 2 法則に代入することで得られた．その次に方程式の解を求めることになるが，特定の形状と境界条件の下では厳密解が得られるが，一般には求められないことが多い．この場合にはリッツ法や有限要素法などの近似解法によることが説明された．

連続体は本来無限自由度を持つが，近似解法では物理的近似や数学的な近似方法により問題を有限自由度に変換する．最近は汎用化された有限要素法プログラムが発達して，かなり複雑な形状の連続体構造でも固有振動数や固有振動モードを求めることは簡単になっている．しかし，その基本となる力学の知識の重要性に変わりはない．

＝＝＝＝＝　練習問題　＝＝＝＝＝＝＝＝＝＝＝＝＝＝＝＝＝＝＝＝＝

【5・1☆】図 5.13 の x での $z-x$ 平面に垂直で中立面に含まれる軸つまり y 軸周りのモーメントの釣合い式は，はりの微小要素 dx の y 軸周りの角加速度を $\partial^2\theta/\partial t^2$ とすると

$$I_y \frac{\partial^2 \theta}{\partial t^2} = M(x+dx,t) - M(x,t) - F(x+dx,t)dx$$

で記述される．

ここで，はりの慣性モーメント I_y は，本文図 5.15 に示されるはり断面が長方形の場合

$$I_y = \rho bhdx \left(\frac{dx}{2}\right)^2 + \frac{\rho bh\,dx}{3}\left\{\left(\frac{h}{2}\right)^2 + \left(\frac{dx}{2}\right)^2\right\}$$
$$= \rho Adx\left(\frac{h^2}{12} + \frac{dx^2}{3}\right)$$

であることを用いて，はりの微小要素 dx の角運動量の時間的変化率 $I\partial^2\theta/\partial t^2$ は無視できることを示しなさい．

－練習問題 5.1－

これは，微小要素 dx を剛体とみなして，その回転の運動方程式を立てたものである．しかし本文に入れるとやや冗長になるため，練習問題として，詳しい解答をつけて示した．

【5・2☆】本文中の曲げモーメントと変位との関係式(5.19)

$$M_y = -EI\frac{\partial^2 w}{\partial x^2}$$

を誘導しなさい．

－練習問題 5.2－
これは，本来，材料力学の問題であるが，たいへん重要な関係式であり，練習問題として，やさしい解答をつけて示した．

【5・3】円形断面(直径 1cm)で長さ 1m の軟鋼製(E =206GPa，　ρ =7800kg/m^3)のはりがある．両端固定はりの 3 次までの固有振動数 f_1, f_2, f_3 を求めよ．また一端固定－他端自由の片持ちはりの振動数も求めよ．

【解答】

5・1　$I_y\,\partial^2\theta/\partial t^2$ を残してはりの曲げ振動の支配方程式を求めると，式(5.20)の代わりに

$$\frac{\partial^2}{\partial x^2}\left(EI\frac{\partial^2 w}{\partial x^2}\right)dx + I_y\frac{\partial^4 w}{\partial x^2\partial t^2} + \rho A\frac{\partial^2 w}{\partial t^2}dx = 0 \tag{5.83}$$

となる．式(5.83)の左辺第 2 項と第 3 項の大きさを見積もると

$$\frac{I_y\dfrac{\partial^4 w}{\partial x^2\partial t^2}}{\rho A\dfrac{\partial^2 w}{\partial t^2}dx} \sim \frac{I_y\dfrac{\Delta w}{L^2T^2}}{\rho A\dfrac{\Delta w}{T^2}dx} = \frac{I_y}{\rho AL^2dx} \tag{5.84}$$

となる．式(5.84)に

$$I_y = \rho Adx\left(\frac{h^2}{12}+\frac{dx^2}{3}\right)$$

を代入すると

$$\frac{I_y\dfrac{\partial^4 w}{\partial x^2\partial t^2}}{\rho A\dfrac{\partial^2 w}{\partial t^2}dx} \sim \frac{1}{12}\left(\frac{h}{L}\right)^2+\frac{1}{3}\left(\frac{dx}{L}\right)^2$$

$$\sim\left(\frac{h}{L}\right)^2 \qquad (\because dx\to 0)$$

となる．

したがって，はりの微小要素 dx の角運動量の時間的変化率 $I\,\partial^2\theta/\partial t^2$ は，通常のはりの場合に $(h/L)^2$ が十分に小さいことより無視できる

5・2　はりが曲げ変形だけをする場合，はりの $z-x$ 断面は，図 5.36(a)のように変形するものと考えることが可能である．すなわち中立面からの距離 η に比例して，はりの中立面に平行に伸び縮みする．したがって η の位置の軸方向ひずみは

$$\varepsilon_x = \frac{(R+\eta)\Delta\theta - R\Delta\theta}{R\Delta\theta} = \frac{\eta}{R} \tag{5.85}$$

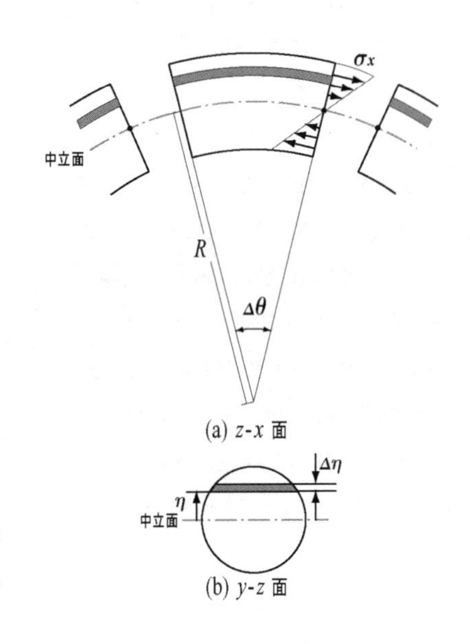

図 5.36　はりの微小要素 dx

と表される．このときηの位置の引張りあるいは圧縮応力σ_xは，フックの法則$\sigma_x = E\varepsilon_x$に式(5.85)を代入すると

$$\sigma_x = E\frac{\eta}{R} \tag{5.86}$$

と表される．ただしEはヤング率である．

ここで図 5.36(b)に示されるようなはりの$y-z$断面を考えると，この応力は，中立面の周りに曲げモーメントM_yを形成する．$y-z$断面について，全モーメントM_yは，応力と中立面からの距離の積を断面Aにわたって積分した形

$$M_y = \int \eta \sigma_x dA$$

で表され，これに式(5.86)を代入すると

$$M_y = \frac{E}{R}\int \eta^2\, dA = \frac{EI}{R} \qquad \left(I \equiv \int \eta^2\, dA \right)$$

となる．ここでIは，はりの断面二次モーメントと呼ばれ，断面が長方形および円形の場合については本文図 5.15 に示されている．

さらに本文図 5.12 において，変形後のはりは上に凸つまり$\partial^2 w/\partial x^2 < 0$であり，はりの曲げ変形は微小つまり$w$の線形項で表される場合を考えることにすれば，はりの中立面の曲率半径$R\,(>0)$は

$$\frac{1}{R} \approx -\frac{\partial^2 w}{\partial x^2}$$

と表される．したがって，はりの曲げモーメントM_yは

$$M_y = -EI\frac{\partial^2 w}{\partial x^2}$$

と表される（コラム参照）．

5・3　式(5.39)の定数部分は

$$\left(\frac{EI}{\rho A}\right)^{1/2} = \left(\frac{206\times 10^9 \times (10^{-2})^4}{7800\times (10^{-2})^2 \times 16}\right)^{1/2} = 12.8$$

したがって，

$$f_1 = (4.730)^2/(2\pi)\times 12.8 = 45.6\ \text{Hz}$$

同様に，

$$f_2 = 126\ \text{Hz},\quad f_3 = 246\ \text{Hz}$$

片持ちはりでは，

$$f_1 = (1.875)^2/(2\pi)\times 12.8 = 7.16\ \text{Hz}$$

$$f_2 = 44.9\ \text{Hz},\quad f_3 = 126\ \text{Hz}$$

となる．

－符号について－

本章の符号の定義は前に述べたように，弾性論の約束(図 5.14 参照)に従っている．すなわち図 5.36 に示すように，中立面(微小変形なのでx軸と考えても良い)に垂直で正方向に向いた上半面で，垂直応力σ_xの引張状態を正とする．したがってはりは上に凸に変形していると仮定する．
これに対して日常生活では重力を受けて下に凸に変形する弦やはりを見るため，図 5.36 から物理的に不自然な印象を受けるかもしれない．実際に，大多数の材料力学のテキストでは，はりが下に凸に変形させるモーメントを正とする約束を使っている．どちらの定義にも意味があり弾性論との一貫性，または日常生活の物理的イメージのどちらを強調するかにより定義が異なる．勿論どちらの定義でも，終始一貫した約束に従っていると，物理的に正しい解が得られる．

第5章の文献

(1) 小林繁夫，近藤恭平，弾性力学，(1987)，培風館．
(2) 入江敏博，機械力学通論，(1985)，朝倉書店．
(3) 日本機械学会編，機械工学便覧，基礎編α2 機械力学，第 12 章，(2004)，日本機械学会．

第6章

回転体の振動

Rotordynamics

- 回転軸の危険速度とは何だろう？
- 回転軸のふれ回りの固有振動数には正負の区別があることに注意！
- 回転軸はトルク伝達の働きをもつため，ねじり振動は重要！
- 回転機械にとって「釣合わせ」は必須！

6・1　回転軸のふれ回り（whirling motion of shafts）

私たちの身の周りには多くの回転機械が見られる．例えば，自動車のエンジン，電化製品のモータ，発電所のタービンなどがある．図 6.1(a)および(b)に回転機械の具体例として，航空機用ジェットエンジンと家庭用洗濯機を示す．このような回転機械では，回転軸に取り付けられた回転体（あるいは回転子）が高速で回転している．回転軸と回転体がはっきりと区別できない場合には，これらを合わせてロータ(rotor)という．ロータは，特定の回転速度，または回転速度のある範囲内で運転されるとき，激しい横振動を起こすことがある．このような現象は回転軸のふれ回り(whirl)とよばれ，その特定の回転速度を危険速度(critical speed)という．特に，回転軸系の固有角振動数に等しい危険速度は主危険速度(major critical speed)とよばれる．この節ではロータにおけるふれ回りの主危険速度について述べる．

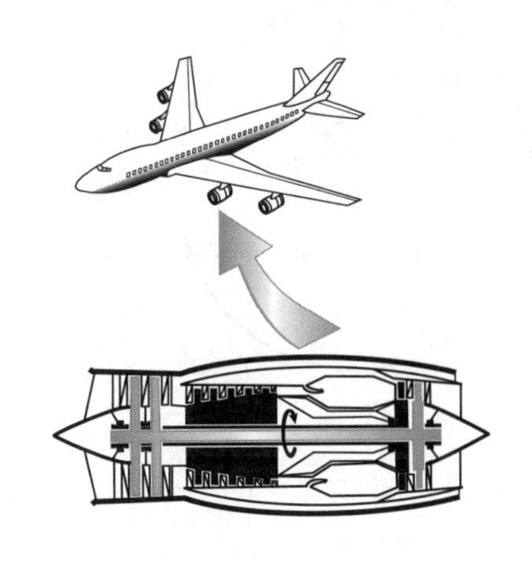

(a)　航空機用ジェットエンジン

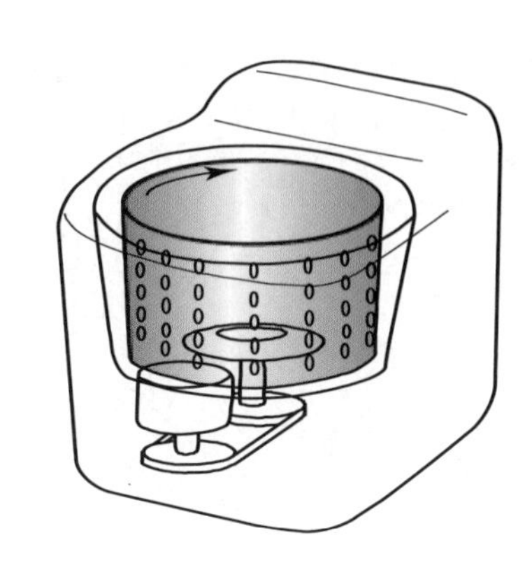

(b)　家庭用洗濯機

図 6.1　回転機械の例

6・1・1　ジェフコットロータ（Jeffcott rotor）

a．運動方程式（equation of motion）

図 6.2 に示すように，両端を軸受 B_1，B_2によって支持された弾性回転軸の中央に 1 個の円板が取り付けられた系を考え，この回転軸の質量は無視できるとする．この円板が傾かずにたわみながら振動する場合を対象とする簡単なモデルは，ジェフコットロータ(Jeffcott rotor)，あるいはラバルロータ(Laval rotor)とよばれ，ふれ回り運動をする最も簡単なモデルであるため，理論解析によく用いられる．このときの円板は，軸受中心線 B_1B_2に垂直な平面内で運動する．図 6.2 では，z 軸を軸受中心線に一致させた静止直交座標系を $\mathrm{O}-xyz$ とし，円板の運動面と軸受中心線の交点を原点 O にとる．

図 6.2 を z 軸の正方向から見れば，座標系は図 6.3 のようになる．線分 $\overline{\mathrm{OS}}$ が回転軸に相当する．円板の重心を $\mathrm{G}(x_\mathrm{G}, y_\mathrm{G})$，回転軸の中心位置を $\mathrm{S}(x, y)$，および円板の回転角を ψ とする．円板の静止時には点 S は原点 O に位置することに注意する．実際の円板では工作誤差のため点 G と点 S は完全には一

致せず，わずかな不一致，すなわち偏重心(mass eccentricity) e が存在する．このような偏重心が存在する状態を静不釣合い(static unbalance)といい，その大きさは円板の質量 m との積 me によって表される．

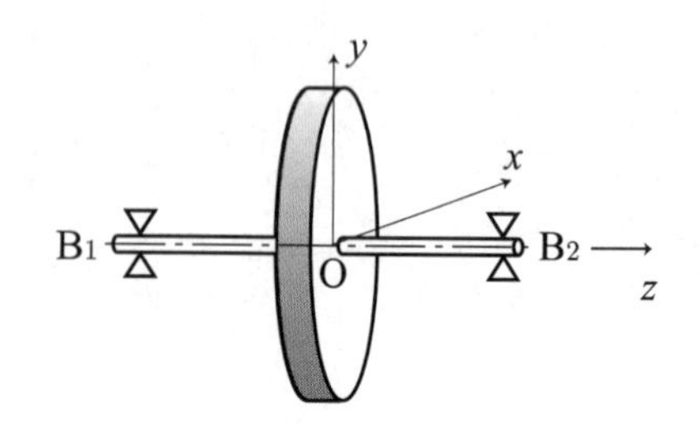

図 6.2　ジェフコットロータ

さて，円板の運動方程式を導こう．円板の重心 G まわりの極慣性モーメントを J_p，回転軸のたわみに関するばね定数を k，軸の駆動トルクを M とする．また，回転軸に作用する減衰力にはさまざまな表現方法があるが，ここでは回転軸の並進運動の速度に比例する粘性減衰を考え，その減衰係数を c とする．この減衰力は対称な円板の形状中心 S に作用するものと仮定する．図 6.3 において，復元力 $\vec{F}=(F_x,F_y)=(-kx,-ky)$ と減衰力 $\vec{D}=(D_x,D_y)=(-c\dot{x},-c\dot{y})$ が点 S に作用するから，x 方向と y 方向に対して別々にニュートンの第 2 法則を適用することにより，重心 G の並進運動に対する運動方程式

$$\begin{aligned} m\ddot{x}_{\mathrm{G}} &= D_x + F_x = -c\dot{x} - kx \\ m\ddot{y}_{\mathrm{G}} &= D_y + F_y = -c\dot{y} - ky \end{aligned} \tag{6.1}$$

が得られる．次に，円板の重心 G まわりの回転運動に対する運動方程式は

$$\begin{aligned} J_p\ddot{\psi} &= (F_x + D_x)e\sin\psi - (F_y + D_y)e\cos\psi + M \\ &= (-kx - c\dot{x})e\sin\psi - (-ky - c\dot{y})e\cos\psi + M \end{aligned} \tag{6.2}$$

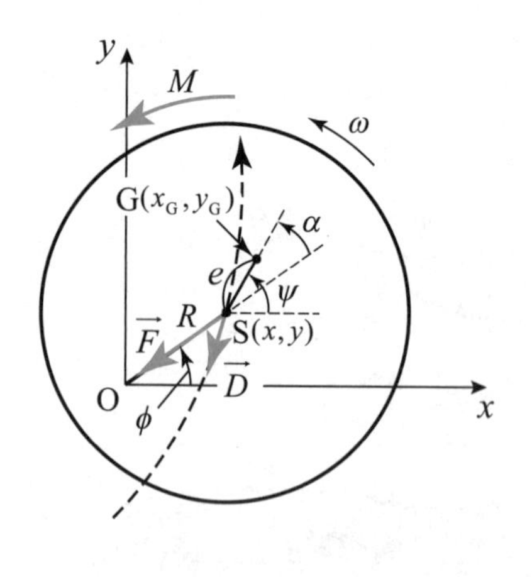

図 6.3　ジェフコットロータの座標系

となる．図 6.3 からわかるように，点 G (x_G, y_G) と点 S (x, y) の位置関係は

$$x_{\mathrm{G}} = x + e\cos\psi, \quad y_{\mathrm{G}} = y + e\sin\psi \tag{6.3}$$

で表されるから，式(6.3)を式(6.1)に代入して重心の座標を軸中心の座標に書き換えると

$$\begin{aligned} m\ddot{x} + c\dot{x} + kx &= me\dot{\psi}^2\cos\psi + me\ddot{\psi}\sin\psi \\ m\ddot{y} + c\dot{y} + ky &= me\dot{\psi}^2\sin\psi - me\ddot{\psi}\cos\psi \end{aligned} \tag{6.4}$$

が得られる．式(6.2)および式(6.4)は未知数 x, y, ψ に関する非線形微分方程式であるので，一般に厳密解は得られない．いま，回転軸が一定角速度 ω で回転するようなトルク M を与えれば，式(6.2)および式(6.4)より

$$m\ddot{x} + c\dot{x} + kx = me\dot{\psi}^2\cos\psi \tag{6.5a}$$

$$m\ddot{y} + c\dot{y} + ky = me\dot{\psi}^2\sin\psi \tag{6.5b}$$

$$J_p\ddot{\psi} = 0 \tag{6.5c}$$

が得られる．最初に，一定角速度 ω の条件を用いて式(6.5c)を解けば

$$\dot{\psi} = \omega \tag{6.6a}$$

$$\psi = \omega t + \psi_0 \tag{6.6b}$$

が得られる．ω は回転速度，ψ_0 は $t=0$ における回転体の初期位相角を表す．ここで，偏重心 e の方向（SG の方向）が x 軸方向と一致する瞬間を時刻 $t=0$ に選べば，ψ_0 を 0 とすることができるので，式(6.6a)および式(6.6b)を式(6.5a)および式(6.5b)に代入すれば，回転軸の中心 S に関する運動方程式が

$$\begin{aligned} m\ddot{x} + c\dot{x} + kx &= me\omega^2\cos\omega t \\ m\ddot{y} + c\dot{y} + ky &= me\omega^2\sin\omega t \end{aligned} \tag{6.7}$$

のように得られる．式(6.7)は角速度が ω で，大きさが $me\omega^2$ である強制力が

作用する形式をもつ．

b．自由振動（free vibration）

最初に，この回転軸系の固有角振動数を求めるため，$c=0$ かつ $e=0$ として，この系の不減衰自由振動を考えよう．この場合には，式(6.7)の二式は互いに連成せず，x 方向と y 方向の自由振動は独立になるが，その振動数は同じである．したがって自由振動解を

$$x=a\sin(p_0t+\beta_1),\quad y=b\sin(p_0t+\beta_2) \tag{6.8}$$

のように仮定する．$c=0$ かつ $e=0$ とした式(6.7)に式(6.8)を代入すると，どちらの式からも次の振動数方程式が得られる．

$$k-mp_0^2=0 \tag{6.9}$$

式(6.9)を解けば固有角振動数 p_0 は $\sqrt{k/m}$ となり，x, y 方向の運動はそれぞれ $\sqrt{k/m}$ の固有角振動数をもつ単振動で表される．式(6.8)の a, b, β_1, β_2 は初期条件から決定される任意定数である．

例えば，$a:b=27:8$，$\beta_1=\pi/2$,および $\beta_2=0$ を選び，このときの運動を xy 平面上で観察すると，図 6.4 に示すように回転軸のふれ回り軌道は楕円となる．このとき，式(6.8)は

$$x=a\cos(p_0t)=\frac{a+b}{2}\cos(p_0t)+\frac{a-b}{2}\cos(-p_0t)$$
$$y=b\sin(p_0t)=\frac{a+b}{2}\sin(p_0t)+\frac{a-b}{2}\sin(-p_0t) \tag{6.10}$$

のように変形することができる．すなわち，式(6.10)の二式とも右辺第 1 項は反時計回りの円軌道を表し，第 2 項は時計回りの円軌道を表す．したがって，図 6.4 に示すように，この楕円軌道は，ふれ回りの角速度がそれぞれ $+p_0$，$-p_0$ である 2 つの円軌道の合成であることがわかる．この回転軸系の固有角振動数を記号 p で表すと，p は $\pm\sqrt{k/m}$ の 2 つの値をとる．(注)

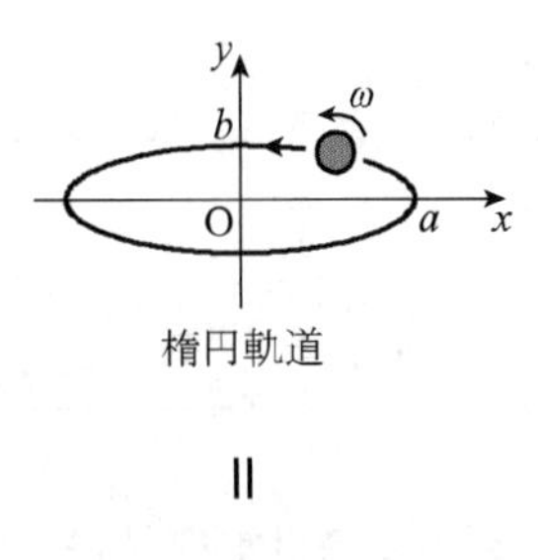

楕円軌道

＝

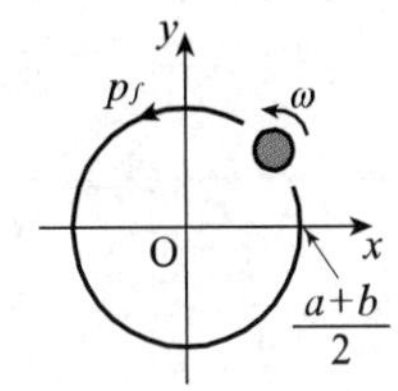

前向きふれ回り

＋

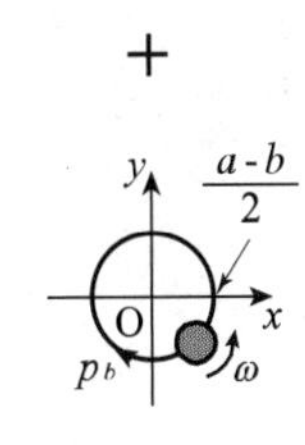

後ろ向きふれ回り

図 6.4　回転軸のふれ回り軌道

図 6.5 に，回転速度 ω に対する固有角振動数 p を示す．往復振動系では負の固有角振動数は力学的意味を持たないが，回転軸系では固有角振動数に正負の区別があり，その符号は回転軸のふれ回り方向を意味する．一般に回転軸の回転速度 ω の向きを角度の正方向，すなわち反時計回りにとるため，この方向を基準にして p が正のとき p_f（$p_f\equiv\sqrt{k/m}$ は ω と同じ方向）は前向きふれ回り(forward whirl)の角速度，p が負のとき p_b（$p_b\equiv-\sqrt{k/m}$ は ω と逆方向）は後ろ向きふれ回り(backward whirl)の角速度とよばれる．

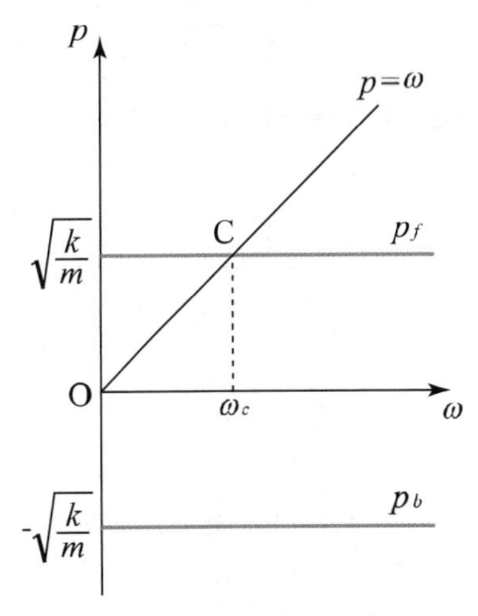

図 6.5　回転速度に対する固有角振動数

c．不釣合いによる強制振動（forced vibration due to unbalance）

次に，式(6.7)の強制振動を考えよう．式(6.7)の各式に対する強制振動解は，それぞれ 1 自由度系の解と同じ形式をもち，

$$x=R\cos(\omega t-\alpha),\quad y=R\sin(\omega t-\alpha) \tag{6.11}$$

(注)　固有角振動数を表す記号として ω_n が用いられることが多いが，本章では軸の回転速度 ω とはっきり区別するため，記号 p を用いる．

で与えられる．ここに，振幅 R と位相角 α は

$$R = \frac{me\omega^2}{\sqrt{(k-m\omega^2)^2+(c\omega)^2}} \tag{6.12a}$$

$$\alpha = \tan^{-1}\left(\frac{c\omega}{k-m\omega^2}\right) \tag{6.12b}$$

である．式(6.11)は回転軸の中心Sの座標を与える．図6.3において，線分 $\overline{\mathrm{OS}}$ が軸のたわみ量 R を表し，角位置 $\phi = \angle \mathrm{SO}x$ は $\phi = \psi - \alpha = \omega t - \alpha$ で与えられる．すなわち，$\alpha = \psi - \phi$ であり，α は線分 $\overline{\mathrm{OS}}$ と線分 $\overline{\mathrm{SG}}$ のなす角を表す．したがって，回転軸は，そのたわみ方向が静不釣合いの方向より位相差 α だけ遅れた状態を保ちながら，回転速度 ω で半径 R の円軌道上をふれ回ることがわかる．

回転速度 ω が変化すると，回転軸のふれ回りはどのように変化するだろうか．図6.6(a)および(b)は，それぞれ ω に対する振幅 R と位相角 α の変化を示す．図6.6(a)および(b)中のa,b,c,dの各点に対応する回転速度での点Gと点Sの相対的位置関係を図6.6(c)に示す．ここに示すように，$\omega = \omega_c$ の付近でのふれ回り振幅 R は非常に大きくなることがわかる．その原因は，実際には減衰係数 c の値は小さいので，式(6.12a)からわかるように，回転速度が危険速度に近くなると分母が非常に小さい値となること，および静不釣合い me が存在することである．特に，$c = 0$ の場合の式(6.12a)において，その分母が0となり，$R = \infty$ となる回転速度 ω の値を主危険速度という．図6.5では，主危険速度は固有角振動数 p_f のグラフと直線 $p = \omega$ との交点 C の横座標 ω_c によって与えられる．すなわち ω_c は

$$\omega_c = p_f = \sqrt{\frac{k}{m}} \tag{6.13}$$

となる．また，図6.6(b)に示すように，回転速度が増すにつれ，位相角 α は

(a) $\omega \ll \omega_c$ のとき，偏重心 e と振幅 R の方向はほぼ等しく，$\alpha \cong 0°$
(b) $\omega < \omega_c$ のとき，$0 < \alpha < 90°$
(c) $\omega_c < \omega$ のとき，$90° < \alpha < 180°$
(d) $\omega_c \ll \omega$ のとき，$\alpha \cong 180°$

のように変化することがわかる．このことから，図6.6(c)に示すように，危険速度より低速側では回転軸中心Sは円板の重心Gよりも内側の軌道上を運動するが，逆に危険速度より高速側では軸中心Sは重心Gの外側を運動することがわかる．さらに，$\omega \to \infty$ のとき，式(6.12a)より $R(= \overline{\mathrm{OS}}) \to e$ となり，したがって $\overline{\mathrm{OG}} \to 0$ となることがわかる．このとき回転軸中心Sはほぼ半径 e の円周上を運動するが，円板の重心Gは原点Oに極めて近くなるため重心Gはほとんど動かなくなる．この現象を回転体の自動調心作用(self-centering)という．高速回転する家庭用洗濯機の脱水機は，この自動調心作用を利用した回転機械である．減衰の影響を無視してこの現象を力学的に考えよう．危険速度 ω_c より高い回転速度では，図6.7に示すように3点O, G, Sはこの順に一直線上に並ぶ(式(6.12b)で $c = 0$ と置くと $\alpha = 0°$ または，

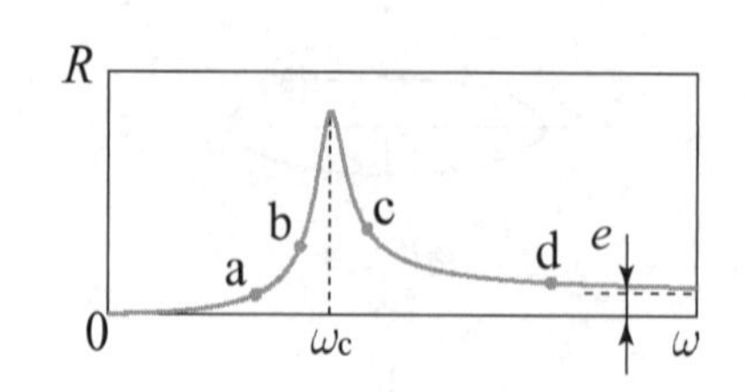

(a)　ω に対する R の変化

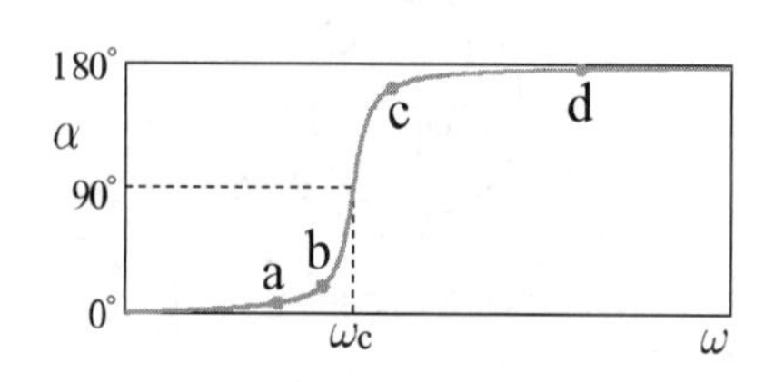

(b)　ω に対する α の変化

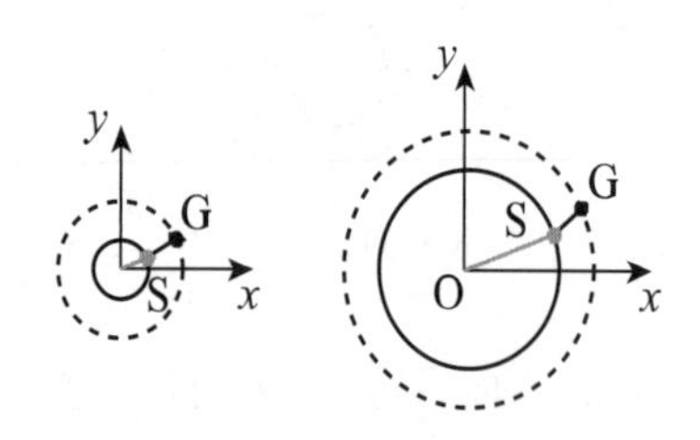

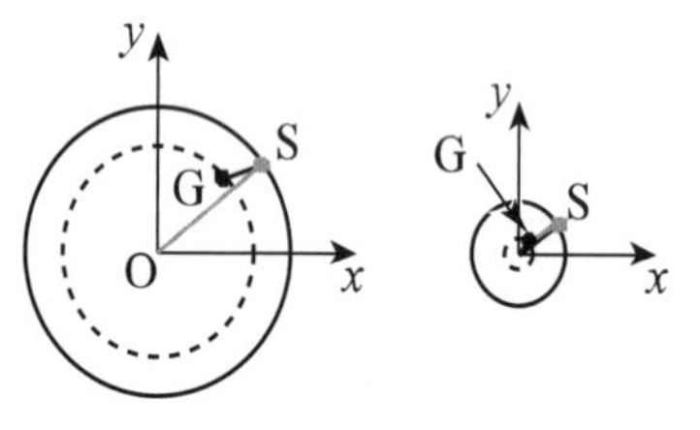

(c)　点Gと点Sの相対的位置関係

図6.6　回転軸のふれ回り

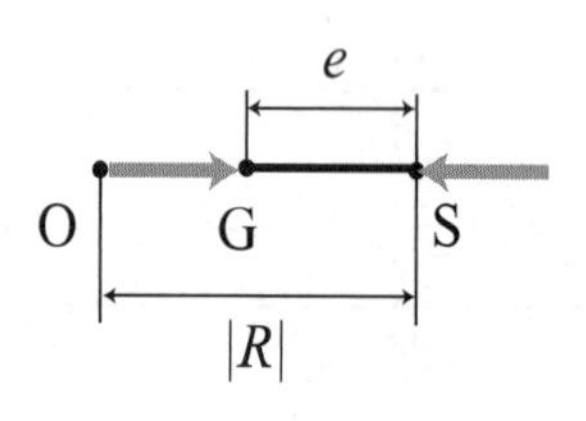

図6.7　点O, G, Sの相対的関係($\omega_c \ll \omega$ の場合)

180° となる）．式(6.12a)で $c = 0$ と置いた式を用いると，重心 G に作用する遠心力は

$$m(|R| - e)\omega^2 = m\left(\left|\frac{me\omega^2}{k - m\omega^2}\right| - e\right)\omega^2 = -\frac{kme\omega^2}{k - m\omega^2}$$

となる．前述のように $\omega \to \infty$ のとき，$\overline{\mathrm{OG}} \to 0$ となるので，遠心力は一見 0 になるように思われるが，上式より遠心力の値は ke に収束することがわかる．すなわち，ke は $\omega \to \infty$ のときに点 S に作用する復元力であり，図 6.7 に示すように，$\omega \to \infty$ のときにも遠心力と復元力が釣合っている．一般の回転機械では，図 6.8(a)に示すように，危険速度付近での共振を避けるため，運転速度が危険速度の 80％以下になるように設計されている．一方，非常に高速で回転する家庭用洗濯機の脱水機や遠心分離機では，図 6.8(b)に示すように，危険速度が十分低くなるように設計され，一般の回転機械とは逆に運転速度を危険速度の 120％以上に設定し，高速回転時でもふれ回りの振幅が極めて小さく安全に運転できるようになっている．

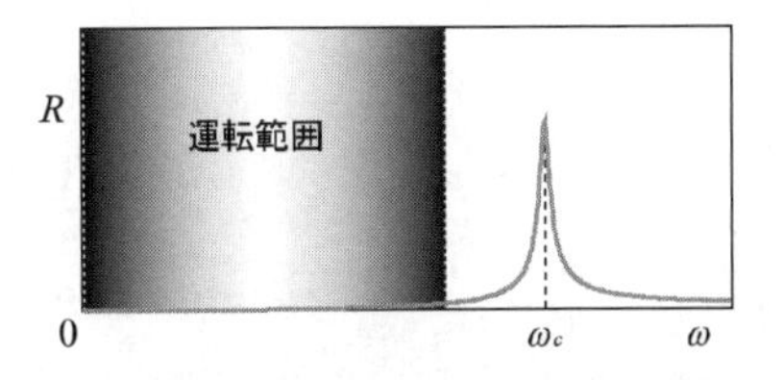

(a)　一般回転機械

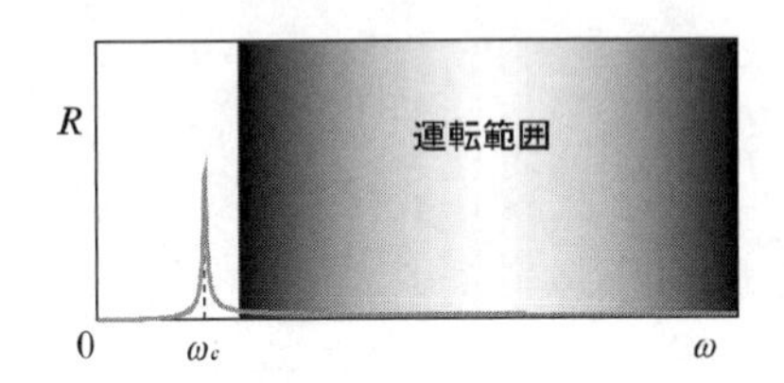

(b)　高速回転機械

図 6.8　回転機械の運転範囲

【例題 6・1】　

質量 m =15 kg の円板が，直径 d =20 mm，長さ l =600 mm，縦弾性係数 E =206 GPa の回転軸の中央に取り付けられ，回転軸の両端が単純支持されている．ω = 1400 rpm のとき，円板取り付け位置での回転軸のふれ回り振幅 R が 1 mm であった．この系の危険速度 ω_c と円板の偏重心 e の大きさを求めよ．ただし，系の減衰は無視するものとする．

【解答】　回転軸の断面 2 次モーメント I_0 は

$$I_0 = (\pi/64)d^4 = (\pi/64)\times 0.02^4 = 7.85\times 10^{-9}\ \mathrm{m}^4$$

で与えられる．これを用いると，軸のばね定数 k は材料力学の公式から

$$k = \frac{48EI_0}{l^3} = \frac{48\times(206\times 10^9)\times(7.85\times 10^{-9})}{0.6^3} = 3.59\times 10^5\ \mathrm{N/m}$$

となる．したがって，危険速度 ω_c は式(6.13)より次のようになる．

$$\omega_c = \sqrt{\frac{k}{m}} = \sqrt{\frac{3.59\times 10^5}{15}} = 154.7\ \mathrm{rad/s} = \frac{154.7}{2\pi}\times 60 = 1477\,\mathrm{rpm}$$

また，式(6.12a)を変形した次式に各値を代入することにより，e の値を得る．

$$e = \frac{k - m\omega^2}{m\omega^2}R = \left(\frac{k}{m\omega^2} - 1\right)R = \left(\frac{3.59\times 10^5}{15\times 146.6^2} - 1\right)\times 1 = 0.1136\,\mathrm{mm}$$

＊＊＊＊＊＊＊＊＊＊＊＊＊＊＊＊＊＊＊＊＊＊＊

【例題 6・2】　＊＊＊＊＊＊＊＊＊＊＊＊＊＊＊＊＊＊＊＊＊＊＊

円板の重心 $G(x_G, y_G)$ の座標を用いると，式(6.7)に対応する運動方程式はど

のように表現されるかを考えよ．また，$c=0$ のとき，重心Gの振幅 R_G を求め，軸中心Sの振幅 R との関係を求めよ．

【解答】式(6.3)および(6.7)より，次の形式の運動方程式が得られる．

$$m\ddot{x}_G + c\dot{x}_G + kx_G = ke\cos\omega t - ce\omega\sin\omega t$$
$$m\ddot{y}_G + c\dot{y}_G + ky_G = ke\sin\omega t + ce\omega\cos\omega t$$

ただし，積 ce は2次の微小量であるので，右辺の第2項は省略してもよい．また，$c=0$ のとき，$R_G = ke/|k-m\omega^2|$ となる．このとき，R_G と R の間には次の関係がある．

$\omega < \omega_c$ のとき，

$$R_G = ke/(k-m\omega^2) = me\omega^2/(k-m\omega^2) + e = R + e\,.$$

$\omega > \omega_c$ のとき，

$$R_G = ke/(m\omega^2 - k) = me\omega^2/(m\omega^2 - k) - e = R - e\,.$$

6・1・2　ダンカレーの公式（Dunkerley's formula）

6.1.1では，1個の円板をもち，回転軸の質量が無視できるようなロータを扱った．ここでは，多くの円板をもち，回転軸の質量を考慮しなければならないようなロータの危険速度を求めるための簡便な方法として，ダンカレーの公式(Dunkerley's formula)について述べる．

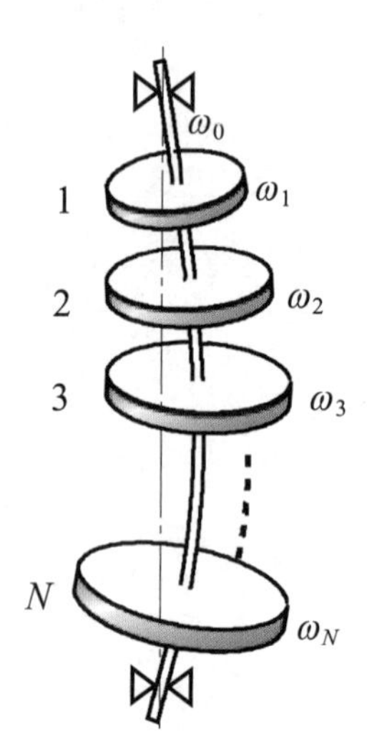

図6.9　N 個の円板を持つ回転系

図6.9のように，質量をもつ弾性回転軸に N 個の円板が取り付けられた系を考える．円板をもたない回転軸だけの危険速度を ω_0 とする．また，質量を無視した回転軸に円板 1 から円板 N のうちの1個だけが取り付けられたロータの危険速度をそれぞれ $\omega_1, \omega_2, \ldots, \omega_N$ とする．このとき，系全体の主危険速度 ω_c は

$$\frac{1}{\omega_c^2} = \frac{1}{\omega_0^2} + \left(\frac{1}{\omega_1^2} + \frac{1}{\omega_2^2} + \cdots + \frac{1}{\omega_N^2}\right) \tag{6.14}$$

より近似的に与えられることをダンカレーが経験的に導いた．最低速（または1次）の主危険速度であれば，誤差は3～4%以内であるといわれている．

危険速度（または固有角振動数）を求めるための他の方法に，レイリー法(Rayleigh's method)，リッツ法(Ritz's method)，伝達マトリックス法(transfer matrix method)，および有限要素法(Finite Element Method)などがある．

レイリー法は回転軸がその静たわみ曲線と同じ形状を保って回転すると仮定し，運動エネルギーとポテンシャルエネルギーのそれぞれの最大値を等しく置くことにより危険速度を求める方法である．リッツ法は 5.5.2 で述べたようにレイリー方法を拡張した方法であり，回転軸の回転中のたわみ曲線の形状にいくつかのパラメータを含ませ，危険速度が極小となるようにそれらのパラメータを決定する条件を用いる方法である．最近では計算機の進歩と相俟って，従来では不可能であった計算も可能になり，複雑な形状のロータについても精度よく危険速度が求められるようになってきた．その一例として，伝達マトリックス法はロータをいくつかの要素に分割し，各要素間の力と変位などの関係を 1 つずつ行列表示し，それらすべてを順次掛け合わせることによってロータ全体の伝達行列を求め，回転軸の両端の境界条件より危険速度を求める方法である．また，実際の機械を設計する段階では，5.5.3 でも説明した有限要素法もよく利用されている．これらの方法の詳しい内容については他書[(1),(3)]を参考にされたい．

【例題 6・3】　＊＊＊＊＊＊＊＊＊＊＊＊＊＊＊＊＊＊＊＊＊＊＊＊＊

Using Example Problem 6.1, determine the critical speed ω_c' using Dunkerley's formula (6.14) when the mass of the rotating shaft is taken into account. The critical speed ω_s for the first mode of the shaft without a rotor is

$$\omega_s = (\pi/l)^2 \sqrt{EI_0/(\rho A)}$$

where ρ is the density of the shaft (ρ=7.86×10^3 kg/m^3) and A is the cross area of the shaft.

【解答】

In Example 6.1, the critical speed of the shaft when the shaft mass is negligibly small was given as ω_c=1477 rpm. The critical speed ω_s is

$$\omega_s = (\pi/l)^2 \sqrt{EI_0/(\rho A)} = \left(\frac{\pi}{0.6}\right)^2 \sqrt{\frac{(206\times10^9)\times(7.85\times10^{-9})}{(7.86\times10^3)\times(\pi\times0.01^2)}}$$
$$= 702\,\mathrm{rad/s} = 6700\,\mathrm{rpm}.$$

Thus, using Dunkerley's formula, we obtain

$$\omega_c' = \sqrt{1\bigg/\left(\frac{1}{\omega_c^2}+\frac{1}{\omega_s^2}\right)} = \sqrt{1\bigg/\left(\frac{1}{1477^2}+\frac{1}{6700^2}\right)} = 1442\,\mathrm{rpm}.$$

This value is lower than the value of ω_c by 35 rpm.

＊＊＊＊＊＊＊＊＊＊＊＊＊＊＊＊＊＊＊＊＊＊＊

6・2　回転軸のねじり振動（torsional vibration of shafts）

回転軸の重要な役割のひとつに，トルクの伝達がある．自動車エンジンのクランク軸，船舶のプロペラ軸，タービンや電動機の歯車軸系などがその例である．このような回転軸では，エンジンの回転数変動，クランク軸の回転むら，歯車列の噛み合い不良などの原因でトルク変動が生じ，回転軸のねじり振動(tortional vibration)が顕著に現れる場合があり，回転軸の疲労破壊の原因にもなる．本節では，二，三の例を挙げて回転軸のねじり振動について述べる．

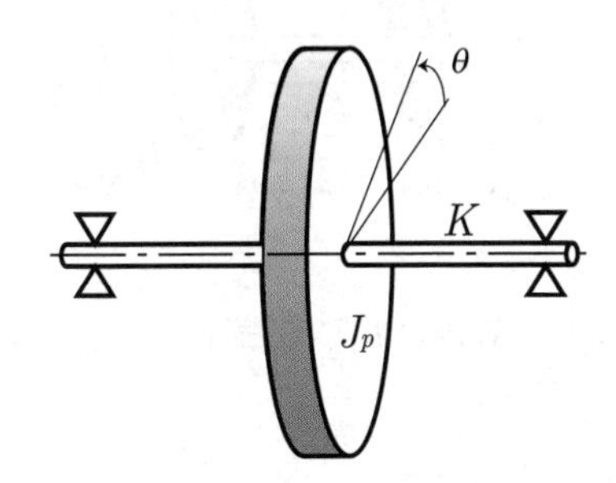

図 6.10　1 個の円板のロータ系

6・2・1　1 個の円板をもつロータ（rotor with one circular plate）

図 6.10 に示すように，例えば回転軸の右端で回転に対して拘束を受ける場合，ねじり剛性が K である弾性回転軸に 1 個の円板が取り付けられたロータ系

のねじり振動を考える．円板の極慣性モーメントを J_p とし，回転角を θ とすると，復元モーメントは $-K\theta$ であるので，円板の回転の運動方程式は

$$J_p\ddot{\theta}+K\theta=0 \tag{6.15}$$

となる．したがって，回転体の回転運動に伴い，回転軸はねじり振動を起こす．このねじり振動に対する固有角振動数 p は式(6.15)より

$$p=\sqrt{\frac{K}{J_p}} \tag{6.16}$$

となる．

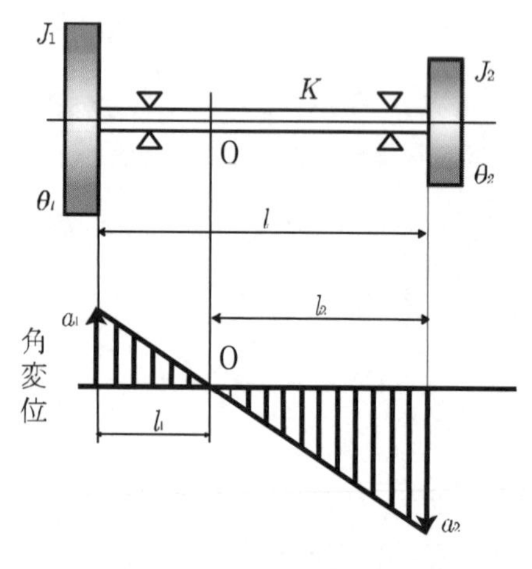

図 6.11　2個の円板のロータ系

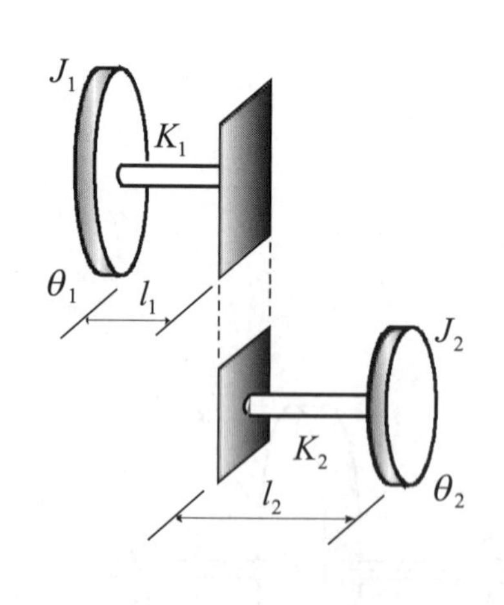

図 6.12　等価なねじり振子

6・2・2　2個の円板をもつロータ（rotor with two circular plates）

図 6.11 に示すように，ねじり剛性が K である弾性回転軸が軸受で支持され，その両端に円板をもつロータを考える．各円板の極慣性モーメントを J_1, J_2 とし，それぞれの回転角を θ_1, θ_2 とすると，各円板の回転に対する運動方程式は

$$\begin{aligned}J_1\ddot{\theta}_1+K(\theta_1-\theta_2)=0\\J_2\ddot{\theta}_2+K(\theta_2-\theta_1)=0\end{aligned} \tag{6.17}$$

となる．式(6.17)の自由振動解を

$$\theta_1=a_1\cos pt\ ,\ \ \theta_2=a_2\cos pt \tag{6.18}$$

とおき，これを式(6.17)に代入すると

$$\begin{aligned}(K-J_1p^2)a_1-Ka_2=0\\-Ka_1+(K-J_2p^2)a_2=0\end{aligned} \tag{6.19}$$

が得られる．振幅 a_1 と a_2 が同時に 0 とならないための条件から，

$$(K-J_1p^2)(K-J_2p^2)-K^2=0$$

$$\therefore J_1J_2p^4-(J_1+J_2)Kp^2=0 \tag{6.20}$$

の振動数方程式が得られる．式(6.20)を解くと

$$p_1=0\ ,\ \ p_2=\sqrt{\frac{J_1+J_2}{J_1J_2}K} \tag{6.21}$$

が得られる． $p_1=0$ を式(6.18)に代入すると $\ddot{\theta}_1=0, \ddot{\theta}_2=0$ となり，さらに式(6.17)より $\theta_1=\theta_2$ となるので， $p_1=0$ は 2 個の円板が同一の角速度で回転軸がねじれることなく，一様に回転することを表している．式(6.21)の他方の固有角振動数 p_2 の式を式(6.19)に代入すると， a_1 と a_2 の振幅比

$$\frac{a_1}{a_2}=\frac{K}{K-J_1p_2^2}=\frac{K-J_2p_2^2}{K}=-\frac{J_2}{J_1} \tag{6.22}$$

が求められる．この場合の振幅比は負であることから，2 個の円板は互いに逆方向にねじり振動をすることがわかる．式(6.22)より，このときの固有振動モードは図 6.11 の下側のような配置になる．このモード形状より，軸の長さ

l を $l_1 : l_2 = J_2 : J_1$ に内分した点Oでは回転軸のねじれ角は0となることがわかる．したがって，点Oの位置は

$$l_1 = \frac{J_2}{J_1 + J_2} l \ , \ l_2 = \frac{J_1}{J_1 + J_2} l \tag{6.23}$$

で与えられる．このような点Oでの断面は節断面(nodal section)とよばれる．点Oでは回転軸はねじれていないので，節断面の位置で回転軸が固定されていると考えても同じである．すなわち，図6.11に示した系は，図6.12に示すように独立した2つのねじり振り子と等価であると見なすことができる．ねじり剛性は軸の長さに反比例するから，図6.12の等価な系のそれぞれの軸のねじり剛性は，式(6.23)を用いて

$$K_1 = \frac{l}{l_1} K = \frac{J_1 + J_2}{J_2} K \ , \ K_2 = \frac{l}{l_2} K = \frac{J_1 + J_2}{J_1} K \tag{6.24}$$

で与えられる．式(6.24)から求められる，それぞれのねじり振り子の固有角振動数は，式(6.21)の p_2 と一致することがわかる．次に，θ_1 と θ_2 の相対角変位を用いた，別の考え方を説明しよう．式(6.17)の第1式に J_2 を乗じた式から，第2式に J_1 を乗じた式を差し引くと

$$J_1 J_2 (\ddot{\theta}_1 - \ddot{\theta}_2) + K(J_1 + J_2)(\theta_1 - \theta_2) = 0 \tag{6.25}$$

が得られる．ここで相対角変位 θ を $\theta = \theta_1 - \theta_2$ と定義すると，式(6.25)は

$$J_1 J_2 \ddot{\theta} + K(J_1 + J_2)\theta = 0 \tag{6.26}$$

のように，実質的に1自由度系として表される．式(6.26)から得られる固有角振動数は式(6.21)の p_2 と同じになることがわかる．

次に，図6.11の系においてねじり振動に対する強制振動について考えよう．円板 J_1 に変動トルク $T_1 \cos\omega t$ が加わる場合，運動方程式は，式(6.26)の右辺に $J_2 T_1 \cos\omega t$ を加えることにより

$$J_1 J_2 \ddot{\theta} + K(J_1 + J_2)\theta = J_2 T_1 \cos\omega t \tag{6.27}$$

となる（例題6・4を参照）．この式は正弦外力を受ける1自由度系と同じ形であり，ω が固有角振動数 p_2 に近くなるとねじり振動の共振が起こる．トルクが軸回転速度と同期して変動する場合には ω は軸回転速度と同じ値をとり，この p_2 の値に等しい回転速度 ω_c はねじり振動の主危険速度(major critical speed of torsional vibration)とよばれる．往復機関によって発生する駆動トルクには回転速度の高次成分も含まれるため，式(6.27)の右辺に $n\omega$ (n は整数)の角振動数をもつ変動トルクも加わり，$\omega_c' = p_2 / n$ で与えられる軸回転速度でも共振が起こることがある．この場合の ω_c' も主危険速度とよばれる．

【例題6・4】　＊＊＊＊＊＊＊＊＊＊＊＊＊＊＊＊＊＊＊＊＊＊＊＊＊

図6.11において，円板 J_1 に変動トルク $T_1 \cos\omega t$ が加わるとき，回転軸に作用する軸トルクの振幅を求めよ．

【解答】運動方程式は，式(6.17)の第 1 式の右辺に $T_1\cos\omega t$ を加えると

$$J_1\ddot{\theta}_1 + K(\theta_1-\theta_2) = T_1\cos\omega t \ , \quad J_2\ddot{\theta}_2 + K(\theta_2-\theta_1) = 0$$

となる．両式にそれぞれ J_2，$-J_1$ を乗じて加え合わせると，

$$J_1J_2(\ddot{\theta}_1-\ddot{\theta}_2) + K(J_1+J_2)(\theta_1-\theta_2) = J_2T_1\cos\omega t$$

となり，式(6.27)と同じ式が得られる．この式の強制振動解は

$$\theta_1-\theta_2 = \frac{J_2T_1}{(J_1+J_2)K - J_1J_2\omega^2}\cos\omega t$$

となる．したがって，軸トルクの振幅 A は $\theta_1-\theta_2$ の振幅 θ_0 を使って次のようになる．

$$A = K\times\theta_0 = \frac{KJ_2T_1}{(J_1+J_2)K - J_1J_2\omega^2}$$

＊＊＊＊＊＊＊＊＊＊＊＊＊＊＊＊＊＊＊＊＊＊

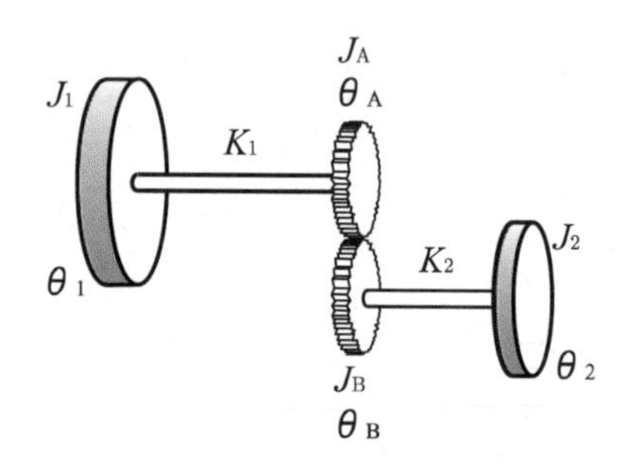

(a)　2 個の円板の歯車軸系

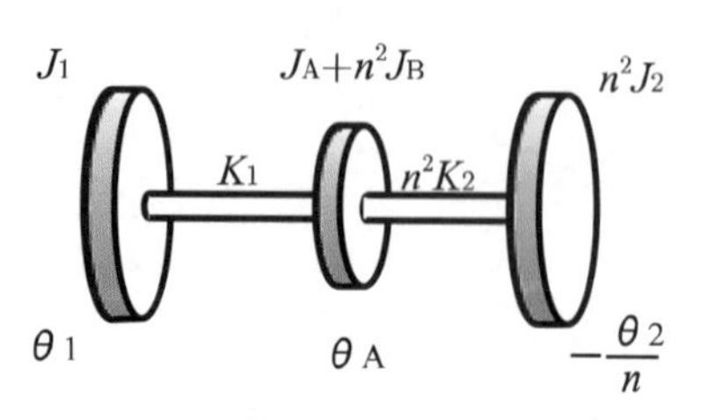

(b)　等価な 3 円板系

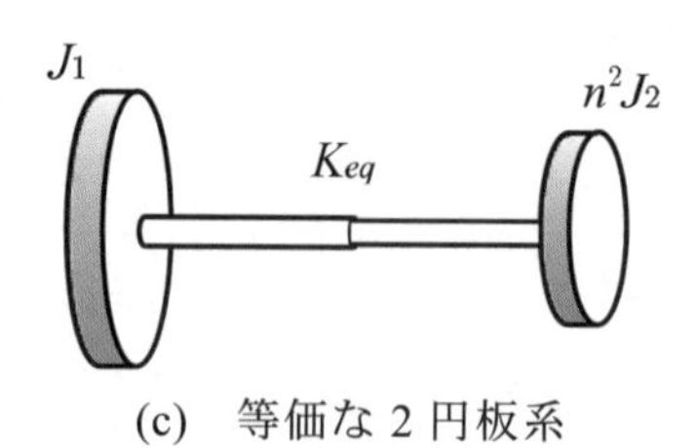

(c)　等価な 2 円板系

図 6.13　歯車軸系

6・2・3　歯車軸系（gear shaft system）

図 6.13(a)に示すように，極慣性モーメント J_1, J_2 の 2 個の円板が歯車軸系の両端に取り付けられ，中間の歯車を介してトルクが伝達される弾性回転軸のねじり振動を考える．歯車 A，B の極慣性モーメントをそれぞれ J_A，J_B，各円板と歯車の回転角をそれぞれ θ_1，θ_2，および θ_A，θ_B，回転軸のねじり剛性を K_1, K_2 とし，軸の質量は無視する．この系の運動エネルギー T とポテンシャルエネルギー U は

$$\begin{aligned} T &= \frac{1}{2}\left(J_1\dot{\theta}_1^2 + J_A\dot{\theta}_A^2 + J_B\dot{\theta}_B^2 + J_2\dot{\theta}_2^2\right) \\ U &= \frac{1}{2}\left\{K_1(\theta_1-\theta_A)^2 + K_2(\theta_B-\theta_2)^2\right\} \end{aligned} \qquad (6.28)$$

となる．歯車 A，B の歯数比を $z_A : z_B = n : 1$ とすると，$\theta_B = -n\theta_A$ の関係が成立する．したがって，式(6.28)中の θ_B を θ_A で書き換えると，式(6.28)は

$$\begin{aligned} T &= \frac{1}{2}\left\{J_1\dot{\theta}_1^2 + \left(J_A+n^2J_B\right)\dot{\theta}_A^2 + (n^2J_2)\left(-\dot{\theta}_2/n\right)^2\right\} \\ U &= \frac{1}{2}\left[K_1(\theta_1-\theta_A)^2 + (n^2K_2)\{\theta_A-(-\theta_2/n)\}^2\right] \end{aligned} \qquad (6.29)$$

のように変形される．したがって式(6.29)の形から，この歯車軸系は，図 6.13(b)に示すような 3 円板系と等価であることがわかる．すなわち，等価な 3 円板系では，3 個の円板の回転角をそれぞれ θ_1，$\theta_A, -\theta_2/n$ とし，各円板の慣性モーメントをそれぞれ J_1，$J_A+n^2J_B$，n^2J_2，軸のねじり剛性をそれぞれ K_1，n^2K_2 となるように置き換えて考えることができる．さらに，歯車の慣性モーメントが円板に比べて十分に小さく無視できる場合には，図 6.13(c)に示すように，等価ねじり剛性 K_{eq}，すなわち

$$K_{eq} = \frac{1}{\dfrac{1}{K_1} + \dfrac{1}{n^2 K_2}} = \frac{n^2 K_1 K_2}{K_1 + n^2 K_2} \tag{6.30}$$

をもつ回転軸で連結された2円板系と等価になる．したがって，図6.13(c)の系の固有角振動数は，2円板系に対する式(6.21)を利用すれば

$$p = \sqrt{\frac{J_1 + n^2 J_2}{J_1 \cdot n^2 J_2} \cdot K_{eq}} = \sqrt{\frac{J_1 + n^2 J_2}{J_1 J_2} \cdot \frac{K_1 K_2}{K_1 + n^2 K_2}} \tag{6.31}$$

で与えられる．

6・3　釣合わせ（balancing）

回転体に質量分布の不釣合いが存在する場合には，軸の回転によって遠心力（慣性力）や慣性偶力（慣性力によるモーメント）が生じて回転軸が大きくふれ回ったり，回転軸を支えている軸受部に変動荷重が作用するため，機械の振動・騒音や軸受摩耗の原因になる．したがって，実際の回転機械では，このような不釣合いをできる限り小さくするような作業が行われる．この作業は釣合わせ(balancing)とよばれ，回転機械では必須である．6.1節で述べたように，回転軸の弾性を考慮したロータを弾性ロータ(flexible rotor)といい，弾性ロータでは回転速度が危険速度に近づくと回転軸がたわむため，そのたわみによる遠心力の増加分を考慮して釣合わせを行う必要がある．しかし，回転軸の剛性が十分に大きく，系の危険速度が使用回転速度よりも十分大きいときには，回転軸に生じるたわみは非常に小さいため，回転軸のたわみを無視することができる．このように回転軸のばね定数が相対的に大きいロータを剛性ロータ(rigid rotor)という．剛性ロータと弾性ロータに分類して，それぞれの代表的な釣合わせ法を表6.1に示す．そのうち，この節では剛性ロータの2面釣合わせと，弾性ロータの一種であるジェフコットロータの1面釣合わせの原理を説明する．

表6.1　釣合わせ法

分類	釣合わせ法
剛性ロータ	・1面釣合わせ ・2面釣合わせ
弾性ロータ	・影響係数法 ・モード釣合わせ法

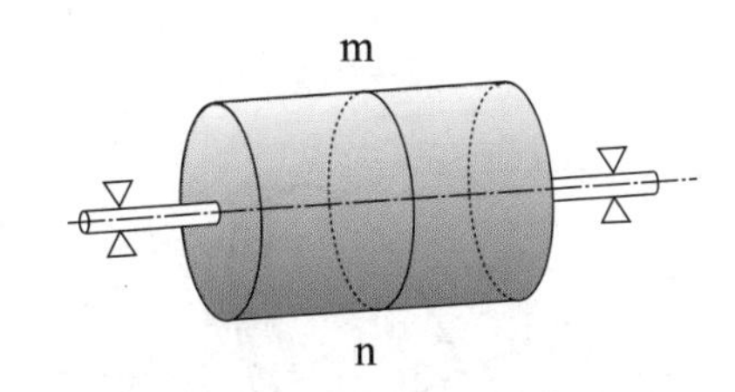

図6.14　剛性ロータ

－見かけの力－
回転座標上で観察すると，見かけの力（遠心力）がロータに働くように見える．したがって，釣合わせの問題は回転座標上での静力学に帰着される

6・3・1　不釣合い（unbalance）

図6.14に剛性ロータを示す．剛性ロータが一定の回転速度で回転している場合，ロータとともに回転する座標上では遠心力と慣性偶力がロータに作用していると考えることができるので，動力学の問題を静力学の問題に置き換えて力とモーメントの釣合いを考えればよい．いま，回転体を任意の断面mnで2つの部分に分け，各部分の重心をそれぞれ点G_1, G_2とする．重心G_1, G_2の存在する位置により，図6.15(a),(b)および(c)に示すように，次の3つの典型的な不釣合いに分類することができる．

(a)　図6.15(a)では，重心G_1，G_2が回転軸に対して同じ側の同一平面上に存在する．この場合には全体の重心Gも同じ平面上にあり，偏重心eのみが存在し，静不釣合い(static unbalance)が存在する場合に相当する．“静不釣合い”の名前は，この回転軸の両端を水平な2本のレールの上に静かに乗せると，重力の影響で回転体の重心が最下点にくることからその

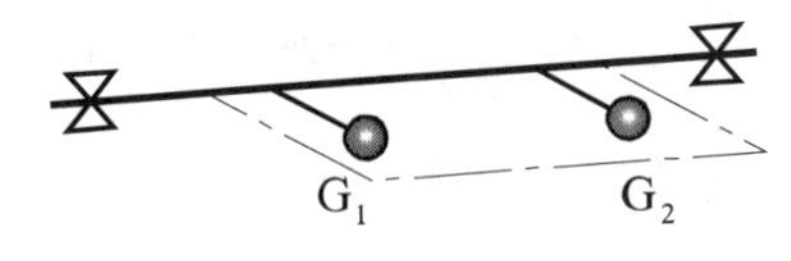

(a)　静不釣合い

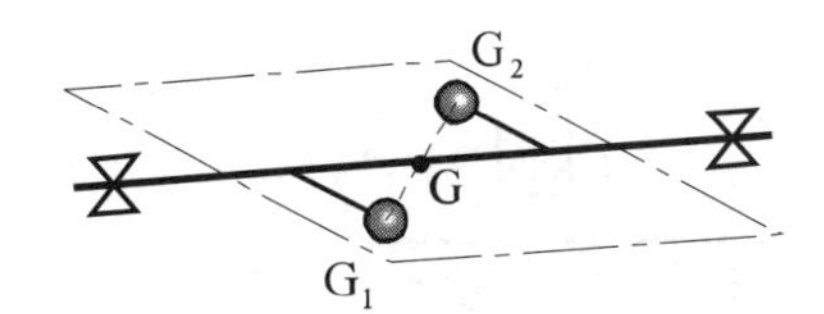

(b)　偶不釣合い

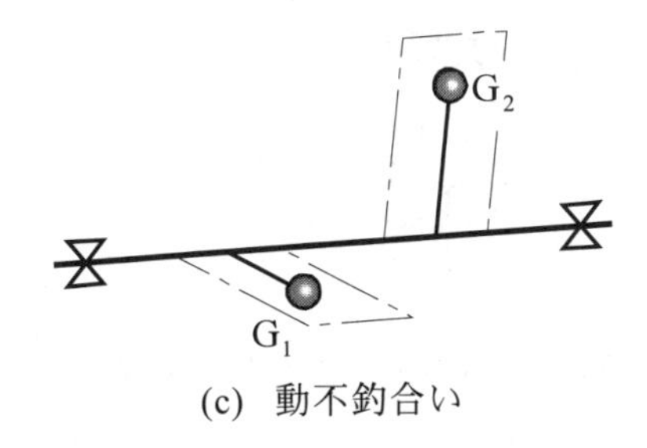

(c)　動不釣合い

図6.15　典型的な不釣合い

重心位置Gが静的に見つけられることに由来している．

(b) 図 6.15(b)では，重心 G_1，G_2が回転軸を挟んで反対側の同一平面上にあり，かつ全体の重心Gは軸受中心線上にある．この場合には静不釣合いは存在しないが，重心 G_1と G_2に作用する反対向きの 2 つの遠心力によりモーメント，すなわち慣性偶力が発生するため，軸受には変動荷重が作用する．この状態は，図 6.16 に示すように，回転体の慣性主軸と軸受中心線とのずれ角 τ が存在する場合に相当する．このような不釣合いを偶不釣合い(couple unbalance)という．

(c) 一般的には，重心 G_1，G_2はそれぞれ異なる平面上に存在する．図 6.15(c)は静不釣合いと偶不釣合いが同時に存在する場合を示す．このような不釣合いの状態を動不釣合い(dynamic unbalance)という．以上のような不釣合いが存在するロータでは，回転体を回転させて釣合い試験を行うことから，動的釣合わせ(dynamic balancing)という．ただし，上記(b)の偶不釣合いを“動不釣合い”として扱っている場合もあることを注意しておく．

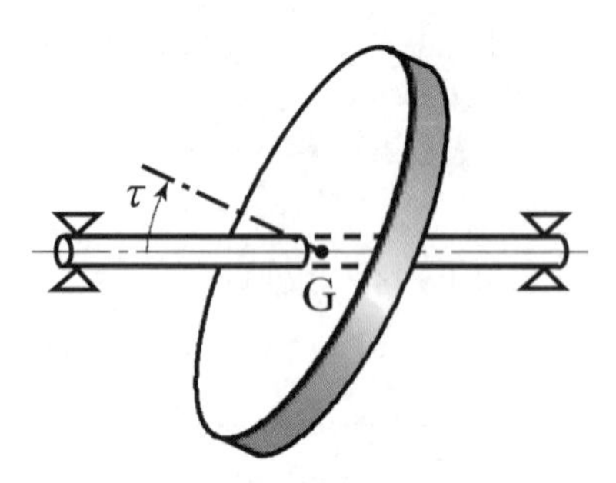

図 6.16　慣性主軸のずれ角が存在するロータ

6・3・2　釣合いの条件（requirements for balancing）

回転体の不釣合いを完全に除去するためには，次の 2 つの釣合いの条件

(1) 回転体の重心が軸受中心線上にあること

(2) 遠心力によるモーメントが発生しないこと

が満たされればよい．条件(1)は遠心力による合力が 0 であることを意味し，静的釣合い条件(condition of static balancing)といわれる．この条件を数式で表現しよう．図 6.17 に示すような剛性ロータを考える．その微小質量 dm に作用する x , y 方向の遠心力はそれぞれ $\omega^2 xdm$， $\omega^2 ydm$ であるから，これらをロータ全体にわたって積分し，x，y の各方向の遠心力 F_x , F_y を 0 とおくと，次の静的釣合い条件

$$F_x \equiv \omega^2 \int xdm = 0 \ , \ \ F_y \equiv \omega^2 \int ydm = 0 \tag{6.32}$$

が得られる．ただし，図 6.17 に示した x , y , z 軸は回転体に固定され，回転体とともに回転する座標軸であることを注意する．ロータの重心の座標を $G(x_G, y_G)$，全質量を m とすると，式(6.32)から

$$x_G \equiv \frac{\int xdm}{m} = 0 \ , \ \ y_G \equiv \frac{\int ydm}{m} = 0 \tag{6.33}$$

が得られる．式(6.33)は，重心 G が軸受中心線（z 軸）上にあることを表しており，実質的に式(6.32)と同じことを意味する．

次に，前述の条件(2)は，重心まわりのモーメントが0であることを意味し，動的釣合い条件(condition of dynamic balancing)といわれる．y 軸まわりのモーメント M_y は，図 6.17 に示すように，微小質量 dm に生じる慣性偶力 $\omega^2 xdm\, z$ をロータ全体にわたって積分すると得られる．x 軸まわりのモーメント M_x も同様に求められる．したがって動的釣合い条件は

$$M_x \equiv -\omega^2 \int yzdm = 0 \ , \ \ M_y \equiv \omega^2 \int zxdm = 0 \tag{6.34}$$

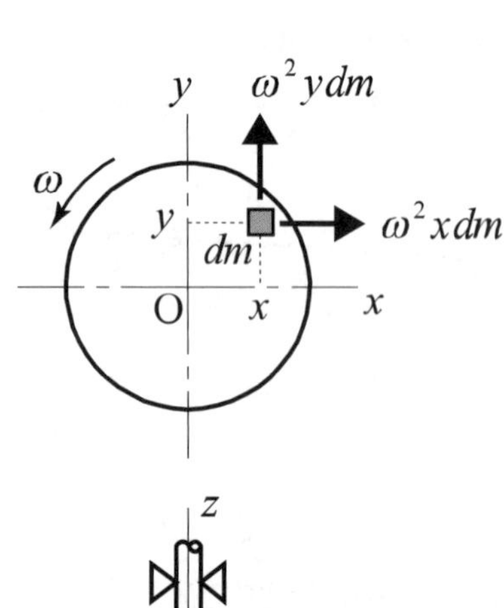

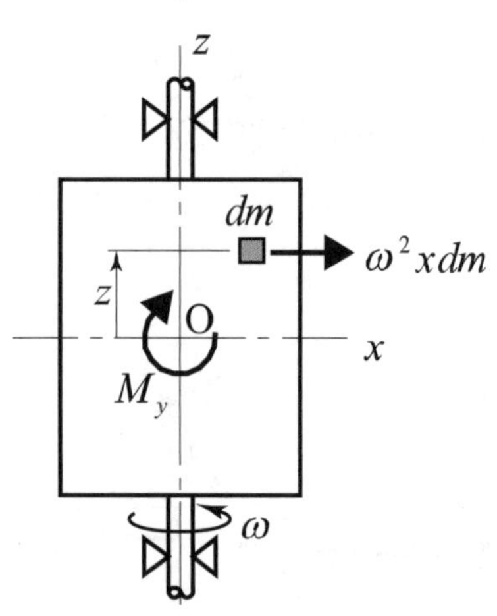

図 6.17　剛性ロータの釣合い条件

となる．したがって，式(6.34)は，次の慣性乗積(product of inertia)

$$J_{yz} \equiv \int yzdm = 0 \ , \ J_{zx} \equiv \int zxdm = 0 \tag{6.35}$$

が 0 であることと同じであり，これは回転体の重心を通る慣性主軸の 1 つが軸受中心線（z 軸）と一致していることを意味する．

6・3・3 剛性ロータの２面釣合わせ（two-plane balancing）

剛性ロータの動不釣合い（静不釣合いと偶不釣合い）を除去するには，回転体の任意に選んだ 2 つの断面に，質量分布を調整するためのおもり（修正おもり）を付け加えて（あるいは除去して），式(6.32)および式(6.34)の釣合い条件式を満たすようにすればよい．このような釣合わせ法を２面釣合わせ(two-plane balancing)といい，2 つの修正面が必要でかつ十分である．釣合いの条件式(6.32)および式(6.34)を用いて，以下の 2 つの簡単な例で 2 面釣合わせの原理を示そう．

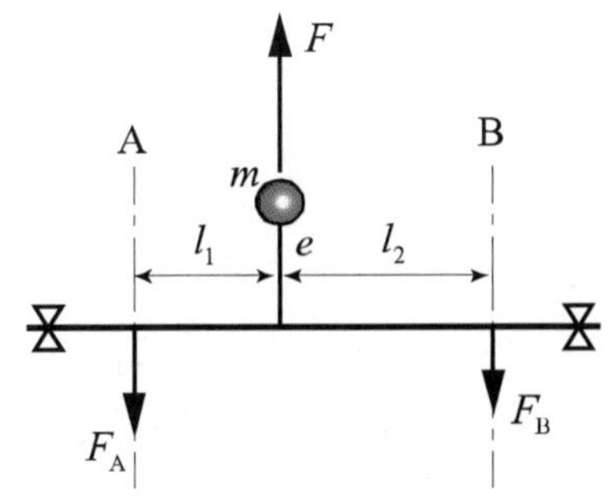

図 6.18 静不釣合いを持つロータの釣合わせ

最初の例として，静不釣合いのみをもつロータを考える．図 6.18 に示すように，質量 m，偏重心 e をもつ回転体が回転すると，遠心力 F が生じる．この遠心力を打ち消すために 2 つの修正面 A, B に加えるべき力を F_A, F_B とすると，力とモーメントの釣合い条件より

$$F_A + F_B = F \ , \ Fl_1 = F_B(l_1 + l_2) \tag{6.36}$$

が得られ，F_A, F_B は次のように与えられる．

$$F_A = \frac{l_2}{l_1 + l_2}F \ , \ F_B = \frac{l_1}{l_1 + l_2}F \tag{6.37}$$

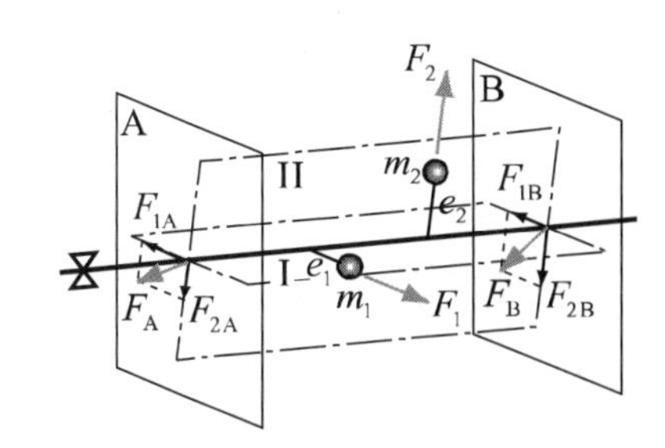

図 6.19 動不釣合いを持つロータの釣合わせ

次の例として，図 6.19 に示すように，動不釣合い（静不釣合いと偶不釣合い）をもつ一般の剛性ロータの釣合わせを考えよう．図 6.15(c)と同様に，ロータを 2 つの部分に分けて考え，各部分の質量を m_1, m_2，偏重心を e_1, e_2 とする．各部分の重心は回転座標上ではそれぞれ平面Ⅰ,Ⅱ上にあり，各重心にはそれぞれ F_1, F_2 の遠心力が生じる．これらの遠心力を打ち消すために修正面 A，B に加えるべき力 F_A, F_B は，次のように計算することができる．平面Ⅰ,Ⅱの各平面上において力とモーメントの釣合い条件を適用し，式(6.37)を用いて遠心力 F_1 に対して F_{1A} と F_{1B}，および遠心力 F_2 に対して F_{2A} と F_{2B} を求めてから，修正面 A 上において F_{1A} と F_{2A} の合力 F_A を計算することができる．同様に，修正面 B 上では F_{1B} と F_{2B} の合力 F_B が計算できる．したがって，修正面 A, B 上に合力 F_A, F_B に相当する修正おもりを取り付ければ，ロータは完全に釣合いがとれたことになる．

【例題 6・5】 ＊＊＊＊＊＊＊＊＊＊＊＊＊＊＊＊＊＊＊＊＊＊＊＊＊

図 6.20 に示すように剛性が十分大きい回転軸に，質量 m_1，m_2 および偏重心 e_1, e_2 の 2 個の円板が取り付けられている．各円板の重心の角位置はそれぞれ $\theta_1 = 0°$，$\theta_2 = 120°$ である．このロータを釣合わせるため，修正面 A，B 上の半径 50 mm の位置に取り付けるべき修正おもりの質量 m_A, m_B，およびその取付け角 θ_A, θ_B を求めよ．ただし，m_1=30 kg，m_2=10 kg，e_1=0.2 mm，e_2=0.1 mm であり，平面Ⅰ, Ⅱ, B の位置は平面 A からそれぞれ l_1=100 mm，l_2=200 mm，l_B=300 mm の距離にあるものとする．

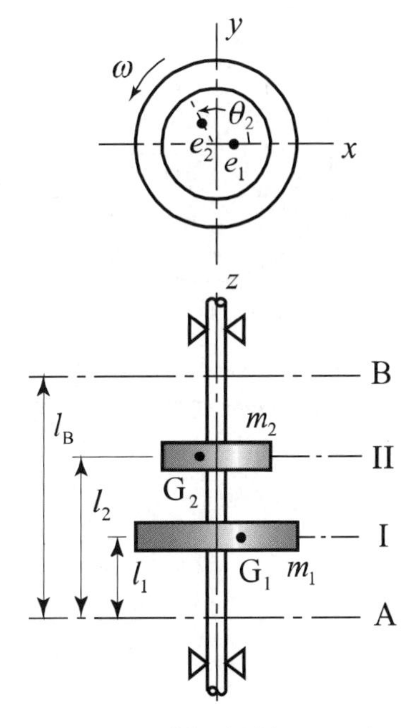

図 6.20 2 個の円板のロータ

【解答】　修正面 A, B に修正おもりを取り付ける半径をそれぞれ r_A，r_B として，静的釣合い条件［式(6.32)］，および動的釣合い条件［式(6.34)］は，次式で与えられる．

$$\sum_{i=1}^{2} m_i e_i \cos\theta_i + \sum_{i=A}^{B} m_i r_i \cos\theta_i = 0, \quad \sum_{i=1}^{2} m_i e_i \sin\theta_i + \sum_{i=A}^{B} m_i r_i \sin\theta_i = 0,$$
$$\sum_{i=1}^{2} m_i e_i l_i \cos\theta_i + \sum_{i=A}^{B} m_i r_i l_i \cos\theta_i = 0, \quad \sum_{i=1}^{2} m_i e_i l_i \sin\theta_i + \sum_{i=A}^{B} m_i r_i l_i \sin\theta_i = 0$$

これらの式に値を代入すると

$$30\times 0.2\times\cos 0^\circ + 10\times 0.1\times\cos 120^\circ + m_A\times 50\times\cos\theta_A + m_B\times 50\times\cos\theta_B = 0 \quad \text{(a)}$$
$$30\times 0.2\times\sin 0^\circ + 10\times 0.1\times\sin 120^\circ + m_A\times 50\times\sin\theta_A + m_B\times 50\times\sin\theta_B = 0 \quad \text{(b)}$$
$$30\times 0.2\times\cos 0^\circ\times 100 + 10\times 0.1\times\cos 120^\circ\times 200 + m_B\times 50\times\cos\theta_B\times 300 = 0 \quad \text{(c)}$$
$$30\times 0.2\times\sin 0^\circ\times 100 + 10\times 0.1\times\sin 120^\circ\times 200 + m_B\times 50\times\sin\theta_B\times 300 = 0 \quad \text{(d)}$$

となる．式(c), (d)より

$$m_B\cos\theta_B = -0.0333\ ,\quad m_B\sin\theta_B = -0.0115 \quad \text{(e)}$$

となる．式(a), (b), (e)より

$$m_A\cos\theta_A = -0.0767\ ,\quad m_A\sin\theta_A = -0.00582 \quad \text{(f)}$$

となる．式(e), (f)より次の結果が得られる．

$$m_A = \sqrt{(m_A\cos\theta_A)^2 + (m_A\sin\theta_A)^2} = 0.0769\,\text{kg}$$
$$m_B = \sqrt{(m_B\cos\theta_B)^2 + (m_B\sin\theta_B)^2} = 0.0352\,\text{kg}$$
$$\tan\theta_A = \frac{m_A\sin\theta_A}{m_A\cos\theta_A} = \frac{-0.00582}{-0.0767} = 0.0759\ \therefore\ \theta_A = 184^\circ$$
$$\tan\theta_B = \frac{m_B\sin\theta_B}{m_B\cos\theta_B} = \frac{-0.0115}{-0.0333} = 0.345\ \therefore\ \theta_B = 199^\circ$$

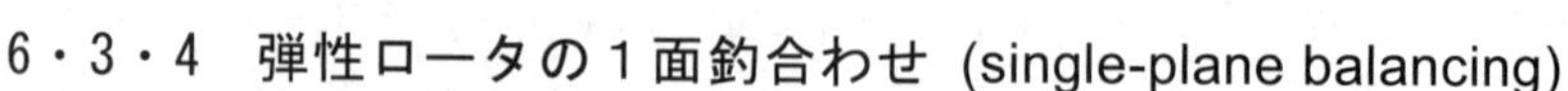

6・3・4　弾性ロータの1面釣合わせ (single-plane balancing)

ジェフコットロータの回転体が比較的薄く，静不釣合いだけが存在する場合を考える．実際には回転体の偏重心は非常に小さいため，それ自身を直接測定することはできない．そのため，ある回転数で回転させたときの回転軸の応答を測定し，その情報を用いて不釣合いの大きさと方向を計算し，偏重心の反対方向に修正おもりを円板面上に取り付けることによって偏重心を極力小さくする方法が用いられる．これを1面釣合わせ(single-plane balancing)という．そのうちの影響係数法(influence coefficient method)について述べる．

図 6.21 において，回転体の回転マークを基準位置（0°とする）に選び，式(6.11)の回転軸のふれ回り振幅 R と位相差 α を用いると，回転軸 $S(x, y)$ の位置は，複素数 z を導入すると次のように表すことができる．

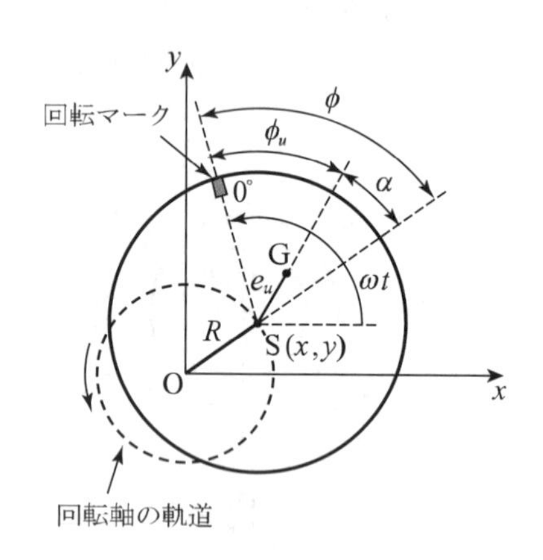

図 6.21　ジェフコットロータの釣合わせ

$$z = x + iy = R\cos\{(\omega t - \phi_u) - \alpha\} + iR\sin\{(\omega t - \phi_u) - \alpha\} \\ = Re^{-i\alpha}e^{-i\phi_u}e^{i\omega t} \equiv Ze^{i\omega t} \tag{6.38}$$

ここに，ϕ_u は，回転マークから時計方向に測定した不釣合いの角位置である．式(6.38)の最後の式の Z は ω で回転する座標上での応答を表し，不釣合いベクトル $U_u\,[=me_u e^{-i\phi_u}]$ と ω の関数 $a(\omega)$ の積として，次のように表す．

$$Z = Re^{-i\alpha}e^{-i\phi_u} = a(\omega)U_u \quad \left[a(\omega) = Re^{-i\alpha}/(me_u)\right] \tag{6.39}$$

ここに，$a(\omega)$ は不釣合いベクトルが応答に与える影響係数(influence coefficient)である．指数関数の e との混乱を避けるため，ここでは偏重心の記号として e_u を用いた．

影響係数法による修正おもりの計算手順は以下のように行う．バランスをとる前に，ある任意の回転数 ω_a において，回転軸のふれ回り振幅 R と位相差 ϕ を測定して $Z_a[=Re^{-i\phi}]$ を計算する．この Z_a を応答ベクトルという．図 6.22 に x, y 軸上で計測した回転軸の波形を示すが，位相差 ϕ は回転マークと波形ピークの間隔より決定できる．式(6.39)より Z_a は次のように書くことができる．

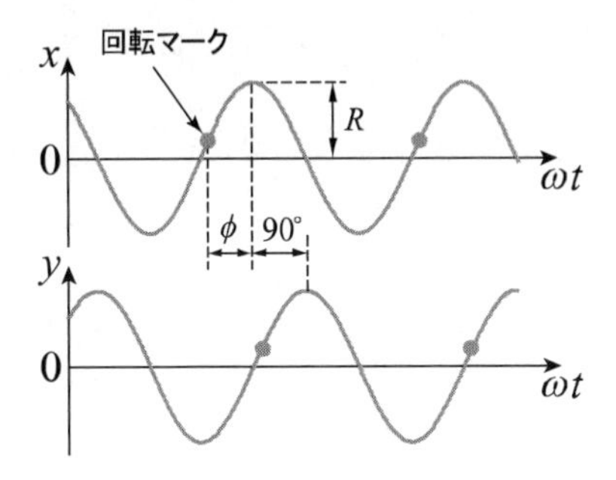

図 6.22　回転軸の記録波形

$$Z_a = a(\omega_a)U_u \tag{6.40}$$

次に，回転体の質量 m より十分小さい質量 m_t の試しおもりを回転マークの位置に取り付け，同じ回転数 ω_a で波形を計測し，その場合の応答ベクトル Z_t を計算する．ω_a が同じ値であれば式(6.40)の $a(\omega_a)$ はほとんど変化しないと考えられるので，試しおもりによる不釣合いベクトルを U_t とすると Z_t は

$$Z_t = a(\omega_a)(U_u + U_t) \tag{6.41}$$

と書くことができる．したがって，式(6.40)および式(6.41)より，影響係数は

$$a(\omega_a) = \frac{Z_t - Z_a}{U_t} \tag{6.42}$$

のように表現される．最終的に，回転数 ω_a において，修正おもりの不釣合いベクトル U_b による応答ベクトル $Z_b = a(\omega_a)U_b$ が応答ベクトル $Z_a = a(\omega_a)U_u$ と逆向きになればバランスがとれたことになるので，式(6.40)および式(6.42)を用いると，U_b は

$$U_b = -U_u = -\frac{Z_a}{a(\omega_a)} = \frac{Z_a}{Z_a - Z_t}U_t \tag{6.43}$$

となる．質量 m_t の試しおもりと質量 m_b の修正おもりを取り付ける位置が同じ半径 r_a 上であるとし $U_t = m_t r_a e^{-i0}$，$U_b = m_b r_a e^{-i\beta}$ と表現する．これらを式(6.43)に代入し，複素数の絶対値と偏角の計算より，修正おもりの質量 m_b と方向 $\beta\,(=\phi_u + \pi)$ を次のように決定することができる．

$$m_b = \frac{|Z_a|}{|Z_a - Z_t|}m_t, \quad -\beta = \arg U_b = \arg Z_a - \arg(Z_a - Z_t) \tag{6.44}$$

【例題 6・6】　＊＊＊＊＊＊＊＊＊＊＊＊＊＊＊＊＊＊＊＊＊＊＊＊＊

質量 m =5 kg のジェフコットロータのふれ回りを同じ回転数で測定する．釣合いをとる前には，振幅 R =0.6mm と位相差 ϕ =210°であった．次に，質量

m_t =2 g の試しおもりを回転マークの位置（0°）に取り付けると，R =0.4mm と位相差 ϕ =160°に変化した．修正おもりは試しおもりと同じ半径上に取り付けるとして，修正おもりの質量 m_b と角位置 β を求めよ．

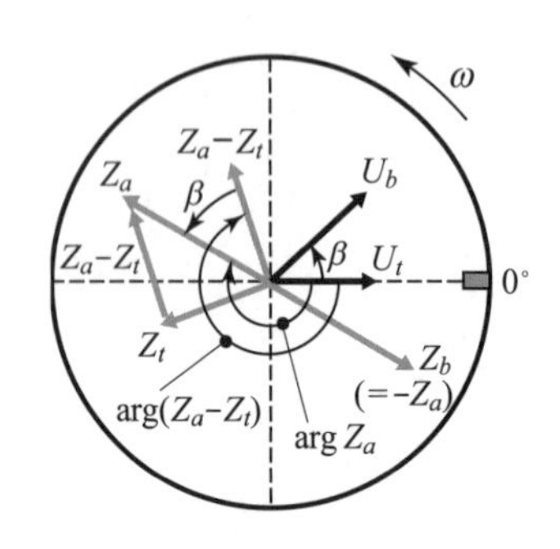

図 6.23　角速度 ω_a での応答ベクトル

【解答】　式(6.43)より

$$U_b = \frac{0.6e^{-i210^\circ}}{0.6e^{-i210^\circ} - 0.4e^{-i160^\circ}} U_t = \frac{0.6e^{-i210^\circ}}{-0.1437 + 0.437i} U_t = \frac{0.6e^{-i210^\circ}}{0.460e^{i108^\circ}} U_t$$
$$= 1.304e^{-i318^\circ} U_t = 1.304e^{i42^\circ} U_t$$

ゆえに，式(6.44)より

$$m_b = 1.304m_t = 2.61\text{g}, \quad -\beta = \arg U_b = 318^\circ\ (= -42^\circ)$$

したがって，回転マークから反時計方向に 42°（あるいは時計方向に 318°）の位置に，2.61 g の修正おもりを取り付ければよい．以上の結果を，図 6.23 に，角速度 ω_a で回転する座標系上での不釣合いベクトル（黒色）と各応答ベクトル（青色）で示す．ただし，位相差は時計回りに回転マークからの角度をとっている．

＊＊＊＊＊＊＊＊＊＊＊＊＊＊＊＊＊＊＊＊＊＊

＝＝＝＝＝　練習問題　＝＝＝＝＝＝＝＝＝＝＝＝＝＝＝＝＝＝＝＝＝＝＝

【6・1】　例題 6・1 において，回転軸の直径を 20 mm から 28 mm（約 $\sqrt{2}$ 倍）に設計変更すると，危険速度は元の何倍になるか．

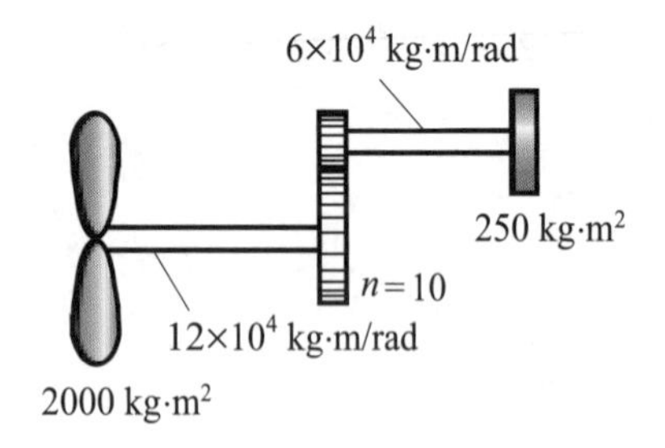

図 6.24　船用蒸気タービン推進装置

【6・2】　A small mass of 20 g is attached to the outer surface of a rotor with a mass of 10 kg and a diameter of 10 cm. Determine the eccentricity of the rotor mass.

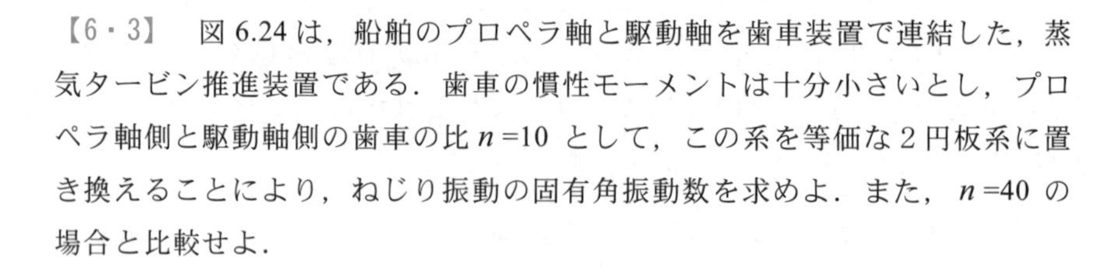
【6・3】　図 6.24 は，船舶のプロペラ軸と駆動軸を歯車装置で連結した，蒸気タービン推進装置である．歯車の慣性モーメントは十分小さいとし，プロペラ軸側と駆動軸側の歯車の比 n =10 として，この系を等価な 2 円板系に置き換えることにより，ねじり振動の固有角振動数を求めよ．また，n =40 の場合と比較せよ．

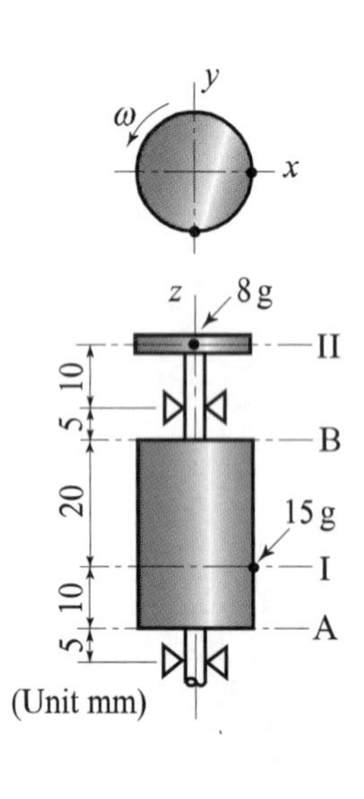

Fig.6.25　A rigid motor

【6・4】　Consider a rigid rotor unbalanced by masses of 15 g and 8 g attached at planes I and II, respectively, as shown in Figure 6.25. Determine the masses and angular positions of the balancing weights to be attached to the outer surface of the rotor at balance planes A and B.

【6・5】　図 6.16 に示したように，質量 m，半径 R の薄い円板が剛性回転軸に対して角度 τ だけずれて取り付けられている．回転軸が角速度 ω で回転するとき，このずれ角 τ によるモーメントを求めよ．

第6章　練習問題

【解答】

6・1　約2倍（2900 rpm）

6・2　0.0998 mm

6・3　7.97 rad/s（n=40 のとき，7.76 rad/s）

6・4　m_A=10.8 g，θ_A=202°；m_B=13.0 g，θ_B=113°

6・5　$-\dfrac{mR^2\omega^2\sin 2\tau}{8}$

第6章の文献

(1)　谷口 修 編：振動工学ハンドブック，養賢堂（1976）.

(2)　R.ガッシュ・H.ピュッツナー（三輪修三 訳）：回転体の力学，森北出版（1978）.

(3)　末岡惇男・金光陽一・近藤孝広：機械振動学，朝倉書店（2000）.

(4)　山本敏男・石田幸男：回転機械の力学，コロナ社（2001）.

(5)　F. F. Ehrich: Hand Book of Rotordynamics, Krieger (1999).

第 7 章
非線形振動
Nonlinear Vibration

非線形振動の本質を理解しやすい簡単な振動系を取り上げ
- どのような場合に非線形振動が現れるか？
- 非線形振動の支配方程式はどうやって解くか？
- 非線形振動特有の跳躍現象，二次共振さらに内部共振とは何か？

を学ぶ.

7・1　どのような場合に非線形振動が現れるか？（In what situation does nonlinear vibration appear?）

図 7.1 に示される，質量 m の質点が，ばね定数 k の 2 本の線形ばねで支持され，面内振動をする簡単な振動系を考える.

最初に，質点が図 7.3 に示されるように x 方向にのみ動く場合には線形振動が発生，つまり非線形の影響はあらわれないことを明らかにする．次に，質点が図 7.4 に示されるように z 方向に運動する場合には，非線形振動が発生することを明らかにする.

すなわち，この振動系では質点の運動方向に依存して，線形振動が発生したり，非線形振動が発生したりすることを明らかにする.

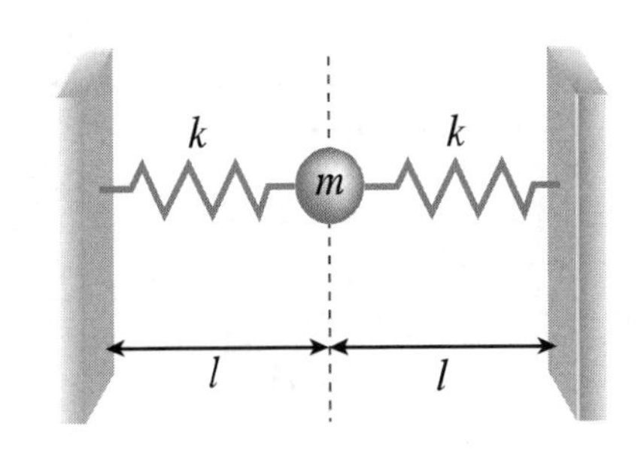

図 7.1　2 本の線形ばねで支持された質点が面内振動する系

【例題 7. 1】＊＊＊＊＊＊＊＊＊＊＊＊＊＊＊＊＊＊＊＊＊＊＊＊

線形ばねとは，どのような特徴を持っているか.

【解答】図 7.2 で，左側の自然長 L_0 のばねを長さ方向に L まで引っ張ったとき

$$F=-k(L-L_0) \tag{7.1}$$

で表される力 F が，引っ張った方向と逆つまり x 軸の負方向に発生するとき，このばねを線形ばねと呼ぶ.

なお実際に使われているばねには，F が $(L-L_0)^3$ などに比例する成分を含む場合もある．このようなばねを非線形ばねと呼ぶ.

＊＊＊＊＊＊＊＊＊＊＊＊＊＊＊＊＊＊＊＊＊＊＊＊＊＊＊＊

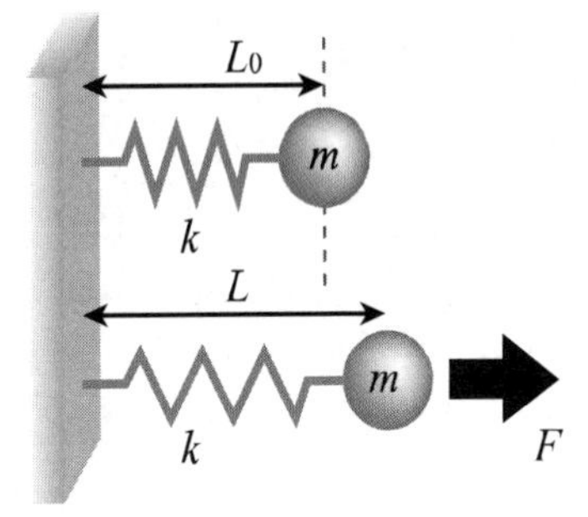

図 7.2　線形ばね

7・1・1　非線形振動が現れない場合（when nonlinear vibration does not appear）

図 7.3 に示されるように，2 本の線形ばねで支持された質点が x 軸方向に $u(t)$ だけ動くとき，その運動方程式は

$$m\ddot{u} = -k(\Delta L_0 + u) + k(\Delta L_0 - u) \tag{7.2}$$

と表される．

式(7.2)の右辺第一項，二項は，それぞれ質点の左，右側のばねによる力を表す．$k\Delta L_0$（ただし $\Delta L_0 = l - L_0$）は，図 7.3 で自然長 L_0 のばねを質点の両側に取り付けたとき発生する初期張力 T_0 である．なお・ は，時間 t についての微分 d/dt を意味する．

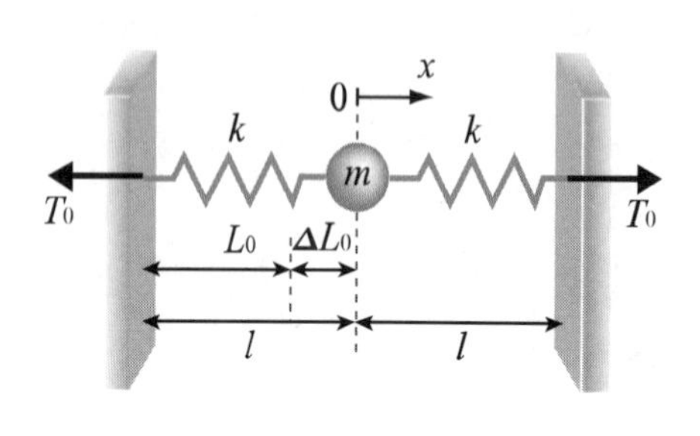

図 7.3　質点が x 方向に振動する場合

式(7.2)より，質点の x 軸方向の運動方程式

$$\ddot{u} + \omega_x{}^2 u = 0 \tag{7.3}$$

を得る．ただし，$\omega_x{}^2 = 2k/m$ である．

このように，変位 u についての微分方程式が，その1次つまり線形項で構成されるとき，質点は線形振動(linear vibration)をするという．このような一自由度線形振動は，第2章ですでに述べたような性質をもつ．

7・1・2　非線形振動が現れる場合（when nonlinear vibration appears）

次に図 7.4 に示されるように，質点が z 軸方向に $w(t)$ だけ動く場合を考えてみる．このとき，左右のばねにそれぞれ張力 $T = k\left(\sqrt{l^2 + w^2} - L_0\right)$ が作用するため，質点の z 軸方向の運動を記述する方程式は

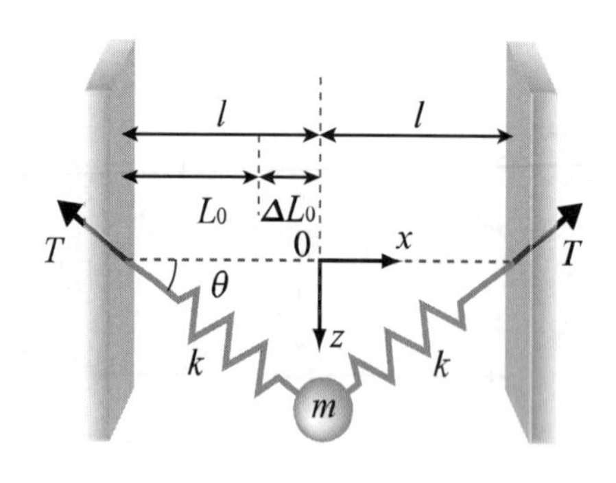

図 7.4　質点が z 方向に振動する場合

$$\begin{aligned} m\ddot{w} &= -2T\sin\theta \\ &= -2k(\sqrt{l^2 + w^2} - L_0)\frac{w}{\sqrt{l^2 + w^2}} \\ &= -2k\left(\frac{w}{l}\right)\left\{l - \frac{L_0}{\sqrt{1 + (w/l)^2}}\right\} \end{aligned} \tag{7.4}$$

と表される．ここで右辺を w/l でテイラー展開したのち，$(w/l)^5$ 以上の高次微小項を無視すると，最終的に

$$\ddot{w} + \omega_z^2 w + \alpha_z w^3 = 0 \tag{7.5}$$

となる．ただし，$\omega_z{}^2 = 2k\Delta L_0/(ml)$，$\alpha_z = kL_0/(ml^3)$ である．このように，変位 w について非線形の項 w^3 をもつ微分方程式で記述されるとき，非線形振動(nonlinear vibration)と呼ぶ．

すなわち，線形ばねによって支持されていても，質点の運動方向によって非線形振動が生じるところが面白い．質点が z 方向に運動する場合は，ばねの伸び量と変位 w とが非線形関係にある ― 幾何学的非線形性と呼ぶ ― ため，このような非線形振動が発生する．

なお図 7.4 に示されるように，質点の運動が静止状態のばね軸に垂直な方向に振動する場合を質点の横振動と呼び，図 7.3 に示されたような，質点の運動が静止状態のばね軸に平行な方向に振動する場合を質点の縦振動と呼ぶ．

次節以降では，一自由度非線形振動の代表的な解法と解の物理的な特徴を具体的に学ぶ．

7・2　非線形自由振動（nonlinear free vibrations）

図 7.4 の質点を x 軸から z 方向に W_0 だけ引っ張って，静かに離したとき生じる振動について，式(7.3)で示される線形振動とどのように違うかについて調べてみる．このとき，初期条件は以下の様に表される．

$$w(0)=W_0\ ,\ \dot{w}(0)=0 \tag{7.6}$$

7・2・1　無次元化（nondimensionalization）

初期条件式(7.6)の下で式(7.5)の解 $w(t;\omega_z,\alpha_z,W_0)$ を求める前に，支配方程式系の無次元化(nondimensionalization)を行う．無次元化により，次のような利点がある．

(a)　ある基準となる状態量との比で，未知関数，独立変数を表せる．

(b)　運動を支配する独立な無次元パラメータを見つけることができる．

以下に，式(7.5)とその初期条件式(7.6)を無次元化する具体的な手順を示す．最初に，式(7.5)および式(7.6)に含まれる未知関数である変位 w の無次元量 w^*，独立変数である時間 t の無次元量 τ を，それぞれ，以下の様に定義する．

$$w \equiv W_0\,w^*\ \ ,\ t \equiv \tau/\omega_z \tag{7.7}$$

ここで W_0 は z 方向の初期変位，$1/\omega_z$ は z つまり横方向の線形自由振動の固有周期に対応する．

次に，式(7.7)を式(7.5)および式(7.6)に代入して w,t を消去すると，

$$W_0\omega_z^2\frac{d^2w^*}{d\tau^2}+W_0\omega_z^2w^*+\alpha_zW_0^3{w^*}^3=0 \tag{7.8}$$

$$W_0w^*(0)=W_0\ \ ,\ \ W_0\omega_z\frac{dw^*}{d\tau}(0)=0 \tag{7.9}$$

となる．なお式(7.9)の(　)の中の変数は，(　)自身が式の割り算，掛け算など演算とは無関係なものであるから，有次元で t とあれば，無次元では τ と記述しておけばよく，0 の場合は，無次元でも 0 と記述しておけばよい．

式(7.8)および式(7.9)を整理すると，以下に示される無次元化された方程式

$$\frac{d^2w^*}{d\tau^2}+w^*+\varepsilon{w^*}^3=0 \tag{7.10}$$

および初期条件

$$w^*(0)=1,\ \frac{dw^*}{d\tau}(0)=0 \tag{7.11}$$

が得られる．ここで，無次元パラメータ ε は

$$\varepsilon=\alpha_z\left(\frac{W_0}{\omega_z}\right)^2=\frac{L_0}{\Delta L_0}\left(\frac{W_0}{l}\right)^2 \tag{7.12}$$

である．

式(7.10)および式(7.12)より，無次元変位 w^* は，ε を無次元パラメータとし

－無次元化に悩みを持つ人のために－

方程式を無次元化すると，かえって複雑になったりすることがある．非線形自由振動の場合でも，長さの代表値として

$$\omega_z/\sqrt{\alpha_z}$$

を取ると，無次元方程式の形がことなってくる．通常，無次元化は何度かやり直すものであり，‘自分が何を知りたいか’，‘その現象の本質は何であるか’を知ってはじめて適切な代表値を決定出来る．大げさに言えば最後に決まるものである．

しかし一度出来てしまえば，支配方程式の解析，現象の理解に大きな力を発揮する．さらに実験で模型を作るとき，実機と無次元パラメータを同じにすれば，力学的に相似になる．

て，無次元時間 τ の関数であることが分かった．これを $w^*(\tau;\varepsilon)$ と表すことにする．

すなわち図 7.4 で示される運動に与えるパラメータの影響を調べるには，有次元の運動方程式(7.5)とその初期条件式(7.6)に含まれるパラメータ α_z, ω_z および W_0 の 3 個を個々に調べる必要はなく，独立なパラメータは，非線形性への初期変位の大きさの影響を表す無次元パラメータ ε だけであることが無次元化することによりわかる．

7・2・2　近似解法（approximate solutions）

式(7.10)で表される非線形振動方程式は，弱非線形振動系(weakly nonlinear vibrations)と呼ばれるもので，このとき無次元パラメータ ε の絶対値が 1 に比べて十分に小さくなる．これは，振り子運動で言えば，一回転するような場合を含む強非線形振動系(strongly nonlinear vibrations)と異なり，静止状態の付近で振動している状態に対応する．

非線形振動方程式(7.10)とその初期条件を満たす解を求める手段としては，第一に，ルンゲクッタ法に代表される数値解法[1]がある．数値解法の利点は，結果がわかっていなくても，取り敢えず解を求められることである．これ以外にシューティング法[2]をはじめとした数値解法については多くの著書がみられ，具体的にはそれらを参考にして頂きたい．

第二に，式(7.10)に含まれる ε が 1 に比べて十分小さいとして，解析的に求める近似解法がある．近似解法[3]としては平均法，調和バランス法，摂動法（漸近解法）などがあり，その利点は，非線形振動の本質的な特徴を説明するのに便利な形で解を表現できることである．

a．平均法（averaging method）

平均法は，常微分方程式の定数変化法を基にした近似解法で，信頼性が高い．その概要を具体的に知るために，式(7.10)を平均法で解くと以下のようになる．式(7.10)の解を

$$w^*(\tau) = a\cos(\tau + \varphi) \tag{7.13}$$

と置く．

ここで，τ についての任意関数である $a(\tau), \varphi(\tau)$ を決めるためには，2 つの方程式が必要であり，式(7.10)以外に w^* の τ についての一階微分が，a および φ が定数である場合と同じ形をするための条件

$$\dot{a}\cos(\tau + \varphi) - a\dot{\varphi}\sin(\tau + \varphi) = 0 \tag{7.14}$$

を与えることにする．このとき式(7.10)に式(7.13)を代入すると

$$\dot{a}\sin(\tau + \varphi) + a\dot{\varphi}\cos(\tau + \varphi) = \varepsilon a^3 \cos^3(\tau + \varphi) \tag{7.15}$$

となる．

式(7.14)および式(7.15)から，$\dot{a}$ と $\dot{\varphi}$ についての式

$$\dot{a}=\varepsilon a^3 \sin(\tau+\varphi)\cos^3(\tau+\varphi)$$
$$\dot{\varphi}=\varepsilon a^2 \cos^4(\tau+\varphi) \tag{7.16}$$

が求まる．ε が小さい場合，式(7.16)より a および φ の時間的変化率が小さいと考えられる．そこで $0\leq\tau\leq 2\pi$ での a および φ の平均的な時間変化率は，

$$\begin{aligned}\dot{a}&=\frac{\varepsilon}{2\pi}\int_0^{2\pi}a^3\sin(\tau+\varphi)\cos^3(\tau+\varphi)\,d\tau\\&=0\\\dot{\varphi}&=\frac{\varepsilon}{2\pi}\int_0^{2\pi}a^2\cos^4(\tau+\varphi)\,d\tau\\&=\frac{3}{8}\varepsilon a^2\end{aligned} \tag{7.17}$$

となる．ここで，式(7.16)の右辺に含まれる a および φ の時間的変化分は ε の 2 乗以下の高次微小量となるため，式(7.17)では a および φ を時間について一定として積分を実行した．

したがって式(7.17)から $a(\tau)$ および $\varphi(\tau)$ を求めたのち，これらに初期条件式(7.11)を考慮すると $a(0)\doteqdot 1,\ \varphi(0)\doteqdot 0$ となることより

$$w^*(\tau)=\cos\left(1+\frac{3}{8}\varepsilon a^2\right)\tau \tag{7.18}$$

となる．

b．調和バランス法（harmonic balance method）

調和バランス法(harmonic balance method)は，9・3・2 で学ぶことになるが，ある振動数の整数倍の振動数を含む複数の振動成分で解を求める近似方法で，高調波成分など複数の振動成分が発生する振動現象の解析等に適している．

c．摂動法（perturbation methods）

最後に摂動法（漸近解法）には多くの方法があり，代表的なものとして，振動方程式の解とその振動数の両者を ε のべき級数で記述できるとしたリンドステット・ポアンカレの方法がある．また解の求め方が系統的でコンピュータによる数式処理に適しているため，1970 年代以降の国内外とくに海外の非線形振動研究者により多用されている多重尺度法(method of multiple scales)も摂動法のひとつである．本節では，多重尺度法により解を求めることにする．なお多重尺度法については，入門的な和書が少ないため，予備知識なく理解出来るように説明する．

7・2・3　多重尺度法（method of multiple scales）

多重尺度法とは，式(7.10)の近次解を

$$w^*(\tau)=w_0^*(\tau_0,\tau_1)+\varepsilon w_1^*(\tau_0,\tau_1)+\cdots \tag{7.19}$$

の形に，微小パラメータεを用いることにより展開できるものと仮定して，求める方法である．

ここで単一の時間尺度τの代わりに，複数の時間尺度

$$\tau_0 \equiv \tau\,,\ \tau_1 \equiv \varepsilon\tau \tag{7.20}$$

を導入する点がこの方法の特徴である．

a．式(7.10)から$w_0{}^*, w_1{}^*$の方程式の誘導（derivation of equations governing $w_0{}^*$ and $w_1{}^*$ from equation (7.10)）

式(7.10)で，時間τについての微分は

$$\begin{aligned}\frac{d}{d\tau} &= \frac{\partial}{\partial\tau_0}\cdot\frac{d\tau_0}{d\tau} + \frac{\partial}{\partial\tau_1}\cdot\frac{d\tau_1}{d\tau} + \cdots \\ &= \frac{\partial}{\partial\tau_0}\cdot 1 + \frac{\partial}{\partial\tau_1}\cdot\varepsilon + \cdots \\ &\equiv D_0 + \varepsilon D_1 + \cdots\end{aligned} \tag{7.21}$$

となる．ただし$D_0 = \partial/\partial\tau_0, D_1 = \partial/\partial\tau_1, \cdots$である．さらに

$$\begin{aligned}\frac{d^2}{d\tau^2} &= (D_0 + \varepsilon D_1 + \cdots)^2 \\ &= D_0{}^2 + 2\varepsilon D_0 D_1 + \cdots\end{aligned} \tag{7.22}$$

となる．ただし$D_0^2 = \partial^2/\partial\tau_0^2$，$D_0 D_1 = \partial^2/\partial\tau_0\partial\tau_1$である．

【例題 7.2】＊＊＊＊＊＊＊＊＊＊＊＊＊＊＊＊＊＊＊＊＊＊＊＊＊＊

$\tau_0 = \tau, \tau_1 = \varepsilon\tau$で定義される場合，任意の関数$f(\tau) = f(\tau_0, \tau_1)$に対して

$$\frac{df}{d\tau} = \frac{\partial f}{\partial\tau_0} + \frac{\partial f}{\partial\tau_1}\varepsilon \tag{7.23}$$

となることを示しなさい．

【解答】　一般に$\tau_0 = g_0(\tau),\ \tau_1 = g_1(\tau)$のとき，

$$f(\tau) = f(\tau_0, \tau_1) \tag{7.24}$$

の微分は

$$\begin{aligned}\frac{df}{d\tau} &= \frac{\partial f}{\partial\tau_0}\frac{d\tau_0}{d\tau} + \frac{\partial f}{\partial\tau_1}\frac{d\tau_1}{d\tau} \\ &= \frac{\partial f}{\partial\tau_0}\frac{dg_0}{d\tau} + \frac{\partial f}{\partial\tau_1}\frac{dg_1}{d\tau} \\ &= \frac{\partial f}{\partial\tau_0}1 + \frac{\partial f}{\partial\tau_1}\varepsilon\end{aligned} \tag{7.25}$$

−多重尺度を時計の針に例えると−

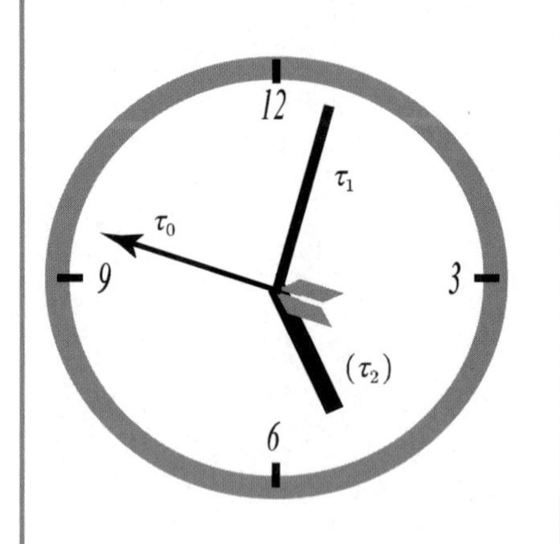

τ_0は時計の秒針に相当する短時間尺度，τ_1は同じく分針に相当する長時間尺度である．

さらに必要に応じて，短針つまり時間に対応させて，より長い時間尺度τ_2を考えることも可能である．

となる．

＊＊＊＊＊＊＊＊＊＊＊＊＊＊＊＊＊＊＊＊＊＊＊＊＊＊＊＊＊

このとき，式(7.10)は，式(7.19)を代入したのち，ε のべき級数で表すと

$$\left(D_0^{\,2}w_0^{\,*}+w_0^{\,*}\right)+\varepsilon\left(D_0^{\,2}w_1^{\,*}+2D_0D_1w_0^{\,*}+w_1^{\,*}+w_0^{\,*3}\right)+\cdots=0 \tag{7.26}$$

となる．式(7.26)が恒等的に成立するための条件として，ε の 2 乗以上の高次微小量を無視すると，上式の $\varepsilon^0, \varepsilon^1$ の各係数が 0 とならなければならないことから，$w_0{}^*$ および $w_1{}^*$ についての方程式

$$D_0^{\,2}w_0^{\,*}+w_0^{\,*}=0 \tag{7.27}$$

$$D_0^{\,2}w_1^{\,*}+w_1^{\,*}=-2D_0D_1w_0^{\,*}-w_0^{\,*3} \tag{7.28}$$

が得られる．

b．第 1 近似解 $w_0^{\,*}$ の求め方（how to obtain a first approximate solution for $w_0^{\,*}$）

式(7.27)は τ_0 についての 2 階の常微分方程式であり，その解は

$$w_0^{\,*}=A(\tau_1)e^{i\tau_0}+\overline{A}(\tau_1)e^{-i\tau_0} \tag{7.29}$$

となり，$\overline{A}$ は A の複素共役を意味する．

複素振幅 A は τ_0 について定数であるが，一般に τ_1 の関数であってよい．そして τ_1 についてどのような形をしているかは，以下のようにして求まる．式(7.29)を式(7.28)に代入すると

$$\begin{aligned} D_0^{\,2}w_1^{\,*}+w_1^{\,*}&=-2D_0D_1\left(Ae^{i\tau_0}+\overline{A}e^{-i\tau_0}\right)\\ &\quad-\left(Ae^{i\tau_0}+\overline{A}e^{-i\tau_0}\right)^3\\ &=-\left(2iD_1A+3A^2\overline{A}\right)e^{i\tau_0}-A^3e^{3i\tau_0}+C.C. \end{aligned} \tag{7.30}$$

となり，式(7.30)の解 $w_1^{\,*}$ は

$$\begin{aligned} w_1^{\,*}&=A_1(\tau_1)e^{i\tau_0}+\frac{1}{8}A^3e^{3i\tau_0}\\ &\quad-\frac{\tau_0}{2i}\left(2iD_1A+3A^2\overline{A}\right)e^{i\tau_0}+C.C. \end{aligned} \tag{7.31}$$

となる．ただし A_1 は式(7.30)の同次解つまり同式の右辺を 0 としたときの解であり，$C.C.$ は右辺に表示された項の複素共役項である．

ところで，式(7.31)の $\tau_0e^{i\tau_0}$ に比例した成分は時間 τ_0 と共に大きくなる．この項のことを，一般に永年項(secular term)と呼んでいる．この永年項が存在すると，式(7.19)の成立条件である $w_0^{\,*}>\varepsilon w_1^{\,*}$ つまり修正項の方が小さくならなければならない条件を満足するためには，$\varepsilon\tau_0$ が 1 に比べて十分短い時

－式(7. 19)の成立条件－

$w_0^*>\varepsilon w_1^*$ は，修正項が第 0 近似の項より大きくならない条件である．この条件が無いと，修正項によって解の性質が全く変わってしまうことになり，修正ではなくなってしまうことになる．その場合，さらに高次の修正項によって，解が基本的に変化してしまい，何次の修正項まで必要なのか分からなくなってしまう．

間であることが必要となる．そこで，時間τ_0が$1/\varepsilon$程度の長時間でも有効な解を求めるため，式(7.31)の永年項が0となる条件を式(7.19)の近似解を求める際にあらたに付け加える．

これより，以下の方程式を得る．

$$2iD_1A + 3A^2\overline{A} = 0 \tag{7.32}$$

c．複素振幅Aについての方程式の解(solving of a complex amplitude equation)

式(7.32)を書き改めると，複素振幅Aの長時間尺度τ_1についての時間的変化率を表す方程式

$$D_1A = \frac{3i}{2}|A|^2 A \qquad (|A|^2 \equiv A\overline{A}) \tag{7.33}$$

が得られる．式(7.33)は，複素振幅方程式(complex amplitude equation)とも呼ばれ，この式を求めることが多重尺度法の目的であると言える．

いま，$A(\tau_1) = a(\tau_1)e^{i\varphi(\tau_1)}/2$，つまり複素振幅を極形式で表すと，式(7.33)は，

$$e^{i\varphi}\left(\frac{D_1a}{2} - \frac{3i}{16}a^3 + \frac{a}{2}iD_1\varphi\right) = 0 \tag{7.34}$$

となる．ここで$e^{i\varphi} \neq 0$，aおよびφは実変数であるから，式(7.34)を$e^{i\varphi}$で除した式の実数部と虚数部が0となる条件より

$$D_1a = 0 \tag{7.35}$$

$$D_1\varphi = \frac{3}{8}a^2 \tag{7.36}$$

が得られる．

式(7.35)および式(7.36)は，それぞれ，振幅aおよび位相φが長時間尺度τ_1についてどのように変化するかを表す方程式であり，長時間尺度τ_1についての発展方程式(evolution equation)とも呼ばれる．このように多重尺度法とは，対象としている現象を，短い時間間隔τ_1で観察した場合と長時間尺度τ_1で見た場合とを区別して問題を解く方法である．式(7.35)をτ_1で積分すると

$$a(\tau_1) = a_c\,(\text{定数}) \tag{7.37}$$

となり，これを式(7.36)に代入すると

$$D_1\varphi = \frac{3}{8}a_c^2 \tag{7.38}$$

式(7.38)をτ_1で積分すると

$$\varphi = \frac{3}{8}a_c^2\tau_1 + \varphi_c \tag{7.39}$$

と求まる．

式(7.37)および式(7.39)より，複素振幅Aは

$$A(\tau_1) = \frac{1}{2}a_c e^{i\left(3a_c^2\tau_1/8+\varphi_c\right)} \tag{7.40}$$

となる.

d． w^* の第１近似解とその物理的意味（a first approximate solution for w^* and its physical meaning）

式(7.29)および式(7.40)より $w_0{}^*$ は次のように求まる.

$$\begin{aligned} w_0{}^* &= \frac{a}{2}\left\{e^{i(\tau_0+\varphi)} + e^{-i(\tau_0+\varphi)}\right\} \\ &= a\cos(\tau_0+\varphi) \\ &= a_c\cos\left(\tau_0+\frac{3}{8}a_c^2\tau_1+\varphi_c\right) \end{aligned} \tag{7.41}$$

したがって，$w^*(\tau)$ の第１近似解は，式(7.19)および式(7.41)より以下のように記述される.

$$w^*(\tau) = a_c\cos\left\{\left(1+\frac{3}{8}\varepsilon a_c^2\right)\tau+\varphi_c\right\}+\mathrm{O}(\varepsilon) \tag{7.42}$$

ただし，$\mathrm{O}(\varepsilon)$ は，ε の１乗以上の高次微小量を無視したことを意味する.たとえば，$\varepsilon\to 0$ のとき $\sin\varepsilon=\mathrm{O}(\varepsilon)$，$\cos\varepsilon=1+\mathrm{O}\left(\varepsilon^2\right)$ と記述する.

式(7.42)より明らかなように，非線形自由振動では固有角振動数が振幅に依存して変化するところが，線形振動と違う点の一つである．線形振動の場合は，固有角振動数は振幅とは独立である.

ここでは固有角振動数が振幅の２乗に比例して，図 7.5 に示されるように高くなる．このような特性をもつばねを漸硬ばね(hardening spring)と呼ぶ．式(7.5)の非線形項の係数が負になる非線形振動系では，逆に低くなる．この場合を漸軟ばね(softening spring)と呼ぶ.

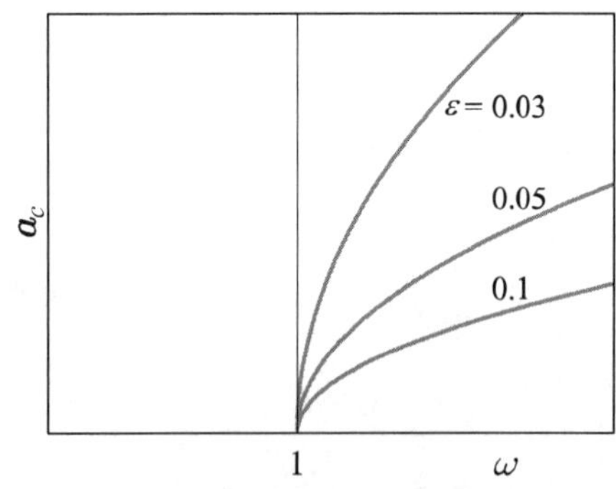

図 7.5　非線形の固有角振動数 ω と振動振幅 a_c との関係

式(7.42)で式(7.11)に示された初期条件を考慮すると，第１近似解は，最終的に，

$$w^*(\tau) = \cos\left(1+\frac{3}{8}\varepsilon\right)\tau \tag{7.43}$$

と求まる．これは，平均法で求めた解(7.18)と同じである.

【例題 7. 3】＊＊＊＊＊＊＊＊＊＊＊＊＊＊＊＊＊＊＊＊＊＊＊＊

Consider the equation

$$\frac{d^2w^*}{d\tau^2}+2\varepsilon\frac{dw^*}{d\tau}+w^*=0\quad(0<\varepsilon\ll 1) \tag{7.44}$$

and the initial condition

$$\frac{dw^*}{d\tau}(0)=0,\ w^*(0)=1. \tag{7.45}$$

Determine a first-order uniform expansion using the method of multiple scales.

【解答】 We seek a first-order uniform expansion in the form

$$w^*(\tau) = w_0(\tau_0, \tau_1) + \varepsilon w_1(\tau_0, \tau_1) + \cdots, \tag{7.46}$$

where $\tau_0 \equiv \tau$, $\tau_1 \equiv \varepsilon\tau$.

Substituting Eq. (7.46) into Eq. (7.44) and equating coefficients of like powers of ε, we obtain

$$D_0^2 w_0^* + w_0^* = 0 \tag{7.47}$$

$$D_0^2 w_1^* + w_1^* = -2D_0 D_1 w_0^* - 2D_0 w_0^*. \tag{7.48}$$

The solution to Eq. (7.47) can be expressed as

$$w_0^* = A(\tau_1)e^{i\tau_0} + \bar{A}(\tau_1)e^{-i\tau_0}. \tag{7.49}$$

Then Eq. (7.48) becomes

$$D_0^2 w_1^* + w_1^* = -2i(D_1 A + A)e^{i\tau_0} + \text{C.C.} \tag{7.50}$$

Eliminating the secular terms from Eq. (7.50), we have

$$D_1 A = -A \quad . \tag{7.51}$$

Expressing A in the polar form $A(\tau_1) = a(\tau_1)e^{i\varphi(\tau_1)}/2$ and separating Eq. (7.51) into real and imaginary parts, we obtain

$$D_1 a = -a, \quad D_1\varphi = 0. \tag{7.52}$$

The solution $a(\tau_1)$ to Eq.(7.52) can be written as

$$a(\tau_1) = a_0 e^{-\tau_1}, \tag{7.53}$$

where a_0 is a constant, and

$$\varphi = \varphi_c \,, \tag{7.54}$$

where φ_0 is a constant. Then, w_0^* is expressed as

$$\begin{aligned} w_0^* &= \frac{a_0}{2} e^{-\tau_1} \left\{ e^{i(\tau_0 + \varphi_0)} + e^{-i(\tau_0 + \varphi_0)} \right\} \\ &= a_0 e^{-\tau_1} \cos(\tau_0 + \varphi_0). \end{aligned} \tag{7.55}$$

Therefore, we obtain the first approximate solution as follows:

$$w^*(\tau) = a_c e^{-\varepsilon\tau} \cos\{\tau + \varphi_c\} + \mathrm{O}(\varepsilon). \tag{7.56}$$

Furthermore we obtain

$$w^*(\tau) = e^{-\varepsilon\tau} \cos\tau + \mathrm{O}(\varepsilon), \tag{7.57}$$

where the initial condition (7.45) is considered.

＊＊＊＊＊＊＊＊＊＊＊＊＊＊＊＊＊＊＊＊＊＊＊＊＊＊＊＊＊＊

7・3　非線形強制振動（nonlinear forced vibration）

次に，図 7.6 に示されるように，両側のばね取り付け部分を $z_0 = A\sin Nt$ で周期的に加振すると，質点の z 方向の運動方程式は

$$m(\ddot{z}_0 + \ddot{w}) = -2k\left(\sqrt{l^2 + w^2} - L_0\right)\sin\theta - c(\dot{z}_0 + \dot{w}) \tag{7.58}$$

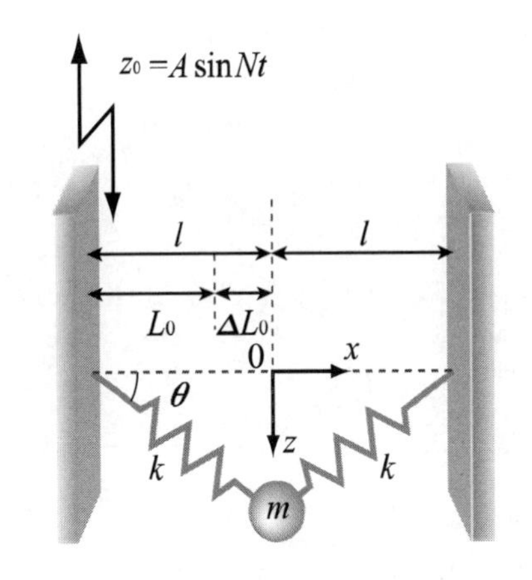

図 7.6　ばねを取り付けた壁が z 方向に加振されるとき生じる質点の振動

と表される．ただし，z 軸は壁とともに振動する座標系であり，上式の右辺第 2 項は，空気抵抗をはじめとした質点が運動するとき受ける抵抗を，速度の 1 乗に比例するものと仮定して表したものである．線形の強制振動のときに知られるように，共振点付近で減衰抵抗が振動の状態を決める重要な要素となるため，非線形強制振動を扱う本節ではこの減衰抵抗を考慮する．なお定数 c は，通常，実験的に決められるパラメータである．

式(7.58)で式(7.5)の誘導の場合と同様 $(w/l)^3$ より高次の微小量を無視したのち，$z_0 = A\sin Nt$ を代入して時間軸を $t - \varphi/N \to t_{new}$ と置き換えると式(7.58)は，

$$\ddot{w} + \frac{c}{m}\dot{w} + \omega_z^2 w + \alpha_z w^3 = AN^2\sqrt{1 + \left(\frac{c}{mN}\right)^2}\sin Nt_{new} \tag{7.59}$$

と表される．詳細は問題【7・2】を参照されたい．以後は，t_{new} をあらためて t とする．

7・3・1　主共振（primary resonance）

ここで，式(7.59)の非線形項を無視した場合の共振，すなわち加振角振動数 N が固有角振動数 w_z に近い場合について，非線形項を考慮に入れ解の挙動を調べ，共振現象に与える非線形項 $\alpha_z w^3$ の影響を明らかにする．

a. 無次元化（nondimensionalization）

最初に非線形自由振動の場合と同じように，式(7.59)を無次元化する．すなわち，線形振動の固有周期の代表値 $1/w_z$ をもちいて無次元時間 $\tau = w_z t$ を定義する．z 方向の無次元変位は，$Z = \left(Aw_z^2/\alpha_z\right)^{1/3}$ をもちいて無次元変位 $w^* = w/\left(Aw_z^2/\alpha_z\right)^{1/3}$ を定義する．この代表長さ Z は，式(7.59)における張力の非線形復元力成分 $\alpha_z w^3$ と，N を ω_z と見なしたときの式(7.59)の右辺すなわち外力項の大きさとが，同程度であることを意味する．これらをもちいて式(7.59)を記述すると，

$$\frac{d^2w^*}{d\tau^2} + 2\gamma\frac{dw^*}{d\tau} + w^* + \varepsilon w^{*3} = \varepsilon\nu^2\sqrt{1 + \left(\frac{2\gamma}{\nu}\right)^2}\sin\nu\tau \tag{7.60}$$

と表される．ここで無次元パラメータ ε，γ および ν は，それぞれ

$$\varepsilon = \left\{ \alpha_z \left[\frac{A}{w_z} \right]^2 \right\}^{\frac{1}{3}} \left(= \frac{A}{Z} \right),\ 2\gamma = \frac{c}{m w_z},\ \nu = \frac{N}{w_z} \tag{7.61}$$

で定義され，以下では $|\varepsilon| \ll 1$ の場合，すなわち無次元加振振幅が小さい場合を取り扱う．

そして式(7.60)より，無次元変位 $w^*(\tau;\varepsilon,\gamma,\nu)$ は ε，γ および ν を無次元パラメータとして含み，無次元時間 τ の関数として求まることがわかる．

b. 多重尺度法による近似解(approximate solution obtained with method of multiple scales)

ここでは線形の共振付近を考えていることより，式(7.60)で ν を

$$\nu = 1 + \varepsilon\sigma \tag{7.62}$$

と置くと共に，無次元減衰係数も十分に小さく $\gamma = \varepsilon\hat{\gamma}$（$\hat{\gamma}$ は 1 の大きさの値）とする．ここで σ は 1 の大きさの数値で離調パラメータ(detuning parameter)と呼ばれる．

このときの解は，$\tau_0 = \tau, \tau_1 = \varepsilon\tau$ を用いて

$$w^*(\tau) = w_0{}^*(\tau_0, \tau_1) + \varepsilon w_1{}^*(\tau_0, \tau_1) + \cdots \tag{7.63}$$

と表したのち，非線形自由振動の場合に式(7.42)を導いたのと同様にして，第 1 近似解は

$$w^*(\tau) = b_s \cos(\nu\tau + \varphi_s) + O(\varepsilon) \tag{7.64}$$

と求まる．

ここで，式(7.35)および式(7.36)と同様に振幅 $b(\tau_1)$ および位相 $\varphi(\tau_1)$ についての方程式を求め，これらより定常状態における振幅 b_s および位相 φ_s についての方程式

$$\left(\sigma - \frac{3}{8} b_s^2 \right)^2 + \hat{\gamma}^2 = \left(\frac{1}{2 b_s} \right)^2 \tag{7.65}$$

$$\tan\varphi_s = \frac{-\sigma + \frac{3}{8} b_s^2}{\hat{\gamma}} \tag{7.66}$$

が得られる（練習問題 7.4 の解答参照）．すなわち無次元変位の定常振幅 b_s およびこのときの位相は，それぞれ，式(7.65)および式(7.66)より，離調パラメータ σ と減衰の大きさを示す無次元パラメータ $\hat{\gamma}$ の関数として求まることになる．

なお，式(7.64)で示される $w^*(\tau)$ は

$$\hat{\gamma}^2 + \left(\sigma - \frac{3}{8} b_s^2 \right) \left(\sigma - \frac{9}{8} b_s^2 \right) < 0 \tag{7.67}$$

のとき不安定となり，それ以外の領域で安定となる．式(7.67)の誘導は紙面の都合で省略するが，興味のある学生諸君は専門書[3]を参考にして頂きたい．

式(7.65)および式(7.67)をもちいて，横軸にσ，縦軸にb_sを取った共振曲線を描くと図 7.7 のようになる．同図で，実線が安定な定常解，破線が不安定な定常解であり，加振角振動数を高くしていくと振幅は滑らかに大きくなったあと，突然小さくなる．また加振角振動数を低くしていくと，小さな振幅から突然大きな振幅に変化する．このような現象を跳躍現象(jump phenomenon)と呼ぶ．なお中心に描いた一点鎖線は，図 7.6 に示された固有角振動数と振幅の関係を示すもので背骨曲線(backbone curve)と呼ばれている．

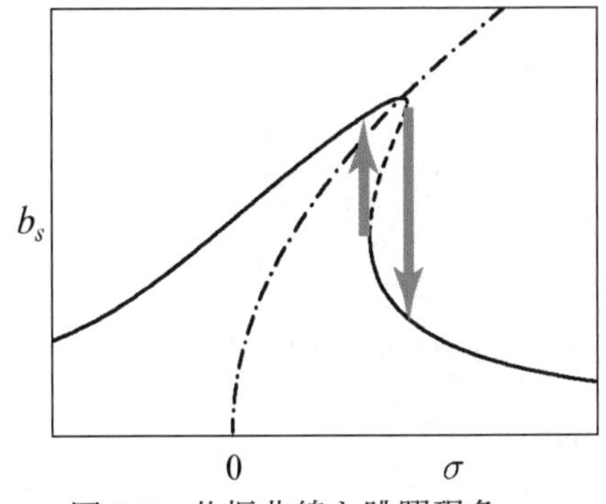

図 7.7　共振曲線と跳躍現象

7・3・2　二次共振（secondary resonance）

ここで，式(7.59)で支持端の加振変位の振幅Aが大きい場合に生じる共振現象を調べてみる．

a．無次元化（nondimensionalization）

この場合，式(7.59)を無次元化する際，無次元変位w^*は，$w = Aw^*$として定義する．このことは，式(7.59)のばねによる復元力の線形成分$\omega_z^2 w$と，Nをω_zと見なしたときの式(7.59)の右辺すなわち外力項の大きさとが，同程度であることを意味する．なお無次元時間τは，以前と同様に，$t = (1/\omega_z)\tau$と置く．

これらをもちいて式(7.59)を記述すると，

$$\frac{d^2w^*}{d\tau^2} + 2\gamma\frac{dw^*}{d\tau} + w^* + \varepsilon {w^*}^3 = K\sin\nu\tau \tag{7.68}$$

と表される．ここで$K = \nu^2\sqrt{1+(2\gamma/\nu)^2}$，無次元パラメータ$\gamma$および$\nu$は主共振の場合と同一の定義式で表され，$\varepsilon$は 2 次共振の場合

$$\varepsilon = \alpha_z\left[\frac{A}{\omega_z}\right]^2 \tag{7.69}$$

で定義され，以下では$|\varepsilon| \ll 1$の場合を取り扱う．

すなわち二次共振の場合，無次元変位w^*は，ε, γおよびνを無次元パラメータとして，無次元時間τの関数として求まることがわかる．

b．多重尺度法による近似解(approximate solution obtained with method of multiple scales)

$\gamma = \varepsilon\hat{\gamma}$の場合を考え，式(7.68)の解を

$$w^*(\tau) = {w_0}^*(\tau_0, \tau_1) + \varepsilon {w_1}^*(\tau_0, \tau_1) + \cdots \tag{7.70}$$

と置き，前節と同様に多重尺度法を用いて求める．この場合$\nu - 2 \simeq 1$つまり$\nu \simeq 3$，および$3\nu \simeq 1$つまり$\nu \simeq 1/3$の場合，強制振動項の影響が固有振動成分にあらわれる．

このことは，線形振動ではあらわれない非線形振動特有の性質であり，誘導は紙面の都合で省略するが，興味のある学生諸君は専門書[3]を参考にして頂きたい．

例えば

－非線形振動現象の見方！－

図 7.7 の共振曲線は，形だけ見れば，線形の場合の共振曲線がわずかに右に倒れただけである．

しかし，このことが原因となって，本文に記したように，加振角振動数を増減したとき，突然の振幅変化が生じる―本文の jump phenomenon―点が，工学的に極めて重要な意味を持つ．

すなわち，これに伴い質量の大きな要素の慣性力が発生して，機械システムの大きなダメージにつながる危険性もある．

$$\nu \simeq \frac{1}{3} + \varepsilon\sigma \tag{7.71}$$

つまり加振角振動数νが固有角振動数の$1/3$の場合，無次元変位の第1近似解は

$$w^* = b_s \cos(3\nu\tau_0 + \varphi_s) + \frac{K}{1-\nu^2}\sin\nu\tau_0 + O(\varepsilon) \tag{7.72}$$

となる．ここで，定常状態における振幅b_sおよび位相φ_sは，

$$\Lambda = K/\{2(1-\nu^2)\}$$

として，式(7.65)および式(7.66)と同様にして誘導される

$$\left\{\hat{\gamma}^2 + \left(-\sigma + 3\Lambda^2 + \frac{3}{8}b_s^2\right)^2\right\}b_s^2 = \left(\Lambda^3\right)^2 \tag{7.73}$$

$$\tan\varphi_s = \frac{\left(-\sigma + 3\Lambda^2\right) + \frac{3}{8}b_s^2}{\hat{\gamma}} \tag{7.74}$$

から得られる．これより無次元パラメータ$\hat{\gamma}, \nu(\sigma)$および$\Lambda$を与えれば定常振幅$b_s$および位相$\varphi_s$を決めることができる．

式(7.72)をもちいて無次元横変位の時刻歴の計算例を示すと，図7.8のようになる．この場合，加振角振動数νで振動する成分w_ν以外に，加振角振動数νの3倍の高調波で振動する成分$w_{3\nu}$が発生している．これを，一般に3次の高調波共振(superharmonic resonance)と呼ぶ．

また$\nu = 3(1+\varepsilon\sigma)$の場合，加振角振動数の1/3つまり$1+\varepsilon\sigma$の角振動数で振動する成分が発生し，1/3次の分数調波共振(subharmonic resonance)と呼ぶ．

3次の高調波共振，1/3次の分数調波共振とも，式(7.68)で変位の3乗に比例する非線形項により発生したものであり，両共振とも支配的な励振成分の角振動数はほぼ固有角振動数に等しいことが特徴である．つまりこれらは，非線形項の影響により，固有振動が励振されたものと考えることができる．

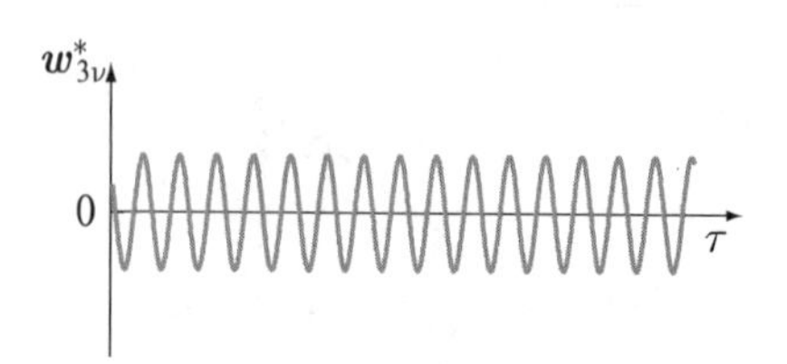

(a)　高調波成分(固有振動成分)

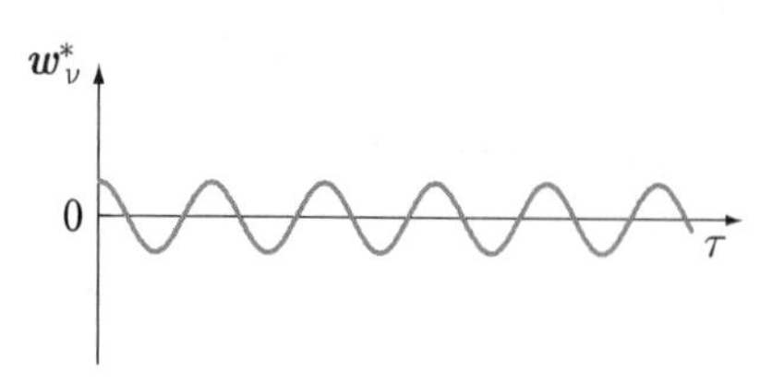

(b)　強制振動成分

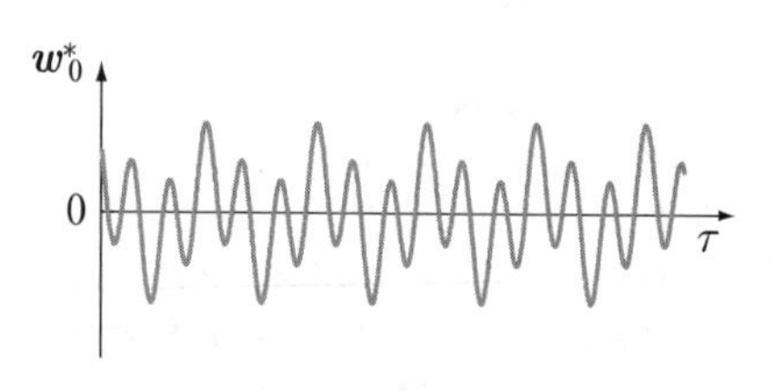

(c)　振動波形

図7.8　高調波振動

7・4　非線形連成振動（nonlinear coupled vibration）

最後に図7.9に示される様に，質点が面内で任意の方向に動いた場合には，質点に働く力のx軸ならびにz軸方向成分の釣合い式を立てると、2本のばねによるxおよびz軸方向の力をそれぞれ$f(u,w)$, $g(u,w)$とすると

$$\begin{aligned} m\ddot{u} &= f(u,w) \\ m\ddot{w} &= g(u,w) \end{aligned} \tag{7.75}$$

となる．ここでu/lおよびw/lの3次より高次の微小量を無視すると，以下の非線形連成の運動方程式が得られる．

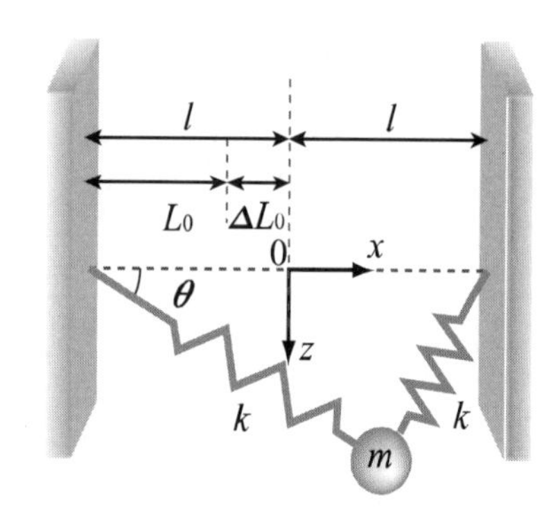

図7.9　質点がxおよびz軸方向に振動する場合

$$m\ddot{u}+ku=2\frac{kL_0}{l^3}uw^2$$
$$m\ddot{w}+2\frac{T_0}{l}w+2\frac{kL_0}{l^3}w^3=2\frac{kL_0}{l^3}u^2w \tag{7.76}$$

式(7.76)の特徴は，線形項の範囲では u,w がお互いに影響を及ぼさない．しかし非線形項を考慮すると，ばねの軸方向変位 u と横方向変位 w が相互に影響を及ぼし合っている．これを非線形連成振動(nonlinear coupled vibration)と呼び，前節までと同様な解析を行うことが出来る．さらに y 軸方向つまり質点が面外振動成分を持つ場合についても，多重尺度法による解析が可能である．このような場合には，解析計算の量が増えるため，コンピュータによる数式処理が力を発揮する．

とくに x,z 方向の線形の固有角振動数 $\omega_x=\sqrt{k/m}$ ，$\omega_z=\sqrt{2T_0/(ml)}$ が等しい場合には，次章で述べる係数励振型の相互作用が激しくなる．このような現象を内部共振(internal resonance)[3]と呼ぶ．

7・5　実際の機械システムにおける非線形振動（nonlinear vibration in mechanical systems）

7.3 節で述べた非線形強制振動の跳躍現象の実例としては，キー溝などに起因して非軸対称になった高速回転軸の振れ回り現象の際に発生することが，古典的な代表例として知られている．

また実際の機械システムは多自由度系であるため，そこに発生する非線形振動の大半が 7.4 節で述べた内部共振に係わりを持つ[4]．図 7.10 に示されるような斜張橋（横浜ベイブリッジ：http://www.mex.go.jp/route/info/index.htm 参照）についても，内部共振に係わる振動現象の発生，あるいは内部共振を利用した振動制御の可能性などが研究されている．

図 7.10　斜張橋

さらに第 9 章で述べる，前述の非軸対称な高速回転軸の場合にも発生する係数励振振動，ブレーキの鳴きとして知られるブレーキディスクとパット間の摩擦力に起因した自励振動などでは，その定常振幅を決める際に非線形振動としての取り扱いが必要である[2]．

これ以外にも，実際の機械システムに発生する衝突あるいはガタ振動などにおいて，非線形振動としての取り扱いが必要になることが多々ある[3]．

====　練習問題　========================

【7・1】(a)　w について線形の微分方程式

$$\ddot{w}+w=0 \tag{7.77}$$

の解は重ね合わせができることを示しなさい．

(b)　w についての非線形項 w^2 が存在する非線形の微分方程式

$$\ddot{w}+w^2=0 \tag{7.78}$$

の解は，重ね合わせができないことを示しなさい．

【7・2】本文の式(7.57)から式(7.58)を誘導しなさい.

【7・3】Consider the dimensionless equation and its initial conditions

$$\frac{d^2w^*}{d\tau^2}+2\varepsilon\frac{dw^*}{d\tau}+w^*=0 \tag{7.79}$$

$$\left.\frac{dw^*}{d\tau}\right|_{\tau=0}=0,\ w^*(0)=1, \tag{7.80}$$

where the value of the dimensionless parameter ε is positive and small, i.e., $0<\varepsilon\ll 1$. Determine a first-order uniform expansion using the averaging method.

【7・4】非線形強制振動の式(7.60)の主共振の場合について，第 1 近似解である式(7.64)を多重尺度法により求めなさい.

【解答】

7・1　(a) 式(7.77)の解を w_1, w_2 とすると

$$\ddot{w}_1+w_1=0,\ \ddot{w}_2+w_2=0$$

となる．両式の和を取ると

$$(\ddot{w}_1+\ddot{w}_2)+(w_1+w_2)=0$$

となる.

$$w_s=w_1+w_2$$

とおけば $\ddot{w}_s+\omega^2w_s=0$，つまり解の和 w_s も w についての方程式を満足する.

(b) 式(7.78)の解を w_1, w_2 として $w_s=w_1+w_2$ を定義すると

$$\ddot{w}_1+w_1^2+\ddot{w}_2+w_2^2\neq\ddot{w}_s+w_s^2$$

となり，w_s は w についての方程式を満足しない．すなわち，非線形微分方程式では，線形微分方程式の場合と異なり，解の和はもとの方程式の解にならない．つまり非線系の場合，解の重ね合わせが出来ない.

7・2　本文の式(7.40)に $w_0=A\sin Nt$ を代入して整理すると,

$$\ddot{w}+\frac{c}{m}\dot{w}+\omega_z^2w+\alpha_zw^3=AN^2\sqrt{1+\left(\frac{c}{mN}\right)^2}\sin(Nt-\varphi)$$

となる．ただし $\tan\varphi=c/(mN)$ である．ここでは初期条件に依存しない解を議論することから，$Nt-\varphi$ を $Nt_{\rm new}$ となるように，時間 t を新しい時間 $t_{\rm new}\equiv t-\varphi/N$ に置き換える．そして $t_{\rm new}$ を改めて t と置くと，式(7.41)が得られる.

7・3　We introduce a transformation from $w^*(\tau)$ to $a(\tau)$ and $\varphi(\tau)$ according to

$$w^*(\tau) = a\cos(\tau+\varphi) \tag{7.81}$$

$$\dot{w}^*(\tau) = -a\sin(\tau+\varphi)\,. \tag{7.82}$$

Differentiating Eq. (7.81) with respect to τ and comparing the result with Eq. (7.82), we have

$$\dot{a}\cos(\tau+\varphi) - a\dot{\varphi}\sin(\tau+\varphi) = 0\,, \tag{7.83}$$

Differentiating Eq. (7.82) with respect to τ and substituting the result together with Eqs. (7.81) and (7.82) into the first equation of Eq. (7.79), we obtain

$$\dot{a}\sin(\tau+\varphi) + a\dot{\varphi}\cos(\tau+\varphi) = -2\varepsilon a\sin(\tau+\varphi)\,. \tag{7.84}$$

Solving Eqs. (7.83) and (7.84) for $\dot{a}$ and $\dot{\varphi}$, we have

$$\dot{a} = -\varepsilon a[1-\cos 2(\tau+\varphi)] \tag{7.85}$$

$$\dot{\varphi} = -\varepsilon a\sin 2(\tau+\varphi)\,. \tag{7.86}$$

Averaging Eqs. (7.85) and (7.86) over the interval $[\,\tau,\ \ \tau+2\pi\,]$, during which a and φ are constant on the right-hand side of these equations, we obtain

$$\begin{aligned}\dot{a} &= -\frac{\varepsilon}{2\pi}\int_0^{2\pi} a[1-\cos 2(\tau+\varphi)]d\tau = -\varepsilon a\\ \dot{\varphi} &= -\frac{\varepsilon}{2\pi}\int_0^{2\pi} a\sin 2(\tau+\varphi)d\tau = 0.\end{aligned} \tag{7.87}$$

Therefore, we obtain a first approximate solution

$$w^*(\tau) = e^{-\varepsilon\tau}\cos\tau \tag{7.88}$$

that satisfies the initial condition .

7・4　式(7.60)に式(7.63)を代入して，ε の各べきの係数が 0 となる条件より $w_0{}^*$ および $w_1{}^*$ についての方程式

$$D_0{}^2 w_0{}^* + w_0{}^* = 0 \tag{7.89}$$

$$\begin{aligned}&D_0{}^2 w_1{}^* + w_1{}^*\\ &\quad = -2D_0D_1w_0{}^* - 2\hat{\gamma}D_0w_0{}^* - w_0{}^{*3} + \sin(\tau_0+\sigma\tau_1)\end{aligned} \tag{7.90}$$

が得られる．式(7.89)の解

$$w_0{}^* = A(\tau_1)e^{i\tau_0} + \bar{A}(\tau_1)e^{-i\tau_0} \tag{7.91}$$

を式(7.90)の右辺に代入すると

$$D_0{}^2 w_1{}^* + w_1{}^* = -2iD_1 A\, e^{i\tau_0} - 2i\hat{\gamma} A\, e^{i\tau_0} - (A^3\, e^{3i\tau_0} + 3A^2\bar{A}\, e^{i\tau_0}) + \frac{1}{2i}\, e^{i\sigma\tau_1}\, e^{i\tau_0} + C.C. \tag{7.92}$$

となる．上式の右辺で，w_1^* に永年項を生じさせる項つまり $e^{i\tau_0}$ に比例した項の係数を 0 と置くことより

$$D_1 A = -\hat{\gamma} A + \frac{3i}{2}|A|^2 A - \frac{1}{4} e^{i\sigma\tau_1} \tag{7.93}$$

で表される複素振幅 A の方程式が得られる．

次に $A = B(\tau_1)\, e^{i\sigma\tau_1}$ と置くと，上式から B についての方程式

$$D_1 B = -\left\{\hat{\gamma} + i\left(\sigma - \frac{3}{2}|B|^2\right)\right\} B - \frac{1}{4} \tag{7.94}$$

が得られる．この式は，時間尺度 τ_1 について陽の項がないため，B の定常解つまり $D_1 B = 0$ とした解を求めることができる．

さらに式(7.94)で B を極座標表示つまり $B = b(\tau_1)\, e^{i\varphi(\tau_1)}/2$ と置くと

$$\begin{aligned} D_1 b &= -\hat{\gamma} b - \frac{1}{2}\cos\varphi \\ b D_1 \varphi &= \left(-\sigma + \frac{3}{8} b^2\right) b + \frac{1}{2}\sin\varphi \end{aligned} \tag{7.95}$$

となる．

式(7.95)で $D_1 b = D_1 \varphi = 0$ とした方程式より，$b = b_s$，$\varphi = \varphi_s$ についての式(7.65)および(7.66)が得られる．

第 7 章の文献

(1) 初心者のため原理をやさしく説明した著書として Hildebrand, F.B., (1976), Advanced Calculus for Applications, Prentice-Hall が良書であるが，戸川隼人，数値計算，(1999)，岩波書店．あるいは，清水信行，基礎と応用　機械力学，(1998)，共立出版，などの数値計算関連の書籍にはほとんど載っている．

(2) 日本機械学会編，機械工学便覧，基礎編 $\alpha 2$ 機械力学，第 8 章，(2004)，日本機械学会．

(3) Nayfeh,A.,H., *Nonlinear Oscillations*, (1979), Wiley - Interscience.

(4) Nayfeh,A.,H., *Nonlinear Interactions*, (2000), Wiley - Interscience.

第 8 章

不規則振動

Random Vibration

- 不規則振動は見ているだけでは特徴をつかみにくい．そのため，確率の基礎を学んでその特徴をつかむ．
- 自己相関関数やパワースペクトル密度関数でその特徴をつかむ．
- 不規則振動入力を受ける振動系の応答はどのように求めるのか？

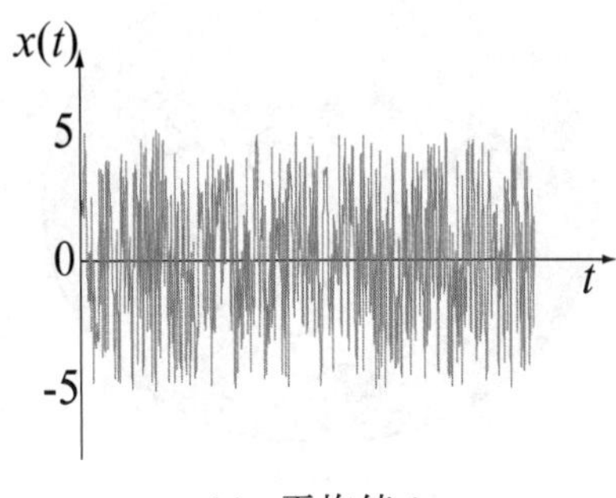

(a) 平均値 0

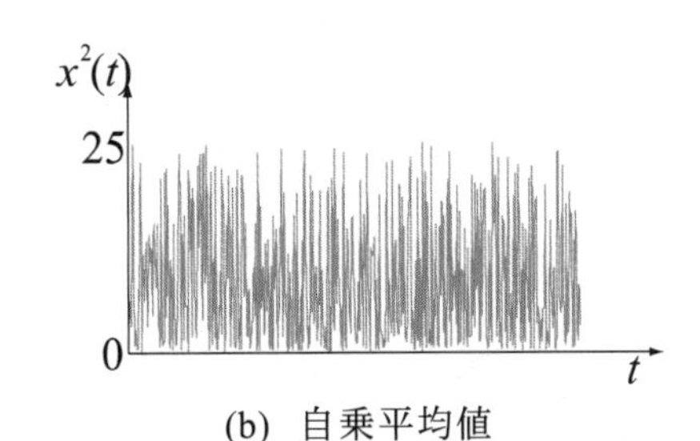

(b) 自乗平均値

図 8.1　不規則振動の波形

8・1　不規則振動とは（about random vibration）

不規則振動は，地震・風・波浪などの自然現象による荷重を受ける構造物の応答，各種の機械・交通振動などによる振動や騒音などの様々な現象に含まれる．不規則振動は波形を見ていてもその特徴をつかむことが難しい場合が多い．そのために，統計的な手法を用いてどのような特徴を持った振動であるかを評価しなければならない．このような場合，大きく分けてふたつの方法がとられる．

ひとつは不規則振動を何らかの代表値（最大値やあとで述べる自乗平均値など），すなわち不規則振動の大きさで評価する方法である．図 8.1(a)のような不規則振動の特徴を一言で表すことは難しい．このような場合に，最大値が振動の大きさを表す．一方，最大値は一瞬のもので，不規則振動の特徴をかならずしも十分に表しているとはいえない．全体の特徴を表すために単純に平均を求めると 0 となってしまう．そのため振動波形の自乗を計算すると図 8.1(b)のようになる．この平均を求めると，不規則振動の大きさを示すものとなる．

もうひとつは，不規則振動をあとで述べる方法で多数の正弦波に分解し，どのような周波数成分の波を多く含んでいるかを評価する方法である．図 8.2(a)の不規則振動を図 8.2(b)のように多数の正弦波に分解する（この図では，紙面の都合で主な 3 つの波形を示した）．それぞれの正弦波の振幅から，その振動数の波の成分がどの程度含まれているかがわかる．これらは独立に議論できるものではなく，互いに関連しているものである．

本章では，まず前者に関連する確率の基礎，統計的な計算をする上で必要な知識について述べる．次に後者に関連する相関関数とスペクトル密度について述べる．最後にこれらの応用として不規則振動入力を受ける線形系の応答について述べる．

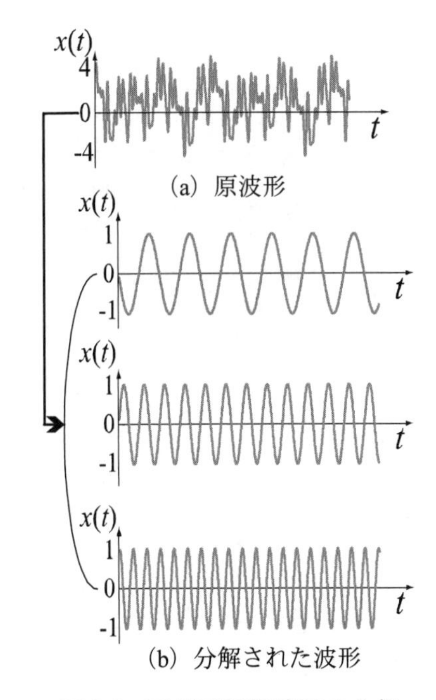

(b) 分解された波形

図 8.2　不規則振動波形の分解

8・2　確率の基礎（fundamentals of probability）

不規則振動は明確な時間の関数で表すことができないために，統計的な量（統計量）で表す．ここでは基本的な統計量を示す．

8・2・1　基礎的な統計量（fundamental statistics）

統計量としてよく用いられるものに，平均値(mean value)または期待値(expected value)がある．統計量で表されるような変数を確率変数(random variable)という．図 8.3 に示すように，確率変数を X として，その中の n 個の量 $x_i (i = 1, 2, 3, ...n)$ が測定されたとする．平均値または期待値は次式で与えられる．

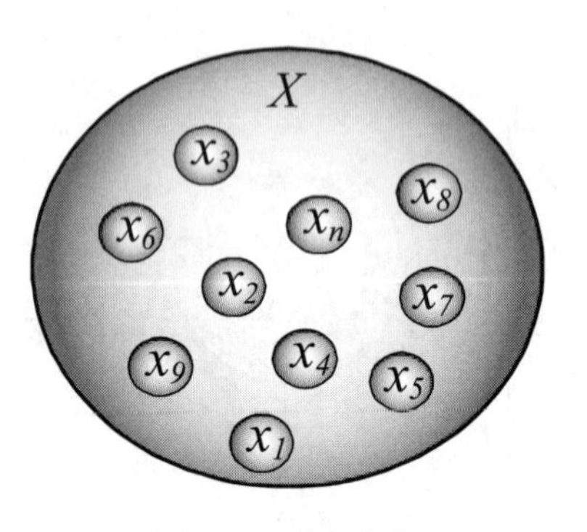

図 8.3　確率変数

$$E[X] = \frac{\sum_{i=1}^{n} x_i}{n} \tag{8.1}$$

また，不規則な量は広がりをもつ．これを表すために，次式で表される自乗平均値(mean square value)もよく用いられる．

$$E\left[X^2\right] = \frac{\sum_{i=1}^{n} {x_i}^2}{n} \tag{8.2}$$

平均値まわりの自乗平均値は分散(variance)とよばれ，次式で表される．

$$\begin{aligned} Var[X] &= E\left[(X - E[X])^2\right] \\ &= \frac{\sum_{i=1}^{n} (x_i - E[X])^2}{n} \\ &= E\left[X^2\right] - E[X]^2 \end{aligned} \tag{8.3}$$

平均値が 0 の場合は自乗平均値と分散は等しくなる．分散の平方根は標準偏差(standard deviation)とよばれる．

$$\sigma_X = \sqrt{Var[X]} \tag{8.4}$$

また，次式のように標準偏差と平均値の比である変動係数または変異係数(coefficient of variation)が使われることもある．

$$\nu_X = \frac{\sigma_X}{E[X]} \tag{8.5}$$

式(8.2)の自乗平均値以上の次数の統計量も定義できる．例えば，平均値まわりの 3 乗の平均値は平均値からの偏り具合を評価するために使われる．平均値まわりの 4 乗の平均値は X がどの程度平均値に集中しているかを評価するために使われる．しかしながら，一般には平均値と自乗平均値（または，分散や標準偏差）で十分な場合が多い．この章で扱う線形不規則振動であれば，自乗平均値で十分にその特性を評価できる．したがって，ここでは自乗平均値までについて述べることにする．

【例題 8・1】　* *

Calculate the mean value, the mean square value, the standard deviation and the coefficient of variation of the following 10 variables.

5, 9, 3, −4, 1, −3, −2, 7, −1, 6

【解答】In this case n=10, so the mean value is obtained from Eq. (8.1) as

$$E[X]=\frac{5+9+3-4+1-3-2+7-1+6}{10}=2.1$$

The mean square value is obtained from Eq. (8.2) as

$$E\left[X^2\right]=\frac{5^2+9^2+3^2+(-4)^2+1^2+(-3)^2+(-2)^2+7^2+(-1)^2+6^2}{10}=23.1$$

The variance is obtained from Eq. (8.3) as

$$Var[X]=E\left[X^2\right]-E[X]^2=23.1-2.1^2=18.69$$

Then, the standard deviation is obtained from Eq. (8.4) as

$$\sigma_X=\sqrt{Var[X]}=\sqrt{18.69}=4.32$$

The coefficient of variation is obtained from Eq. (8.5) as

$$\nu_X=\frac{\sigma_X}{E[X]}=\frac{4.32}{2.1}=2.06$$

＊＊＊＊＊＊＊＊＊＊＊＊＊＊＊＊＊＊＊＊＊＊＊

X がサイコロの目のように飛び飛びの値をとる場合には離散的(discrete)であるという．一方，人間の身長のように連続した値をとる場合には連続的(continuous)であるという．ここでは X は連続的である場合を扱う．

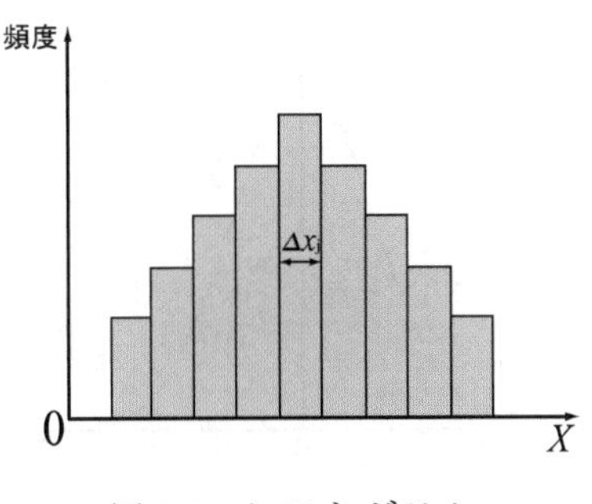

図 8.4　ヒストグラム

8・2・2　確率密度関数（probability density function）

x_i が区間 Δx_j に入る数を頻度とよび，それを図 8.4 に示すような棒グラフで表したものがヒストグラムである．頻度を n で割った値がその区間に入る確率(probability)である．j 番目の区間に入る確率を P_j とし，区間の数を m とすると，

$$\sum_{j=1}^{m}P_j=1 \tag{8.6}$$

Δx_j を小さくすると図 8.4 は曲線になる．この場合の頻度を n で割って得られる関数 $p(x)$ を確率密度関数(probability density function)とよぶ（図 8.5）．この場合，式(8.6)は次式のようになる．

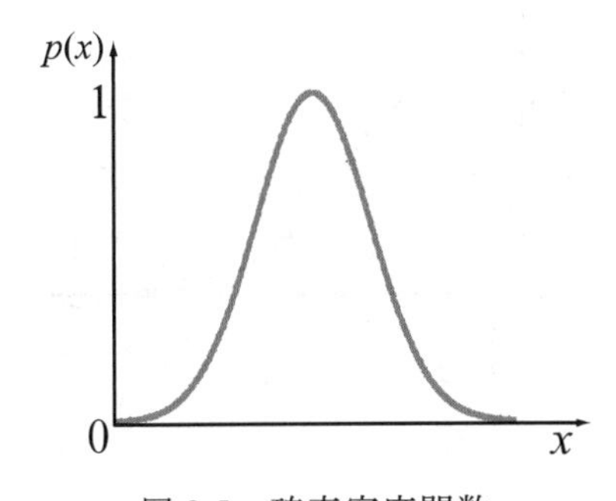

図 8.5　確率密度関数

$$\int_{-\infty}^{\infty}p(x)dx=1 \tag{8.7}$$

また，式(8.1)および式(8.2)で与えられる平均値と自乗平均値はそれぞれ，

$$E[X]=\int_{-\infty}^{\infty}xp(x)dx \tag{8.8}$$

$$E\left[X^2\right]=\int_{-\infty}^{\infty}x^2p(x)dx \tag{8.9}$$

さらに，$X\le x$ となる確率を表す関数 $P(x)$ を確率分布関数(probability distribution function)という．確率分布関数と確率密度関数の間には次の関係

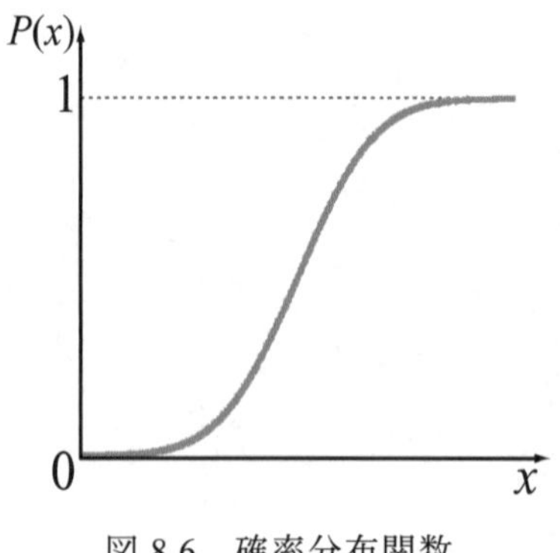

図 8.6　確率分布関数

があある.

$$P(x)=\int_{-\infty}^{x} p(x)dx \tag{8.10}$$

図 8.6 に，図 8.5 の確率密度関数に対応する確率分布関数を示す.

a．正規分布(normal distribution)

不規則振動でよく使われる確率密度関数としては，次式で表される正規分布(normal distribution)またはガウス分布(Gaussian distribution)がある.

$$p(x)=\frac{1}{\sqrt{2\pi}\sigma_X}\exp\left[-\frac{(x-E[X])^2}{2\sigma_X{}^2}\right] \tag{8.11}$$

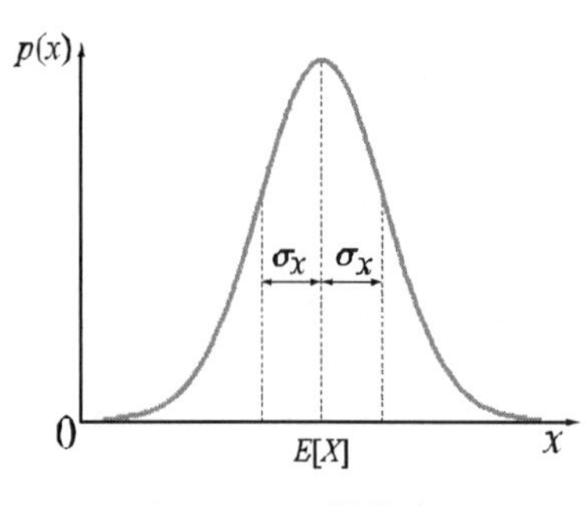

図 8.7　正規分布

この分布は図 8.7 のようになる．式(8.11)で

$$z=\frac{x-E[X]}{\sigma_X} \tag{8.12}$$

とおくと,

$$p(z)=\frac{1}{\sqrt{2\pi}}\exp\left(-\frac{z^2}{2}\right) \tag{8.13}$$

となり，図 8.8 に示す平均値 0，分散が 1 の正規分布になる．このような分布を基準正規分布とよぶ.

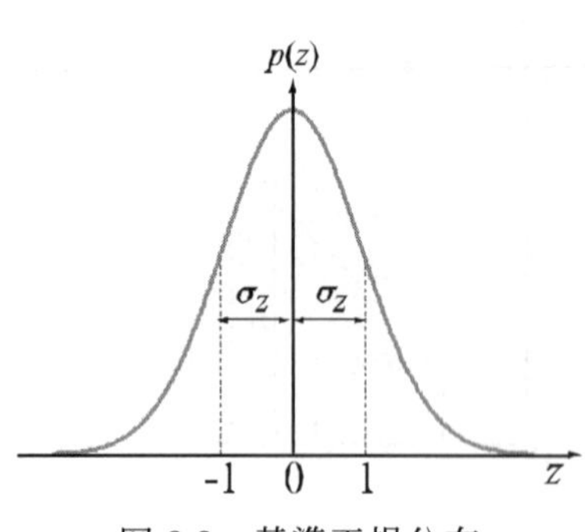

図 8.8　基準正規分布

b．レイリー分布(Rayleigh distribution)

図 8.9 に示すようなレイリー分布(Rayleigh distribution)もよく使われる.

$$p(r)=\frac{r}{\sigma_X{}^2}\exp\left(-\frac{r^2}{2\sigma_X{}^2}\right) \tag{8.14}$$

これは分散が $\sigma_X{}^2$ である正規分布をもつ狭帯域不規則過程（8・3・2 参照）の包絡線の分布を表す.

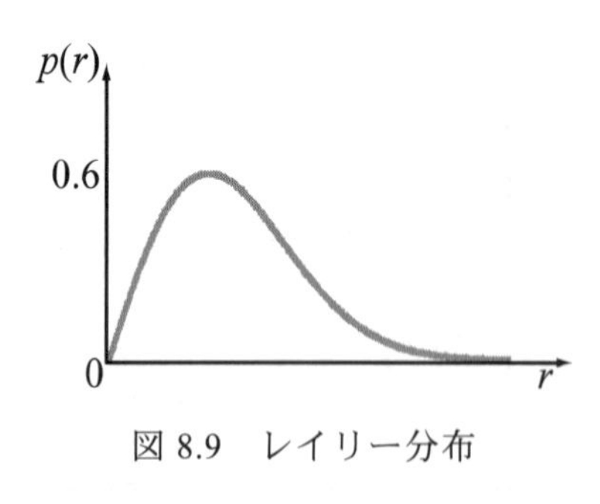

図 8.9　レイリー分布

【例題 8・2】　＊＊＊＊＊＊＊＊＊＊＊＊＊＊＊＊＊＊＊＊＊＊＊＊

図 8.10 に示すような特定の範囲で確率密度関数が一定である場合，一様分布(uniform distribution)という．図のように X が 0 から 5 の間で一定である一様分布に従う場合の平均値と標準偏差を求めよ.

【解答】確率密度関数は式(8.7)の条件を満足しなければならないから,

$$p(x)=\begin{cases}0 & (-\infty<x<0)\\ 0.2 & (0\le x\le 5)\\ 0 & (5\le x\le\infty)\end{cases}$$

であり，平均値は式(8.8)から,

$$E[X]=\int_0^5 0.2xdx=2.5$$

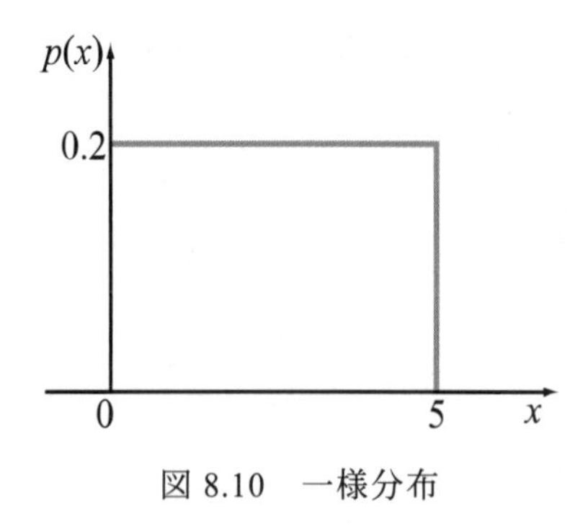

図 8.10　一様分布

標準偏差は式(8.9)の自乗平均値を用いて求める．自乗平均値は,

$$E\left[X^2\right]=\int_0^5 0.2x^2dx=8.33$$

したがって，式(8.3)から分散は，

$$Var[X]=E\left[X^2\right]-E[X]^2=8.33-2.5^2=2.08$$

式(8.4)から標準偏差は

$$\sigma_X=\sqrt{Var[X]}=1.44$$

＊＊＊＊＊＊＊＊＊＊＊＊＊＊＊＊＊＊＊＊＊＊

8・2・3　定常確率過程とエルゴード過程（stationary stochastic process and ergordic process）

不規則振動は確率過程(stochastic process)あるいは不規則過程(random process)ともよばれ，その特徴は，図 8.11 に示すような同一条件で測定された多数の波形を統計処理することによって明らかにされる．図 8.11 全体を母集団(ensemble)，個々の波形をサンプル関数あるいは標本関数とよぶ．同一時刻 t_1 における振幅 $x_i(t_1)$ を x_i と書くと，x_i の平均値および自乗平均値はそれぞれ式(8.1)および式(8.2)で与えられる．統計量は別の時刻たとえば t_2 においても求めることができる．平均値と自乗平均値がどの時刻においても等しいとき，母集団 $X(t)$ は定常確率過程(stationary stochastic process)であるという．（厳密には，これを弱定常確率過程という．3 乗，4 乗，・・・の高次の平均値がどの時刻においても等しいときに定常確率過程または強定常確率過程という．しかしながら，前述したように，自乗平均値まで考えれば十分であることが多い．）

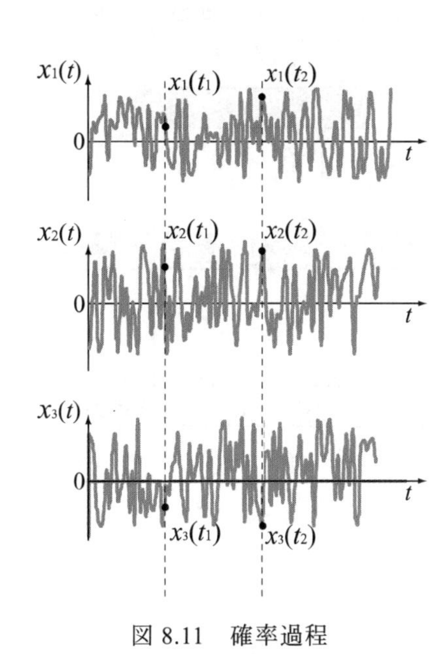

図 8.11　確率過程

一方，統計量は時間軸方向に対しても求めることができる．時間軸方向に対する平均値および自乗平均値は，それぞれ次のようになる．

$$\langle x(t)\rangle=\lim_{T\to\infty}\frac{1}{T}\int_0^T x(t)dt \tag{8.15}$$

$$\left\langle x(t)^2\right\rangle=\lim_{T\to\infty}\frac{1}{T}\int_0^T\{x(t)\}^2dt \tag{8.16}$$

母集団に対する統計量と時間軸に対する統計量が等しいとき，$x(t)$ はエルゴード過程(ergordic process)であるという．エルゴード過程であればひとつのサンプル関数についての統計量を考えればよいことになる．多くの研究ではエルゴード過程として解析していることが多い．また，実際の不規則振動の測定で，多数のサンプル関数を測定することは困難であることが多く，エルゴード過程であるとして統計量を求めることが多い．

－確率過程の例－

図 8.11 は，たとえば同一の特徴をもつ多数の道路を多数の同一仕様の自動車が同一の条件で走行した場合の自動車の振動を表している．これらの不規則過程がエルゴード過程であれば，1 台の自動車で走行して測定することにより，自動車の振動の統計量がわかる．

8・3　相関関数とスペクトル密度（correlation function and spectral density）

これまでに述べたことを応用して，不規則振動の特徴をつかむ方法を示す．

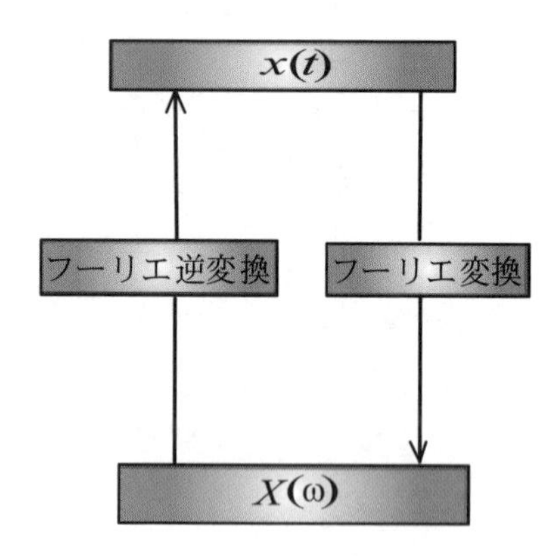

図 8.12　フーリエ変換・逆変換

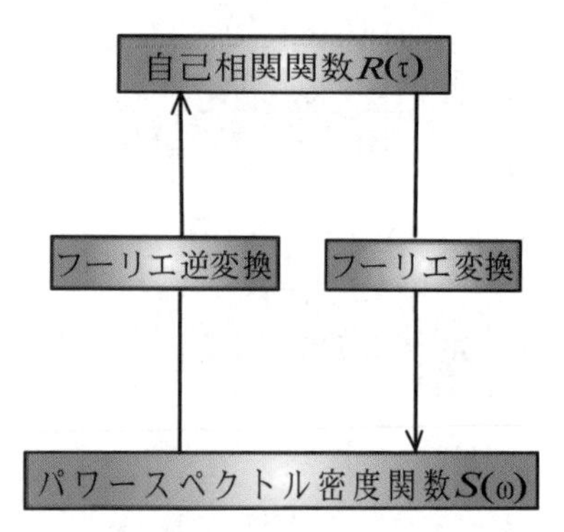

図 8.13　ウィーナー・キンチンの関係

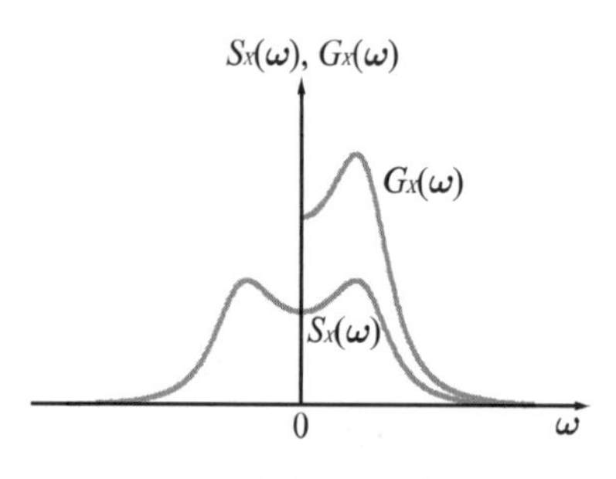

図 8.14　$G_X(\omega)$ と $S_X(\omega)$ の関係

8・3・1　自己相関関数とパワースペクトル密度関数（autocorrelation function and power spectral density function）

a．　自己相関関数(autocorrelation function)

母集団 $X(t)$ の n 個のサンプル関数 $x_i(t)$ $(i=1,2,3,.....,n)$ が測定されたとする．時刻 t_1 および t_2 における振幅 $x_i(t_1)$ と $x_i(t_2)$ の積の期待値は自己相関関数(autocorrelation function)とよばれ，次式で表される．

$$R_X(t_1,t_2)=E[X(t_1)X(t_2)]$$

$$=\frac{\sum_{i=1}^{n}x_i(t_1)x_i(t_2)}{n} \tag{8.17}$$

定常確率過程のとき，自己相関関数は時間差 $\tau=t_2-t_1$ のみの関数となる．エルゴード過程のとき，

$$R_X(\tau)=\lim_{T\to\infty}\frac{1}{T}\int_{-T/2}^{T/2}x(t)x(t+\tau)dt \tag{8.18}$$

$\tau=0$ とすると，式(8.18)は

$$R_X(0)=\lim_{T\to\infty}\int_{-T/2}^{T/2}\{x(t)\}^2dt \tag{8.19}$$

となり，式(8.16)と等しい．(定常確率過程ではどの時刻においても統計量が等しいから，積分はどの時刻から始めても同じである．）したがって，自己相関関数で $\tau=0$ とおくことによって，自乗平均値を求めることができる．自己相関関数には次のような特徴がある．

$$R_X(\tau)=R_X(-\tau) \tag{8.20}$$

$$R_X(0)\geq|R_X(\tau)| \tag{8.21}$$

すなわち，自己相関関数は偶関数であり，$\tau=0$ で最大値をとる．

b．パワースペクトル密度関数(power spectral density function)

3.5.3 にあるように，$x(t)$ のフーリエ変換およびフーリエ逆変換はそれぞれ次式で表される(図 8.12)．

$$X(\omega)=\frac{1}{2\pi}\int_{-\infty}^{\infty}x(t)e^{-i\omega t}dt \tag{8.22}$$

$$x(t)=\int_{-\infty}^{\infty}X(\omega)e^{i\omega t}d\omega \tag{8.23}$$

フーリエ変換は時間領域の関数を周波数領域の関数に変換するものであり，不規則振動の解析によく用いられる．

自己相関関数のフーリエ変換は，

$$S_X(\omega)=\frac{1}{2\pi}\int_{-\infty}^{\infty}R_X(\tau)e^{-i\omega\tau}d\tau \tag{8.24}$$

逆変換は，

$$R_X(\tau)=\int_{-\infty}^{\infty}S_X(\omega)e^{i\omega\tau}d\omega \tag{8.25}$$

このようにして得られた $S_X(\omega)$ はパワースペクトル密度関数(power spectral

density function)あるいはパワースペクトル(power spectrum)とよばれ，不規則振動が含んでいる周波数成分を表す．式(8.24)および式(8.25)の関係をウィナー・キンチンの関係(Wiener-Khintchine formula)という(図 8.13)．式(8.25)で $\tau=0$ とおくと，

$$R_X(0)=\int_{-\infty}^{\infty}S_X(\omega)d\omega \tag{8.26}$$

式(8.26)の右辺はパワースペクトル密度関数のグラフと横軸で囲まれる面積となり，式(8.19)からこれが自乗平均値に等しいことを示している．

自己相関関数およびパワースペクトル密度関数はいずれも偶関数である．とくにパワースペクトル密度関数で $\omega>0$ の領域のみで定義することがある．$\omega>0$ で定義されたパワースペクトル密度関数を $G_X(\omega)$ とすると，

$$G_X(\omega)=2S_X(\omega)\qquad(\omega>0) \tag{8.27}$$

$G_X(\omega)$ と $S_X(\omega)$ の関係を図 8.14 に示す．自己相関関数 $R_X(\tau)$ が偶関数であることを考慮すると，式(8.24)および式(8.25)はそれぞれ次のようになる．

$$G_X(\omega)=\frac{2}{\pi}\int_0^{\infty}R_X(\tau)e^{-i\omega\tau}d\tau \tag{8.28}$$

$$R_X(\tau)=\int_0^{\infty}G_X(\omega)e^{i\omega\tau}d\omega \tag{8.29}$$

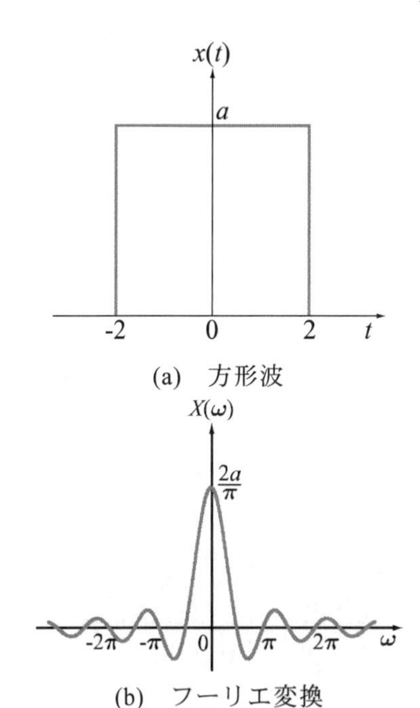

(a)　方形波

(b)　フーリエ変換

図 8.15　方形波のフーリエ変換

【例題 8・3】　＊＊＊＊＊＊＊＊＊＊＊＊＊＊＊＊＊＊＊＊＊＊＊＊

図 8.15(a)の方形波を表す関数をフーリエ変換せよ．

【解答】式(8.22)から，

$$\begin{aligned}X(\omega)&=\frac{1}{2\pi}\int_{-2}^{2}ae^{-i\omega t}dt\\&=\frac{1}{2\pi}\left[-\frac{ae^{-i\omega t}}{i\omega}\right]_{-2}^{2}\\&=\frac{1}{2\pi}\left\{-\frac{a}{i\omega}\left(e^{-2i\omega}-e^{2i\omega}\right)\right\}\\&=\frac{1}{2\pi}\left[-\frac{a}{i\omega}\left\{\cos 2\omega-i\sin 2\omega-\left(\cos 2\omega+i\sin 2\omega\right)\right\}\right]\\&=\frac{a\sin 2\omega}{\pi\omega}\end{aligned}$$

図 8.15(b)に $X(\omega)$ を示す．

8・3・2　不規則過程の種類（kinds of random processes）

不規則振動を扱う場合によく使われる 3 つの不規則過程について述べる．

（1）　白色雑音またはホワイトノイズ(white noise)

$S_X(\omega)=S_0$ である不規則波のことで，すべての周波数成分を均等に含むため非常に不規則性が強い．

（2）　狭帯域不規則過程(narrow band random process)

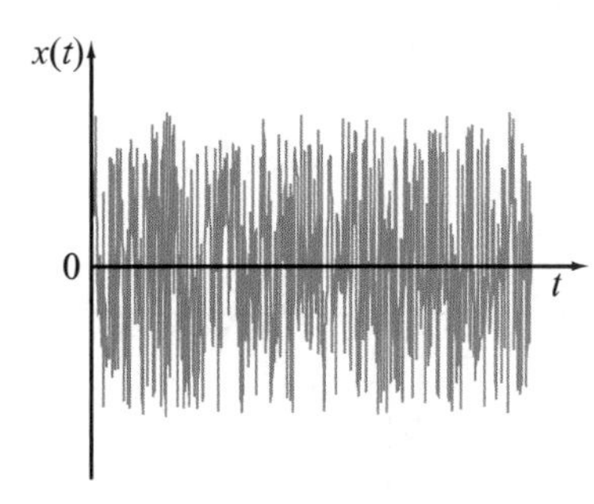

(a)　波形

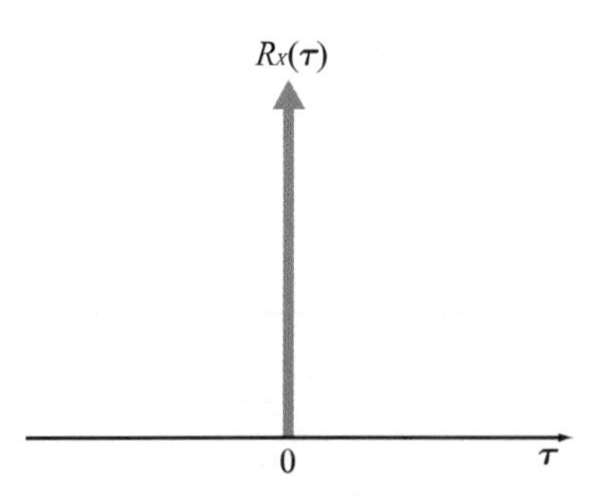

(b)　自己相関関数

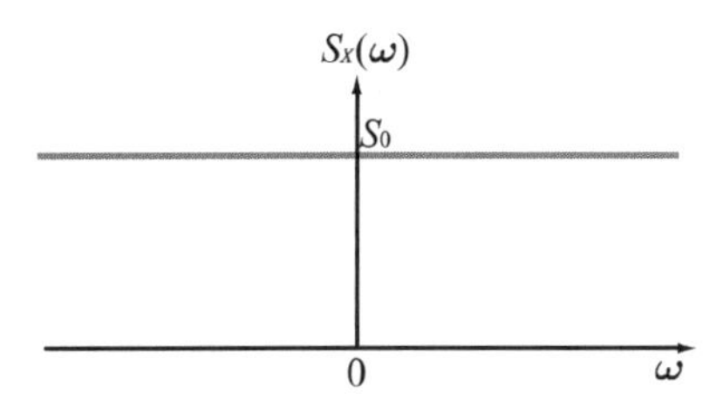

(c)　パワースペクトル密度関数

図 8.16　ホワイトノイズ

$S_X(\omega)$ の広がりが比較的狭い不規則波で，特定の周波数成分を多く含む.

（3）　広帯域不規則過程(wide band random process)

$S_X(\omega)$ の広がりが比較的広い不規則波で，多くの周波数成分を含む.

図 8.16～図 8.18 にそれぞれの波形，自己相関関数，パワースペクトル密度関数の例を示す．狭帯域不規則過程→広帯域不規則過程→白色雑音の順に次の特徴が見られる.

波形：不規則性が強くなる.

自己相関関数：広がりが小さくなり，$\tau = 0$ の軸に集中してくる.

パワースペクトル密度関数：広がりが大きくなる.

したがって，自己相関関数やパワースペクトル密度関数から，不規則性の強さがわかる.

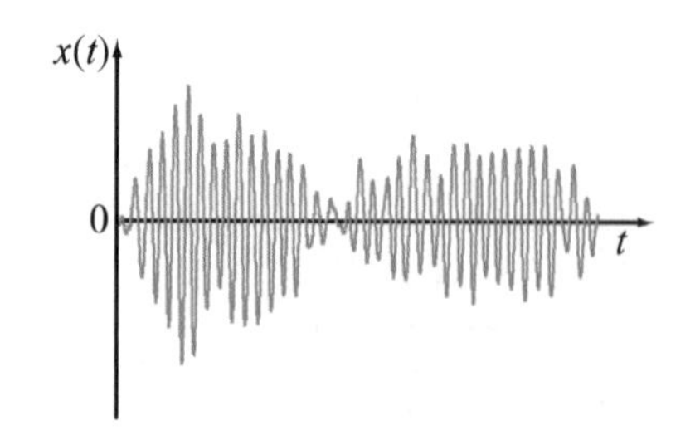

(a)　波形

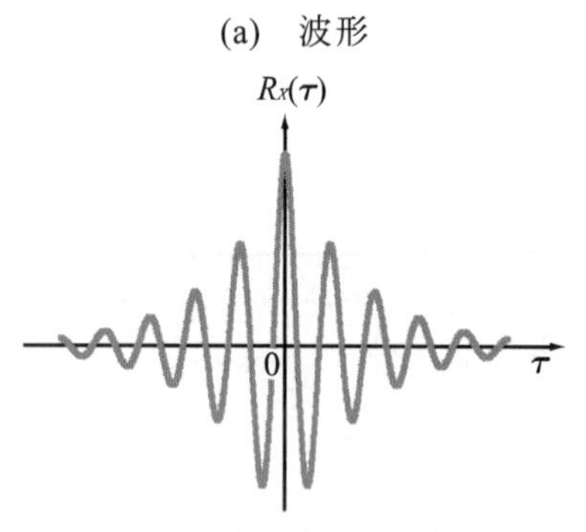

(b)　自己相関関数

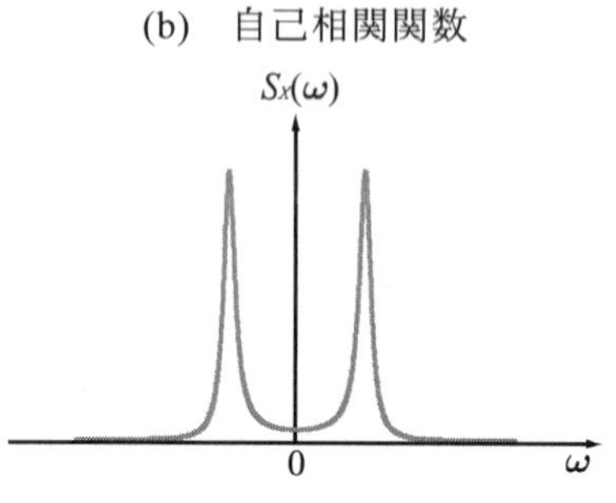

(c)　パワースペクトル密度関数

図 8.17　狭帯域不規則過程

8・3・3　相互相関関数と相互スペクトル密度関数（cross correlation function and cross spectral density function）

相異なる 2 つの確率過程 $X(t)$ と $Y(t)$ があるとき，両者の相関を調べることは重要である．ここでは，最初に，2 つの確率変数の場合を考える.

a．　2 つの確率変数(two random variables)

2 つの確率変数 X，Y が同時に n 個ずつ測定されたとする．それぞれの量を x_i および $y_i (i = 1, 2, 3, \ldots\ldots, n)$ とする．この場合に重要なことは，両者の関係（相関）を表すことである．x_i と y_i の個々の平均値または期待値は式(8.1)で求めることができる．また，個々の自乗平均値も式(8.2)で求めることができる.

両者の相関を表す量として，次式で表される共分散(covariance)がある.

$$\kappa_{XY} = E[(X - E[X])(Y - E[Y])] = \frac{\sum_{i=1}^{n}(x_i - E[X])(y_i - E[Y])}{n} \tag{8.30}$$

また，次式で表される相関係数(correlation coefficient)も用いられる.

$$\rho_{XY} = \frac{\kappa_{XY}}{\sigma_X \sigma_Y} \tag{8.31}$$

ここで，σ_X および σ_Y はそれぞれ X および Y の標準偏差を表す.

確率も同様に定義することができる．X および Y の区間の数をそれぞれ M および N とすると，x_i が区間 Δx_i に入り，y_i が区間 Δy_i に入る数を n で割った値がその区間に入る確率(probability)である．x_i に関して k 番目，y_i に関して ℓ 番目の区間に入る確率を $P_{k\ell}$ とすると，

$$\sum_{\ell=1}^{N}\sum_{k=1}^{M} P_{k\ell} = 1 \tag{8.32}$$

Δx_i および Δy_i を小さくすると $P_{k\ell}$ は連続関数となる．この場合の頻度を n で割って得られる関数 $p(x, y)$ を結合確率密度関数または同時確率密度関数(joint probability density function)とよぶ．この場合，式(8.32)は次式のようになる.

$$\int_{-\infty}^{\infty}\int_{-\infty}^{\infty} p(x,y)dxdy = 1 \tag{8.33}$$

このとき，X の平均値および自乗平均値はそれぞれ，

$$E[X] = \int_{-\infty}^{\infty}\int_{-\infty}^{\infty} xp(x,y)dxdy \tag{8.34}$$

$$E\left[X^2\right] = \int_{-\infty}^{\infty}\int_{-\infty}^{\infty} x^2 p(x,y)dxdy \tag{8.35}$$

また，2 次元正規分布の結合確率密度関数は次式のようになる．

$$p(x,y) = \frac{1}{2\pi\sigma_X\sigma_Y\sqrt{1-\rho_{XY}}}\exp\left[\frac{-1}{2(1-\rho_{XY})}\left\{\frac{(x-E[X])^2}{\sigma_X{}^2} - \frac{2\rho_{XY}(x-E[X])(y-E[Y])}{\sigma_X\sigma_Y} + \frac{(y-E[Y])^2}{\sigma_Y{}^2}\right\}\right] \tag{8.36}$$

b．2 つの確率過程(stochastic process)

2 つの確率過程 $X(t)$ と $Y(t)$ の場合にも，相関関数を次式のように定義することができる．

$$R_{XY}(\tau) = \lim_{T\to\infty}\frac{1}{T}\int_{-T/2}^{T/2} x(t)y(t+\tau)dt \tag{8.37}$$

式(8.37)で表される相関関数は相互相関関数(cross correlation function)とよばれる．式(8.24)と同様に相互相関関数のフーリエ変換は，

$$S_{XY}(\omega) = \frac{1}{2\pi}\int_{-\infty}^{\infty} R_{XY}(\tau)e^{-i\omega\tau}d\tau \tag{8.38}$$

となり，相互スペクトル密度関数(cross spectral density function)とよばれる．逆変換は，次のようになる．

$$R_{XY}(\tau) = \int_{-\infty}^{\infty} S_{XY}(\omega)e^{i\omega\tau}d\omega \tag{8.39}$$

相互相関関数は偶関数とならないため，相互スペクトル密度関数は複素数となる．

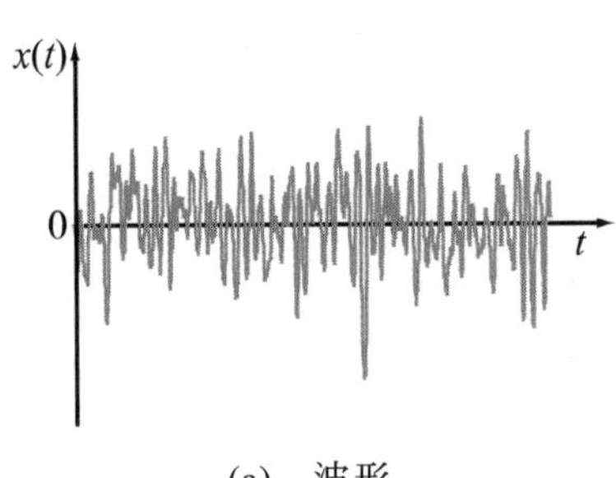

(a)　波形

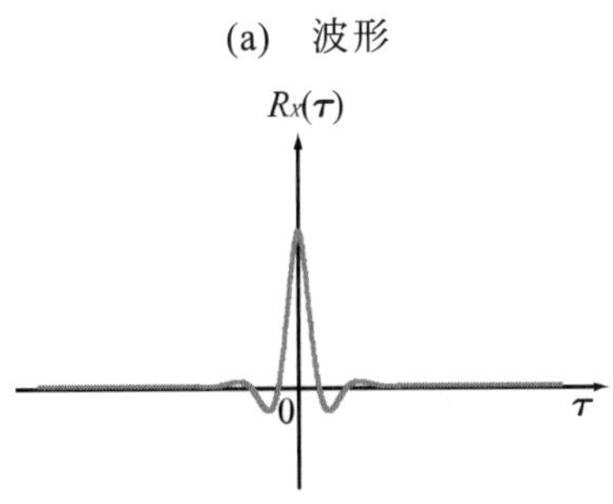

(b)　自己相関関数

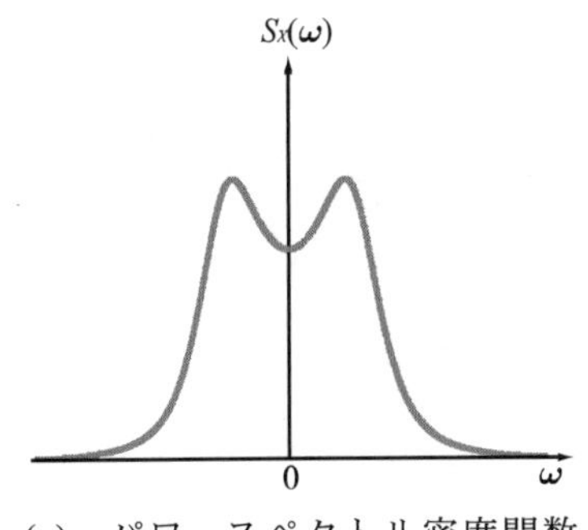

(c)　パワースペクトル密度関数

図 8.18　広帯域不規則過程

8・4　線形系の不規則振動（random vibration of linear systems）

ある系の応答が不規則になる場合として，1)振動系のパラメータの値が変動する場合，2)入力が不規則振動である場合がある．1)の場合に対しては，摂動法を用いた方法などが提案されている．ここでは2)の場合について述べる．この場合の不規則振動特性を求める際には，平均値は 0 とし，自乗平均値(分散)または必要に応じてパワースペクトル密度関数を求める場合が多い．

8・4・1　不規則応答の求め方（random response analysis）

任意の入力 $f(t)$ を受ける系の応答 $x(t)$ は，

$$x(t) = \int_0^t h(t-\xi)f(\xi)d\xi \tag{8.40}$$

ここで，$h(t)$ は単位インパルス応答関数(unit impulse response function)である．式(8.40)をフーリエ変換すると，

$$X(\omega) = H(\omega)F(\omega) \tag{8.41}$$

ここで，$H(\omega)$ は周波数応答関数(frequency response function)である．$h(t)$ と $H(\omega)$ は次のようにフーリエ変換の対になっている．

$$H(\omega) = \int_{-\infty}^{\infty} h(t)e^{-i\omega t}dt \tag{8.42}$$

$$h(t) = \frac{1}{2\pi}\int_{-\infty}^{\infty} H(\omega)e^{i\omega t}d\omega \tag{8.43}$$

入力 $f(t)$ が定常確率過程の場合の応答の自己相関関数は，式(8.40)を用いて

$$\begin{aligned} R_x(\tau) &= E[x(t)x(t+\tau)] \\ &= E\left[\int_0^t h(t-\xi)f(\xi)d\xi\int_0^{t+\tau} h(t+\tau-\eta)f(\eta)d\eta\right] \\ &= \int_{-\infty}^{\infty}\int_{-\infty}^{\infty} h(\lambda)h(\mu)E[f(t-\lambda)f(t+\tau-\mu)]d\mu d\lambda \\ &= \int_{-\infty}^{\infty}\int_{-\infty}^{\infty} h(\lambda)h(\mu)R_f(\tau+\lambda-\mu)d\mu d\lambda \end{aligned} \tag{8.44}$$

ここでは，$\lambda = t - \xi$, $\mu = t + \tau - \eta$ とし，積分と期待値の演算の順序を交換できることと式(8.40)の積分範囲を $-\infty$ から ∞ とできることを利用している．

不規則応答については一般に応答の自乗平均値が重要である．式(8.44)に式(8.42)を用いると，自己相関関数は，

$$R_x(\tau) = \int_{-\infty}^{\infty} |H(\omega)|^2 S_f(\omega)e^{i\omega\tau}d\omega \tag{8.45}$$

ここで，$S_f(\omega)$ は入力のパワースペクトル密度関数を表す．式(8.45)で $\tau = 0$ とおくことによって応答の自乗平均値を求めることができる．また，応答のパワースペクトル密度関数を $S_x(\omega)$ とすると，式(8.26)より，

$$S_x(\omega) = |H(\omega)|^2 S_f(\omega) \tag{8.46}$$

となることがわかる．

8・4・2　1 自由度系の定常応答（stationary response of system with single degree of freedom）

a．運動方程式(equation of motion)

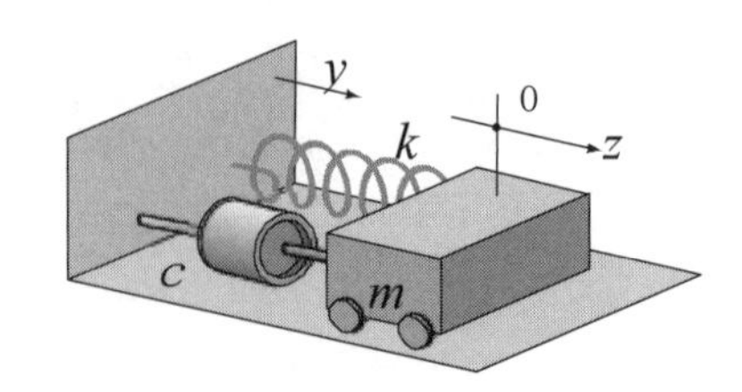

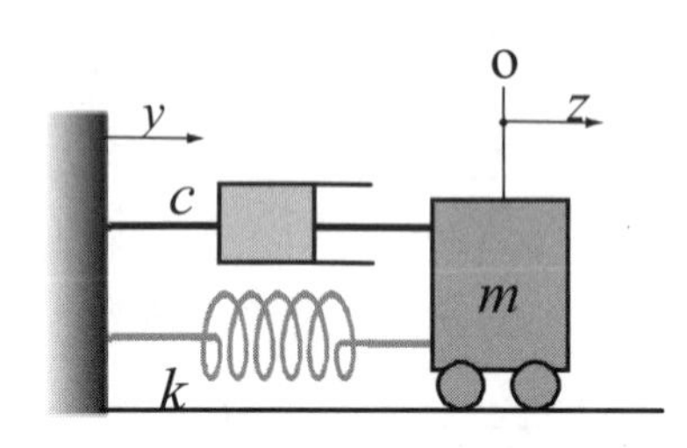

図 8.19　1 自由度振動系

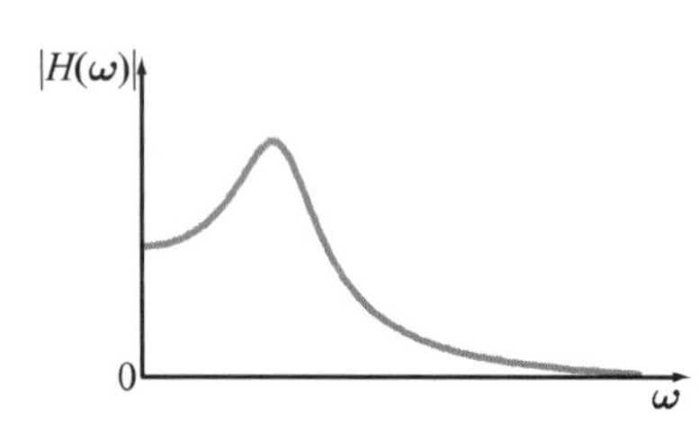

図 8.20　単位インパルス応答関数

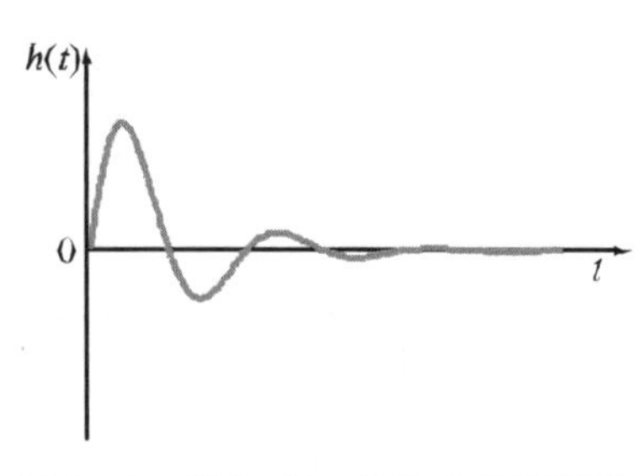

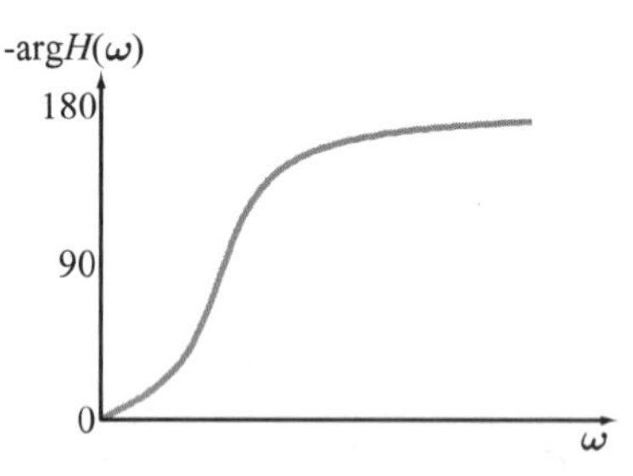

図 8.21　周波数応答関数

図 8.19 に示す 1 自由度系の応答を考える．運動方程式は，

$$m\ddot{z} + c(\dot{z} - \dot{y}) + k(z - y) = 0 \tag{8.47}$$

減衰比を ζ，固有角振動数を ω_n とすると，質点と入力端の相対変位 ($x = z - y$)に関する運動方程式は，

$$\ddot{x} + 2\zeta\omega_n\dot{x} + \omega_n{}^2x = -\ddot{y} \tag{8.48}$$

この場合，基礎部の加速度入力に対する相対変位応答の単位インパルス応答関数は，3・7・2 より

$$h(t) = \frac{e^{-\zeta\omega_n t}}{\sqrt{1-\zeta^2}\omega_n}\sin\sqrt{1-\zeta^2}\omega_n t \tag{8.49}$$

式(8.42)から相対変位応答と加速度入力に関する周波数応答関数は，

$$H(\omega)=\frac{1}{{\omega_n}^2-\omega^2+2i\zeta\omega_n\omega} \tag{8.50}$$

である．図 8.20 に単位インパルス応答関数，図 8.21 に周波数応答関数の絶対値（振幅）と偏角（位相角）の例を示す．

b．定常応答(stationary response)

$\ddot{y}$ をパワースペクトル密度が S_0 で一定であるホワイトノイズであるとすると，相対変位応答 x の自己相関関数は式(8.44)から

$$R_x(\tau)=\frac{\pi S_0 e^{-\zeta\omega_n|\tau|}}{2\zeta{\omega_n}^3}\left\{\cos\left(\sqrt{1-\zeta^2}\omega_n\tau\right)+\frac{\zeta}{\sqrt{1-\zeta^2}}\sin\left(\sqrt{1-\zeta^2}\omega_n|\tau|\right)\right\} \tag{8.51}$$

であり，応答のパワースペクトル密度関数は式(8.46)から，

$$S_x(\omega)=\frac{S_0}{\left({\omega_n}^2-\omega^2\right)^2+\left(2\zeta\omega_n\omega\right)^2} \tag{8.52}$$

応答の自乗平均値は $\tau=0$ とおくと，

$$R_x(0)={\sigma_x}^2=\frac{\pi S_0}{2\zeta{\omega_n}^3} \tag{8.53}$$

相対速度 $\dot{x}$ の自己相関関数は，相対変位 x の自己相関関数の 2 階微分

$$R_{\dot{x}}(\tau)=-\frac{d^2}{d\tau^2}R_x(\tau) \tag{8.54}$$

によって表される．したがって，

$$R_{\dot{x}}(\tau)=\frac{\pi S_0 e^{-\zeta\omega_n|\tau|}}{2\zeta\omega_n}\left\{\cos\left(\sqrt{1-\zeta^2}\omega_n\tau\right)-\frac{\zeta}{\sqrt{1-\zeta^2}}\sin\left(\sqrt{1-\zeta^2}\omega_n|\tau|\right)\right\} \tag{8.55}$$

相対速度 $\dot{x}$ の自乗平均値は $\tau=0$ とおくと，

$$R_{\dot{x}}(0)={\sigma_{\dot{x}}}^2=\frac{\pi S_0}{2\zeta\omega_n} \tag{8.56}$$

また，x と $\dot{x}$ の相互相関関数は，x の自己相関関数の 1 階微分

$$R_{x\dot{x}}(\tau)=\frac{d}{d\tau}R_x(\tau) \tag{8.57}$$

によって表される．したがって，式(8.51)より，

$$R_{x\dot{x}}(\tau)=-\frac{\pi S_0 e^{-\zeta\omega_n|\tau|}}{2\sqrt{1-\zeta^2}\zeta{\omega_n}^2}\sin\left(\sqrt{1-\zeta^2}\omega_n\tau\right) \tag{8.58}$$

となる．x と $\dot{x}$ の共分散は $\tau=0$ とおくと，

$$\kappa_{x\dot{x}}=0 \tag{8.59}$$

したがって，定常不規則振動では変位 x と速度 $\dot{x}$ には相関がない．図 8.22 に $R_x(\tau)$，$R_{\dot{x}}(\tau)$ および $R_{x\dot{x}}(\tau)$ の例を示す．さらに，図 8.23 にいくつかの減衰比 ζ と固有角振動数 ω_n に対する自己相関関数とパワースペクトル密度関数を示す．

－自己相関関数の微分－

式(8.57)および式(8.54)は次のようにして得られる．

$$R_x(\tau)=E\left[x(t)x(t+\tau)\right]$$

$$\frac{d}{d\tau}R_x(\tau)=E\left[x(t)\dot{x}(t+\tau)\right]=R_{x\dot{x}}(\tau)$$

また，$E\left[x(t)\dot{x}(t+\tau)\right]=E\left[x(t-\tau)\dot{x}(t)\right]$

$$\begin{aligned}\frac{d^2}{d\tau^2}R_x(\tau)&=\frac{d}{d\tau}R_{x\dot{x}}(\tau)\\&=-E\left[\dot{x}(t-\tau)\dot{x}(t)\right]\\&=-E\left[\dot{x}(t)\dot{x}(t+\tau)\right]\\&=-R_{\dot{x}}(\tau)\end{aligned}$$

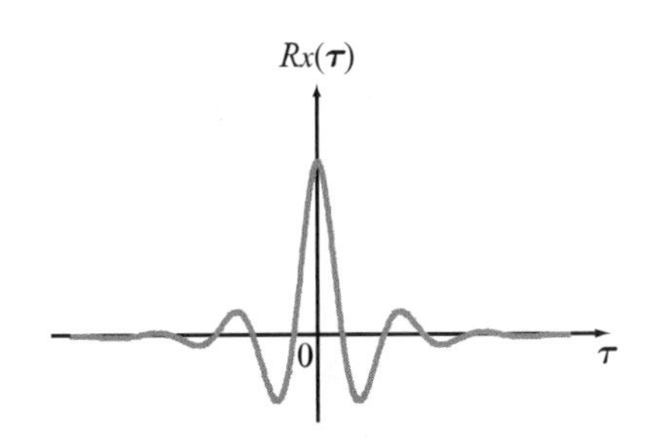

(a)　相対変位応答の自己相関関数

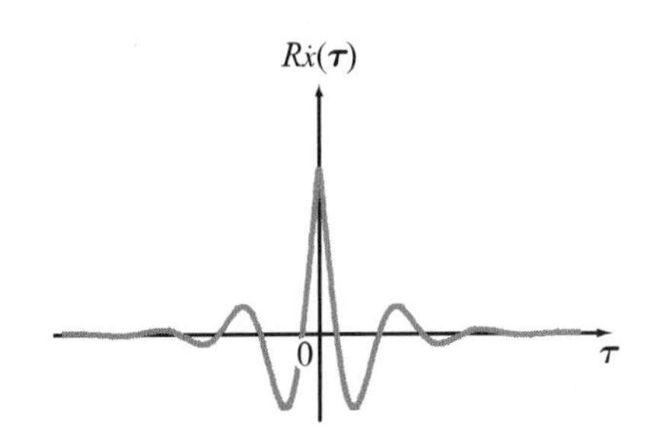

(b)　相対速度応答の自己相関関数

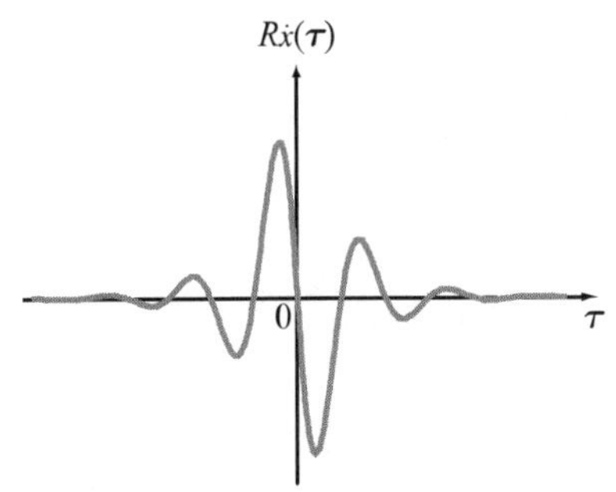

(c)　相対変位と相対速度の相互相関関数

図 8.22　自己相関関数と相互相関関数

8・4・3　1自由度系の非定常応答（nonstationary response of a single-degree-of-freedom system）

不規則波の統計量が時間によって異なる場合に，非定常確率過程(nonstationary stochastic process)とよばれる．入力 $f(t)$ の特性が時間的に変化する非定常確率過程である場合の線形系の応答について考える．

a．非定常入力(nonstationary input)

ここでは，振幅（包絡線）が時間的に変化する非定常入力を考える．このとき，非定常入力は，次式のように定常確率過程 $f_s(t)$ と包絡関数 $g(t)$ の積で表されることが多い．

$$f(t)=g(t)f_s(t) \tag{8.60}$$

$f_s(t)$ を変えることによって入力のスペクトル特性を，$g(t)$ を変えることによって，入力の包絡線特性を変えることが可能で，さまざまな波を表すことができる．一例を図 8.24 に示す．$f(t)$ が式(8.60)で表されるとき，応答の自己相関関数は，

$$R_x(t_1,t_2)=\int_0^{t_1}\int_0^{t_2}h(t_1-\xi_1)h(t_2-\xi_2)g(\xi_1)g(\xi_2)\int_{-\infty}^{\infty}S_s(\omega)e^{i\omega(\xi_1-\xi_2)}d\omega d\xi_1 d\xi_2 \tag{8.61}$$

ここで，$S_s(\omega)$ は $f_s(t)$ のパワースペクトル密度関数を表す．式(8.61)で $t_1=t_2$ とおくことによって，応答の自乗平均値を求めることができる．

b．モーメント方程式(moment equation)

非定常応答の自乗平均値を求める場合に，式(8.61)を用いてもよいが，1自由度系でも相当複雑な積分になる．一方，運動方程式を状態変数表示した場合の非定常確率過程の表し方として次に示すような方法がある．

一般に次式で表される X^n の平均値を X の n 次モーメントとよぶ．

$$M_n=E[X^n]=\int_{-\infty}^{\infty}x^n p(u)du \tag{8.62}$$

1次モーメント($n=1$)は式(8.8)の期待値となり，2次モーメント($n=2$)は式(8.9)の自乗平均値となる．3次以上のモーメントもある．各次モーメントの状態方程式に相当するものをモーメント方程式(moment equation)という．一般に次式のような形式で表される．

$$\frac{dM_j}{dt}=V(M_1,M_2,\cdots,M_m) \tag{8.63}$$

次の例題で具体例を示す．

【例題 8・4】　＊＊＊＊＊＊＊＊＊＊＊＊＊＊＊＊＊＊＊＊＊＊＊＊＊

運動方程式が式(8.48)で与えられる1自由度系が，入力 $\ddot{y}$ として平均値0の定常白色雑音（パワースペクトル密度が S_0）を受ける場合の2次モーメントに関するモーメント方程式を求めよ．

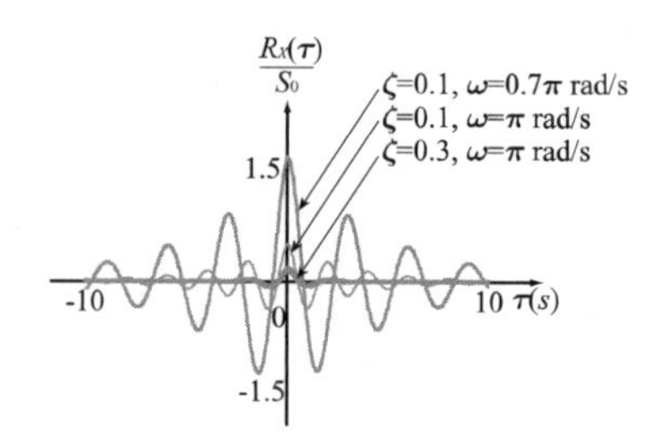

(a)　自己相関関数

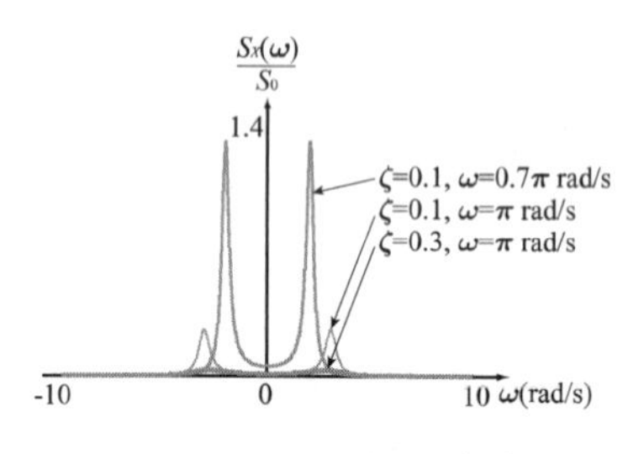

(b)　パワースペクトル密度関数

図 8.23　自己相関関数とパワースペクトル密度関数

(a)　定常白色雑音 $f_s(t)$

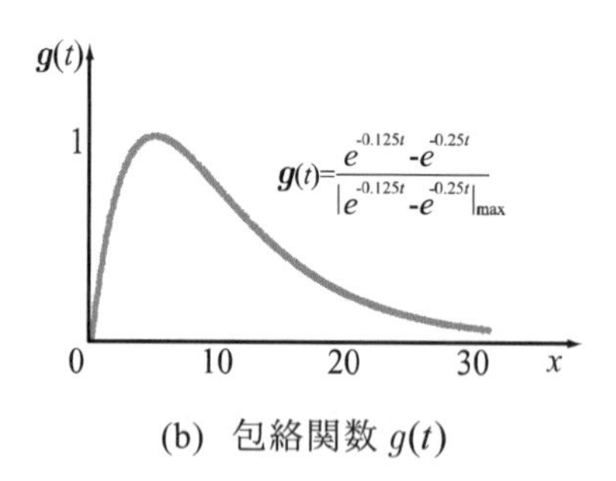

(b)　包絡関数 $g(t)$

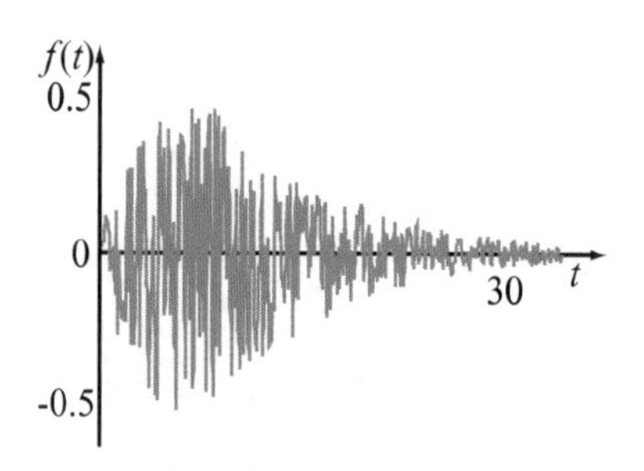

(c)　非定常白色雑音 $f(t)$

図 8.24　非定常確率過程の例

【解答】運動方程式は,

$$\ddot{x}+2\zeta\omega_n\dot{x}+\omega_n^{\,2}x=-\ddot{y} \tag{8.64}$$

$$u_1=x,\quad u_2=\dot{x} \tag{8.65}$$

とおくと,運動方程式は次のような状態量 u_1, u_2 を用いた連立 1 階微分方程式(状態方程式)となる.

$$\dot{u}_1=u_2 \tag{8.66}$$

$$\dot{u}_2=-2\zeta\omega_n u_2-\omega_n^{\,2}u_1-\ddot{y} \tag{8.67}$$

状態方程式を行列表示すると,

$$\begin{Bmatrix}\dot{u}_1\\ \dot{u}_2\end{Bmatrix}=\begin{bmatrix}0 & 1\\ -\omega_n^{\,2} & -2\zeta\omega_n\end{bmatrix}\begin{Bmatrix}u_1\\ u_2\end{Bmatrix}+\begin{Bmatrix}0\\ -\ddot{y}\end{Bmatrix} \tag{8.68}$$

この式を

$$\dot{\mathbf{u}}=\mathbf{G}\mathbf{u}+\mathbf{f} \tag{8.69}$$

と表す.ここで,行列 $\mathbf{G}$ は,

$$\mathbf{G}=\begin{bmatrix}0 & 1\\ -\omega_n^{\,2} & -2\zeta\omega_n\end{bmatrix} \tag{8.70}$$

である.さらに,応答の 2 次モーメント行列 $\mathbf{V}=E\left[\mathbf{u}\mathbf{u}^t\right]$ および入力のパワースペクトル密度を表す行列 $\mathbf{D}$ を導入すると,

$$\mathbf{V}=\begin{bmatrix}E\left[u_1^{\,2}\right] & E\left[u_1u_2\right]\\ E\left[u_2u_1\right] & E\left[u_2^{\,2}\right]\end{bmatrix} \tag{8.71}$$

$$\mathbf{D}=\begin{bmatrix}0 & 0\\ 0 & 2\pi S_0\end{bmatrix} \tag{8.72}$$

モーメント方程式は $\dot{\mathbf{V}}$ に式(8.69)を代入して計算し,次式のようになる.

$$\dot{\mathbf{V}}=\mathbf{G}\mathbf{V}^t+\mathbf{V}\mathbf{G}^t+\mathbf{D} \tag{8.73}$$

行列の計算をすると,最終的に次式が得られる.

$$\frac{dE\left[u_1^2\right]}{dt}=2E\left[u_1u_2\right] \tag{8.74}$$

$$\frac{dE\left[u_1u_2\right]}{dt}=E\left[u_2^2\right]-2\zeta\omega_nE\left[u_1u_2\right]-\omega_n^2E\left[u_1^2\right] \tag{8.75}$$

$$\frac{dE\left[u_2^2\right]}{dt}=-4\zeta\omega_nE\left[u_2^2\right]-2\omega_n^2E\left[u_1u_2\right]+2\pi S_0 \tag{8.76}$$

$E\left[u_1^2\right]$ は変位応答の自乗平均値 $\sigma_x^{\,2}$, $E\left[u_1u_2\right]$ は変位応答と速度応答の共分散 $\kappa_{x\dot{x}}$, $E\left[u_2^2\right]$ は速度応答の自乗平均値 $\sigma_{\dot{x}}^{\,2}$ である.定常応答ではモーメント方程式の左辺は 0 であるから,

$$E\left[u_1^2\right]=\sigma_x^{\,2}=\frac{\pi S_0}{2\zeta\omega_n^{\,3}} \tag{8.77}$$

$$E\left[u_1u_2\right]=\kappa_{x\dot{x}}=0 \tag{8.78}$$

$$E\left[u_2^2\right]=\sigma_{\dot{x}}{}^2=\frac{\pi S_0}{2\zeta\omega_n} \tag{8.79}$$

となり，それぞれ式(8.53)，式(8.59)および式(8.56)の結果と一致する．

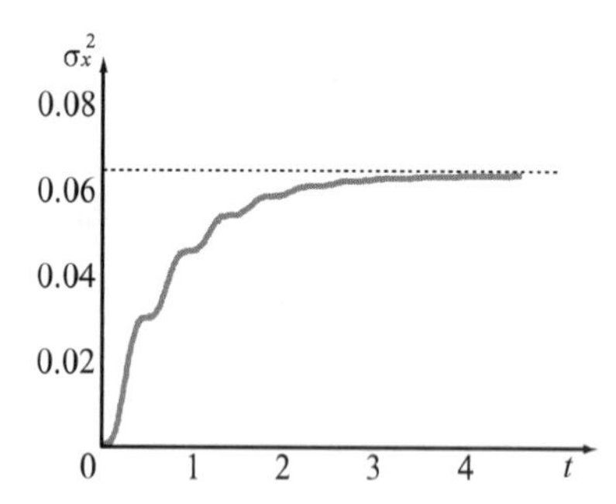

図 8.25　静止状態から定常白色雑音入力を受ける 1 自由度系の応答の自乗平均値

図 8.25 に静止状態から定常白色雑音を入力として受けた場合の $\sigma_x{}^2$ の例を示す．時間が経過するにつれて定常応答の自乗平均値に近づく．入力が $\ddot{y}=g(t)f_s(t)$ （$f_s(t)$ は定常白色雑音）で与えられる場合には，モーメント方程式は次のようになる．

$$\frac{dE\left[u_1^2\right]}{dt}=2E\left[u_1u_2\right] \tag{8.80}$$

$$\frac{dE\left[u_1u_2\right]}{dt}=E\left[u_2^2\right]-2\zeta\omega_nE\left[u_1u_2\right]-\omega_n^2E\left[u_1^2\right] \tag{8.81}$$

$$\frac{dE\left[u_2^2\right]}{dt}=-4\zeta\omega_nE\left[u_2^2\right]-2\omega_n^2E\left[u_1u_2\right]+2\pi S_0\left\{g(t)\right\}^2 \tag{8.82}$$

図 8.24 に示すような定常白色雑音 $f_s(t)$ に包絡関数 $g(t)$ を乗じた非定常白色雑音 $f(t)=\ddot{y}$ を入力として受けた場合の自乗平均応答の例を図 8.26 に示す．

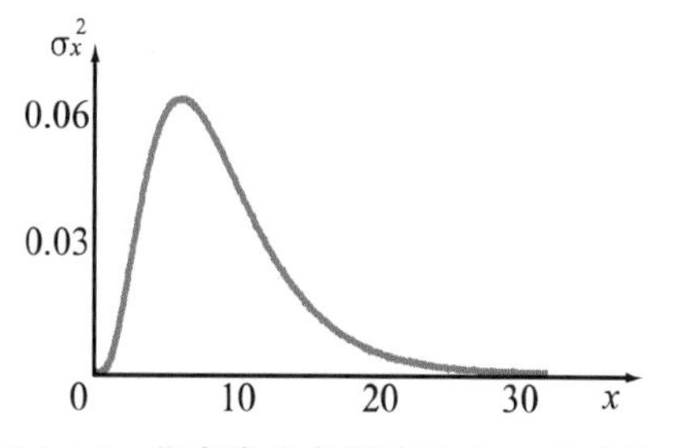

図 8.26　非定常白色雑音入力を受ける 1 自由度系の応答の自乗平均値

＝＝＝＝＝　練習問題　＝＝＝＝＝＝＝＝＝＝＝＝＝＝＝＝＝＝＝＝＝＝＝

【8・1】 Calculate the mean value and the variance of the following function.

$$p(x)=\frac{1}{\sqrt{2\pi}}\exp\left[-\frac{x^2}{2}\right]$$

【8・2】 式(8.30)で与えられる共分散を結合確率密度関数 $p(x,y)$ を用いて求める式を示せ．

【8・3】 耐震設計において加速度応答として絶対加速度（式(8.47)の $\ddot{z}$）が使われる．パワースペクトル密度が S_0 で一定であるホワイトノイズが入力であるとする．絶対加速度に対する定常応答の自乗平均値を求めよ．

【8・4】 パワースペクトル密度関数が次式で与えられる不規則過程の自己相関関数および自乗平均値を求めよ．

$$S(\omega)=\begin{cases}0 & (\omega<-\omega_1)\\ S_0 & (-\omega_1<\omega<\omega_1)\\ 0 & (\omega>\omega_1)\end{cases}$$

【解答】

8・1　The mean value is obtained as

$$\int_{-\infty}^{\infty}\frac{x}{\sqrt{2\pi}}\exp\left(-\frac{x^2}{2}\right)dx=0\,.$$

The mean square value is obtained as

$$\int_{-\infty}^{\infty} \frac{x^2}{\sqrt{2\pi}} \exp\left(-\frac{x^2}{2}\right) dx$$
$$= \frac{1}{\sqrt{2\pi}} \left\{ \left. -x \exp\left(-\frac{x^2}{2}\right) \right|_{-\infty}^{\infty} + \int_{-\infty}^{\infty} \exp\left(-\frac{x^2}{2}\right) dx \right\}$$

The first term is equal to 0. Then, put $z = x/\sqrt{2}$ so that

$$\int_{-\infty}^{\infty} \frac{x^2}{\sqrt{2\pi}} \exp\left(-\frac{x^2}{2}\right) dx = \frac{\sqrt{2}}{\sqrt{2\pi}} \int_{-\infty}^{\infty} \exp\left(-z^2\right) dz$$

using the formula

$$\int_{-\infty}^{\infty} \exp\left(-z^2\right) dz = \sqrt{\pi} \, .$$

Thus, the mean square value is 1. and the variance is then 1.

8・2　共分散は $(X-E[X])(Y-E[Y])$ の期待値を求めることになる．期待値は $p(x,y)$ を乗じて x および y に関して $-\infty$ から ∞ まで積分することによって求まる．したがって，

$$\kappa_{XY} = \int_{-\infty}^{\infty} \int_{-\infty}^{\infty} (x-E[X])(y-E[Y])\, p(x,y)\, dxdy$$
$$= \int_{-\infty}^{\infty} \int_{-\infty}^{\infty} xyp(x,y)\, dxdy - E[Y] \int_{-\infty}^{\infty} \int_{-\infty}^{\infty} xp(x,y)\, dxdy$$
$$- E[X] \int_{-\infty}^{\infty} \int_{-\infty}^{\infty} yp(x,y)\, dxdy + E[X]E[Y]$$

式(8.34)から，

$$E[X] = \int_{-\infty}^{\infty} \int_{-\infty}^{\infty} xp(x,y) dxdy$$

同様に，

$$E[Y] = \int_{-\infty}^{\infty} \int_{-\infty}^{\infty} yp(x,y) dxdy$$

これらの式を用いると，

$$\kappa_{XY} = \int_{-\infty}^{\infty} \int_{-\infty}^{\infty} xyp(x,y)\, dxdy - E[X]E[Y]$$

8・3　式(8.48)から，

$$\ddot{z} = \ddot{x} + \ddot{y} = -2\zeta\omega_n \dot{x} - \omega_n^2 x$$

両辺を自乗すると，

$$\ddot{z}^2 = 4\zeta^2 \omega_n^2 \dot{x}^2 + 4\zeta\omega_n^3 x\dot{x} + \omega_n^4 x^2$$

絶対加速度の定常応答の自乗平均値は両辺の期待値から求めることができる．両辺の期待値は次式のようになる．

$$\sigma_{\ddot{Z}}^2 = 4\zeta^2 \omega_n^2 \sigma_{\dot{X}}^2 + 4\zeta\omega_n^3 \kappa_{X\dot{X}} + \omega_n^4 \sigma_X^2$$

定常応答では，式(8.59)から

$$k_{X\dot{X}} = 0$$

式(8.56)および式(8.53)から，それぞれ

$$\sigma_{\dot{X}}{}^2 = \frac{\pi S_0}{2\zeta\omega_n}$$

$$\sigma_X{}^2 = \frac{\pi S_0}{2\zeta\omega_n^3}$$

したがって，

$$\sigma_{\ddot{Z}}{}^2 = 4\zeta^2\omega_n^2\frac{\pi S_0}{2\zeta\omega_n} + \omega_n^4\frac{\pi S_0}{2\zeta\omega_n^3}$$

$$= 4\zeta^2\omega_n\frac{\pi S_0}{2\zeta} + \omega_n\frac{\pi S_0}{2\zeta}$$

$$= \frac{\pi\left(4\zeta^2 + 1\right)\omega_n}{2\zeta}S_0$$

8・4　式(8.25)から，自己相関関数は次のようになる．

$$R(\tau) = \int_{-\omega_1}^{\omega_1} S_o e^{i\omega\tau} d\omega$$

$$= \left[\frac{S_o e^{i\omega\tau}}{i\tau}\right]_{-\omega_1}^{\omega_1}$$

$$= \frac{S_0\left(e^{i\omega_1\tau} - e^{-i\omega_1\tau}\right)}{i\tau}$$

$$= \frac{2S_0\sin\omega_1\tau}{\tau}$$

$$= \frac{2S_0\omega_1\sin\omega_1\tau}{\omega_1\tau}$$

自乗平均値は式(8.9)から $R(0) = 2S_0\omega_1$，または式(8.26)から，

$\int_{-\omega_1}^{\omega_1} S_o d\omega = 2S_0\omega_1$　となる．

第 8 章の文献

(1)　日本機械学会編, 機械工学便覧, 基礎編 α2 機械力学, 第 11 章, (2004), 日本機械学会.

第 9 章

いろいろな振動

-自励，係数励振，カオス振動-

Self-Excited, Parametric and Chaotic Vibrations

- 振動系に外力が加わると，周期に同期した振動応答が現れる．このとき，一定な動きで振動したり，一つの周期力の下でも，多重周期で別な方向に振動したりする応答が生じる．
- また，周期外力でも一見すると不規則な振動応答が発生する．
- 本章では外力と振動系との関わりでどんな振動が発生するかを知って欲しい．

9・1　特殊な振動（particular vibrations）

ここでは，自励振動，係数励振振動やカオス振動について説明する．自励振動は，外から作用する一定の運動が振動系の動きと互いに関連し，振動が発生する．また係数励振振動では，周期的な外力の方向に対し垂直方向で周期整数比をもつ振動となる．さらにカオス振動では，周期外力の下でも，非定常で不規則と見える時間応答が発生する．これらの振動は，一般に振動系での急激な力の変化つまり非線形効果や多自由度系の連成により誘起される．なお，運動方程式において，時間変動外力などの時間関数が含まれる場合には，非自律系(non-autonomous system)と呼ばれ，時間項が含まれない場合には，自律系(autonomous system)と言われる．本章では，機械の機能をモデル化した振動系について振動発生の要因やその特徴を説明する．

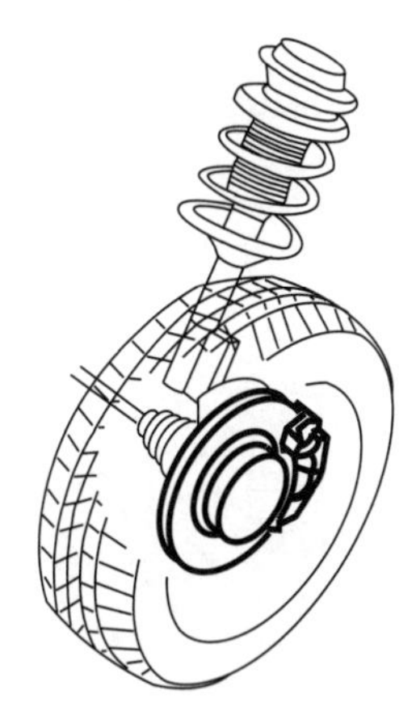

図 9.1　サスペンション

9・2　自励振動（self-excited vibrations）

自励振動では，外からの一方向の運動が系の振動を誘起する．自励振動は自律系の運動方程式で表わされ，わずかな初期変動でも不安定化し，周期振動の振幅が時間と共に急激に成長する．その後，非線形の効果で大振幅の定常振動が持続する．この振動の主な要因は負の減衰力効果による．また，弾性連続体において，変形と外力とが連成した場合にも発生する．さらに，系の応答に応じて発生する外力が時間遅れを伴う，いわゆるフィードバック系でも，自励振動が発生し易い．

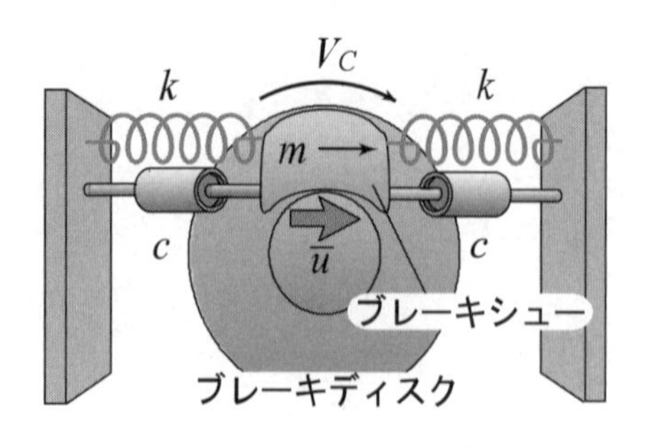

図 9.2　ブレーキモデル

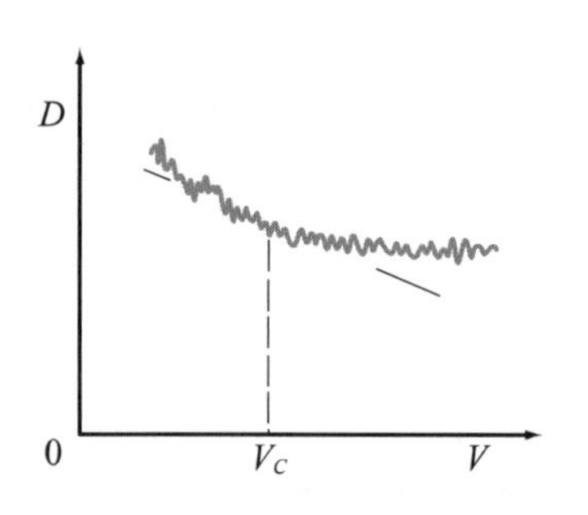

図 9.3　ブレーキの制動特性

9・2・1　モデルと運動方程式（model and equation of motion）

ここでは，車両のブレーキを運動モデルとし，負の減衰効果により自励振動が発生する様子を説明する．図 9.2 のように，ブレーキディスクは車軸と車輪に直結して回転する．ブレーキシューは車体支持部に取り付けられ，ディスク面をはさむ形で設置される．ブレーキをかけると，シューはディスクを強く押さえ，ディスクの回転を止めるように作動する．その際振動が生じブレーキ音が発生する．ブレーキシューの運動方程式を導く際，等価質量を m とし，車体支持部の剛性を等価ばね定数 k と仮定する．

ブレーキの作動時において，周速度 V に対する制動力 D の測定値は，図 9.3 のようになる．ブレーキシューの制動力は低速度の範囲では，速度と共に減少する．この制動力 D をディスクの一定速度 V_c の近傍でテイラー展開を行い，三次の項まで考慮すると，次式のようになる．

$$D(V-V_c)=d_0-d_1V+d_2V^2+d_3V^3 \tag{9.1}$$

上式で d_0 から d_3 の定数は一定速度 V_c の関数であり，特に V の係数 $-d_1$ は負の値を持つことが重要である．

ブレーキシューはディスク周方向に振動し，直線的な運動であるものとする．その際の微小変位を $\overline{u}(t)$ とする．さらに，系には，速度に比例する減衰力（c： 減衰係数）が作用するものとする．これより，運動方程式は

$$-2k\overline{u}-2c\frac{d\overline{u}}{dt}-D\left(\frac{d\overline{u}}{dt}-V_c\right)=m\frac{d^2\overline{u}}{dt^2} \tag{9.2}$$

のように示される．上式の制動力は式(9.1)を考えると，次のようになる．

$$D\left(\frac{d\overline{u}}{dt}-V_c\right)=d_0-d_1\frac{d\overline{u}}{dt}+d_2\left(\frac{d\overline{u}}{dt}\right)^2+d_3\left(\frac{d\overline{u}}{dt}\right)^3 \tag{9.3}$$

これより，運動方程式は

$$m\frac{d^2\overline{u}}{dt^2}+(2c-d_1)\frac{d\overline{u}}{dt}+d_0+d_2\left(\frac{d\overline{u}}{dt}\right)^2+d_3\left(\frac{d\overline{u}}{dt}\right)^3+2k\overline{u}=0 \tag{9.4}$$

のように自律系の非線形微分方程式となる．さらに，定数項が含まれるため，定数解を u_0 として $u=\overline{u}-u_0$ とおく．この関係を式(9.4)に代入すると，$u_0=-d_0/(2k)$ を得る．これより定数を含まない変位 u についての微分方程式に変換できる．

次に，ブレーキの代表的な長さとして，ディスク半径を選び R とする．系の固有角振動数 $\Omega_0=(2k/m)^{1/2}$ に基づき，次の無次元量を導入する．

$$u^*=u/R,\ \tau=\Omega_0 t,\ \mu_c=2c/m\Omega_0,$$

$$\mu_d=d_1/m\Omega_0,\ \beta=d_2R/m,\ \gamma=d_3\Omega_0R^2/m \tag{9.5}$$

上式で u^* は無次元の変位，τ は無次元時間であり，μ_c は系の無次元線形減衰係数である．μ_d,β と γ はそれぞれ制動力における線形減衰係数ならびに二次と三次の非線形減衰係数の無次元量である．上式を用いると，式(9.4)は，μ_c,μ_d,β,γ を諸量とする無次元方程式を得る．

$$\frac{d^2u^*}{d\tau^2}+(\mu_c-\mu_d)\frac{du^*}{d\tau}+u^*+\beta\left(\frac{du^*}{d\tau}\right)^2+\gamma\left(\frac{du^*}{d\tau}\right)^3=0 \tag{9.6}$$

9・2・2　自励振動の応答（response of self-excited vibration）

ここで，ブレーキ作動の初期状態で，ブレーキシューの変位が十分に小さい場合を考える．これより，速度の高次項となる非線形項は線形項と比べ小さくなり省略でき，次のようになる．

$$\frac{d^2u^*}{d\tau^2}+\frac{2(\mu_c-\mu_d)}{2}\frac{du^*}{d\tau}+u^*=0 \tag{9.7}$$

上式は減衰自由振動の式となる．この解は，2.4 節の減衰自由振動(第 2 章 2.5 参照)と同じである．つまり，解 u^* を $u^*=Ae^{\lambda\tau}$ (A,λ： 定数)とおいて特性方程式から，特性指数は

$$\lambda=\frac{\mu_d-\mu_c}{2}\pm i\sqrt{1-\left(\frac{\mu_d-\mu_c}{2}\right)^2} \tag{9.8}$$

となる．ただし，i は虚数単位である．制動力の線形減衰係数 μ_d が系の線形減衰係数 μ_c より大となると，上式の実部は正となる．さらに，根号の中が正つまり $(\mu_d-\mu_c)^2<4$ ならば，解は

$$u^*=e^{\frac{\mu_d-\mu_c}{2}\tau}\left\{C\cos\sqrt{1-\left(\frac{\mu_d-\mu_c}{2}\right)^2}\tau+S\sin\sqrt{1-\left(\frac{\mu_d-\mu_c}{2}\right)^2}\tau\right\} \tag{9.9}$$

となる．なお，C と S は初期条件で定まる定数である．上式で，$(\mu_d-\mu_c)/2=0.075$ を選び，$\tau=0$ での初期条件を $u^*=0.005$ と $du^*/d\tau=0$ とした場合の応答を図 9.4 に示す．図から自励振動の応答振幅は時間と共に増加することがわかる．これは式(9.8)の特性根の実部が正となるためである．このように自励振動の応答は振動と共に，振幅が指数的に増加し，不安定となることがわかる．自励振動が十分に成長すると，どのようになるのだろうか．それには，式(9.6)の非線形方程式を解く必要がある．非線形微分方程式の解法には，解析的方法と数値積分法とが一般的である．非線形項が小さい場合には，第 7 章で述べた多重尺度法(method of multiple scales)や平均法(averaging method)が用いられる．これらは方程式に微小量を導入し，微小量のべき数を含む級数解を仮定する．ついで微小量ごとの運動方程式を逐次解いて，解が得られる．一方，数値積分法は微小時間間隔ごとに方程式を積分し，誤差が最小となるように解を求める．ここでは，式(9.6)の解を数値積分法で求めた．減衰係数が $(\mu_d-\mu_c)/2=0.075$ で，非線形減衰係数 $\beta=0.15$，$\gamma=35$ の場合の結果を図 9.5 に示す．応答は先に述べたように振動振幅が急激に増加した後に一定の振幅値となる．これは，速度に依存した非線形減衰力の影響で，微小振動では発散した応答が，その発散が抑えられて一定の振幅値になっている．これは非線形効果と呼ばれる．また，この時間応答を振幅と速度を軸とした平面に記録してみる．これを相図(phase portrait)という．振動応答の相図を図 9.6 に示す．時間経過と共に振動の振幅と速度が増大することがわかる．この場合の $u^*=0$ の状態を不安定渦状点(unstable spiral)と呼ばれる．十分な時間経過すると，解の軌道(trajectory)は一定の閉曲線上に収束することがわかる．これは極限軌道またはリミットサイ

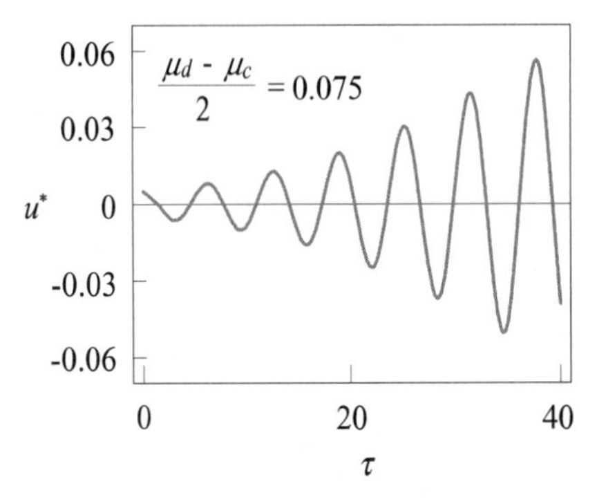

図 9.4　自励振動の発生

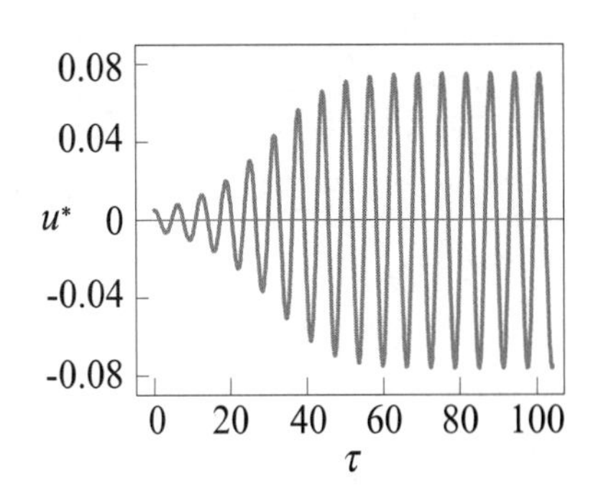

図 9.5　自励振動の大振幅応答

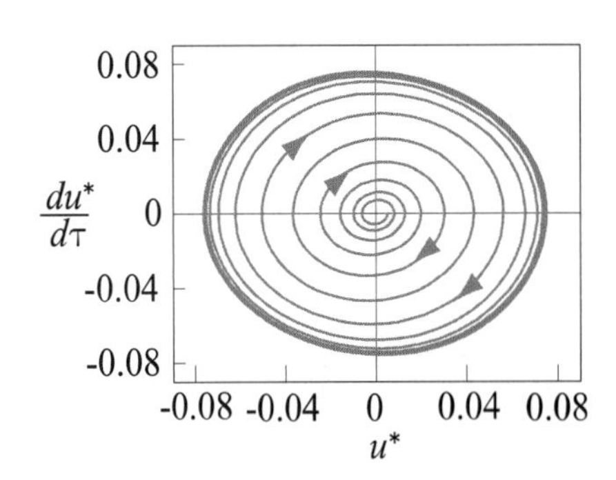

図 9.6　不安定渦状点と極限軌道

クル(limit cycle)という．

9・2・3　多自由度線形系の安定判別（stability criteria of linear system with multiple degrees of freedom）

いままで，一自由度系の運動方程式の解が安定となるかを調べた．つまり解を$u = e^{\lambda\tau}$と仮定し，特性方程式に関するλの二次方程式の解の実部から，安定性が定められた．一方，n次元の多自由度系の運動方程式でも，同様に$2n$次の特性方程式が得られる．一般に変位成分を$u_1, u_2, \cdots,$とし，それを列ベクトル$\mathbf{u}$で示した運動方程式は次式で示される．

$$\mathbf{M}\frac{d^2\mathbf{u}}{dt^2} + \mathbf{C}\frac{d\mathbf{u}}{dt} + \mathbf{K}\mathbf{u} = 0 \tag{9.10}$$

なお$\mathbf{M}$，$\mathbf{C}$と$\mathbf{K}$はそれぞれ質量行列(mass matrix)，減衰行列 (damping matrix)と剛性行列(stiffness matrix)に対応する．ここで，解を$\mathbf{u} = \mathbf{a}e^{\lambda t}$と仮定する．ただし，$\mathbf{a}$は定数を成分とする列ベクトルである．解を上式に代入することにより$2n$次の特性方程式を得る．これを解けば，安定性が判別できる．しかし，次数の高い方程式の解を定めることは一般に難しい．そこで，特性方程式の係数のみで安定性を調べる方法を以下に示す．

まず，得られた特性方程式は多項式$a_0\lambda^{2n} + a_1\lambda^{2n-1} + \cdots + a_{2n} = 0$で示される．ただし，多項式の初項を$a_0 > 0$となるようにそれ以降の係数の符号を整理する．この特性方程式におけるすべての解の実部が負になると，系は安定である．それには次の二条件がすべて満たされればよい．

1. すべての係数$a_0, a_1, \cdots, a_{2n}$が存在し，同符号である．
2. 次式で示す行列式の主座小行列式Δ_i，つまりi行i列までの要素を取り出した行列式$(i = 1, 2, \cdots, 2n)$のすべてが0より大である．

$$\Delta_{2n} = \begin{vmatrix} a_1 & a_0 & 0 & 0 & 0 & 0 & \cdots & 0 \\ a_3 & a_2 & a_1 & a_0 & 0 & 0 & \cdots & 0 \\ a_5 & a_4 & a_3 & a_2 & a_1 & a_0 & \cdots & 0 \\ \vdots & \vdots & \vdots & \vdots & \vdots & \vdots & & \vdots \\ a_{2n-1} & a_{2n-2} & a_{2n-3} & a_{2n-4} & a_{2n-5} & a_{2n-6} & \cdots & a_0 \\ 0 & a_{2n} & a_{2n-1} & a_{2n-2} & a_{2n-3} & a_{2n-4} & \cdots & a_2 \\ 0 & 0 & 0 & a_{2n} & a_{2n-1} & a_{2n-2} & \cdots & a_4 \\ \vdots & \vdots & \vdots & \vdots & \vdots & \vdots & \cdots & \vdots \\ 0 & 0 & 0 & 0 & 0 & 0 & \cdots & a_{2n} \end{vmatrix} \tag{9.11}$$

ただし，上式の行列式要素a_kの指数kが$2n$をこえる場合には，$a_k = 0$とする．具体的な安定判別には，まず各係数の存在と正の同符号であるかを確かめる．ついで主座小行列式が全て正であればよい．

$$\Delta_1 = a_1,\quad \Delta_2 = \begin{vmatrix} a_1 & a_0 \\ a_3 & a_2 \end{vmatrix},\quad \Delta_3 = \begin{vmatrix} a_1 & a_0 & 0 \\ a_3 & a_2 & a_1 \\ a_5 & a_4 & a_3 \end{vmatrix},\quad \cdots, \tag{9.12}$$

この方法をラウス・フルビッツの安定判別法(Routh-Hurwitz's stability criterion)という．これより多自由度系運動方程式での安定性が調べられる．

これを用い，先に述べたブレーキモデルの安定性を調べてみる．解を $u^* = Ae^{\lambda\tau}$ とおいて運動方程式(9.7)に代入し，次の特性方程式を得る．

$$\lambda^2 + (\mu_c - \mu_d)\lambda + 1 = 0 \tag{9.13}$$

まず，すべての特性方程式の係数が 0 ではなく，同符号であることより以下の関係を得る．

$$\mu_c - \mu_d > 0 \tag{9.14}$$

また特性方程式の解の実部がすべて負になるために，特性方程式の係数を用いて以下の条件式を得る．

$$\Delta_1 = \mu_c - \mu_d > 0,\ \Delta_2 = \begin{vmatrix} \mu_c - \mu_d & 1 \\ 0 & 1 \end{vmatrix} > 0 \tag{9.15}$$

上式の二つの条件を満たせば，この運動の安定が確かめられる．つまり，$\mu_c > \mu_d$ のとき安定となる．

9・2・4　自励振動の事例（examples of self-excited vibrations）

自励振動の代表的な例とその主な要因を説明する．

a．摩擦力に起因する自励振動

先にブレーキディスクにおける，負の減衰による自励振動を説明した．これと同種の自励振動にスティックスリップ(stick-slip)型の振動がある，この振動はワイパーなどで顕著に発生する．ガラス面上におけるワイパーブレードの静摩擦係数が動摩擦係数より大きいことで自励振動が発生する．まず，運動状態で，ブレードの払拭面がガラス上で静止し，固着（スティック）する．それに伴い弾性変形が発生する．弾性力が静止摩擦力より大きくなると，ブレードはガラス面を滑り出し，スリップ状態となる．これらの状態を繰り返して，自励振動となる．

この種の自励振動では，第 1 章図 1.4 で示したように黒板にチョークで直線を描く時も発生する．これはチョークが進行方向に対してある一定の角度に達すると振動が発生する．また，工作機械の切削作業において，工具が被切削物上を切削する際にも発生しやすい．

これらの運動状態は複雑であり，例えば摩擦係数が一定でも自励振動となる．これは摩擦面に垂直な運動が加わると，摩擦力の変化が発生し，スティックスリップ型の振動に移行するからである．

b．弾性変形と外力の連成による自励振動

機械構造物に外力が作用すると弾性変形が発生する．弾性変形による幾何学的形状の変化を伴い，従来加わっていた外力の大きさや向きも変化する．さらに，構造物の運動速度も変化し，これらの相互作用により自励振動が発生する．弾性変形に伴う自励振動の代表例として飛行機などの翼がある．翼には，流体力による抗力と揚力が発生する．飛行機の速度増加と共に翼のねじりと曲げ変形が発生し，失速状態となる．そして，変形が回復すると再び速度を取り戻す．これらが周期的に発生し自励振動に至る．これを

フラッタ(flutter)現象と呼ぶ．

この種の現象は1940年，米国ワシントン州で崩壊したタコマ橋が有名である．橋断面がH字形状であったため，欄干に秒速19メートルの風があたり，カルマン渦と呼ばれる非対称渦が発生した．橋のねじれ弾性振動と互いに連成し，自励振動に至り大振幅振動が持続し，約1時間後に崩落した．

一方，鉄道車両においてレールと接触する車輪の形状(踏面)はほぼ円錐状をなす．車両走行に伴い横方向のわずかなずれにより，レール面に接触する車輪径が変化する．この結果，車輪は進行方向に対し蛇行する．これが自励振動となる．レールと車輪間に幾何学的な形状に伴う非線形の摩擦力が働き，その自励振動挙動はより複雑となる．

c．時間遅れに起因する自励振動

旋盤の工作機械において，切削工具が過去に切削した面の近傍を再度切削すると，切削形状に応じて切削抵抗が変化する．これと工具の弾性変形とが互いに連成し，自励振動が発生する．

今まで述べたように自励振動は，特定な要因のみで発生するのではなく多くの要因が互いに連成して発生する場合が多い．そのため，自励振動を抑制するには全ての要因，特に非線形効果について詳しく検討する必要がある．

9・3　係数励振振動（parametric vibrations）

周期的な加振力が振動系に作用すると，一般に，加振力と同一方向に振動が発生する．しかし，振動の連成により特定な振動数の領域で，加振力方向に対し垂直方向の振動応答が時間的に成長する．このような振動を係数励振形の振動と言う．

9・3・1　モデルと運動方程式（model and equation of motion）

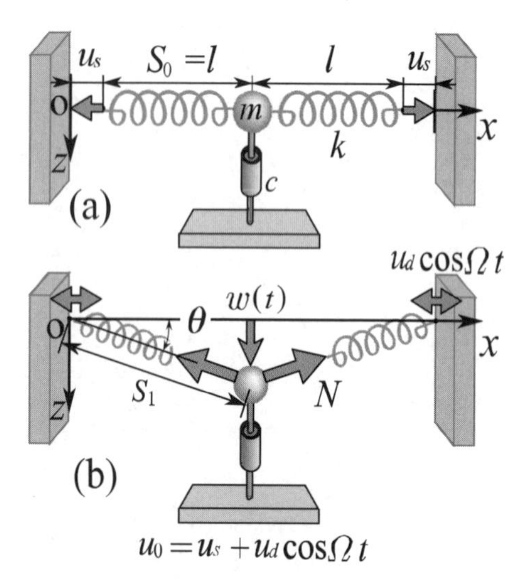

図9.7　ばねと質量のたわみ振動モデル

ここでは図9.7(a)のように，質量mの物体の両端に，ばね定数kと自然長lのばねを取り付けた運動モデルを考える．まず，ばねの両端に静的な初期の軸変位u_sを与え，両側の壁に固定する．ついで図(b)のように，ばねの軸心方向に周期的な軸変位$u_d\cos\Omega t$を加える．ただし，u_dは動的な振幅であり，Ωは加振角振動数，tは時間である．この結果，両側の壁間隔が周期的に増減する．なお，軸変位u_sとu_dは長さlに比べて十分小さいものとする．$x-z$座標系を図のように定め，物体は座標平面内で運動するものとする．z方向のたわみをwとし，軸方向変位$u_0=u_s+u_d\cos\Omega t$の下での運動方程式を導く．その際，速度に比例する減衰力$F_c=-c\,dw/dt$（c：減衰係数）も作用するものとする．ばねの初期長さをS_0とすると，$S_0=l$となる．さらに図(b)で，ばねが変形し，軸方向変位u_0とたわみwによりS_1の長さになると次式となる．

$$S_1=\sqrt{(l+u_0)^2+w^2}=l\sqrt{1+2\frac{u_0}{l}+\left(\frac{u_0}{l}\right)^2+\left(\frac{w}{l}\right)^2} \tag{9.16}$$

上式で，$2u_0/l$と$(w/l)^2$は同程度の大きさで，1より小さいものとする．

さらに$(u_0/l)^2$は1より十分に小さいので省略する．ついで，式(9.16)をテイラー展開により第二項までの近似を行うと，次式を得る．

$$S_1 \cong l\left\{1+\frac{u_0}{l}+\frac{1}{2}\left(\frac{w}{l}\right)^2\right\} \tag{9.17}$$

ばねの伸びeは$e = S_1 - S_0$となり，ばねの軸心にそった軸力Nは次式で得られる．

$$N = k(S_1 - S_0) = kl\left\{\frac{u_0}{l}+\frac{1}{2}\left(\frac{w}{l}\right)^2\right\} \tag{9.18}$$

一方，たわみwに伴うばねの軸心とx軸間の角度をθとすると，$\sin\theta = w/S_1$で与えられる．これに，式(9.17)を代入し，微小量についてテイラー展開した結果を次に示す．

$$\sin\theta = \frac{w}{l}\left\{1+\frac{u_0}{l}+\frac{1}{2}\left(\frac{w}{l}\right)^2\right\}^{-1} = \frac{w}{l}\left[1-\left\{\frac{u_0}{l}+\frac{1}{2}\left(\frac{w}{l}\right)^2\right\}\right] \tag{9.19}$$

二つのばねによるz方向の復元力F_sは$F_s = -2N\sin\theta$となり，高次の微小量を省略して，次式で与えられる．

$$F_s = -2kl\left\{\frac{u_0}{l}+\frac{1}{2}\left(\frac{w}{l}\right)^2\right\}\frac{w}{l} \tag{9.20}$$

これより，運動方程式は上式の復元力F_sと減衰力F_cにより，次の式で示される．

$$m\frac{d^2w}{dt^2}+c\frac{dw}{dt}+2kl\left\{\frac{u_s}{l}+\frac{u_d}{l}\cos\Omega t+\frac{1}{2}\left(\frac{w}{l}\right)^2\right\}\frac{w}{l} = 0 \tag{9.21}$$

この系の代表的な角振動数$\Omega_0 = \sqrt{ku_s/ml}$を用いると固有角振動数$\Omega_n$は$\Omega_n = \sqrt{2}\Omega_0$となる．ここで，次の無次元量を導入する．

$$w^* = w/l,\ u_s^* = u_s/l,\ u_d^* = u_d/l,\ q_d = u_d/u_s,\ \omega = \Omega/\Omega_0$$

$$\omega_n = \Omega_n/\Omega_0,\ \tau = \Omega_0 t,\ 2\mu = c/m\Omega_0,\ \gamma = l/u_s \tag{9.22}$$

上式で，w^*は質量の無次元たわみを示す．u_s^*とu_d^*は無次元の初期軸変位と軸方向動的振幅であり，q_dは動荷重振幅（静的振幅に対する動的振幅の比）である．ω，$\omega_n(=\sqrt{2})$とτはそれぞれ無次元の加振振動数，固有角振動数と時間をそれぞれ示す．μは無次元の減衰係数である．γは初期変位に依存する非線形係数である．これより，無次元化した方程式が次のようになる．

$$\frac{d^2w^*}{d\tau^2}+2\mu\frac{dw^*}{d\tau}+\omega_n^2(1+q_d\cos\omega\tau)w^*+\gamma w^{*3} = 0 \tag{9.23}$$

上式の第一項は慣性力項，第二項は減衰力項に対応する．第三項の復元力項には時間関数を含む．これを周期係数項(periodic term)もしくは係数励振項と呼ぶ，第四項は非線形力の項である．すなわち，上式は係数励振形の微分方程式となる．

* *

【例題 9・1】図 9.8 に示す，ひもの長さが周期的に変動する単振り子を考え

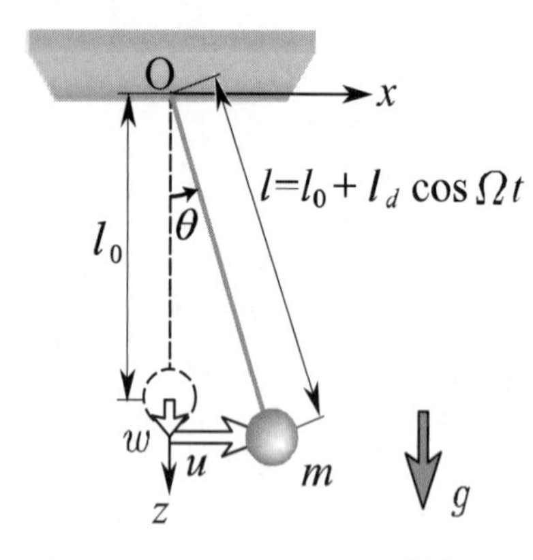

図 9.8 ひもの長さが周期的に変動する単振り子

－図 9.8 とブランコの対応－

ブランコをこぐ人は，図 1.5 にも示したようにブランコの固有振動数の 2 倍の振動数で，自分の重心を上下させている．これは係数励振を利用した振動の発生メカニズムである．ひもの長さが変わることと重心の変動が対応する．

よう．ここで，振り子の支点Oから質量 m の質点までの距離 l は，時間 t と共に $l=l_0+l_d\cos\Omega t$ のように周期的に変化するものとする．

(a) 振り子の運動が次式で示されることを誘導しなさい．

$$l\ddot{\theta}+2\dot{l}\dot{\theta}+g\sin\theta=0 \tag{9.24}$$

ただし，記号・は時間 t についての微分 d/dt を意味する．

(b) 式(9.24)で $s=l\theta$ と置いて，s についての方程式を導きなさい．
ただし，振り子の角変位 θ は十分に小さく，また $l_d \ll l_0$ であるものとする．

【解答】(a) 振り子の支点を原点Oとし，水平方向に x 軸を，鉛直下方に z 軸をとる．振り子のひもに働く張力を T，$l_d=0$ の下で鉛直下方にて静止している状態からの質点の x 軸ならびに z 軸方向変位をそれぞれ u,w とする．質点の運動方程式は次のようになる．

$$\begin{aligned}&-T\frac{u}{l}=m\ddot{u}\\&-T\frac{l_0+w}{l}+mg=m\ddot{w}\end{aligned} \tag{9.25}$$

上式から張力 T を消去すると，次式が得られる．

$$(l_0+w)\,\ddot{u}+gu-u\ddot{w}=0 \tag{9.26}$$

極座標を用い，上式に $u=l\sin\theta,\ w=l\cos\theta-l_0$ を代入して整理すると次式を得る．

$$l\ddot{\theta}+2\dot{l}\dot{\theta}+g\sin\theta=0 \tag{9.27}$$

(b) $s=l\theta$ の両辺を時間 t で 2 階微分すると

$$\dot{s}=\dot{l}\theta+l\dot{\theta}$$

$$\therefore\ \ddot{s}=\ddot{l}\theta+2\dot{l}\dot{\theta}+l\ddot{\theta} \tag{9.28}$$

となる．式(9.28)を変形すると $l\ddot{\theta}+2\dot{l}\dot{\theta}=\ddot{s}-\ddot{l}\theta$ となり，これを式(9.27)に代入すると

$$\ddot{s}-\ddot{l}\theta+g\sin\theta=0 \tag{9.29}$$

となる．ここで振り子の角変位 θ は1に比べて十分に小さく $\sin\theta\approx\theta$ と見做せることより，式(9.29)は

$$\ddot{s}-\ddot{l}\theta+g\theta=0$$

$$\therefore\ \ddot{s}+\frac{1}{l}(g-\ddot{l})s=0 \tag{9.30}$$

となり，$\ddot{l}=-l_d\Omega^2\cos\Omega t$ であることを考慮して l_d/l_0 の 2 次以上の高次微小項を無視すると

$$\therefore\ \ddot{s}+\frac{g}{l_0}\left\{1+\frac{l_d}{l_0}\left(-1+\frac{l_0\Omega^2}{g}\right)\cos\Omega t\right\}s=0 \tag{9.31}$$

となる【練習問題 9・2 を参照】．すなわち式(9.31)は式(9.23)と同様に係数励振項を含む．

＊＊＊＊＊＊＊＊＊＊＊＊＊＊＊＊＊＊＊＊＊＊＊＊＊＊＊＊＊＊＊＊＊＊＊

9・3・2　係数励振振動の応答（response of parametric vibration）

式(9.23)で，動荷重振幅 q_d が 1 より十分に小さい場合では，たわみ w^* も十分小さい応答が予想できる．このため，非線形項は省略できる．なお，簡単のために減衰力も省略すると，次式を得る．

$$\frac{d^2w^*}{d\tau^2}+\omega_n^2(1+q_d\cos\omega\tau)w^*=0 \tag{9.32}$$

上式はマシューの式(Mathieu's equation)として知られる．まず，方程式の応答を加振振動数に同期するものとして，次式の周期解を仮定する．

$$w^*=C_1\cos\omega\tau+S_1\sin\omega\tau \tag{9.33}$$

なお C_1 と S_1 は未定定数である．上式を式(9.32)に代入すると，次式を得る．

$$\begin{aligned}&\left(\omega_n^2-\omega^2\right)C_1\cos\omega\tau+\left(\omega_n^2-\omega^2\right)S_1\sin\omega\tau\\&+\frac{1}{2}q_d\omega_n^2C_1\cos2\omega\tau+\frac{1}{2}q_d\omega_n^2S_1\sin2\omega\tau+\frac{1}{2}q_d\omega_n^2C_1=0\end{aligned} \tag{9.34}$$

上式において，式(9.33)で仮定した周期項に対応する項を取り出す．さらに，右辺が 0 であることにより，各項が 0 となる必要がある．この方法を一般に調和バランス法(harmonic balance method)と言う．これより次式を得る．

$$\left(\omega_n^2-\omega^2\right)C_1=0\,,\ \left(\omega_n^2-\omega^2\right)S_1=0 \tag{9.35}$$

上式より C_1 と S_1 が 0 であれば，式(9.33)より $w^*=0$ の解が得られ，振動しない状態に対応する．一方，$\omega=\omega_n$ では，C_1 と S_1 が 0 でない振動解が得られ，自由振動に対応する解となる．この解の仮定では，動荷重振幅 q_d を含む項が関与しない．一方，式(9.34)では，振動数 2ω に対応する項が q_d を含むことがわかる．これより解を次のように仮定してみる．

$$w^*=C_{1/2}\cos\frac{1}{2}\omega\tau+S_{1/2}\sin\frac{1}{2}\omega\tau \tag{9.36}$$

上式を式(9.32)に代入すると，振動数 $\omega/2$ と $(3/2)\omega$ を含む周期項を得る．調和バランス法により角振動数 $\omega/2$ に該当する項を 0 とおくと，次式を得る．

$$\left\{\omega_n^2\left(1+\frac{1}{2}q_d\right)-\frac{1}{4}\omega^2\right\}C_{1/2}=0\,,\ \left\{\omega_n^2\left(1-\frac{1}{2}q_d\right)-\frac{1}{4}\omega^2\right\}S_{1/2}=0 \tag{9.37}$$

上式より ω が正であることを考慮し，次の関係を得る．

$$\omega=2\omega_n\sqrt{1\pm\frac{1}{2}q_d} \tag{9.38}$$

これより，固有角振動数 ω_n の 2 倍近傍に，動荷重振幅 q_d に応じて，振幅 $C_{1/2}$ と $S_{1/2}$ が 0 でない解を得る．このような振動を係数励振形の振動と呼ぶ．この場合の振動数の境界を一般に主不安定境界(principal instability boundary)と呼び主不安定領域を[1/2]で示す．q_d の大きさに応じた不安定領域を図 9.9 に

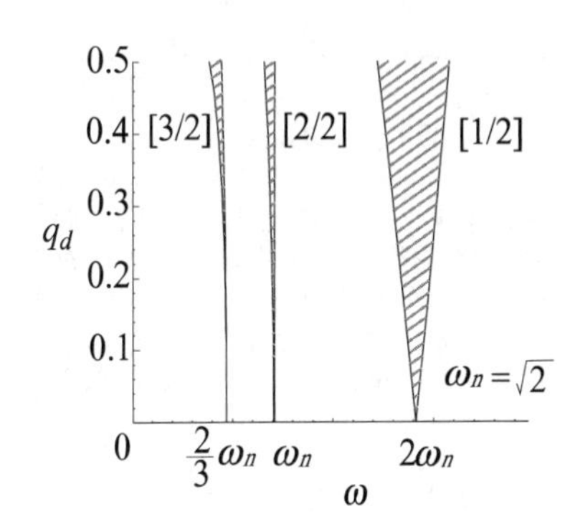

図 9.9　マシューの式の不安定領域

示す．なお，後で説明する他の不安定領域も示してある．q_d の増加と共に，不安定領域の幅が増加することがわかる．上記の境界をより正確に定めるためには，高次の周期項を考慮し，次のように解を仮定すればよい．

$$w^* = \sum_p \left(C_{p/2} \cos \frac{p}{2}\omega\tau + S_{p/2} \sin \frac{p}{2}\omega\tau \right), \ (p = 1,3,5,...) \tag{9.39}$$

上式で仮定する項数は解の精度に依存する．これより $p=1$ に該当する $2\omega_n$ 近傍の主不安定境界のほか，$p=3$ に対応し $(2/3)\omega_n$ 近傍での不安定領域[3/2]なども同様に定められる．

一方，式(9.39)において，整数 p が偶数次の解も予想できる．式(9.39)で $(p=0,2,4,...)$ と仮定し，これまでと同様な解法を用いて，不安定境界が求められ，対応する不安定領域$[p/2]$ $(p=2,4,...)$ が定められる．図 9.9 に[2/2]の不安定領域を示す．領域[2/2]は ω_n 近傍にあり，その境界を一般に副不安定境界(secondary instability boundary)と呼ぶ．なお，式(9.32)に減衰力項を考慮した方程式の解も上式の仮定で同様に解析できる．その際の不安定境界は q_d が有限な値で，はじめて存在するようになる．

ここで，式(9.23)の非線形方程式の主不安定領域での振動応答を調べてみる．まず，先に示した式(9.39)で $p=1$ とおいた周期解を用いる．この解を式(9.23)に代入し，調和バランス法を用いると，次の方程式を得る．

$$\omega_n^2 \left\{ 1 - \frac{1}{4}\left(\frac{\omega}{\omega_n}\right)^2 + \frac{1}{2}q_d \right\} C_{1/2} + \mu\omega S_{1/2} + \frac{3}{4}\gamma\left(C_{1/2}S_{1/2}^2 + C_{1/2}^3\right) = 0$$

$$\omega_n^2 \left\{ 1 - \frac{1}{4}\left(\frac{\omega}{\omega_n}\right)^2 - \frac{1}{2}q_d \right\} S_{1/2} - \mu\omega C_{1/2} + \frac{3}{4}\gamma\left(C_{1/2}^2 S_{1/2} + S_{1/2}^3\right) = 0$$

(9.40)

上式は未定係数 $C_{1/2}$ と $S_{1/2}$ に関する連立三次方程式となる．これを解いて未定係数が求められる．この方程式の解は一般に求めにくい．そのため，数値解法がよく用いられ，解法のひとつにニュートン・ラフソン法(Newton-Raphson method)がある．これは未定係数 $C_{1/2}$ と $S_{1/2}$ をそれぞれの初期値と増分量との和で仮定する．つまり，$C_{1/2}$ の初期値を $C_{1/2}^{(0)}$ とし，微小増分を $\delta C_{1/2}$ として $C_{1/2} = C_{1/2}^{(0)} + \delta C_{1/2}$ とおく．$S_{1/2}$ も同様な操作を行う．これらを方程式に代入し，テイラー展開を行い，初期値を係数とする微小増分に関する連立一次方程式を得る．これを解いて，解の精度が満たされるまでの収束計算を行う．これより具体的な周期解の振幅が定められ，これは定常解とも呼ばれる．式(9.40)で $u_s = 0.01$ とし，$\mu = 0.15$, $q_d = 0.5$ とした場合の定常応答の結果を図 9.10 に示す．横軸は加振振動数 ω，縦軸は振幅の実効値であり，次式で示される．

$$w^*_{\mathrm{rms}} = \sqrt{\frac{1}{T}\int_0^T w^{*2} d\tau} = \sqrt{\frac{1}{2}(C_{1/2}^2 + S_{1/2}^2)} \tag{9.41}$$

ただし，T は係数励振応答の基本周期($T = 4\pi/\omega$)を示す．図において，加振振動数 ω を増加させると，振幅0の応答から係数励振振動が発生し，点aから有限な振幅応答となる．なお，点aと点cは先の不安定境界に対応する．

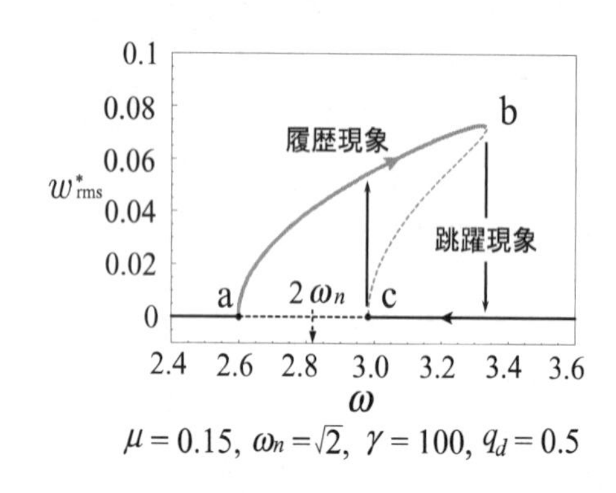

図 9.10　主不安定領域の有限定常応答

－跳躍現象－

図 9.10 の応答曲線を見ると，図 7.7 の非線形強制振動の応答曲線でもみられた跳躍現象が現れている．

強制振動の場合との基本的な違いは，物体が加振角振動数 ω の 1/2 の振動数で励振されていることである．また励振領域が有限の振動数範囲で現れることも強制振動の場合と異なる．

応答はいわゆる漸硬形の復元力特性に対応した挙動を示す．つまり，高い振動数となるほど，振幅が増大することがわかる．さらに，角振動数が増加すると，減衰効果が増大し，大振幅応答は限界点bに至る．その後，急激に振幅のない応答に移行する．7・3・1 でも学んだが，このような現象を跳躍現象(jump phenomenon)と呼ぶ. 高角振動数側から角振動数を減少させて, 点cに至ると, 再び跳躍現象を伴い大振幅応答に移行する. 角振動数の増減に伴い, 同一の応答を経過しない挙動を履歴現象(hysteresis phenomenon)と呼ぶ．線分acは不安定領域に対応する．ここでは，振幅0の解は不安定となり，式(9.23)で非線形項を省略した方程式で安定性が確かめられる. 一方, 点cから点bに至る点線は有限振幅の周期解が不安定となる応答である．一般に，加振角振動数の変化に対し有限振幅が垂直な傾きを持つ場合，その安定性を調べることが重要となる．非線形周期解の安定性に関しては，定常解からの増分に関する線形化方程式の安定性を調べる方法や振幅と位相を時間関数とした平均法などがある．ここでは，式(9.23)の時間応答を実際に数値積分法で解を求め調べてみる．点cの不安定境界よりわずかに低い振動数ωで，微小な初期値を与え，計算を行う．その結果，図 9.11 を得られる．振動振幅は時間と共に逐次増大し，十分な時間経過の後に，一定の大振幅の定常応答となる．一方, 図 9.10 の点cより高い振動数での応答は，大振幅応答または振幅0の応答に収束した．その際，いかなる初期値でも曲線bcの不安定応答には収束しないことが確かめられた．このように数値積分法では，解の挙動を直接調べることが可能であり，応答は一般に安定な解に収束することがわかる．

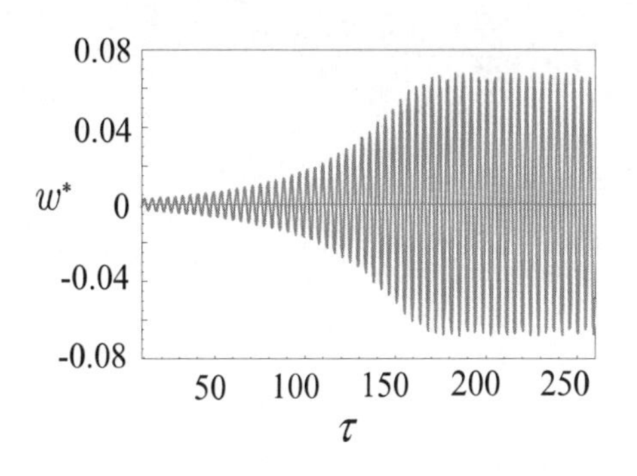

図 9.11　不安定領域内の非線形振動挙動

このように，係数励振振動応答は一般に振幅0の応答を示し，不安定領域では大振幅振動となる．さらに非線形特性に応じて，不安定境界を越えた領域でも大振幅非線形応答が存在することとなる．

9・4　カオス振動（chaotic vibration）

一般に周期的な外力が加わる振動系では，周期応答が発生する．時間変動する外力形態が確定されており，運動方程式に不確定な要素を含まない振動系を決定論的力学系(deterministic dynamical system)と呼ぶ．線形振動系では，決定論的結果が得られる．しかし，決定論的な非線形振動系でも同様な結果を得るものとされてきた. 近年, 周期外力をうける決定論的非線形系において, 一見不規則な時間応答が発見された．その現象はカオス(chaos)と呼ばれる．ここでは，非定常で非周期的な応答を示すカオス振動(chaotic vibration)について説明し，カオス振動の応答，発生の要因とその振動の特徴を明らかにする．

9・4・1　モデルと運動方程式（model and equation of motion）

図 9.12 のように質量mの物体の両側に，軸方向のみに伸縮する長さlのばねを二つ取り付け，他端を壁にとりつける．ばね定数をkとし，ばね両端は回転自由とする．基部を結ぶ基準線からhの高さに物体を配置する．この振動モデルは，曲率を持たせた薄肉構造の基本的な挙動を示す．座標系を図のように定め，質量mの初期位置を原点に選ぶ，この振動モデルのz方向に重力

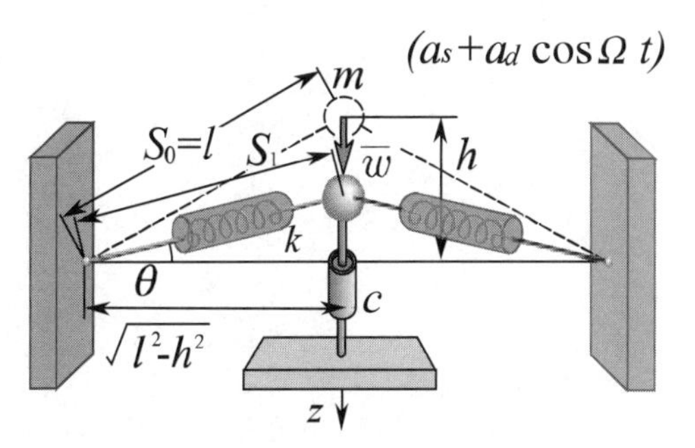

図 9.12　飛び移りばねと質量の振動モデル

加速度 g のかわりに周期的な加速度 $a = a_s + a_d \cos \Omega t$ を作用させる．a_s は一定加速度であり，a_d は動的加速度振幅である．Ω は加振角振動数である．周期外力 F_e は $F_e = ma$ となる．この振動モデルのたわみを $\overline{w}$ とし，運動方程式を導く．なお，$\overline{w}$ と h は l に比べ十分に小さいと仮定する．変形前のばねの長さは $S_0 = l$ であり，たわみ $\overline{w}$ に伴うばねの長さ S_1 は次のように変わる．

$$S_1 = \sqrt{(h - \overline{w})^2 + l^2 - h^2} = \sqrt{l^2 - 2h\overline{w} + \overline{w}^2} \tag{9.42}$$

たわみ $\overline{w}$ に伴う軸方向のばね力 N は次式で与えられる．

$$N = k(S_1 - S_0) = k\left(\sqrt{l^2 - 2h\overline{w} + \overline{w}^2} - l\right) \tag{9.43}$$

初期状態での軸力 N は 0 であり，$\overline{w}$ が 0 から $2h$ の範囲で，負の符号を持つ圧縮力となる．一方，たわみ $\overline{w}$ に伴う，ばねの軸心と基準線との間の角を θ とすると，$\sin\theta = (h - \overline{w}) / S_1$ で与えられる．$\overline{w}$ が 0 から h では，$\sin\theta$ は正であり，$\overline{w}$ が h より大となると $\sin\theta$ は負となる．これより両方のばね力による z 軸方向の分力 F_s は，$\overline{w}$ の変化により符号を含め次のようになる．

$$\begin{aligned} F_s &= 2N\sin\theta \\ &= 2k\left(\sqrt{l^2 - 2h\overline{w} + \overline{w}^2} - l\right)\frac{h - \overline{w}}{\sqrt{l^2 - 2h\overline{w} + \overline{w}^2}} \end{aligned} \tag{9.44}$$

つまり，たわみ $\overline{w}$ が 0 から h の間では，物体の動きと逆向きの抵抗力となり $\overline{w}$ が h から $2h$ では，同方向の力が作用する．
また物体に作用する減衰力 F_c は次式で示される．

$$F_c = -c\frac{d\overline{w}}{dt} \tag{9.45}$$

よって，F_s, F_c と周期外力 ma による運動方程式は
$F_s + F_c + F_e = m\left(d^2\overline{w} / dt^2\right)$ より，次のように示される．

$$\begin{aligned} &m\frac{d^2\overline{w}}{dt^2} + c\frac{d\overline{w}}{dt} - 2k\left(\sqrt{l^2 - 2h\overline{w} + \overline{w}^2} - l\right)\frac{h - \overline{w}}{\sqrt{l^2 - 2h\overline{w} + \overline{w}^2}} \\ &= m(a_s + a_d \cos\Omega t) \end{aligned} \tag{9.46}$$

ここで $\Omega_0 = \sqrt{k/m}$ とおいて，次の無次元量を導入する．

$$\begin{aligned} &\overline{w}^* = \overline{w}/l,\ \eta = h/l,\ \omega = \Omega/\Omega_0,\ \tau = \Omega_0 t, \\ &2\mu = c/m\Omega_0,\ q_s = ma_s/kl,\ q_d = ma_d/kl \end{aligned} \tag{9.47}$$

なお h は初期長さに対する系の高さの比で矢高比(rise ratio)と呼ぶ．q_s と q_d はそれぞれ静荷重と周期荷重の無次元の振幅を示す．よって，無次元の運動方程式は次のように整理される．

$$\frac{d^2\overline{w}^*}{d\tau^2} + 2\mu\frac{d\overline{w}^*}{d\tau} - 2(\eta - \overline{w}^*)\left\{1 - \frac{1}{\sqrt{1 - 2\eta\overline{w}^* + (\overline{w}^*)^2}}\right\} = q_s + q_d\cos\omega\tau \tag{9.48}$$

上式の第 3 項は w^* に関する複雑な非線形の関係式を含む．そのため w^* と η が 1 より十分小さいことを考え，上式の第 3 項をテイラー展開すると次式を

得る.

$$\frac{d^2\overline{w}^*}{d\tau^2}+2\mu\frac{d\overline{w}^*}{d\tau}+2\eta^2\overline{w}^*-3\eta(\overline{w}^*)^2+(\overline{w}^*)^3=q_s+q_d\cos\omega\tau \quad (9.49)$$

ここで上式の静荷重 q_s と周期荷重 $q_d\cos\omega\tau$ に対応する解をそれぞれ w_s と $w^*(\tau)$ とする. たわみ $\overline{w}^*$ を $\overline{w}^*=w_s+w^*(\tau)$ とおき, これを式(9.49)に代入するとそれぞれ次式を得る.

$$2\eta^2 w_s-3\eta w_s{}^2+w_s{}^3=q_s \quad (9.50)$$

$$\frac{dw^*}{d\tau}=v$$

$$\frac{dv}{d\tau}=-2\mu v-(\alpha w^*+\beta w^{*2}+\gamma w^{*3})+q_d\cos\omega\tau \quad (9.51)$$

式(9.50)は静荷重によるつり合い式に対応し, 静たわみが定まる. 式(9.51)の v は速度に対応し, w^* と v との連立の一階非線形微分方程式として示される. なお, 以下の記号を用いてある.

$$\alpha=2\eta^2-6\eta w_s+3w_s{}^2,\ \beta=-3\eta+3w_s,\ \gamma=1 \quad (9.52)$$

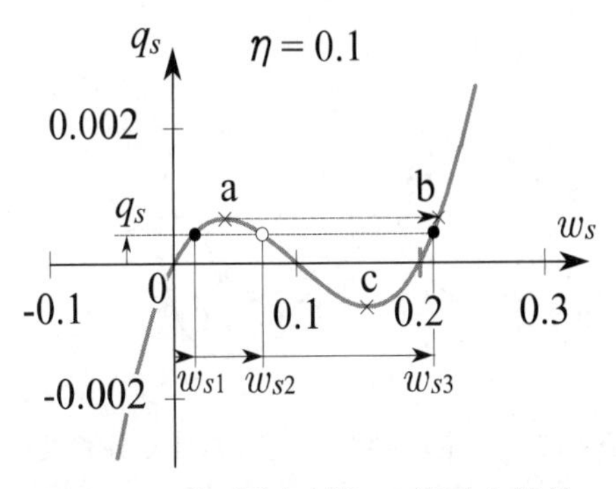

図 9.13 飛び移りばねの復元力特性

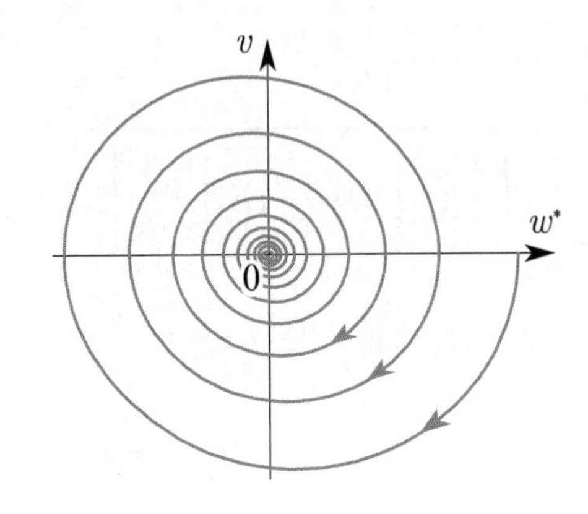

図 9.14 安定平衡点 w_{s1}, w_{s3}

9・4・2 カオス振動の応答（response of a chaotic vibration）

式(9.50)から静荷重 q_s とたわみ w_s の関係, つまり復元力特性が定まる. 矢高比 $\eta=0.1$ におけるこの関係を図 9.13 に示す. 振幅が小さい範囲では, たわみの増加に対し復元力の増加の割合が逐次少なくなるばね特性つまり漸軟となる. ついで点 a で傾き 0 から, たわみの増大に伴い負の傾きを持つことがわかる. たわみが大なる範囲では, 漸硬形のばね特性を示す. なお, 実際に静荷重を加え, 逐次増加させると, 点 a まで変位 w_s が連続した解を持つ. そこからの静荷重のわずかな増加により, 点 b のたわみに動的に飛び移る. これを飛び移り座屈(snap-through buckling)現象という. 点 a から点 c までの解は静的に不安定となる. これに対し, 変位を変化させて, その際の静荷重を求めると図に示すように負の傾きを持つ復元力特性を示す. この復元力特性を有するばねを一般に飛び移り型のばね(spring with snap-through type)と呼ぶ.

ここで, 特定な静荷重 q_s の下で, 図に示すように w_{s1}, w_{s2} と w_{s3} で示す三個の静的なつりあい点, すなわち平衡点を持つ. この平衡点まわりの微小振幅の自由振動挙動を調べる. つまり, 式(9.51)で二次と三次の非線形項を省略し, $q_d=0$ とおくと, 次の w^* と v に関する連立の運動方程式を得る.

$$\frac{dw^*}{d\tau}=v$$

$$\frac{dv}{d\tau}=-2\mu v-\alpha w^* \quad (9.53)$$

上式の解を $w^*=A_1e^{\lambda\tau}$, $v=A_2e^{\lambda\tau}$ （A_1, A_2, λ :定数)とおいて, 上式に代入すると, 特性方程式として $\lambda_1=-\mu+\sqrt{\mu^2-\alpha}$, $\lambda_2=-\mu-\sqrt{\mu^2-\alpha}$ を得る. その値に応じて, 線形連立方程式における解が定まる.

まず w_{s1} の平衡点に対し微小な初期条件を与えると, 微小振動での解挙動

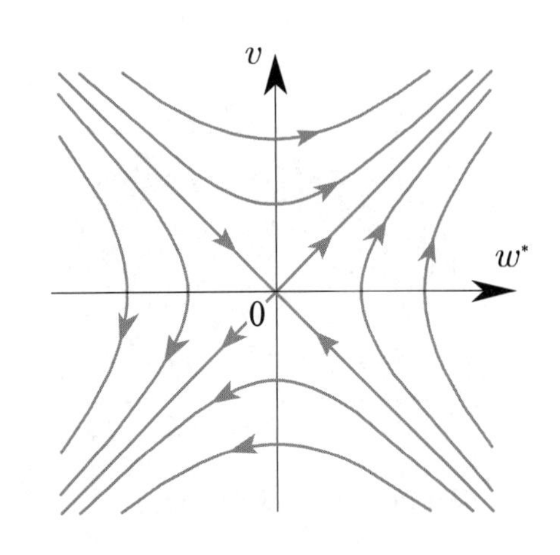

図 9.15 サドル点 w_{s2}

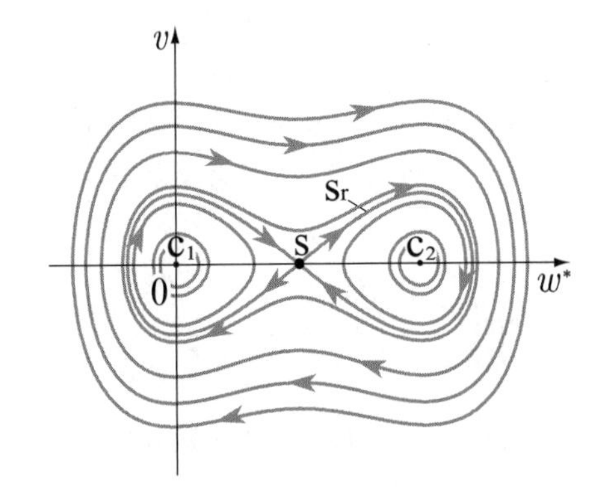

図 9.16 大振幅自由振動の相図

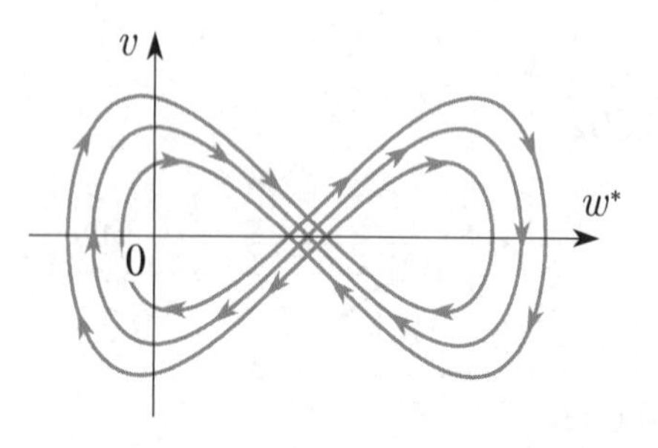

図 9.17　一定な動的荷重における分離枝

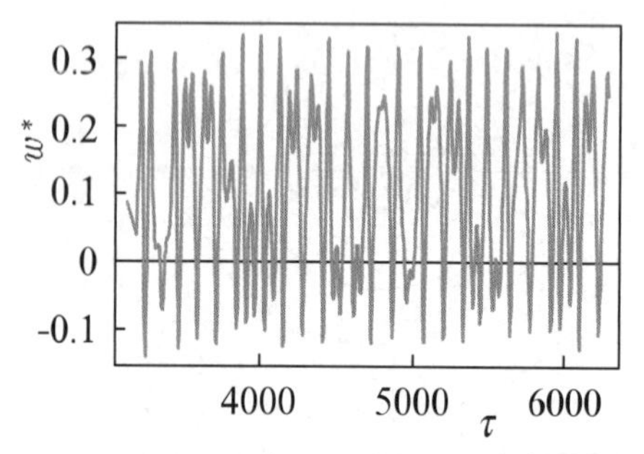

図 9.18　カオス振動の時間波形

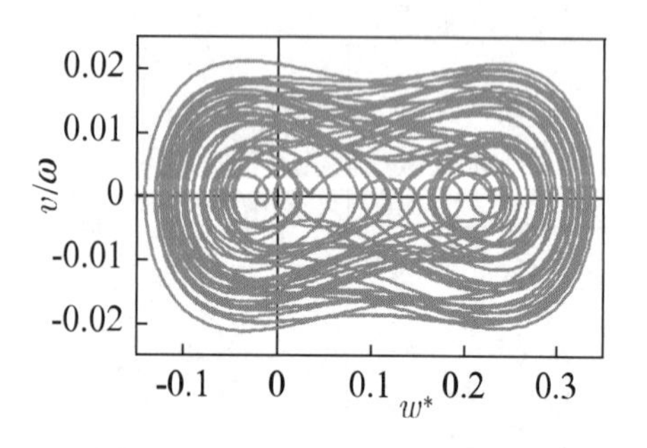

図 9.19　カオス振動の相図

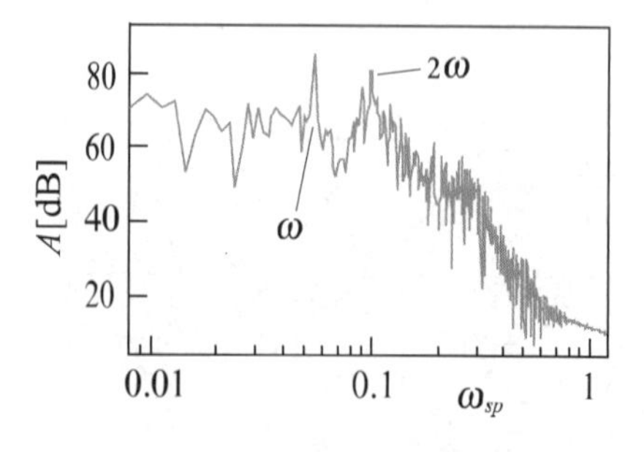

図 9.20　カオス振動の周波数分析

の相図は図 9.14 のようになる．この解は正の傾きを持つ復元力特性，つまり物体を平衡点に引きもどそうとするように働き，時間経過と共に振幅が減衰し平衡点に収束する安定な挙動となる．w_{s3} においても同様な挙動を示す．一方，w_{s2} における振動挙動では，式(9.53)で復元力項の係数 α が負の値 $(\alpha < 0)$ となる．これより，特性根は正と負の二実根を持つ．それゆえ任意の初期値に対し，平衡点に近づく安定な解と遠ざかる不安定な解が存在する．この場合の相図を図 9.15 に示す．これらの平衡点を一般にサドル点または鞍点(saddle point)と呼ぶ．このように，式(9.51)の運動方程式において複数の平衡点が有ると，初期条件により安定(stable)や不安定(unstable)となる振動応答が存在する．

さらに減衰を持たない場合について大振幅自由振動での振動挙動を調べる．式(9.51)で $q_d = 0$ とし，両式から時間 τ を消去すると次式を得る．

$$\frac{dv}{dw^*} = -\frac{\alpha w^* + \beta w^{*2} + \gamma w^{*3}}{v} \tag{9.54}$$

上式を整理して積分すると，次のようになる．

$$\frac{1}{2}v^2 + \frac{\alpha}{2}w^{*2} + \frac{\beta}{3}w^{*3} + \frac{\gamma}{4}w^{*4} = e \tag{9.55}$$

ただし e は定数であり，外から系に加えられたエネルギーの大きさに対応する．e の大きさを逐次変えて，相図を求めると図 9.16 のようになる．e の値に応じて二つの安定平衡点 c_1，c_2 やサドル点 s を囲む解軌道が現れる．サドル点を含む軌道 s_r を分離枝(separatrix)と呼び，カオス振動の発生には，分離枝の存在が重要となる．e が十分に大きいと三つの平衡点を囲む解軌道が可能となる．分離枝の軌道が発生するための e の大きさとなると，その解挙動は複雑となる．安定な平衡点 c_1 や c_2 のまわりを不規則に往復する運動や三つの平衡点を越える大振幅振動のいずれかが選択される．これより，分離枝近傍の解軌道の選択は e の微小な変動で，複雑に変化する．

ついで，周期荷重が系に作用する場合の動的挙動を考える．周期荷重の時間変化が極めて緩慢であるものと仮定して考える．各荷重振幅ごとの分離枝の相図を図 9.17 に示す．荷重の増減に応じて，分離枝の形状，つまり変位や速度が逐次変化することがわかる．一般の周期変動荷重の下では，解軌道はこの相図を埋め尽くす運動が予想される．これより振動は大振幅と小振幅の応答を生じ，一見不規則な挙動となる．これを確かめるため，基礎式(9.51)に対して数値解析を行う．式(9.51)の諸量は次の値を用いた．

$$\eta = 0.1,\ \mu = 0.0009,\ q_s = 0,\ q_d = 0.0006,\ \omega = 0.055 \tag{9.56}$$

この場合の線形固有角振動数は $\omega_n = \sqrt{2}\eta = 0.14$ である．得られた時間波形を図 9.18 に示す．周期性や振幅がみだれ，一見無秩序な振動となる．これがカオス振動である．対応する相図を図 9.19 に示す．図において，横軸はたわみ w^* を示し，縦軸は速度 v を加振力の角振動数 ω で除した量を示す．この図を図 9.17 の分離枝の相図と比べると，解軌道の描く様子がよく似ていることがわかる．

ついで，時間波形をフーリエ変換つまり周波数分析してみる．一般に定常振動では，周波数分析により特定な角振動数と振幅が定まる．カオス振動波形の分析結果を図 9.20 に示す. 図において, 横軸は分析角振動数 ω_{sp} であり, 縦軸は振幅成分 A をデシベル表示してある. カオス状振動では, 加振角振動数 $\omega = 0.055$ に対して主に 2ω での応答をはじめ, 広い角振動数範囲に連続した角振動数成分を持つことがわかる. 一般に加振角振動数に対し, 2 次や 3 次の高調波共振応答, ならびに 1/2 次や 1/3 次の分数次調波共振応答, さらに m/n 次 $(m,n = 1,2,3,\cdots)$ の亜分数次調波共振応答近傍でカオス振動が発生することが確かめられている.

カオス振動の解軌道を相図上に描くと, 軌跡が図を埋め尽くしてしまい正確な振動挙動は把握できない. このような場合に, 加振力の周期に同期して, 振動応答の変位と速度の点列を写像する. これをポアンカレ写像(Poincaré projection)という. 定常振動応答のポアンカレ写像図は一点のみを示し, $1/n$ 次分数次調波共振応答では, n 点を示す. カオス振動のポアンカレ写像図を図 9.21 に示す. 図において, 加振力波形 $q_d \cos\omega\tau$ に対し, $\cos(\omega\tau - \theta)$ となる位相遅れ θ におけるポアンカレ写像を記録した結果である. 図より点列は層状を示し, これをフラクタル構造(fractal structure)と呼ぶ. θ の変化と共にカオス振動のフラクタル構造は一方向にひき伸ばされ, 他の方向に縮むことがわかる. ポアンカレ写像を用いてカオス振動の特徴を捉えることができる.

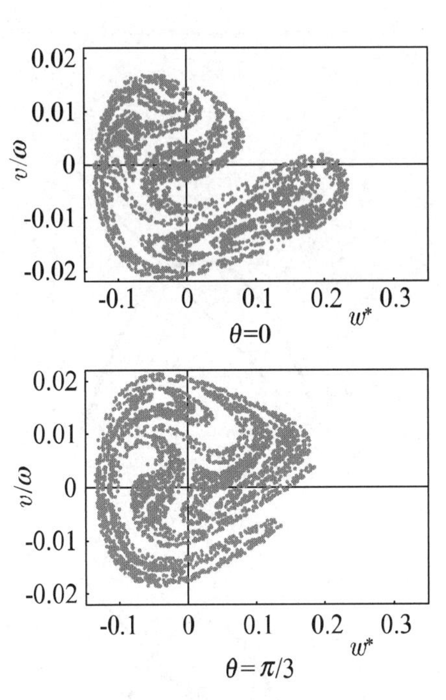

図 9.21　カオス振動のポアンカレ写像

このように非線形の運動方程式に不連続性を含む非線形効果が含まれると, 周期的な加振にも関わらず, 一見非定常で周期性の定まらないカオス振動が発生する. カオス振動の解挙動にわずかな乱れが生じると, それ以後の動的挙動が激しく変化する. 一方, カオス振動のフラクタル構造にも見られるように, 大域的な系の安定性を考えれば, 解は一定領域内にとどまり, 安定な挙動ともいえる. カオス振動は非線形系における特徴的な振動として, 今後さらに研究される必要がある.

＝＝＝＝　練習問題　＝＝＝＝＝＝＝＝＝＝＝＝＝＝＝＝＝＝＝＝＝＝＝＝

【9・1】　図 9.22 に示すように, 長さ $2l$, 質量 m の細い一様な剛体棒が, x 方向へ流速 V で流れる流体の中に置かれている. 棒は, 中心 O から左右に l_s 離れた位置で, ばね定数 $k/2$ の二本のばねで支持されている. 棒には z 方向に $\alpha_L V^2(\theta - \dot{w}/V)$ の揚力と, 回転角 θ の正方向すなわち反時計回りに $l_m \alpha_L V^2(\theta - \dot{w}/V)$ の力のモーメントが作用する. ただし, $\dot{w} = dw/dt$ である. このとき, α_L は揚力に関する係数, l_m は原点 O から揚力の作用位置までの距離に対応したモーメントの腕の長さに関する係数, w は棒重心の z 方向変位, $\theta - \dot{w}/V$ は棒の見かけの迎角である. なお θ は微小であるものと仮定する.

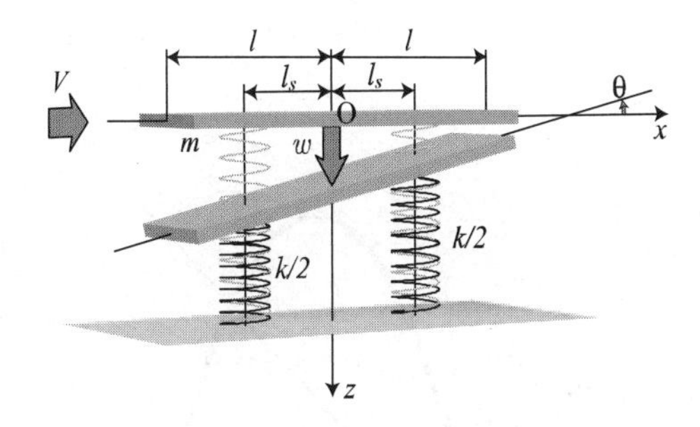

図 9.22　2 本のばねで支持された剛体棒横風を受ける場合

(a) 棒の z 方向の並進運動と重心まわりの回転に関する運動方程式を導きなさい.

(b) 導かれた方程式から, 系の運動が安定であるための条件をラウス・フルビッツの安定判別法により求めなさい.

【9・2】

(a) 例題 9・1 で求めた振り子の運動方程式

－ロジスティック写像とは－

式(9.58)で示される x_n と x_{n+1} との関係は，ロジスティック写像(logistic map)と呼ばれ，世代を重ねるときの人口の増減や生物の個体数の変動などの現象を表すのに用いられる．

$$\ddot{s}+\frac{g}{l_0}\left\{1+\frac{l_d}{l_0}\left(-1+\frac{l_0\Omega^2}{g}\right)\cos\Omega t\right\}s=0 \tag{9.57}$$

を例題 9・1 の式(9.30)から誘導しなさい．

(b) 式(9.57)と式(9.32)とを比較すると，振り子の長さを変動させる角振動数 Ω が固有角振動数の 2 倍，つまり $2\sqrt{g/l_0}$ のとき，振り子は主不安定領域に対応する係数励振形の振動をすることがわかる．振り子の基準の長さが $l_0=2\,\mathrm{m}$ のとき，角振動数 Ω を求めなさい．ただし，重力加速度 $g=9.8\ \mathrm{m/s^2}$ とする．

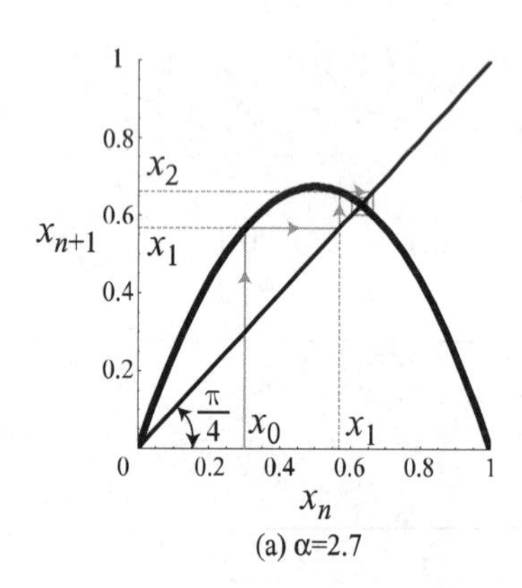

(a) α=2.7

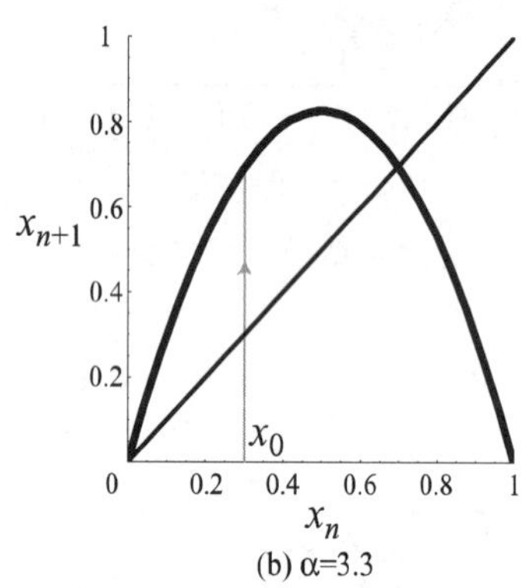

(b) α=3.3

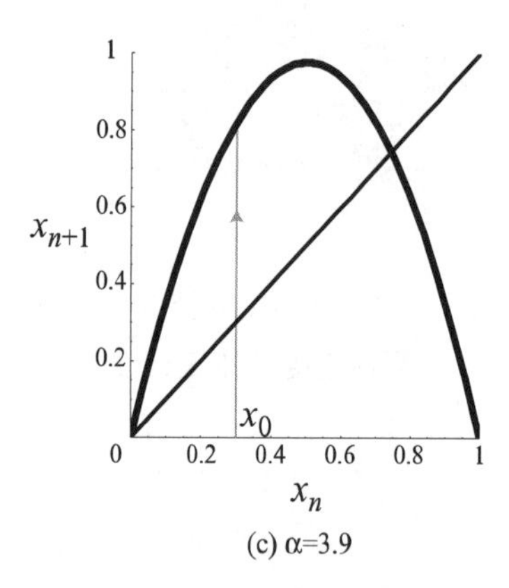

(c) α=3.9

Fig. 9.23 Graphic procedure of the logistic maps

【9・3】 The relationship between the population of the following $(n+1)$th generation x_{n+1} and the current n th population is expressed

$$x_{n+1}=\alpha x_n(1-x_n),\quad (n=0,1,2,...)\,, \tag{9.58}$$

where the populations x_{n+1} and x_n are normalized by their maximum value. In the relation, called a logistic map (see explanation in the column) , the population of the following generation is assumed to be proportional to the current population x_n and to the limiting feature $1-x_n$, which includes things such as the remaining food and the risk of being caught by predators. The coefficient α depends on the conditions in the environment.

Figure 9.23(a) depicts the graphic procedure for finding the growth of the population at $\alpha=2.7$. The abscissa denotes the current population x_n and the ordinate denotes the following generation's population x_{n+1}. In the figure, the curve of the quadratic function $y=\alpha x(1-x)$ and the diagonal line $y=x$ are drawn.

To find x_1 from x_0 graphically, we start at x_0 on the horizontal axis and move vertically until we hit the quadratic curve. The vertical coordinate of the intersection indicates the value of x_1. Then, to transfer the current value of x_1 from the vertical axis to the horizontal one, we move horizontally from the intersection until we hit the diagonal line. The horizontal coordinate of the intersection now represents the value of x_1. Repeating this procedure, we can find the populations $x_2,x_3,x_4,...$ easily. As depicted in Fig. 9.23(a) for the example using $\alpha=2.7$ and $x_0=0.3$, all initial population sizes evolve towards a unique stable equilibrium that lies at the intersection of the quadratic curve and the diagonal line for $\alpha\le 3$.

Applying the graphical procedure on the logistic maps for $\alpha=3.3$ and 3.9 shown in Figs. 9.23(b) and (c), respectively, examine the dynamic behavior of the maps.

【解答】

9・1 (a) 棒の並進ならびに回転の運動方程式は以下のようになる．

$$\begin{aligned} &m\ddot{w}+kw-\alpha_L V^2(\theta-\dot{w}/V)=0\\ &I\ddot{\theta}+k_\theta\theta-l_m\alpha_L V^2(\theta-\dot{w}/V)=0 \end{aligned} \tag{9.59}$$

ここで，I は棒の重心まわりの慣性モーメント，

$$I = \int_{-l}^{l} x^2 dm = \int_{-l}^{l} x^2 \frac{m}{2l} dx = \frac{ml^2}{3} \tag{9.60}$$

k_θ は棒の回転に対するばね定数であり，$k_\theta = kl_s^2$ で与えられる．

(b) 解を $w = C_1 e^{\lambda t}, \theta = C_2 e^{\lambda t}$ と仮定し，式(9.59)に代入すると，次式が得られる．

$$\begin{bmatrix} m\lambda^2 + \alpha_L V\lambda + k & -\alpha_L V^2 \\ l_m \alpha_L V\lambda & I\lambda^2 - l_m \alpha_L V^2 + k_\theta \end{bmatrix} \begin{bmatrix} C_1 \\ C_2 \end{bmatrix} = \begin{bmatrix} 0 \\ 0 \end{bmatrix} \tag{9.61}$$

C_1, C_2 が両方共 0 にはならない条件より，上式左辺のマトリックスの行列式が 0 となることから，次の特性方程式(振動数方程式)が得られる．

$$a_4\lambda^4 + a_3\lambda^3 + a_2\lambda^2 + a_1\lambda + a_0 = 0 \tag{9.62}$$

ここで，特性方程式の係数は以下の通りである．

$$\begin{aligned} & a_0 = k(k_\theta - l_m\alpha_L V^2),\ a_1 = \alpha_L k_\theta V,\ a_2 = Ik + m(k_\theta - l_m\alpha_L V^2) \\ & a_3 = \alpha_L IV,\ a_4 = mI \end{aligned} \tag{9.63}$$

ラウス・フルビッツの判別法によれば，運動が安定となるのは，式(9.63)の $a_i\ (i = 0,1,...,4)$ が全て存在しかつ正であり，さらに行列式

$$\Delta_4 = \begin{vmatrix} a_1 & a_0 & 0 & 0 \\ a_3 & a_2 & a_1 & a_0 \\ 0 & a_4 & a_3 & a_2 \\ 0 & 0 & 0 & a_4 \end{vmatrix} \tag{9.64}$$

の主座小行列 $\Delta_1, \Delta_2, \Delta_3, \Delta_4$ が全て正となる場合である．前者の条件より，以下の条件が必要であることがわかる．

$$V < \sqrt{k_\theta / (l_m \alpha_L)} = l_s \sqrt{k / (l_m \alpha_L)} \tag{9.65}$$

さらに後者の条件より，以下の条件が必要である．

$$\begin{aligned} & \Delta_1 = a_1 > 0 \\ & \Delta_2 = \begin{vmatrix} a_1 & a_0 \\ a_3 & a_2 \end{vmatrix} = \alpha_L V \left\{ l_m \alpha_L V^2 Ik + k_\theta m(k_\theta - l_m \alpha_L V^2) \right\} \\ & \quad = \alpha_L V \left\{ k_\theta^2 m + l_m \alpha_L V^2 (Ik - k_\theta m) \right\} > 0 \\ & \Delta_3 = \begin{vmatrix} a_1 & a_0 & 0 \\ a_3 & a_2 & a_1 \\ 0 & a_4 & a_3 \end{vmatrix} = l_m \alpha_L^3 I(Ik - k_\theta m) V^4 > 0 \\ & \Delta_4 = a_4 \Delta_3 > 0 \end{aligned} \tag{9.66}$$

この条件は，$Ik - k_\theta m > 0$ すなわち，

$$l_s < l / \sqrt{3} \tag{9.67}$$

のとき満たされる．式(9.65)および式(9.67)の両者を満足すれば，運動は安定となる．なお，式(9.65)の条件が満たされない場合，棒は振動することなく，変位 w と回転角 θ は増大する．一方，式(9.67)が満たされない場合には，変位 w と回転角 θ が連成した自励振動(フラッター)が生じ，その振幅は増大す

る．

9・2　(a) 式(9.30)において，$\ddot{l}=-l_d\Omega^2\cos\Omega t$ であるので，

$$\frac{1}{l}\left(g-\ddot{l}\right)=\frac{1}{l_0}\frac{1}{1+\dfrac{l_d}{l_0}\cos\Omega t}\left(g+l_d\Omega^2\cos\Omega t\right)$$

$$=\frac{g}{l_0}\left[1-\frac{l_d}{l_0}\cos\Omega t+\mathrm{O}\left\{\left(\frac{l_d}{l_0}\right)^2\right\}\right]\left(1+\frac{l_d\Omega^2}{g}\cos\Omega t\right)$$

$$=\frac{g}{l_0}\left\{1+\frac{l_d}{l_0}\left(-1+\frac{l_0\Omega^2}{g}\right)\cos\Omega t\right\}+\mathrm{O}\left\{\left(\frac{l_d}{l_0}\right)^2\right\}$$

となる．ここで，l_d/l_0 の２次以上の高次微小項を無視すると

$$\ddot{s}+\frac{g}{l_0}\left\{1+\frac{l_d}{l_0}\left(-1+\frac{l_0\Omega^2}{g}\right)\cos\Omega t\right\}s=0 \qquad (9.68)$$

となる．ここで $\mathrm{O}\left\{\left(l_d/l_0\right)^2\right\}$ は，l_d/l_0 の２次以上の高次微小項を無視することを意味する．

(b) 振り子の長さの変動角振動数は

$$\Omega=2\sqrt{9.8/2}=4.43\ \mathrm{rad/s}$$

となる．なお参考までに周期に換算すると

$$T=2\pi/\Omega=1.42\ \mathrm{s}$$

となり，振動数に換算すると

$$f=1/T=\Omega/(2\pi)=0.7\ \mathrm{Hz}$$

となる．

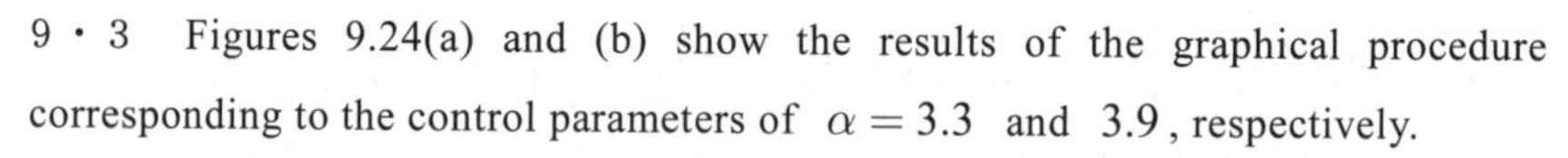
9・3　Figures 9.24(a) and (b) show the results of the graphical procedure corresponding to the control parameters of $\alpha=3.3$ and 3.9, respectively.

At $\alpha=3.3$, the population x_n does not settle down to a single attracting value. The population sizes oscillate back and forth between two values. This implies that the population returns to the same value every two generations, which is called period-2 behavior.

At $\alpha=3.9$, as shown in Fig. 9.24(b), the fluctuation of the population is no longer periodic and in fact shows chaotic behavior.

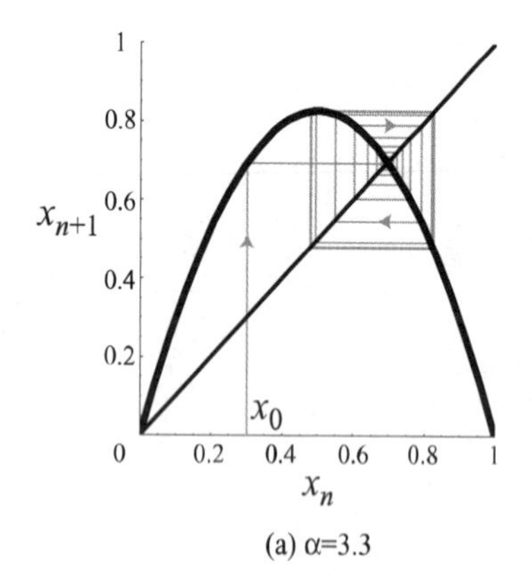

(a) α=3.3

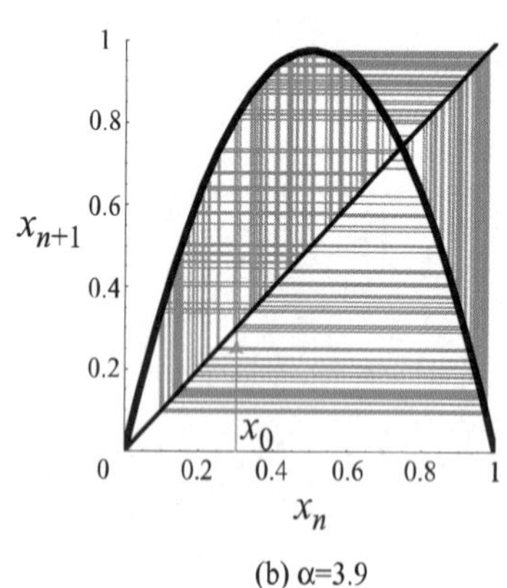

(b) α=3.9

Fig.9.24 Graphical solution of the logistic maps

第９章の文献

(1)　DEN Hartog, J.P., Mechanical Vibration, (1956), McGraw-Hill, Inc., 機械振動論（谷口修　藤井澄二共訳），(1979)，コロナ社.

第10章

計測および動的設計

Measurement and Dynamic Design

- 実際の設計・生産では，どのような時に振動が問題になるのだろう？
- 振動理論と数値解析はどのように使いわけるのだろう？
- 振動はどのように計測するのだろう？
- 振動のトラブル対策や動的設計はどのように行えばよいのだろう？

10・1　実機における振動問題（vibration problems in real machinery）

本章では，実際の機械や構造物を設計・生産するなかで，どのような場合に振動に関する検討が必要になるか，また，どのように検討を行うのか，また，そのなかで．振動解析，計測がどのように利用されるのかなどについて示す．

振動と機械や構造物のかかわり方としては，図10.1のように

(1)　振動によって機械が破損する．

(2)　振動によって機械の性能や精度が低下する．

(3)　振動によって人間の居住性や周囲の環境を損なう．

(4)　振動を利用する．

などが，考えられる．なお，(4)以外は，振動は小さいほど望ましいことになる．

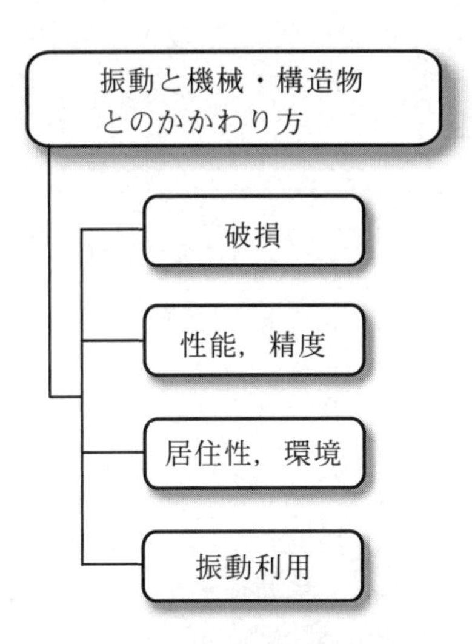

図10.1　振動と機械・構造物のかかわり方

次に，どのような局面で振動に関する検討が行われるかについて考えて見る．例えば，上述の(1)，(2)(3)のような場合であれば，通常，振動トラブルを未然に防止するために設計時に振動問題に対する検討が行われる．また，製作後に振動問題が発生した場合には，その原因を究明し，効果的な対策を実施することが必要となる．このように，設計時の検討および製作後の振動対策が，実際の機械や構造物において振動の検討を行う典型的な局面である．

設計時の事前検討，製作後の対策いずれの場合においても，最終的な目標は，振動という観点から望ましい構造を得ることである．望ましい構造を決定するには，非常に簡単な問題を除き，図10.2に示すように，通常，以下のような手順で行われる場合が多い．

(1)　検討の対象とする振動現象を特定する．

(2)　振動現象を表現できる数学モデルを作成する．

(3)　数学モデルにより計算し，良好な設計パラメータを決定する．

(4)　製作後の振動を確認する．

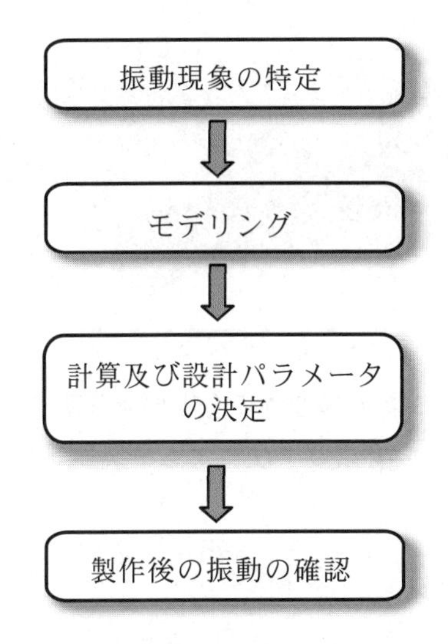

図10.2　動的設計のプロセス

対象とする振動現象によって(2)以降の検討内容が異なるため，まず，どのような現象を対象とするかを特定する必要がある．それまでの経験などから，どのような振動が問題になるかが明確になっている場合は，検討すべき現象の特定は容易であるが，そうでない場合もある．例えば，振動トラブル

で，予測していなかった現象に遭遇した場合には，まず，計測や分析により，実際にどのような現象が発生しているかを把握しなければならない．また，経験のない分野で新しい機械を設計する場合などには，どのような振動が問題になるかが把握できないことがある．そのような場合には，文献調査，予備実験，試作実験などによる現象を明らかにするための検討が行われることが多い．

(2)の数学モデルに関しては，ある程度の精度を確保し，現象を正しく表現できるものでなければ，(3)で良好な設計パラメータを決めることが難しくなる．作成した数学モデルが十分な精度を有する妥当なものであるかどうかを検証するためには，計算の対象について振動計測を行い，計測結果と比較するなどの作業が必要となる．したがって，(4)では設計や対策がうまくいっているかどかを確認するだけでなく，将来，同種の機械のモデリングを行う場合の有効な情報として活用することも考えておく必要がある．

(3)のプロセスに示しているように，望ましい構造を決定するためには，単に与えられた形状に対して，振動解析を行うだけではなくて，良好な振動特性を有する構造を探す必要がある．1 自由度系，2 自由度系や簡単な連続体のように理論解析により解が陽な形で表現される場合であれば，設計パラメータの影響が簡単に把握できるので見通しを持ちながら設計することが可能である．しかし，実際の機械や構造物は複雑な形状をしている場合が多く，複雑な形状を理論解析が適用できるような簡単な系に近似して解く方法や，第 5 章で学んだ有限要素法(Finite Element Method：略記 FEM)に代表される数値解析(numerical analysis)によって，できるだけ忠実にモデリングして解く方法がよく用いられる(図 10.3 参照)．コンピュータの普及とともに，複雑な系の振動解析が可能な汎用ソフトウエアは多数市販されており，インプットデータの作成プロセスも年々簡単になってきているので，必要な情報さえ入力すれば簡単に計算結果を得ることが可能な場合が多い．

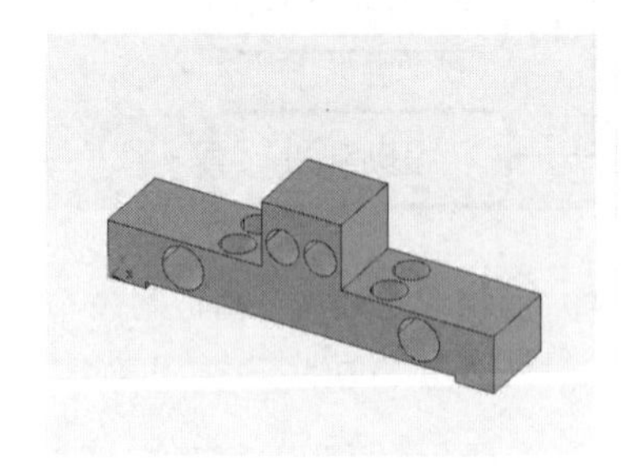

(a)　3 次元構造物

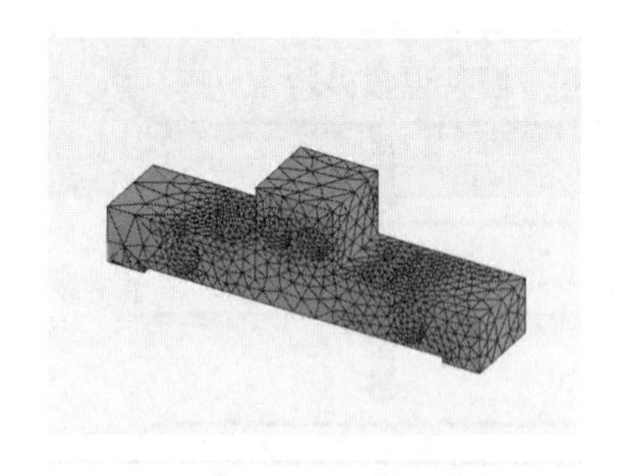

(b)　3 次元構造物の有限要素分割結

図 10.3　有限要素法によるモデリング

このような数値解法を用いる場合でも，単に計算するだけでなく，設計変更の見通しを得るための工夫や理論解析との組み合わせを行うなどにより見通しに関して補足することが望ましい．また，そのなかで用いられている計算方法の基本的な考え方を理解していなければ，ソフトウエアを適切に使用できない場合や計算結果を正しく評価できない場合もある．

以上のように，実際の機械や構造物の振動問題を扱う場合には，理論解析，数値解析，計測を状況に応じてうまく組み合わせながら検討を進めて行く必要がある．以下では，これらのことを踏まえ，実機における振動問題の解決プロセスにおける重要なポイントについて示す．

10・2　実問題における計測（measurement in real problems）

10・1 節で示したように，振動の計測は実機における振動現象の把握や数学モデルの妥当性検討のために必要である．それ以外でも，運転中の機械が許容値を越えていないかどうかのモニタリングや機械の健全性の診断などを目的として計測が行われる場合もある．また，実問題ではなく，研究のための実験などにおいても計測は重要な役割を果たす．本節では，最初に振動を計測するセンサ(sensor, transducer)の概要を示した後，計測により明らかにしたい項目ごとにその分析方法などを含めて解説する．

10・2・1　計測器（measuring instruments）

a．計測器の種類（types of measuring instruments）

振動の計測を行うには，

(1)振動加速度，速度，変位などの物理量を電気信号に変換するセンサ

(2)センサから得られる情報を信号処理し振動を分析する装置

(3)振動特性を測定するために振動を発生させる装置

などが用いられる．(3)は計測器そのものではないが，振動特性を得るために用いられるので，計測装置の一部であるとも考えられる．振動の計測は，これらのなかから，その問題にあったものを組み合わせて用いられる．

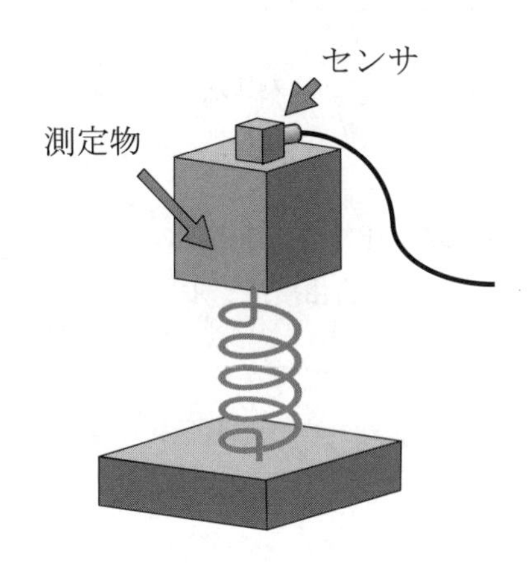

図 10.4　被測定物にセンサを直接取り付けて計測する方法

b．計測方法（how to measure）

振動のセンサとしては，その使用形態から

(1)被測定物にセンサを直接取り付けて振動を計測する方法

(2)基準点からの被測定物の相対的な振動を計測する方法

の２種類に分類できる．

(1)の方法の場合には，図 10.4 のように被測定物に直接とりつけ，基準点を必要としないので，比較的簡便に測定を行うことができる．しかし，この方法の場合には，センサを被測定物に付加するので，振動系としてのセンサが系の振動特性に影響を与える．したがって，被測定物が軽量の場合には，センサもできるだけ小さいものを用いることが望ましい．

(2)の方法は，図 10.5 のように振動している被測定物の近傍に基準点を設定して，その部分にセンサを固定し，そこから被測定物との相対的な動きを測定する方法である．基準点での振動が十分小さいと見なせる場合には，相対的な振動を測定しても，その値を空間固定座標における振動と見なすことができる．(2)の計測法のなかには接触型のものもあるが，非接触型のものが多く，非接触であればセンサを直接取り付ける場合と比べて，非測定物の動特性への影響が小さいことが一つの特徴となる．しかし，相対変位を測定しているので，固定点が動けば，その値を拾ってしまうことになる．

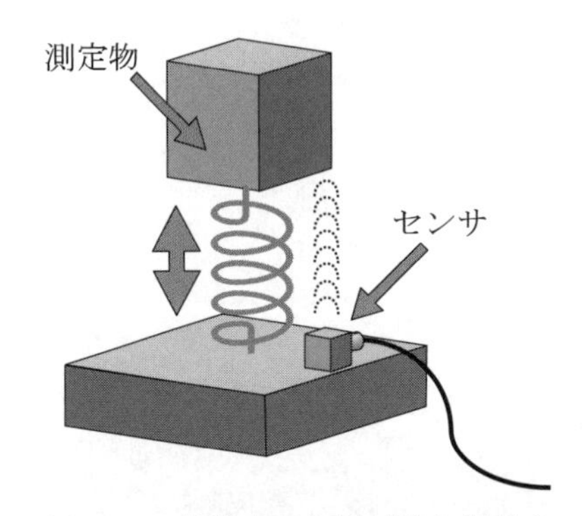

図 10.5　基準点から相対的な振動を計測する方法

以下では，加速度計(accelerometer)，速度計(velocity meter)，変位計(displacement meter)などの例を示す．

c．加速度計（accelerometer）

加速度を測定する方法としては，圧電型加速度計(piezoelectric type accelerometer)やひずみゲージ型加速度計(strain gauge type accelerometer)，サーボ型加速度計(servo type accelerometer)などがあり．これらはいずれもセンサを被測定物にとりつけるタイプである．そのなかで，広く用いられている圧電型加速度計について，そのメカニズムの概要を示す．

図 10.6　圧電型加速度計
（写真提供：NEC 三栄株式会社）

圧電型加速度計は図 10.6 のように剛な質量 M と圧電素子(piezoelectric element)により構成されている．圧電素子とは，力を受けると電荷が分極する圧電効果を有する材料の総称であり，水晶，チタン酸バリウム，チタン酸ジルコン鉛などが圧電材料として知られている．図に示す方向の加速度により質量に発生する慣性力を圧

電素子で検出し．慣性力から加速度を換算して計測している．圧電素子と剛な質量からなるセンサ系は，圧電素子をばねとすれば図 10.7 で示したように基礎励振を受ける１自由度系と考えられるので，固有振動数よりも十分低い周波数領域では，振動測定個所すなわちセンサ取り付け位置の加速度 $\ddot{x}_0$ と質量の加速度 $\ddot{x}$ がほぼ等しくなり，加速度 $\ddot{x}_0$ に比例する慣性力が圧電素子に加わる．その力によって発生する電荷をチャージ式増幅器(charge amplifier)によって電圧に変換する．計測された電圧は加速度に比例しているので換算すれば加速度が得られる．また，積分器(integrator)により，加速度から速度，変位へと変換される場合も多い．

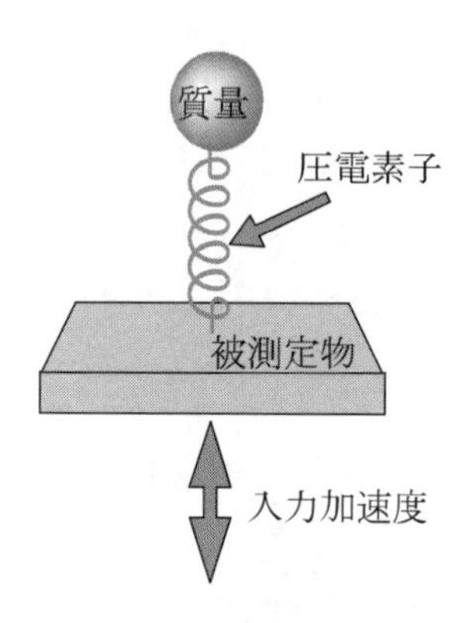

図 10.7　圧電型加速度計の
１自由度モデル

一般的に，加速度センサは，ねじ，永久磁石，接着材などで取り付けられることが多いが，取り付け部の影響によりセンサ系の固有振動数が低下する場合もあるので注意を要する．

d．速度計（velocity meter）

速度変換器としては，被測定物に固定するタイプでは動電型振動計(electro dynamic vibration meter)があり，非接触で相対的な振動を測定するタイプでは，レーザ・ドップラ速度計(laser velocity transducer)がある．被測定物に固定するタイプの動電型振動計では，センサ系の固有振動数を計測すべき振動の周波数よりも低く設定し，センサ系の質量を空間固定とみなして，質量とセンサ固定部の間の相対速度を磁石とコイルによる電磁誘導現象を利用して測定している．非接触のレーザ・ドップラ速度計では，被測定体で反射したレーザ光の周波数が，被測定体の速度によって変化する現象を利用して測定している．また，直接速度を計測する方法ではないが，加速度計の出力を積分して速度に変換する方法もある．

e．変位計（displacement meter）

変位の計測は非接触タイプのものが多く，渦電流(eddy current)，レーザ(laser)，超音波(super sonic wave)，CCD カメラ(charge coupled device camera)を用いたものなどがある．また，加速度計や速度計の出力を積分しても得られる．このなかで，渦電流型変位計(eddy current type displacement meter)は回転機械の軸振動の計測によく用いられている．渦電流型変位計では，センサ内のコイルに高周波電流を供給し，センサと被測定物の間に高周波の磁界を作っている．被測定物が導電体の場合には，図 10.8 のようなセンサと被測定物との距離が変化すれば，導電体に渦電流が発生し，その結果コイルのインピーダンスに変化が生じる．渦電流型変位計では，このような現象を利用して，センサと被測定物の距離の変化を測定している．また，センサの直径によって，測定可能な範囲や感度が変化するので，用途によって適切な直径のものを選択すればよい．なお，回転体のように被測定物の測定個所が測定方向と直角方法に移動するものの測定を行う場合には，表面の凸凹や，電気的特性の場所のよる変化により，あたかも振動しているかのような信号が得られるので，それらが振動測定結果に影響しないように注意する必要がある．

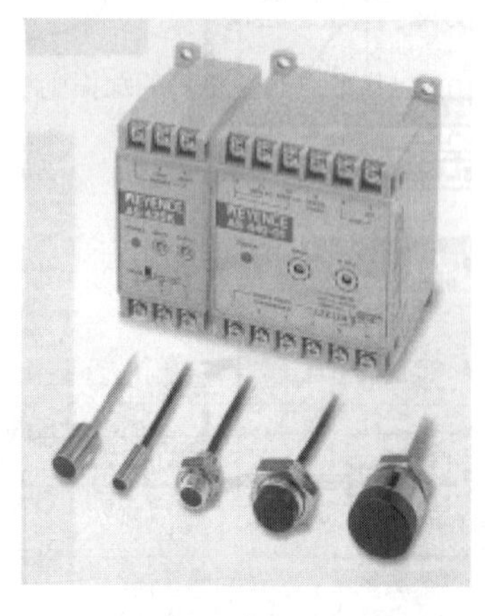

図 10.8　渦電流型変位計
(写真提供：株式会社キーエンス)

ほとんどのセンサが１次元の変位の測定に用いられるが，CCD カメラを用いる場合には，CCD カメラを２台使用し，画像処理を行えば，３次元の位置を測定することが可能である．また，接触型では差動変圧器(differential transformer)を用いた変位計もある．

これ以外にも，振動の計測では，上述のような振動応答そのものを計測する以外に，加振力を測定する力変換器(force transducer)などがある．

f．信号分析器および加振装置（signal analyzer and exciter）

センサにより計測された時間の関数としての加速度や速度，変位の信号は，そのままで評価される場合もあるが，信号処理(signal processing)によって，より整理された情報に加工する場合も多い．振動分析装置で代表的なものとして，FFT アナライザ(FFT analyzer)があげられ，実問題では非常によく用いられている．FFT アナライザは, 計測した応答変位や力の時間領域でのデータに高速フーリエ変換(fast Fourier transform)を適用して，周波数領域へ変換する装置であり，同時に複数チャンネルのデータを取込んで処理する場合も多い．したがって, FFT アナライザを用いれば，波形のなかにどのような周波数成分がどの程度含まれているかなど多くの情報が得られるが，具体的にどのような場合に用いられるかについては，10.2.3 や 10.2.4 のなかで示す．なお，高速フーリエ変換の理論的バックグラウンドとなるフーリエ係数，フーリエ変換については，8.3.1 に示しているので参照されたい．

振動特性を測定する場合には, 振動を発生させるための加振装置が必要な場合が多い．その具体的な方法についても次項の具体例のなかで説明する．

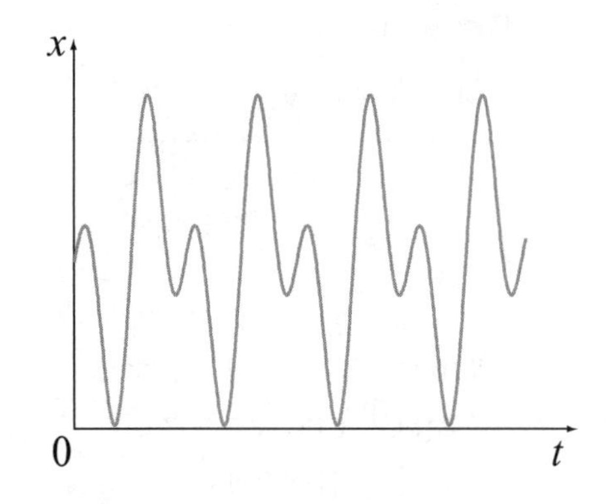

図 10.9　自由振動波形の例

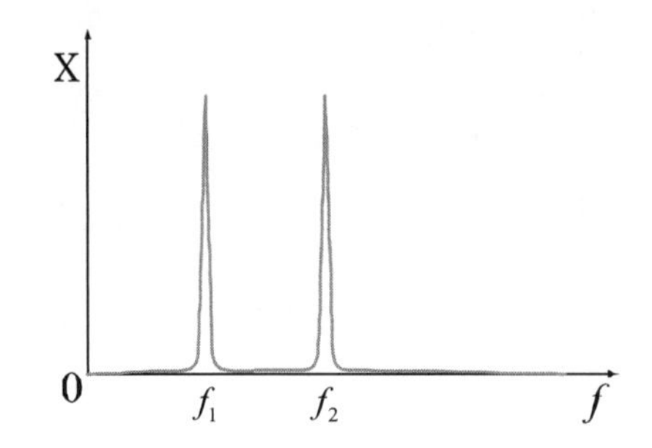

図 10.10　周波数スペクトルの例

10・2・2　振動特性の測定（measurement of dynamic characteristics）

振動測定は大きく分類すると

(1)　振動特性の測定

(2)　稼動中の振動の測定

に分けることができる．本項では，そのなかの振動特性の計測方法について示す．

振動特性とは振動系の性質を表すものであり，特に，固有振動数，固有振動モード，モード減衰比は振動特性を評価する上で重要なパラメータである．このような特性を計測するには，FFT アナライザを用いた振動分析や実験モード解析[1](experimental modal analysis)と呼ばれている詳細な手法がある．紙面の都合上その詳細を省略し，ここでは概略のみを紹介する．

－カーブフィット－

伝達関数は，理論的には 4.8 節の式（4.80）のようにモードごとのパラメータを用いて表現することができる．計測により得られた伝達関数を, 近似的に式(4.80)のような理論式で表現する場合には，できるだけ誤差が小さくなるように各モードのパラメータを推定することが必要である．ここではそれをカーブフィットと言っている．なお，式(4.80)では減衰を考慮していないが，実験モード解析では減衰を考慮した式が用いられる．

a．実験モード解析(experimental modal analysis)

実験モード解析では, 後述のように打撃試験や加振器を用いた加振実験などにより伝達関数を測定し, その伝達関数が各モードの固有振動数 f_j, 固有振動モード $\mathbf{u}_j$，モード減衰比 ζ_j, モード質量 m_j の関数であることを利用して, カーブフィット（コラム参照）により固有振動数，固有振動モード，モード減衰比，モード質量などを同定する手法である．

b．簡便な固有振動数，減衰比の測定（measurement of natural frequency and damping ratio）

自由振動は固有振動成分の和であるので，それを分離することができれば，固有振動数が得られる．図 10.9 のような自由振動波形を FFT 分析装置を用いて，高速フーリエ変換を適用すれば，時間領域の波形から図 10.10 のような二つの周波数成分からなる周波数スペクトルに変換される. 周波数領域での絶対値のピークを示す周波数が固有振動数となる．

また，入力である力 $f(t)$ と出力である応答変位 $x(t)$ （速度，加速度でも可）などの間の伝達関数 $H(\omega)$ は次の式で求める．

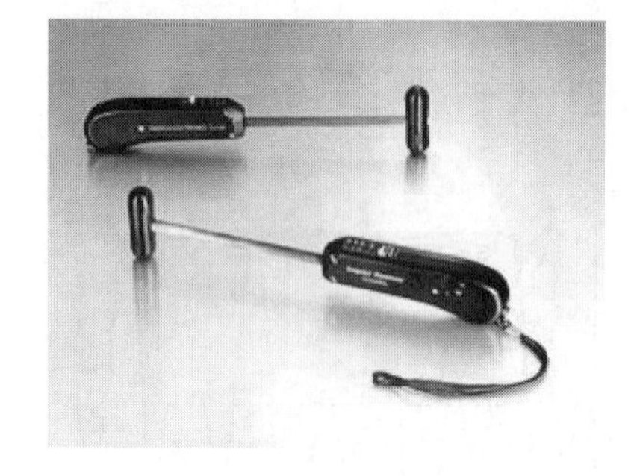

図10.11　インパクトハンマ
（写真提供：CBCマテリアルズ株式会社）

$$H(\omega)=\frac{X(\omega)}{F(\omega)} \tag{10.1}$$

ここで

$X(\omega)$ ：応答変位 $x(t)$ の周波数スペクトル

$F(\omega)$ ：力 $f(t)$ の周波数スペクトル

のピークを示す周波数から求めてもよい．伝達関数の求め方にはくつかの方法があるが，最も簡便な方法は，図10.11のような先端に力を計測するロードセルを埋め込んだインパクトハンマで被測定物を打撃し，図10.12のような力の時刻歴波形 $f(t)$ と図10.13のような応答変位波形 $x(t)$ を同時に測定し，FFTなどにより周波数領域での伝達関数 $H(\omega)$ を求めれば，図10.14のような曲線が得られる[1]．伝達関数を求める方法としてよく用いられるもう一つの方法としては，図10.15のような加振装置を用いて，正弦波やランダム波で加振し，フーリエ変換により伝達関数を求める方法がある[1]．なお，周波数を固定して応答振幅が十分成長するまで加振し，その時の加振力と応答変位の振幅比と位相差を求めれば，それはその周波数における伝達関数と一致する．

上述の伝達関数の各ピークに対して3･3･3で示した減衰を同定する手法を適用すれば，そのピークに対応するモードのモード減衰比が近似的に求められる．

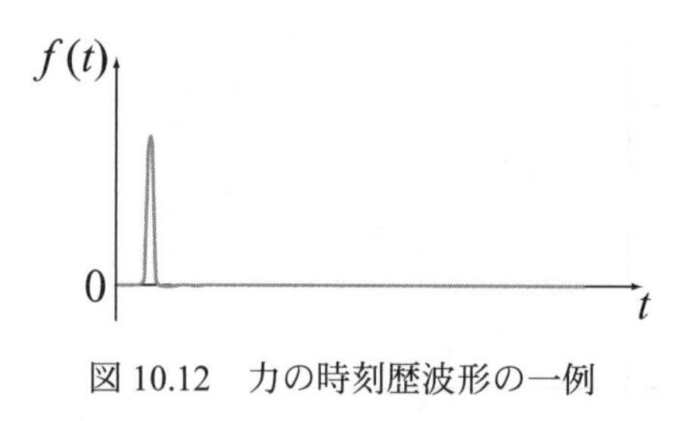

図10.12　力の時刻歴波形の一例

10・2・3　稼動中の振動の測定（measurement of vibration in working machine）

稼動中の振動というのは，前項のような振動特性ではなく，機械が稼動している時に実際に発生している振動のことである．

振動トラブルが発生した場合には，稼動中の振動を測定することが，その原因究明の第一歩として位置付けられる．もちろん，原因を究明するには，稼動中の振動測定だけでは片手落ちであり，前項の振動特性の測定とあわせて実施されることが一般的で，振動解析結果を参照しつつ検討される場合も多い．

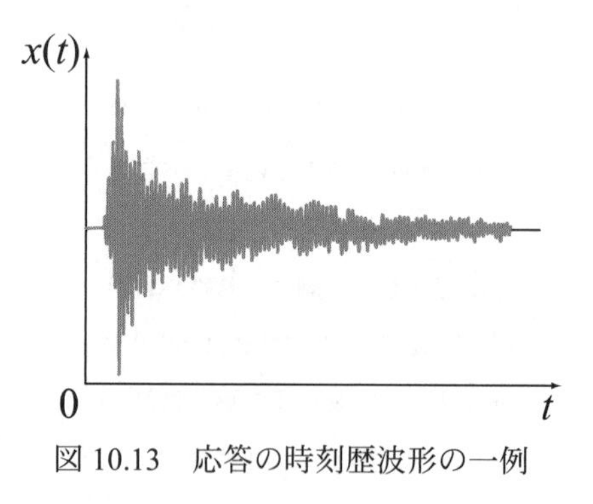

図10.13　応答の時刻歴波形の一例

なお，トラブルの原因究明以外でも，振動的に良好な機械を目指して設計を行った場合にねらい通りになっているかどうかを確認する場合，解析モデルの妥当性を検討する場合，振動が基準値を越していないかどうかの常時監視を行う場合，実験装置で現象の観察を行う場合などいろいろな状況で稼動中の振動が計測される．

以下では，発生している振動現象を明らかにするために稼動中の振動を計測する場合のポイントについて示す．

(1)発生している振動の振動数，振幅，振動モードの調査

(2)加振源の振動数の調査

(3)強制振動か自励振動かの判定のためのデータ採取

強制振動か自励振動かを判定するためのチェックポイントとしては

a)発生している振動数が固有振動数かどうか，振幅の成長はどうか？

b)発生している振動数と加振周波数の関係は？

c)加振周波数を変化させて，発生している振動の振動数の変化を見る．

などがある．

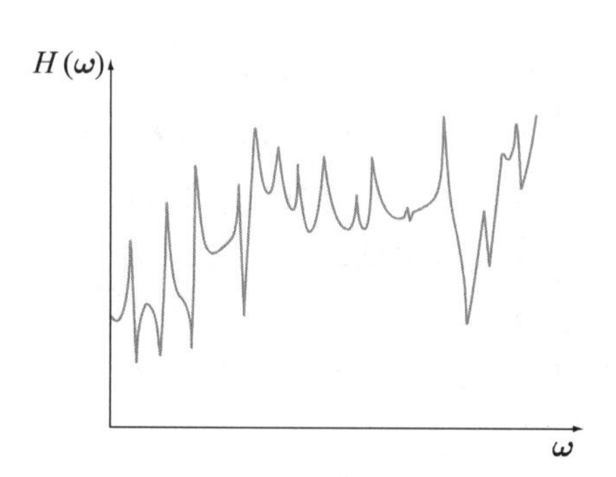

図10.14　伝達関数の一例

(4)振動原因の特定

自励振動の場合にはなぜ自励振動が発生するか，強制振動の場合にはなぜ振動が異常に大きいかを明らかにしておくことは，対策を考える上で重要

である．強制振動の場合には，振動が異常に大きいという原因は

a)共振

b)加振力が大きい

c)減衰が小さい

のうちのどれかである場合やその組み合わせである場合が多い．a)，c)であるかどうかについては，振動特性の測定，稼動中の振動測定などにより明らかにすることが可能であり，b)については，計算との比較や，大きさのわかっている加振力による加振実験結果との比較などによりその大きさを推定する場合もあるが，具体的な方法は場合により異なるので詳細は省略する．

自励振動の場合には，通常，外力は関係がない．10･3･4 に示すように，自励振動にはいくつかのタイプがあるが，正確な解析モデルを作ることができれば，原因の特定につながる．

(5)モデリングや対策検討に有効なデータの採取

図 10.15　加振装置の一例
(写真提供：エミック株式会社)

【例題 10・1】

＊＊＊＊＊＊＊＊＊＊＊＊＊＊＊＊＊＊＊＊＊＊＊＊＊

図10.16に示しているのは，モータで駆動する遠心圧縮機の架台である．圧縮機は，公称 3600rpm のモータから減速機を介してモータの 2/5 の回転数で回転している．この架台で異常振動が発生したという連絡を受けたとして，原因究明のためのプロセスの一例を示せ．

【解答】

(1)異常振動の振動数および振幅，振動モードの測定．加振源の調査

架台の振動の振動数は 23.6Hz で，振幅は大きいところで $50\,\mu$m(1μm は 10^{-6} m)であった．加振力として主なものは表 10.1 に示すように，モータの回転数と同期したもの，圧縮機の回転数と同期したもの，歯車のかみ合い周波数などが考えられた．回転パルス計を用いてモータの回転数を正確に計測した結果，モータによる加振振動数は 59.0Hz であることがわかった．圧縮機の回転の振動数は，その 2/5 の 23.6Hz，減速機の歯車のかみ合い周波数はモータの回転数に歯数 20 を乗じた 1180Hz であった．

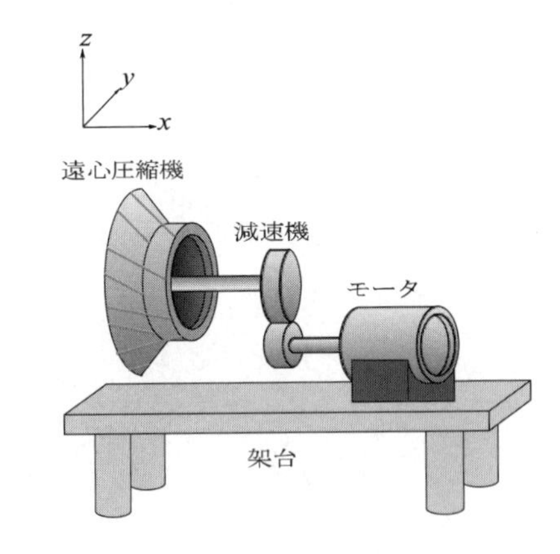

図 10.16　遠心圧縮機および架台

表 10.1　加振源の周波数

加振源	振動数 (Hz)
モータ	59.0
遠心圧縮機	23.6
かみ合い周波数	1180.0

(2)回転数が変化した場合の振動の測定

モータの電源を切り，回転数が減少して時の振動を測定すると，発生振動の振動数はモータの回転数の減少に比例して減少していることがわかった．これまでの結果を総合すると，回転機械の回転数に同期した強制振動である可能性が高いことがわかる．

(3)振動特性の測定

打撃により，架台の固有振動数，振動モードを測定した．回転機械については，その固有振動数は回転数よりも十分高いことがわかっていたので測定は実施しなかった．架台の固有振動数は 24.0Hz で，固有振動モードは，図 10.17 のように上部ほど振幅が大きいことがわかった．このモードは運転時に測定した振動モードとほぼ一致した．また，モータの回転数が下降して行くときの測定結果より，回転数が少し低下すると振動の振幅は大きく減少したこととあわせて考えると，架台が共振している可能性が高いことがわかる．共振しているこ

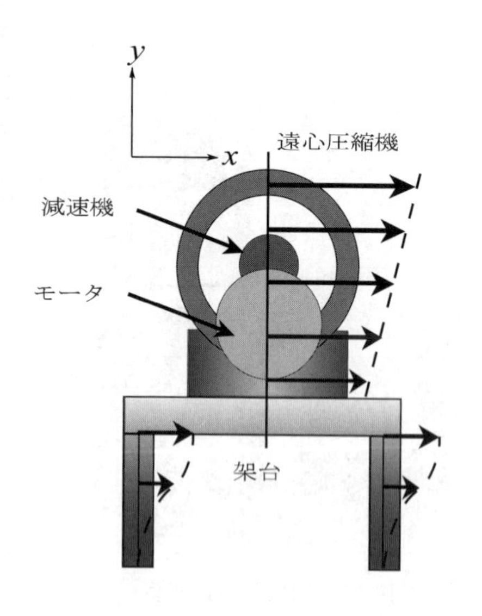

図 10.17　1 次固有振動モード

とがわかったので，インパクトハンマによる打撃試験を行い，伝達関数を計測し，3･3･3 で示した減衰同定手法で減衰比を計算した結果，減衰比は約 0.01 であった．

(4)加振力大きさのチェック

回転体に試し重りをつけて回転体にどの程度アンバランスマスが残っているかを調べたが，加振力となるアンバランスはあまり大きくないことが確認された．

(5)まとめ

以上の検討結果から，架台の共振が異常振動の原因であると言う結論を得た．減衰比が小さいこと，回転数降下時の振動の大きさの変化が大きいことと合せて考えると現状ではかなりの応答倍率になっており，共振さえ避ければ，振動を大幅に低減させることが可能ではないかという見通しを得た．

＊＊＊＊＊＊＊＊＊＊＊＊＊＊＊＊＊＊＊＊＊＊

10・3　振動解析と動的設計（vibration analysis and dynamic design）

10・3・1　振動解析の役割（role of vibration analysis）

設計段階で振動的に良好な構造を設計するための振動解析と，製作後のトラブルを解決するための振動解析とでは，時間的な余裕の有無など状況はかなり異なるものの，最終目的はいずれも振動的に良好な製品に仕上げることである．トラブル対策の場合でも，振動測定などにより解析であつかうべき振動現象が特定された後であれば，両者の状況に根本的な差はないと考えられる．そこで，以下では解析の対象とする振動現象は特定されている場合に良好な動的設計を行うための振動解析の役割を示す．

振動現象が特定されているとすれば，まず，その振動現象を数学モデルで表現することが必要となる．次に，その数学モデルを用いて計算を行い，その結果が振動的に良好でなければ，設計パラメータを変更して再計算を行い，良好な構造が得られるまで計算を繰り返し，振動的に望ましい構造を提案することが振動解析の役割であると考えられる．

このようなプロセスを合理的に進めるには，まず現象を精度よく表現できる数学モデルを作ること，すなわちモデリングを行う必要がある．有限要素法などの数値解析を用いる場合でも，要素分割さえすれば簡単に高精度の解が得られるというわけではなく，実問題ではモデリングの難しい部分が含まれる場合が多い．

もう一つ重要なことは，単に与えられた設計パラメータで計算を行うだけでは完結しないことである．すなわち，振動的に良好な設計パラメータを有する構造に到達する必要があることである．どのようにして到達するかについては，いろいろなやり方が考えられる．例えば，可能なパラメータの組み合わせのすべてをカバーできるような大量の計算を行い，そのなかから良好なものを探す方法もあるが，パラメータが多くなると効率が非常に悪くなってくる．したがって，設計変更の見通しを持ちながら良好なパラメータを探すことが効率的であると考えられる．

以下では，まずモデリングについて説明した後，有限要素法を用いた数値解析を適用する場合に見通しを得ながら動的設計を進める方法について示す．

10・3・2　モデリング（modeling）

実問題では理論解析を適用できる場合もあるが，構造が複雑になれば数値解析を用いる場合が多い．振動の分野で実問題に広く用いられている数値解析手法としては，有限要素法，境界要素法(boundary element method)，伝達マトリックス法(transfer matrix method)などがあり，いずれも無限自由度を有する連続体の運動方程式を有限の変数の連立方程式，あるいは連立微分方程式に置きかえて，その後は数値的に解く手法である．なかでも，有限要素法は多くの汎用のソフトウエアが市販され，動設計によく用いられている．（図 10.18 参照）

数値解析におけるモデリングは，機械や構造物をどのような有限自由度の連立方程式に変換するかということである．良いモデリングを行うためには，前提として，「どのような振動現象を解析の対象にするのか」が明確になっていることが必要であり，「現象の本質にあったモデリングを行うこと」が重要なポイントである．

現象に深く係っている部分を細かくモデリングすることは意味があるが，現象にあまり影響のない部分をむやみに細かくモデリングしても精度はあまり向上せず，計算時間の増大につながったり，逆に数値解析上のトラブルの原因になったりすることもある．

例えば，図 10.19 のような翼(blade)を有するロータ(rotor)が軸受(bearing)で支持されている回転機械の軸振動の固有振動数を求める問題を考える．ロータの一部である翼は複雑な形状をしているが，軸の部分とあわせて忠実に構造物用の有限要素解析ソフトウエアを用いて細かく要素分割した．軸受部分については，簡単に単純支持としてモデリングしたとする．ところが，問題になった振動モードについては，翼の部分はほとんど変形しておらず，軸受の特性に支配されているような現象であったとすれば，翼の部分をいくら細かく分割しても軸受部分のモデリングが正しくなければ，意味のある解は得られない．逆に，翼自身が高い振動数で共振することを問題にする場合には，翼を十分細かく分割するとともに，回転による遠心力なども考慮する必要がある．

また，図 10.20 に示すロボットのようにモータや制御系を含む機械の動特性を考える場合には，構造物（図 10.20(a)）だけでなく構造物を駆動するモータや減速機，制御系（図 10.20(b)）を含めて解析しなければ意味がない場合がある．例えば，ロボットの位置決め時の残留振動を考える場合であれば，構造物を非常に細かく分割するよりも，制御系や減速機などの駆動系を正確にモデリングする方が重要である．一方，同じロボットでも非常に高い振動数でロボットの構造が局所的に振動する問題であれば，制御部分よりも問題になっている構造部分を細かく分割するモデルの方が現象を正しく捉えられると考えられる．

その他，機械や構造物のなかには，ボルト結合部や摺動部などモデリングが難しい部分が含まれる場合がある．一般的に，モデリングが難しい部分を含む系で精度のよいモデリングが必要な場合には，要素のみ，あるいは系全体での計測を行い，その結果をモデリングに活用することも多い．

以上のように，実問題で数値解析を行う場合には，どの程度細かくモデリングするか，モデリングが難しい部分にどのように対応するか，また解析の範囲や境界条件をどう考えるか，などについて考えなければならない場面によく遭遇する．基本的には，現象の本質にあったモデリングであることが最も重要であるが，精度，計算に要する手間や時間，見通しのつきやすさなどを考えながら適切なモデリングを

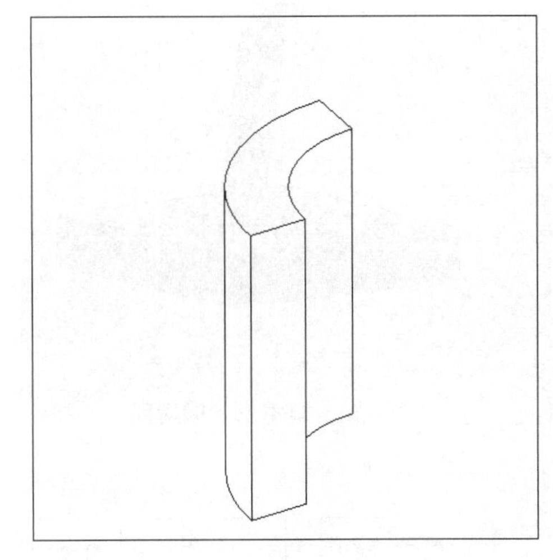

(a)　3 次元構造物

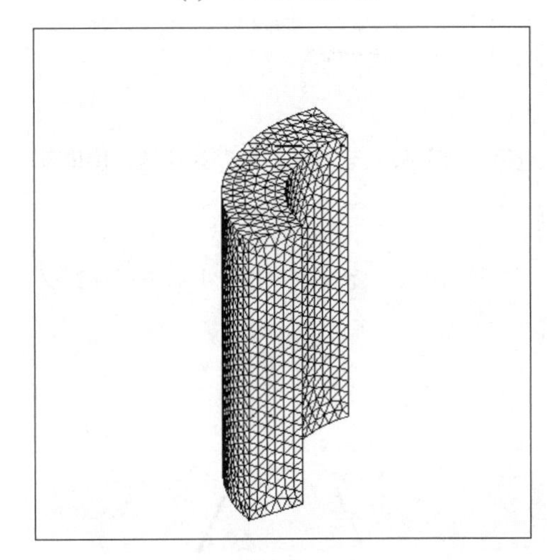

(b)　3 次元構造物の有限要素分割結果

図 10.18　有限要素法による要素分割例

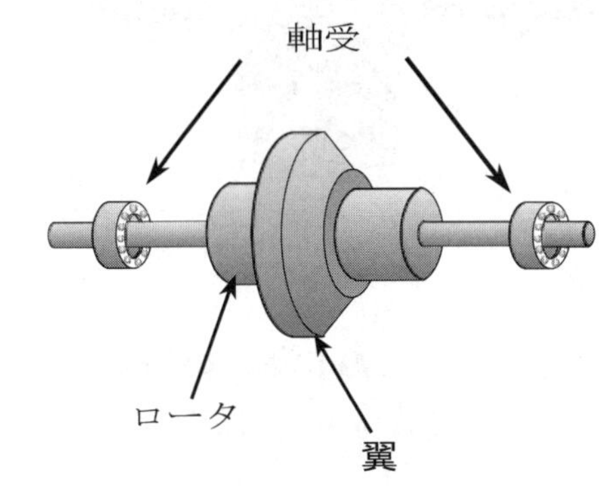

図 10.19　軸受で支持されたロータ

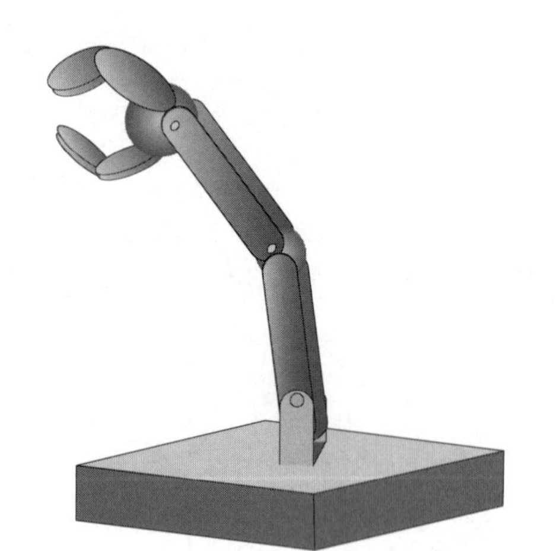

(a)　ロボット機構部

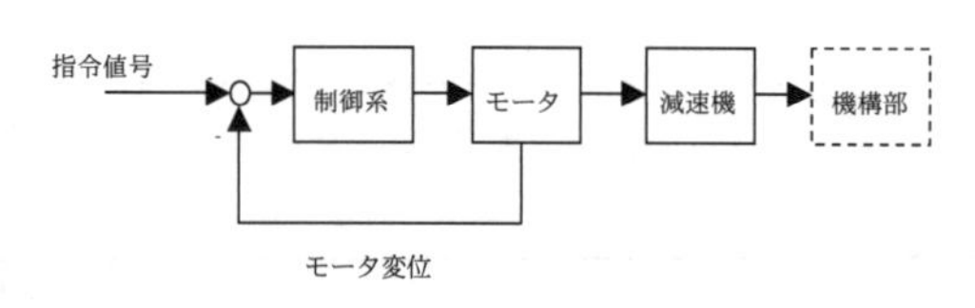

(b)　制御系，モータおよび減速機と機構部

図10.20　産業用ロボットのモデリング

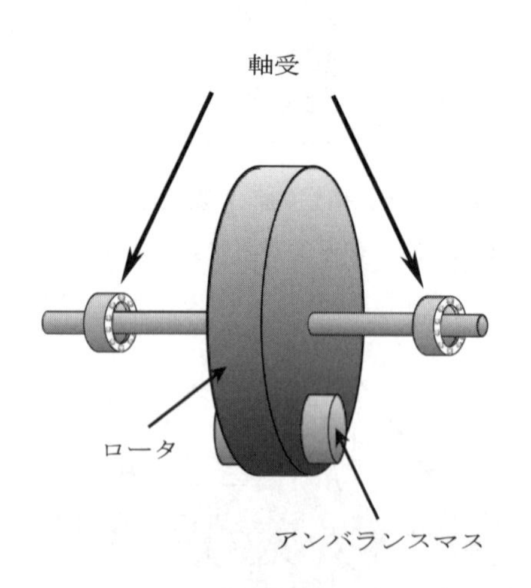

図10.21　回転機械における質量の不釣合いによる加振力

行うことになる．これらに的確に対応するためには，有限要素法に関する知識だけでは不十分であり，振動の理論の理解や経験などが必要である．また，前述のように，モデリングの難しい部分や不確定な部分が存在する場合には，解析だけにたよらず，実験や計測結果を活用することが望ましい．

10・3・3　強制振動解析と動的設計（forced vibration analysis and dynamic design）

a．基本的な考え方（basic idea）

ここでは，強制振動が問題となる場合について，数値解析を用いて動的設計を進めていくプロセスについて紹介する．また，ここでは，振動は小さいほうが望ましいという立場で議論を進める．

なお，対象とする振動現象はすでに絞り込まれており，現象の本質を表現することが可能なモデリングができているとする．また，モデリングにより得られた有限自由度の運動方程式は，有限要素法を用いた場合や多自由度系へのモデリングを行った場合にように

$$\mathbf{M}\ddot{\mathbf{x}}+\mathbf{C}\dot{\mathbf{x}}+\mathbf{K}\mathbf{x}=\mathbf{f} \tag{10.2}$$

のようなマトリックス形式で表現できているとする．強制振動の振幅が十分小さい良好な設計を行うためには，いろいろな考え方がある．強制振動といっても

(1)定常振動で加振周波数も一定である場合．

(2)短期的には定常振動ではあるが，運転条件の変化などにより加振周波数もかなりの範囲で変化する場合．

(3)非定常な振動の場合．

などがある．それぞれの場合についての設計手法や解析手法をすべて紹介することは紙面の制約から困難であるので，ここでは，強制振動全体を通しての基本的な考え方をとりあげる．基本的な項目として

(1)加振力を小さくする．

(2)可能であれば共振をさける．

(3)共振が避けられない場合，あるいはランダム加振のような幅広い周波数成分が含まれる場合にモード減衰比を大きくして応答を抑制する．

(4)振動の伝播を防ぐ．

などが重要であると考えられる．

実際に振動解析を行いつつ良好な設計パラメータを探していく過程では，変更可能なパラメータのあらゆる組み合わせについて，式(10.2)の計算を行いそのなかから良好なパラメータを選択するという方法が用いられる場合もあるが，それが効率的ではない場合もある．そのような場合には，上述(1)～(4)のような設計の考え方のなかからどれかを選択して，それに関連した設計変更の見通しを持ちながら，良好な設計パラメータを探すという手順がよく用いられる．以下では，上述の基本的な項目(1)～(3)について紹介する．なお，(4)の考え方については，3･5 を参照されたい．

b．加振力（exciting force）

加振力には，いろいろな種類のものがあるが，そのなかで典型的なものをいくつか

紹介する．

多くの機械で見られる加振力として，機械自身の運動に伴って発生する力が挙げられる．運動により発生する慣性力の反力として発生する加振力や，運動中に接触する相手の状態が変化することによるものなどがある．慣性力によるものとしては，図 10.21 のような回転体の質量の不釣合いによる加振力や，図 10.22 のようなロボットなどが機能を果たすための運動の反力として発生する力などがある．接触状態の変化による加振力は，路面の凸凹による走行中の自動車の振動や歯車のかみ合いによる振動などに見られる．

流体をあつかう機械では，流体の渦や乱れから受ける力，ポンプや圧縮機で発生する流量や圧力の変動などが加振力として存在し，モータなど電磁的な力を利用した駆動源では電磁的な加振力が生ずる場合がある．

また，機械や構造物自身で加振力を発生しない場合でも，地震による強制変位，交通振動のように地盤を介して伝わってくる加振力，また，風や外部からの騒音，波浪など流体を介して伝わる力などがある．

これらの加振力のなかで，回転体の質量の不釣合いによる加振力を低減する方法については，6･3 節に記述してある．

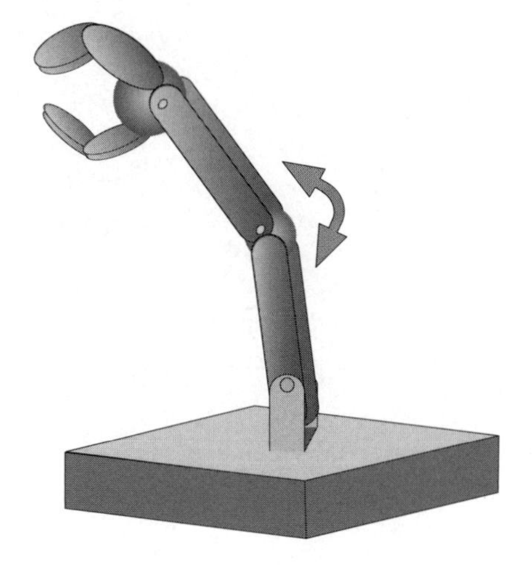

図 10.22　ロボットの運動

c．強制振動と固有振動数（forced vibration and natural frequency）

初期設計モデルの運動方程式が，式(10.2)の形で示されており，正弦波加振の定常振動であるとする．与えられた条件での応答振幅は以下のような手順で行えば計算できる．すなわち，4･6 節で示したように，複素ベクトルを用いて外力を $\mathbf{f}=\mathbf{F}e^{i\omega t}$，応答変位を $\mathbf{x}=\mathbf{X}e^{i\omega t}$ とおき，式(10.2)を整理すれば

$$[-\omega^2\mathbf{M}+i\omega\mathbf{C}+\mathbf{K}]\mathbf{X}=\mathbf{F} \tag{10.3}$$

なる $\mathbf{X}$ に関する連立方程式が導出され，それを解けば応答振幅 $\mathbf{X}$ が複素ベクトルで得られる．求まった振幅，すなわち，$\mathbf{X}$ の絶対値が大きいと判断した場合には，設計パラメータを変更して応答変位が十分小さくなるまで繰り返し計算すればよい．

しかし，式(10.3)を見てもどのように設計変更すればよいかの指標はなく見通しがつきにくい．実際には，単に計算を繰り返すだけではなく，動設計を進める上での基本的な考え方（ねらい）を持って良好な設計を目指す場合が多い．

ここでは，そのなかで共振を回避するという立場から設計変更する方法を紹介する．

定常振動での振動トラブルの原因で最も多いのが共振であり，モード減衰比 ζ が小さい場合には，3･3･2 で示したように共振時の応答倍率が非常に大きくなる．加振力の振動数が一定である場合，あるいは変動の範囲があまり大きくない場合には，共振を避けることは設計上最初に考えなければならないことである．また，振動が異常に大きくならなければ問題はないという場合であれば，共振さえ回避しておけば振動は問題にならないという考え方で設計される場合が多い．

このことをもう少し定量的に考えて見る．4･8 節で示したモード解析(modal analysis)の考え方を用い，ϕ_j を j 次のモード変位とすれば，応答変位 $\mathbf{x}$ は

$$\mathbf{x}=\sum_{j}^{n}\mathbf{u}_j\phi_j=\mathrm{Re}\left[\sum_{j}^{n}\mathbf{u}_j\Phi_j e^{i\omega t}\right] \tag{10.4}$$

で表現される．ここで

$$\Phi_j = \mathbf{u}_j^t\mathbf{F}\Big/m(-\omega^2 + i2\zeta_j\omega_j\omega + \omega_j{}^2)$$

$$= \frac{\mathbf{u}_j^t\mathbf{F}}{m_j\Omega_j{}^2\left\{-\left(\dfrac{\omega}{\omega_n}\right)^2 + i2\zeta_j\left(\dfrac{\omega}{\omega_n}\right)r_j + 1\right\}} \tag{10.5}$$

である．すなわち，応答変位は4･4節に示されているように，モード質量m_j，固有角振動数ω_j，モード減衰比ζ_jを用いれば，１自由度系として求めた各モードごとの応答を式(10.4)のようにすべてのモードについて重ね合わせて計算することができる．

ここで，加振周波数がj次の固有振動数に近く，モード減衰比も小さければ，式(10.4)でj次成分のみが他のモード成分と比べて十分大きくなるので，共振点近傍では，他のモード成分を無視して近似的に１自由度系として問題を捉えることができる．式(10.5)に示すように１自由度系の応答倍率は振動数比の関数であるので，振動数比がわかれば応答倍率の見当はつけられる．

したがって，固有振動数が加振振動数に近く，応答倍率が異常に大きくなりそうな場合には，応答倍率があまり大きくない領域まで固有振動数を動かせばよいことになる．固有振動数と加振振動数を十分離すことができれば，最後に式(10.3)で応答振幅を計算し，ねらい通り振幅が小さくなっているかどうかを確認すればよい．以上のように，強制振動であっても固有振動数を把握しておくことが重要であることがわかる．固有振動数と加振振動数が十分離れていない場合にどのように設計変更すればよいかの見通しを得る方法の一つとして，各要素ごとのエネルギーの分担率を用いる方法の概要を以下に紹介する．

減衰のない自由振動の運動方程式

$$\mathbf{M}\ddot{\mathbf{x}} + \mathbf{K}\mathbf{x} = 0 \tag{10.6}$$

に$\mathbf{x} = \mathbf{u}e^{i\omega_n t}$を代入して整理すれば，固有角振動数$\omega_n$，固有ベクトル$\mathbf{u}$に対して

$$\omega_n{}^2\mathbf{M}\mathbf{u} = \mathbf{K}\mathbf{u} \tag{10.7}$$

が成り立ち，この式を固有値問題として解けば,自由度数nに対応する組数のω_{nj}，$\mathbf{u}_j$ ($j = 1,\cdots,n$)が得られる．そのなかの注目するモードについて，以下では，次数に関する添え字jを省略し，

$$\omega_n{}^2\mathbf{M}\mathbf{u} = \mathbf{K}\mathbf{u} \tag{10.8}$$

を用いて説明する．左から$\mathbf{u}^t$を乗ずれば

$$\omega_n{}^2\mathbf{u}^t\mathbf{M}\mathbf{u} = \mathbf{u}^t\mathbf{K}\mathbf{u} \tag{10.9}$$

となり，自由振動のときの，系の最大運動エネルギーと最大ひずみエネルギーが等しいことと等価な式が得られる．ここで，$\mathbf{K}$，$\mathbf{M}$は有限要素法で求められた全体マトリックスや多自由度系のマトリックスであるとすれば，要素に分解することが可能であるので，要素マトリックス$\mathbf{K}_l$，$\mathbf{M}_l$を用いれば

$$\mathbf{K} = \sum_l \mathbf{K}_l, \quad \mathbf{M} = \sum_l \mathbf{M}_l \tag{10.10}$$

と表現でき，式(10.9)は

$$\omega_n^2 \mathbf{u}^t \sum_l \mathbf{M}_l \mathbf{u} = \mathbf{u}^t \sum_l \mathbf{K}_l \mathbf{u} \tag{10.11}$$

のように要素ごとのエネルギーに分解することができる．式(10.9)を

$$\omega_n^2 = \frac{\mathbf{u}^t \mathbf{K} \mathbf{u}}{\mathbf{u}^t \mathbf{M} \mathbf{u}} \tag{10.12}$$

と変形した形はレイリー商(Rayleigh quotient)と呼ばれている．式(10.11)の関係より

$$\omega_n^2 = \frac{\mathbf{u}^t \sum_l \mathbf{K}_l \mathbf{u}}{\mathbf{u}^t \sum_l \mathbf{M}_l \mathbf{u}} \tag{10.13}$$

となる．式(10.13)から，多くのエネルギーを有する要素が固有振動数に大きい影響を持つことが理解される．例えば，大きいひずみエネルギーを有する要素の剛性を強化した場合と小さいひずみエネルギーを有する要素の剛性を強化する場合を比較すると，強化による振動モードの変化を無視すれば，大きいひずみエネルギーを有する要素を強化したほうが効率よく固有振動数を上昇させることができることがわかる．ここで要素のエネルギーと全体のエネルギーの比であるエネルギーの分担率を

$$\varepsilon_l = \frac{\mathbf{u}^t \mathbf{K}_l \mathbf{u}}{\mathbf{u}^t \mathbf{K} \mathbf{u}}, \quad \nu_l = \frac{\mathbf{u}^t \mathbf{M}_l \mathbf{u}}{\mathbf{u}^t \mathbf{M} \mathbf{u}} \tag{10.14}$$

で定義しておき，それらを参照すれば相対的に大きいエネルギーを有する要素を簡単に把握することできる．したがって，固有振動数を効率よく変化させるための見通しを得ることができる．

d．減衰と動的設計（damping and dynamic design）

構造物には特別に減衰を付加することを意識しない場合でも，構造物を構成する材料の減衰，ボルト結合や摺動部など振動時に滑り摩擦が発生することによる減衰，構造物のまわりに空気や水などの流体が存在する場合の流体抵抗やエネルギーが外部へ伝播し散逸していくことによる減衰，地盤への散逸減衰などが存在し，その大小はあるがいくらかの減衰が存在する．一般的に減衰は剛性や質量と比べて，理論だけで評価するのは難しい場合が多く，実験データとあわせて評価される場合が多い．大きい減衰比により共振などを抑制しようと考える場合には，上述のような減衰だけでは不十分な場合が多く，そのような時には減衰比を大きくすることを目的とした動的設計が必要となる．

減衰比を増加させる手段として用いられるものとしては，

(1)減衰器(damper)など減衰の大きいものの付加．

(2)減衰が大きい材料への変更や制振材料(damping material)の付加．

(3)動吸振器(dynamic vibration absorber)の付加．

(4)制御による減衰特性の向上（振動制御(active vibration control)）．

などがよく知られている．上記の手段の詳細については，専門書[(2),(3)]を参照すればよいが，ここでは，簡単な説明を加える．

減衰器は，減衰器の両端の相対速度により減衰力を発生する．したがって，その

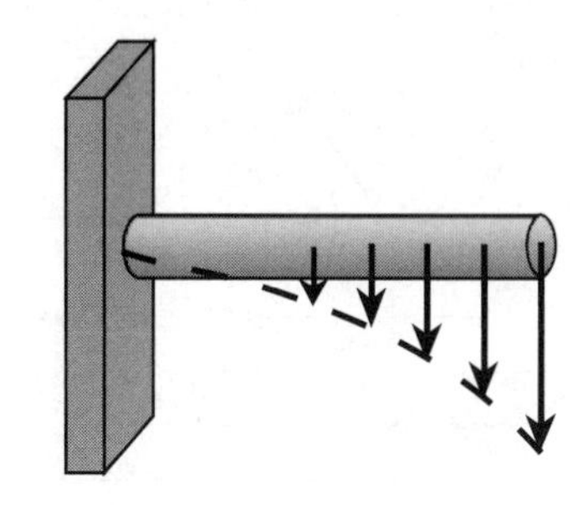

(a)　減衰器なしの場合の固有振動モード

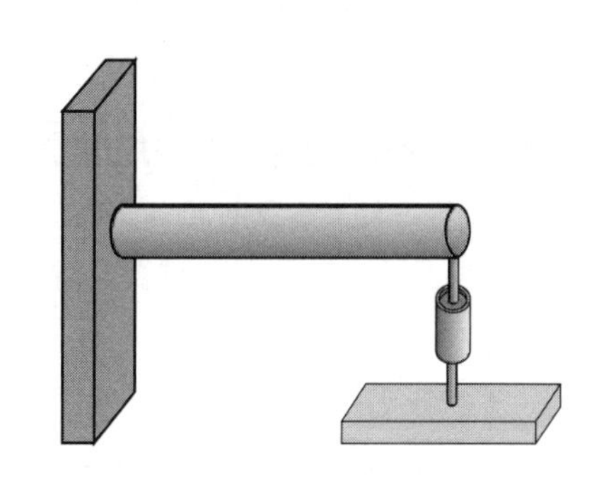

(b)　有効な減衰器取り付け位置

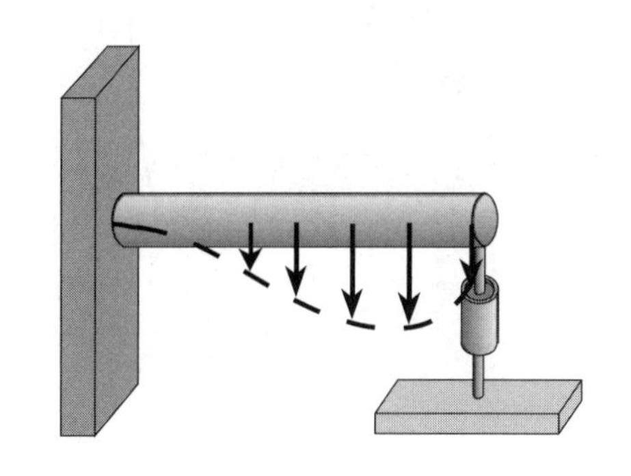

(c)　減衰器を付加することによるモード変化

図 10.23　減衰器による減衰

モードのなかで，相対速度が大きい場所に付加するのが効果的である．例えば，図10.23(a)および(b)に示すように，はりの変位が大きくなる部分と固定床との間に付加することが有効である．

制振材料の代表的なものに粘弾性体があり，金属材料と比べて減衰が非常に大きい．また，金属自身が減衰性を有する制振合金などもあるがひずみが小さい場合にはあまり減衰が大きくないものが多い．粘弾性体は，図10.24のように板状の金属材料に粘弾性体を積層して用いることが多く，粘弾性体内にひずみ速度が生ずればエネルギーを消散する．したがって，制振材料はひずみが大きい場所に付加するのがる．図10.23の場合であれば，制振材料は金属と同じように曲げ変形するので，金属の曲げ変形によるひずみが大きい部分に制振材料を付加すればよいことになる．また，制振材料は連続体であるので，単一のモードのみを対象にするよりは，多くのモードの減衰比の向上に用いられる場合が多い．

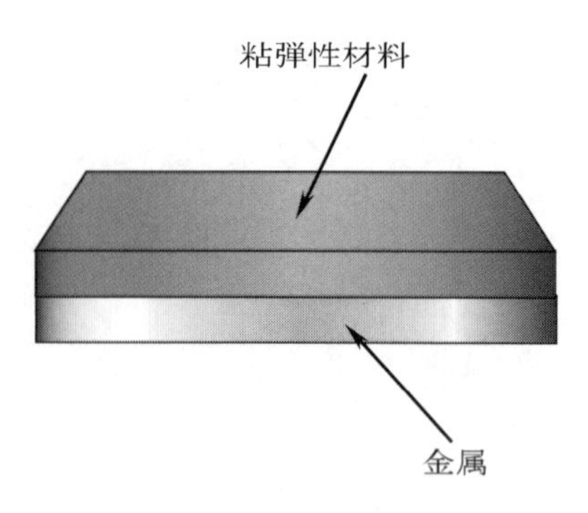

(a)　2層形積層構造

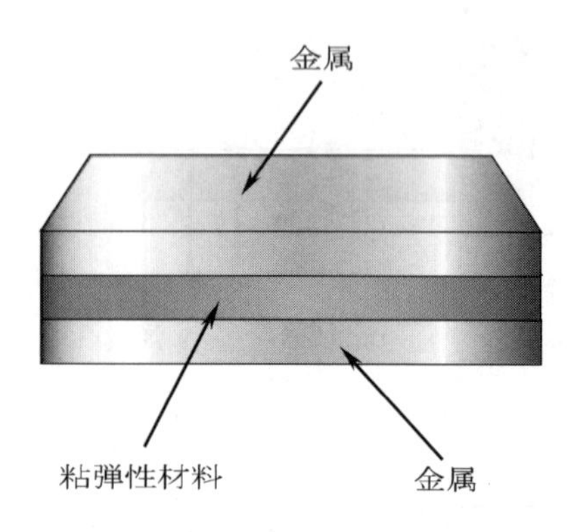

(b)　3層形積層構造

図10.24　金属と粘弾性体の積層構造による減衰

動吸振器の効果は，4･7節に示しているのでここでは詳細は省略するが，動吸振器質量と本体との間にとりつけられた減衰器でのエネルギー消散をねらっているので，一般的には，モードの変位が大きい部分にとりつけられる場合が多い．

制御を用いる方法では，図10.25のようにセンサで計測した信号をリアルタイムで処理し，アクチュエータ(actuator)を用いて力を加えることにより減衰特性を向上させる．この方法には信号処理のプロセスがあるので，他の方法と比べて自由度が大きい動設計が可能である．アクチュエータの取り付け位置は，他の方法と同様，対象とするモードに大きい影響を与えられる場所が望ましい．

以上のように，どの方法の場合でも対象とするモードに大きい影響を与えられる場所，言いかえれば多くのエネルギーを消散可能な場所へ減衰要素を付加することが減衰比の増加に有効であると言える．

次に，付加する減衰要素の大きさ，強さをどのように選択すればよいかついて，減衰器を用いる場合を例に考えて見る．減衰器を付加してもモード変化がなければ，付加する減衰器の減衰係数が大きいほどエネルギー消散の効果は大きくなり減衰比は向上することになる．しかし，局所的に大きい減衰を付加すれば，その部分の動きが減衰器により拘束され，減衰要素を付加した部分の変位が減少する方向にモードが変化し，思ったほど減衰比が増加しなかったり，逆に減少する場合がある．例えば，前述の図10.23(b)の例で，減衰係数が比較的小さい間は，減衰係数の増加とともに減衰比も増加して行くが，非常に強い減衰器を挿入した場合には，図10.23(c)のようにモードが変化することにより減衰器部の相対速度が減少し，結果として消散エネルギーが減少することになる．このような状態の場合には，逆に減衰係数を小さくすることや剛性部分を変更することが減衰比の増加につながる場合がある．

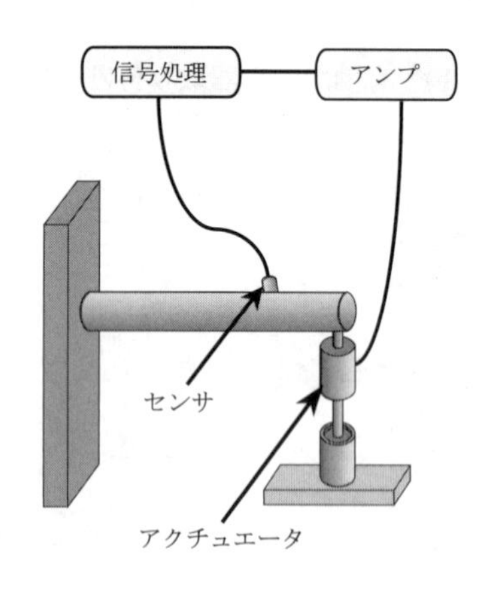

図10.25　制御による減衰

このような現象を正確に評価するには，自由振動を表す運動方程式

$$\mathbf{M}\ddot{\mathbf{x}} + \mathbf{C}\dot{\mathbf{x}} + \mathbf{K}\mathbf{x} = 0 \tag{10.15}$$

において，解を $\mathbf{x} = \mathbf{u}e^{\lambda t}$ とおいて式(10.15)に代入して得られる

$$\lambda^2\mathbf{M}\mathbf{u} + \lambda\mathbf{C}\mathbf{u} + \mathbf{K}\mathbf{u} = 0 \tag{10.16}$$

に複素固有値解析を適用し，固有値を求め，その実部 α と虚部 β から，減衰比 ζ を

$$\zeta = -\alpha / \sqrt{\alpha^2 + \beta^2} \tag{10.17}$$

により計算すればよい．

10・3・4 自励振動と動的設計（self-excited vibration and dynamic design）

振動によるトラブルとしては，強制振動における共振の他に，自励振動による場合がある．自励振動には，いくつかの基本的なタイプとして

(1)負の減衰によるもの

(2)剛性マトリクスなどの非対称成分によるもの

(3)時間遅れによるもの

などがあることが知られている．さらに共通の性質をもった

(4)係数励振によるもの

が存在することが知られている．

負の減衰によるものとしては，摩擦による滑り方向の振動，非対称成分によるものとしては，油軸受で支持された回転体のオイルホイップや長大橋の曲げねじりフラッタ，時間遅れによるのもとしては，工作機械の再生びびり振動などが報告されている．さらに自励振動と共通の性質をもつ係数励振振動によるものとして，キー溝のある回転軸の振動などがある．

自励振動あるいは係数励振振動の場合は，安定であれば振動は全く発生せず，不安定であれば振動はどんどん大きくなっていくので，設計者にとって重要なのは安定であるか発散するか，その程度はどうかということである．安定性を評価する方法にはいくつかの方法が用いられているが，ここでは，回転機械の設計などで，数値解析として(1), (2)のような問題に広く適用されている複素固有値解析を用いた方法について紹介する．

(1), (2)のような自励振動を対象として解析する場合には，構成するマトリックスの中に，系を不安定にする要素として，負の減衰や非対称な剛性マトリックス成分などが含まれるが，運動方程式は

$$\mathbf{M}\ddot{\mathbf{x}}+\mathbf{C}\dot{\mathbf{x}}+\mathbf{K}\mathbf{x}=0 \tag{10.18}$$

で表現できる．したがって，10･3･3 の d の場合と同様に複素固有値解析を適用すれば安定性が評価できる．求まった固有値の中に，モード減衰比 ζ（式(10.17)参照）が負であるようなモードが１つでも存在すれば，その自由振動解に含まれる $e^{\lambda t}$ が時間とともに大きくなっていくので，系は不安定となる．

なお，すべてのモードの減衰比が正であれば系は安定であるが，減衰比が大きいほうが余裕のある安全側の設計であると言える．

＝＝＝＝＝ 練習問題 ＝＝＝＝＝＝＝＝＝＝＝＝＝＝＝＝＝＝＝＝＝＝＝＝＝＝

【10・1】 圧電型の加速度計で加速度を計測する場合に，加速度計の固有振動数よりも高い周波数の振動を計測した場合には，振動を精度よく計測することができるか？理由とあわせて答えよ．

【10・2】 実機における振動測定をその目的により大きく２つに分類し，それぞれの目的およびおもな計測項目について簡単に示せ．

【10・3】 有限要素法を用いて，実際に発生した問題の解析を行う場合の留意点を示せ．

【10・4】 Consider forced vibrations of a three-dimensional structure that is subject to a single-frequency harmonic excitation. What kind of analysis is helpful to understanding how unwanted large vibrations can be eliminated?

【解答】

10・1　圧電型の加速度計では，圧電素子の上にとりつけられた質量の慣性力により発生する電圧によって質量の加速度を測定している．したがって，質量の動きとセンサ取り付け位置の加速度がほぼ同じでなければ，センサ取り付け位置の加速度とセンサの出力の間には差が生じてしまう．したがって，加速度計の固有振動数よりも高い周波数の振動の場合は，センサ取り付け位置の振動と質量の振動が大きく異なるので，精度のよい計測はできない．

10・2　目的の一つは振動特性の測定である．振動特性とは，振動系の性質を表すものであり，計測項目としては，固有振動数，固有振動モード，モード減衰比などがある．

もう一つは，稼動中の振動の測定である．稼動中の振動とは，機械が稼動している時に実際に発生している振動のことで，振動のトラブルが発生している場合には，原因を究明するためには重要な測定である．振動トラブル以外でも，良好な機械について振動の状況の確認や解析モデル構築のための計測が行われる場合や常時監視のために振動が計測される場合もある．

主な計測項目としては，発生している振動の振動数，振幅，振動モードがあるが，それ以外にも発生している振動の原因を明らかにするためのポイントとして，加振源の振動数の調査や強制振動か自励振動かを判定するための計測などがある．

一般的に，異常振動の原因を調べる場合には稼動中の振動測定結果のみを用いるのではなく，振動特性の測定結果と比較しながら検討される場合が多い．実際に対策を行う場合には，加振源に関する対策もあるが，振動特性を変更する場合も多い．

10・3　いろいろな留意点があるが，そのなかから主なものを以下に示す．

・どのような振動現象を対象とするかを明らかにしてから解析を行うこと．
・現象の本質にあったモデリングを行うこと．
・モデリングが難しい部分が含まれる場合には，可能であれば部分あるいは全体系での計測を行いモデルの精度の向上を図ること．
・境界条件を適切に与えること．
・有限要素法や数値計算だけの知識だけでなく，1自由度系の振動などの基礎的な振動理論をよく理解した上で数値解析を行うこと．

10・4　Step1: Eigenvalue analysis. The natural frequencies of the structure can be shifted away from the excitation frequency by changing the natural frequencies.

Step2: Forced vibration analysis. You can check whether the vibration amplitude of the structure is sufficiently small or not by carrying out forced vibration analysis.

第10章の文献

(1)　長松昭男，モード解析入門，(1993)，コロナ社．
(2)　野波健蔵・ほか2名，MATLABによる制御系設計，(1998)，東京電気大学出版局．
(3)　清水信行・ほか12名，振動のダンピング技術，(1998)，養賢堂．

Subject Index

E

F

G

H

I

J

K

L

M

N

O

P

Q

R

索引

サ行

タ行

ナ行

ハ行

マ行

ヤ行

ラ行

JSME テキストシリーズ一覧

1　機械工学総論
2-1　機械工学のための数学
2-2　演習　機械工学のための数学
3-1　機械工学のための力学
3-2　演習　機械工学のための力学
4-1　熱力学
4-2　演習　熱力学
5-1　流体力学
5-2　演習　流体力学
6-1　振動学
6-2　演習　振動学
7-1　材料力学
7-2　演習　材料力学
8　機構学
9-1　伝熱工学
9-2　演習　伝熱工学
10　加工学Ⅰ（除去加工）
11　加工学Ⅱ（塑性加工）
12　機械材料学
13-1　制御工学
13-2　演習　制御工学
14　機械要素設計

〔各巻〕A4判

JSME テキストシリーズ　JSME Textbook Series
振　動　学　Mechanical Vibration

2005年9月16日　初　版　発　行
2022年9月2日　初版第10刷発行
2023年7月18日　第2版第1刷発行

著作兼発行者　一般社団法人　日本機械学会
（代表理事会長　伊藤　宏幸）

印刷者　柳　瀬　充　孝
昭和情報プロセス株式会社
東京都港区三田 5-14-3

発行所　東京都新宿区新小川町4番1号
KDX 飯田橋スクエア2階
郵便振替口座　00130-1-19018番
電話（03）4335-7610　FAX（03）4335-7618　https://www.jsme.or.jp
一般社団法人　日本機械学会

発売所　東京都千代田区神田神保町2-17
神田神保町ビル
電話（03）3512-3256　FAX（03）3512-3270
丸善出版株式会社

ISBN 978-4-88898-334-1　C 3353

本書の内容でお気づきの点は　textseries@jsme.or.jp　へお知らせください。出版後に判明した誤植等は http://shop.jsme.or.jp/html/page5.html　に掲載いたします。

ギリシャ文字一覧

大文字	小文字	読み	英語表記
Α	α	アルファ	alpha
Β	β	ベータ	beta
Γ	γ	ガンマ	gamma
Δ	δ	デルタ	delta
Ε	ε	イプシロン	epsilon
Ζ	ζ	ジータ（ゼータ）	zeta
Η	η	イータ	eta
Θ	θ	シータ（テータ）	theta
Ι	ι	イオタ	iota
Κ	κ	カッパ	kappa
Λ	λ	ラムダ	lambda
Μ	μ	ミュー	mu
Ν	ν	ニュー	nu
Ξ	ξ	クシー（グザイ）	xi
Ο	o	オミクロン	omicron
Π	π	パイ	pi
Ρ	ρ	ロー	rho
Σ	σ	シグマ	sigma
Τ	τ	タウ	tau
Υ	υ	ウプシロン	upsilon
Φ	ϕ	ファイ	phi
Χ	χ	カイ	chi
Ψ	ψ	プサイ	psi
Ω	ω	オメガ	omega